新起点电脑教程

Office 2016 电脑办公基础教程
(微课版)

文杰书院 编著

清華大學出版社
北京

内 容 简 介

本书以通俗易懂的语言、翔实生动的操作案例、精挑细选的使用技巧，指导初学者快速掌握 Office 2016 的基础知识以及操作方法。本书主要内容包括 Word 2016 文档编辑入门、编排 Word 文档格式、编排图文并茂的文章、创建与编辑表格、Word 高效办公与打印、Excel 2016 工作簿与工作表、输入与编辑数据、设置与美化工作表、公式与函数、数据分析与图表、PowerPoint 2016 演示文稿基本操作、美化演示文稿、设计与制作幻灯片动画、放映与打包演示文稿、使用 Outlook 处理办公事务以及使用 OneNote 收集和处理工作信息等方面的知识。

本书结构清晰、图文并茂，以实战演练的方式介绍知识点，让读者一看就懂，一学就会，学有所成。本书面向学习 Office 的初、中级用户，适合广大 Office 软件爱好者以及各行各业需要学习 Office 软件的人员使用，更加适合广大电脑爱好者及各行各业人员作为自学手册使用，还适合作为社会培训机构、高等院校相关专业的教学配套教材或者学习辅导书。

图书在版编目(CIP)数据

Office 2016 电脑办公基础教程：微课版/文杰书院编著. —北京：清华大学出版社，2020.1（2022.1重印）
新起点电脑教程
ISBN 978-7-302-54551-4

Ⅰ. ①O…　Ⅱ. ①文…　Ⅲ. ①办公自动化—应用软件—教材　Ⅳ. ①TP317.1

中国版本图书馆 CIP 数据核字(2019)第 290395 号

责任编辑：魏　莹
封面设计：杨玉兰
责任校对：吴春华
责任印制：沈　露
出版发行：清华大学出版社
　　网　　址：http://www.tup.com.cn, http://www.wqbook.com
　　地　　址：北京清华大学学研大厦 A 座　　邮　　编：100084
　　社 总 机：010-62770175　　邮　　购：010-62786544
　　投稿与读者服务：010-62776969, c-service@tup.tsinghua.edu.cn
　　质量反馈：010-62772015, zhiliang@tup.tsinghua.edu.cn
　　课件下载：http://www.tup.com.cn, 010-62791865
印 刷 者：北京富博印刷有限公司
装 订 者：北京市密云县京文制本装订厂
经　　销：全国新华书店
开　　本：185mm×260mm　　**印　张**：19.25　　**字　数**：468 千字
版　　次：2020 年 1 月第 1 版　　**印　次**：2022 年 1 月第 4 次印刷
定　　价：59.00 元

产品编号：083393-01

致 读 者

“全新的阅读与学习模式 + 微视频课堂 + 全程学习与工作指导”三位一体的互动教学模式，是我们为您量身定做的一套完美的学习方案，为您奉上的丰盛的学习盛宴！

创建一个微视频全景课堂学习模式，是我们一直以来的心愿，也是我们不懈追求的动力，愿我们奉献的图书和视频课程可以成为您步入神奇电脑世界的钥匙，并祝您在最短时间内能够学有所成、学以致用。

全新改版与升级行动

“新起点电脑教程”系列图书自 2011 年年初出版以来，其中有数十个图书分册多次加印，赢得来自国内各高校、培训机构以及各行各业读者的一致好评。

本次图书再度改版与升级，汲取了之前产品的成功经验，针对读者反馈信息中常见的需求，我们精心改版并升级了主要产品，以此弥补不足，希望通过我们的努力能不断满足读者的需求，不断提高我们的服务水平，进而达到与读者共同学习和共同提高的目的。

全新的阅读与学习模式

如果您是一位初学者，当您从书架上取下并翻开本书时，将获得一个从一名初学者快速晋级为电脑高手的学习机会，并将体验到前所未有的互动学习的感受。

我们秉承“打造最优秀的图书、制作最优秀的电脑学习课程、提供最完善的学习与工作指导”的原则，在本系列图书编写过程中，聘请电脑操作与教学经验丰富的老师和来自工作一线的技术骨干倾力合作编著，为您系统化地学习和掌握相关知识与技术奠定扎实的基础。

轻松快乐的学习模式

在图书的内容与知识点设计方面，我们更加注重学习习惯和实际学习感受，设计了更加贴近读者学习习惯的教学模式，采用“基础知识讲解+实际工作应用+上机指导练习+课后小结与练习”的教学模式，帮助读者从初步了解与掌握到实际应用，循序渐进地成为电脑应用的高手与行业精英。“为您构建和谐、愉快、宽松、快乐的学习环境，是我们的目标！”

赏心悦目的视觉享受

为了更加便于读者学习和阅读本书，我们聘请专业的图书排版与设计师，根据读者的阅读习惯，精心设计了赏心悦目的版式。全书图案精美、布局美观，读者可以轻松完成整个学习过程。“使阅读和学习成为一种乐趣，是我们的追求！”

更加人文化、职业化的知识结构

作为一套专门为初、中级读者策划编著的系列丛书，在图书内容安排方面，我们尽量摒弃枯燥无味的基础理论，精选了更适合实际生活与工作的知识点，帮助读者快速学习、快速提高，从而达到学以致用的目的。

- 内容起点低，操作上手快，讲解言简意赅，读者不需要复杂的思考，即可快速掌握所学的知识与内容。
- 图书内容结构清晰，知识点分布由浅入深，符合读者循序渐进与逐步提高的学习习惯，从而使学习达到事半功倍的效果。
- 对于需要实践操作的内容，全部采用分步骤、分要点的讲解方式，图文并茂，使读者不但可以动手操作，还可以在大量的实践案例练习中，不断提高操作技能和经验。

精心设计的教学体例

在全书知识点逐步深入的基础上，根据知识点及各个知识板块的衔接，我们科学地划分章节，在每个章节中，采用了更加合理的教学体例，帮助读者充分掌握所学的知识。

- 本章要点：在每章的章首页，我们以言简意赅的语言，清晰地表述了本章即将介绍的知识点，读者可以有目的地学习与掌握相关知识。
- 知识精讲：对于软件功能和实际操作应用比较复杂的知识，或者难以理解的内容，进行更为详尽的讲解，帮助您拓展、提高与掌握更多的技巧。
- 实践案例与上机指导：读者通过阅读和学习此部分内容，可以边动手操作，边阅读书中所介绍的实例，一步一步地快速掌握和巩固所学知识。
- 思考与练习：通过此栏目内容，不但可以温习所学知识，还可以通过练习，达到巩固基础、提高操作能力的目的。

微视频课堂

本套丛书配套的在线多媒体视频讲解课程，旨在帮助读者完成“从入门到提高，从实践操作到职业化应用”的一站式学习与辅导过程。

- 图书每个章节均制作了配套视频教学课程，读者在阅读过程中，只需拿出手机扫一扫标题处的二维码，即可打开对应的知识点视频学习课程。
- 视频课程不但可以在线观看，还可以下载到手机或者电脑中观看，灵活的学习方式，可以帮助读者充分利用碎片时间，达到最佳的学习效果。
- 关注微信公众号“文杰书院”，还可以免费学习更多的电脑软、硬件操作技巧，我们会定期免费提供更多视频课程，供读者学习、拓展知识。

图书产品与读者对象

“新起点电脑教程”系列丛书涵盖电脑应用的各个领域，为各类初、中级读者提供了全面的学习与交流平台，帮助读者轻松实现对电脑技能的了解、掌握和提高。本系列图书具体书目如下。

分　类	图　书	读者对象
电脑操作基础入门	电脑入门基础教程(Windows 10+Office 2016 版)(微课版)	适合刚刚接触电脑的初级读者，以及对电脑有一定的认识、需要进一步掌握电脑常用技能的电脑爱好者和工作人员，也可作为大中专院校、各类电脑培训班的教材
	五笔打字与排版基础教程(第 3 版)(微课版)	
	Office 2016 电脑办公基础教程(微课版)	
	Excel 2013 电子表格处理基础教程	
	计算机组装·维护与故障排除基础教程(第 3 版)(微课版)	
	计算机常用工具软件基础教程(第 2 版)(微课版)	
	电脑入门与应用(Windows 8+Office 2013 版)	
电脑基本操作与应用	电脑维护·优化·安全设置与病毒防范	适合电脑的初、中级读者，以及对电脑有一定基础、需要进一步学习电脑办公技能的电脑爱好者与工作人员，也可作为大中专院校、各类电脑培训班的教材
	电脑系统安装·维护·备份与还原	
	PowerPoint 2010 幻灯片设计与制作	
	Excel 2013 公式·函数·图表与数据分析	
	电脑办公与高效应用	
图形图像与辅助设计	Photoshop CC 中文版图像处理基础教程	适合对电脑基础操作比较熟练，在图形图像及设计类软件方面需要进一步提高的读者，以及图像编辑爱好者、准备从事图形设计类的工作人员，也可作为大中专院校、各类电脑培训班的教材
	After Effects CC 影视特效制作案例教程(微课版)	
	会声会影 X8 影片编辑与后期制作基础教程	
	Premiere CC 视频编辑基础教程(微课版)	
	Adobe Audition CC 音频编辑基础教程(微课版)	
	AutoCAD 2016 中文版基础教程	

续表

分 类	图 书	读者对象
图形图像与辅助设计	CorelDRAW X6 中文版平面创意与设计	适合对电脑基础操作比较熟练，在图形图像及设计类软件方面需要进一步提高的读者，以及图像编辑爱好者、准备从事图形设计类的工作人员，也可作为大中专院校、各类电脑培训班的教材
	Flash CC 中文版动画制作基础教程	
	Dreamweaver CC 中文版网页设计与制作基础教程	
	Creo 2.0 中文版辅助设计入门与应用	
	Illustrator CS6 中文版平面设计与制作基础教程	
	UG NX 8.5 中文版基础教程	

全程学习与工作指导

为了帮助您顺利学习、高效就业，如果您在学习与工作中遇到疑难问题，欢迎来信与我们及时交流与沟通，我们将全程免费答疑。希望我们的工作能够让您更加满意，希望我们的指导能够为您带来更大的收获，希望我们可以成为志同道合的朋友！

最后，感谢您对本系列图书的支持，我们将再接再厉，努力为您奉献更加优秀的图书。衷心地祝愿您能早日成为电脑高手！

编 者

前　言

Microsoft 公司推出的 Office 2016 电脑办公套装软件以其功能强大、操作方便和安全稳定等特点，成为深受广大用户喜爱的、应用最广泛的办公软件，随着用户对办公软件的需求不断提高，Office 系列办公软件的版本也不断更新。为帮助读者快速掌握与应用 Office 2016 办公套装软件，以便在日常的学习和工作中学以致用，我们特别编写了此书。

本书为读者快速掌握 Word、Excel、PowerPoint 提供了一个崭新的学习和实践平台，无论从基础知识安排还是实践应用能力的训练方面，都充分考虑了读者的需求，通过学习本书能够快速达到理论知识与应用能力同步提高的学习效果。

购买本书能学到什么

本书在编写过程中根据电脑初学者的学习习惯，采用由浅入深、由易到难的方式讲解。全书结构清晰、内容丰富，其主要内容包括以下 4 个方面。

1. Word 2016 文档编辑

第 1～5 章，介绍了 Word 2016 文档编辑基础、编排 Word 文档格式、美化 Word 文档的操作方法，以及在文档中绘制表格、Word 高效办公与打印输出等知识。

2. Excel 2016 电子表格

第 6～10 章，全面介绍了 Excel 2016 工作簿与工作表基本知识和在 Excel 2016 中输入与编辑数据、编排与美化工作表的操作方法，以及公式与函数的使用、数据分析与图表的操作方法与技巧等知识。

3. PowerPoint 2016 幻灯片制作

第 11～14 章，全面介绍了 PowerPoint 2016 基础操作、美化演示文稿、制作幻灯片动画效果和演示文稿的放映与打包等知识。

4. Office 其他组件办公应用

除了 Word、Excel 和 PowerPoint 三大常用办公组件外，我们还介绍了使用 Outlook 2016 管理电子邮件和联系人，使用 OneNote 2016 管理个人笔记本事务。

如何获取本书的学习资源

为帮助读者高效、快捷地学习本书的知识点，我们不但为读者准备了与本书知识点有关的配套素材文件，而且设计并制作了精品视频教学课程，还为教师准备了 PPT 课件资源。

购买本书的读者，可以通过以下途径获取相关的配套学习资源。

1. 扫描书中二维码获取在线学习视频

读者在学习本书的过程中，可以使用微信的扫一扫功能，扫描本书标题左下角的二维码，在打开的视频播放页面中可以在线观看视频课程。这些课程读者也可以下载并保存到手机或电脑中离线观看。

2. 登录网站获取更多学习资源

本书配套素材和 PPT 课件资源，读者可登录网址 http://www.tup.com.cn(清华大学出版社官方网站)下载相关学习资料，也可关注“文杰书院”微信公众号获取更多的学习资源。

本书由文杰书院组织编写，参与本书编写工作的有李军、袁帅、文雪、李强、高桂华、蔺丹、张艳玲、李统财、安国英、贾亚军、蔺影、李伟、冯臣、宋艳辉等。

我们真切希望读者在阅读本书之后，可以开阔视野，增长实践操作技能，并从中学习和总结操作的经验和规律，达到灵活运用的水平。鉴于编者水平有限，书中纰漏和考虑不周之处在所难免，热忱欢迎读者予以批评、指正，以便我们日后能编写更好的图书。

编　者

新起点 电脑教程

目 录

新起点 电脑教程

第 1 章

Word 2016 文档编辑入门

本章要点

- 认识 Word 2016 的工作界面
- 文档视图方式
- 新建与保存文件
- 输入与编辑文本操作
- 查找和替换文本

本章主要内容

本章主要介绍了 Word 2016 的工作界面、文档视图方式、新建与保存文档和输入与编辑文本操作方面的知识与技巧，同时还讲解了如何查找和替换文本。在本章的最后还针对实际的工作需求，讲解了设置文档自动保存时间间隔、设置默认的文档保存格式和路径以及设置纸张大小和方向的方法。通过本章的学习，读者可以掌握 Word 2016 基础操作方面的知识，为深入学习 Office 2016 知识奠定基础。

1.1 认识 Word 2016 的工作界面

Word 2016 是 Office 2016 的一个重要的组成部分，是 Microsoft 公司于 2016 年推出的一款优秀文字处理软件，主要用于完成日常办公和文字处理等操作。本节介绍关于 Word 2016 工作界面的知识。

↑ 扫码看视频

使用 Word 2016 前首先要初步了解 Word 2016 的工作界面，下面介绍 Word 2016 的工作界面分布，如图 1-1 所示。

图 1-1

- ➢ 快速访问工具栏：位于操作界面的左上方，用于快速执行一些操作命令，如保存文档、撤销输入、恢复输入等。
- ➢ 功能区：位于标题栏的下方，包括【文件】、【开始】、【插入】、【设计】、【布局】、【引用】、【邮件】、【审阅】和【视图】共 9 个选项卡。
- ➢ 文档编辑区：位于窗口正中间，是 Word 2016 的主要工作区域，用于输入和编辑文档内容。
- ➢ 状态栏：位于文档编辑区下方，包括显示当前文本的页数、字数、输入状态等信息的状态区，切换文档视图方式的快捷按钮以及设置显示比例的滑块。
- ➢ 标题栏：位于操作界面的最上方，包括文档和程序的名称、【最小化】按钮、【最大化】按钮、【还原】按钮和【关闭】按钮。

➢ 垂直、水平滚动条：位于文档编辑区的右侧和下方，用于查看窗口中超过屏幕显示范围而未显示出来的文本内容。

1.2　文档视图方式

视图方式是指查看或编辑 Word 文档的视觉方式。在 Word 2016 中提供了多种视图方式供用户选择，如页面视图、阅读版式视图、Web 版式视图、大纲视图等，本节将具体介绍 Word 2016 的视图方式。

↑扫码看视频

1.2.1　页面视图

页面视图是 Word 2016 的默认视图效果，用于显示文档所有内容在整个页面的分布状况和整个文档在每一页上的位置，并可对其进行编辑操作。在 Word 2016 中，设置页面视图的方式有以下两种。

1. 通过功能按钮应用页面视图效果

在 Word 2016 中，选择【视图】选项卡，单击【视图】按钮，在弹出的菜单中单击【页面视图】按钮即可应用页面视图，如图 1-2 所示。

2. 通过快捷按钮应用页面视图效果

在 Word 2016 窗口的下方状态栏中包含着切换视图方式的快捷按钮，用户通过单击这些快捷按钮即可完成视图方式的切换，如图 1-3 所示。

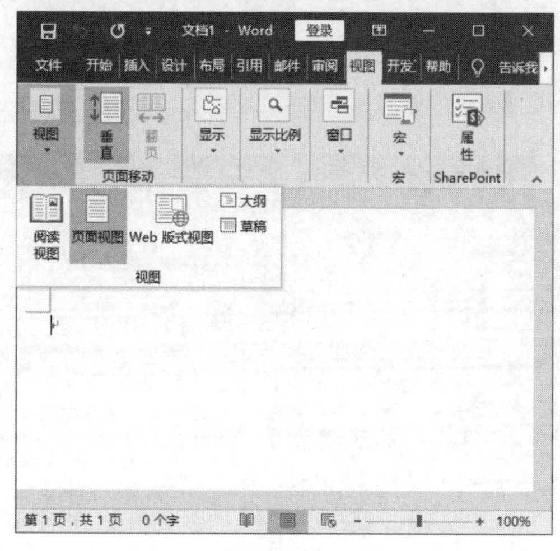

图 1-2

图 1-3

1.2.2 阅读视图

阅读视图方式一般应用于阅读和编辑长篇文档，文档将以最大空间显示两个页面的文档。下面介绍设置阅读视图的操作方法。

第 1 步 打开文档，***1.*** 选择【视图】选项卡，***2.*** 单击【视图】按钮，***3.*** 在弹出的菜单中单击【阅读视图】按钮，如图 1-4 所示。

第 2 步 Word 2016 以阅读视图方式显示文档，通过以上步骤即可完成使用阅读视图显示文档的操作，如图 1-5 所示。

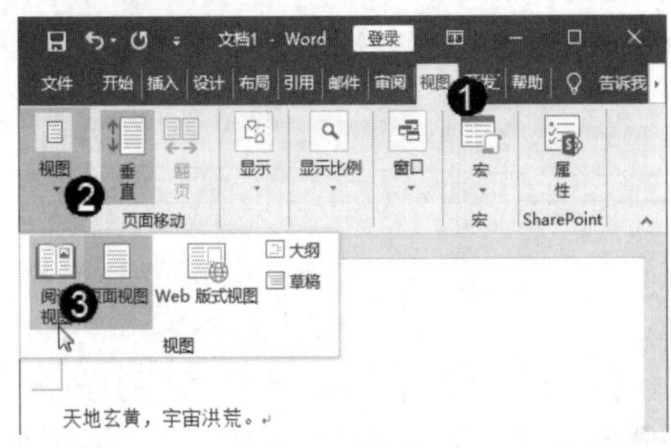

图 1-4

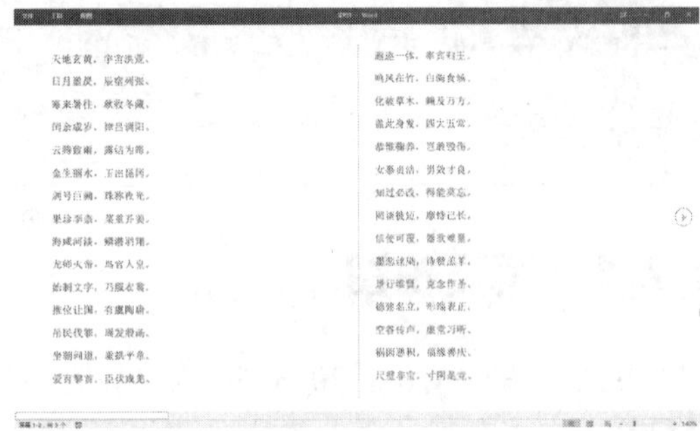

图 1-5

1.2.3 Web 版式视图

Web 版式视图是显示文档在 Web 浏览器中的外观，在 Web 版式视图中没有页码、章节等信息。下面介绍设置 Web 版式视图的方法。

第 1 步 打开文档，***1.*** 选择【视图】选项卡，***2.*** 单击【视图】按钮，***3.*** 在弹出的菜单中单击【Web 版式视图】按钮，如图 1-6 所示。

第 2 步 Word 2016 以 Web 版式视图方式显示文档，通过以上步骤即可完成使用 Web 版式视图显示文档的操作，如图 1-7 所示。

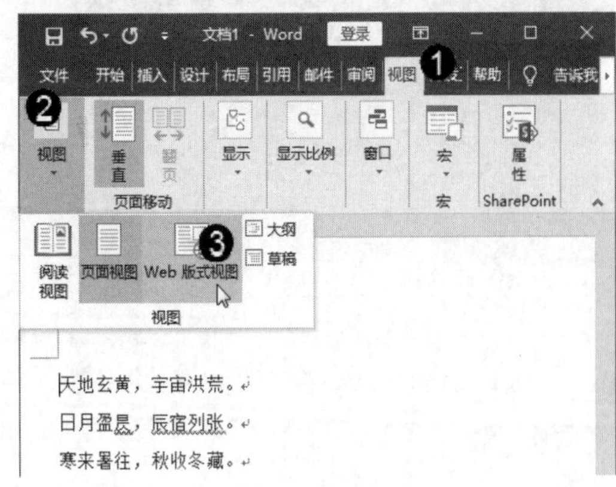

图 1-6

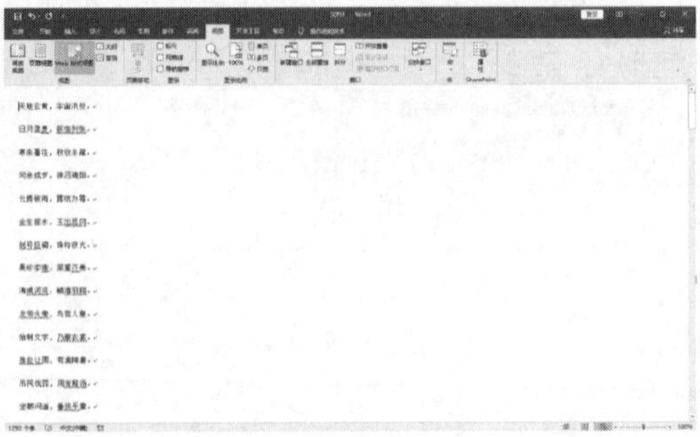

图 1-7

1.2.4　大纲视图

大纲视图是用缩进文档标题的形式代表标题在文档结构中的级别，使用大纲视图处理主控文档，不用复制和粘贴就可以移动文档的整章内容。下面介绍设置大纲视图的方法。

第 1 步 打开文档，***1.*** 选择【视图】选项卡，***2.*** 单击【视图】按钮，***3.*** 在弹出的菜单中单击【大纲】按钮，如图 1-8 所示。

第 2 步 Word 2016 以大纲视图方式显示文档，通过以上步骤即可完成使用大纲视图显示文档的操作，如图 1-9 所示。

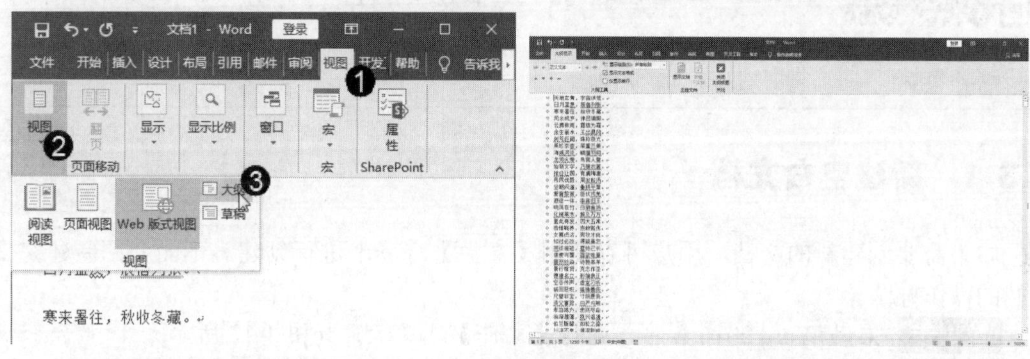

图 1-8　　　　图 1-9

1.2.5　草稿视图

草稿视图是 Word 2016 新添加的一种视图方式，显示标题和正文，是最节省计算机系统硬件资源的视图方式。下面介绍设置草稿视图的方法。

第 1 步 打开文档，***1.*** 选择【视图】选项卡，***2.*** 单击【视图】按钮，***3.*** 在弹出的菜单中单击【草稿】按钮，如图 1-10 所示。

第 2 步 Word 2016 以草稿视图方式显示文档，通过以上步骤即可完成使用草稿视图显示文档的操作，如图 1-11 所示。

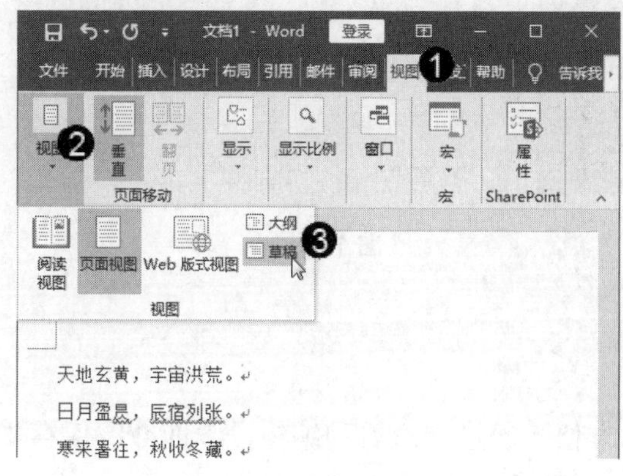

图 1-10

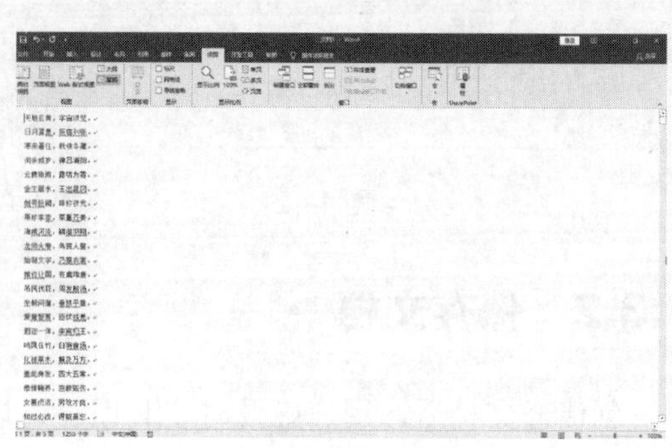

图 1-11

1.3 新建与保存文件

Word 2016 是一款优秀的文字处理软件，主要用于完成日常办公和文字处理等操作。Word 2016 的基本操作包括新建空白文档、保存文档以及打开已保存的文档等操作。本节将详细介绍在 Word 2016 中文档基本操作的相关知识。

↑扫码看视频

1.3.1 新建空白文档

如果需要创建新的文档，用户可以使用【文件】选项卡进行创建。下面介绍新建空白文档的操作方法。

第 1 步 启动 Word 2016 程序，选择【文件】选项卡，如图 1-12 所示。

第 2 步 进入 Backstage 视图，***1.*** 选择【新建】选项，***2.*** 选择【空白文档】模板，如图 1-13 所示。

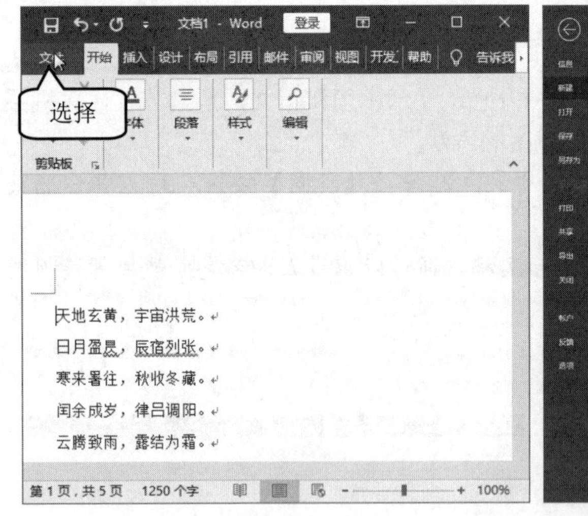

图 1-12

图 1-13

1.3.2 保存文档

创建好文档后，用户应及时将其保存，以方便下次进行查看和编辑，下面介绍保存文档的操作方法。

第 1 步 完成对新建文档的编辑操作后，选择【文件】选项卡，如图 1-14 所示。

第 2 步 进入 Backstage 视图，*1.* 选择【另存为】选项，自动跳转至【另存为】选项设置界面，*2.* 单击【浏览】按钮，如图 1-15 所示。

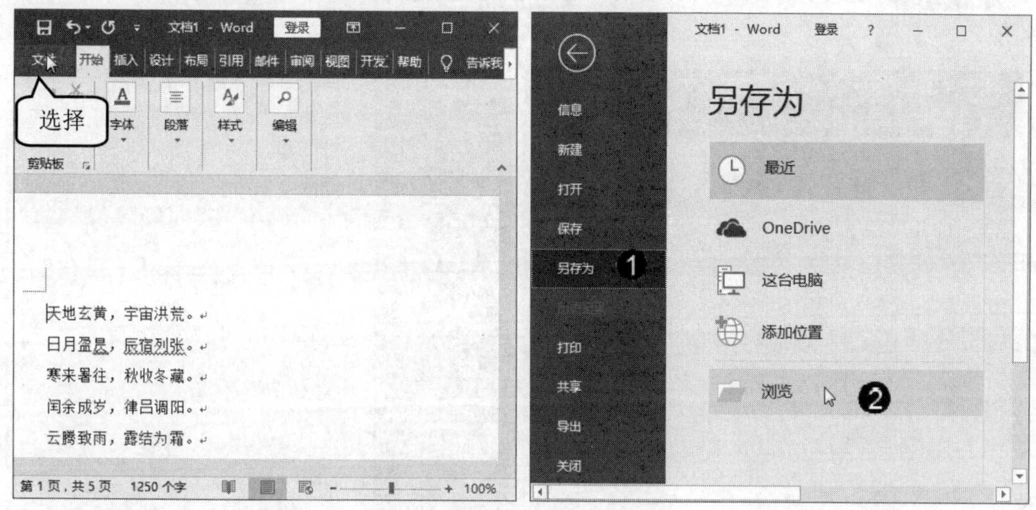

图 1-14　　　　图 1-15

第 3 步 弹出【另存为】对话框，*1.* 选择准备保存的位置，*2.* 在【文件名】下拉列表框中输入名称，*3.* 单击【保存】按钮即可完成保存文档的操作，如图 1-16 所示。

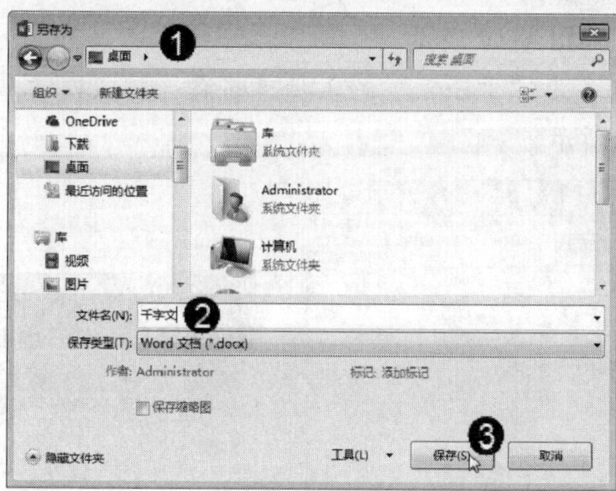

图 1-16

智慧锦囊

按 Ctrl+S 组合键，同样也可以对文档进行保存。如果没有对更改后的文档进行保存就直接关闭，Word 2016 将弹出对话框提示用户是否保存。

1.3.3　打开已经保存的文档

用户可以将电脑中保存的文档打开进行查看和编辑，同样用户也可以将不需要的文档关闭。下面介绍打开和关闭文档的操作步骤。

第 1 步 启动 Word 2016 程序，选择【文件】选项卡，如图 1-17 所示。

第 2 步 进入 Backstage 视图，***1.*** 选择【打开】选项，***2.*** 单击【浏览】按钮，如图 1-18 所示。

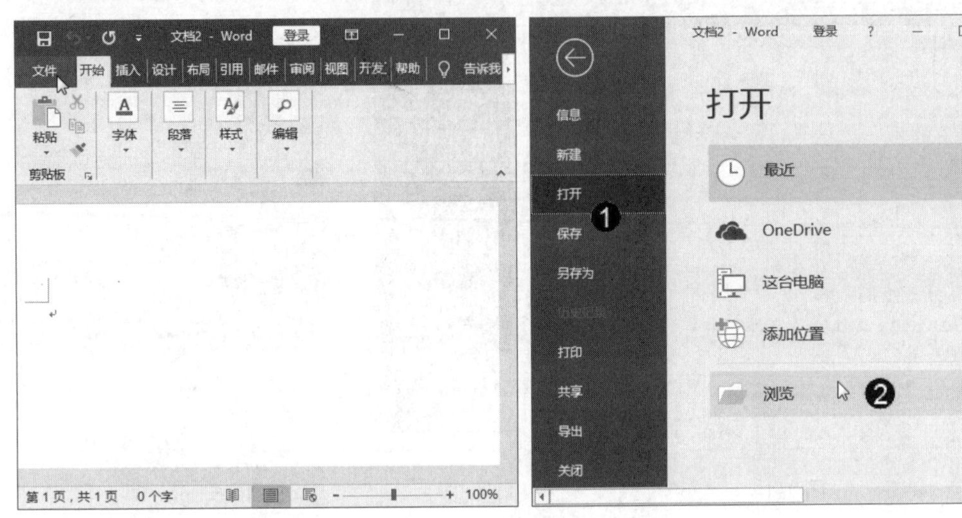

图 1-17　　　　图 1-18

第 3 步 弹出【打开】对话框，***1.*** 选择要打开文件的位置，***2.*** 选择需要打开的文件，***3.*** 单击【打开】按钮，如图 1-19 所示。

第 4 步 可以看到名为“千字文”的文档被打开，通过以上步骤即可完成打开已保存文档的操作，如图 1-20 所示。

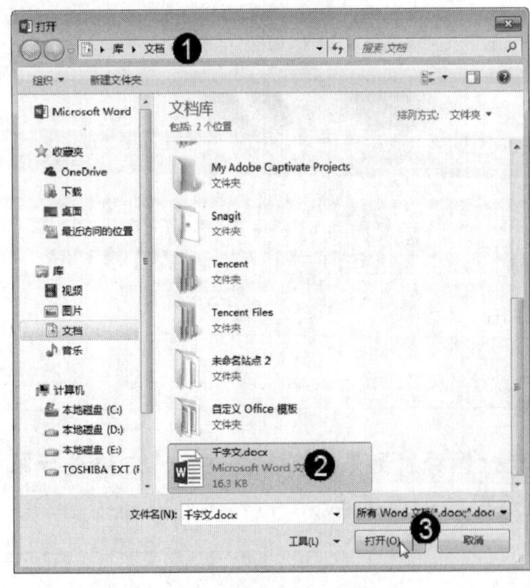

图 1-19

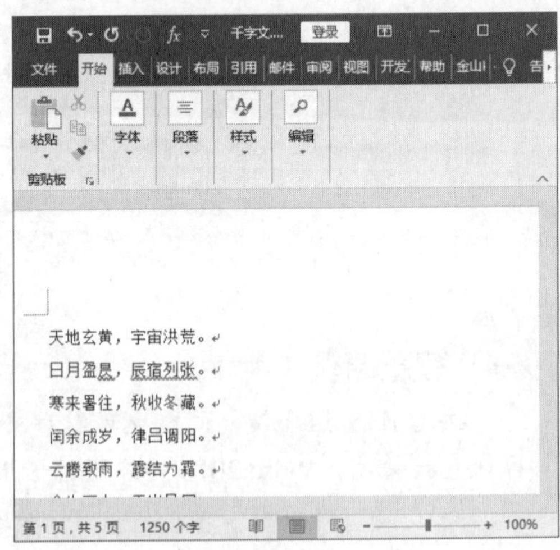

图 1-20

1.4　输入与编辑文本操作

在 Word 2016 中执行输入与编辑文本操作时，不同内容的文本输入方法有所不同，对于一些经常使用到的文本，程序提供了快捷的输入方法。本节将介绍输入文本、插入时间与日期、插入符号以及复制剪切文本的操作。

↑扫码看视频

1.4.1　定位光标输入标题与正文

新建空白文档后，用户就可以在文档中输入内容了，下面详细介绍在文档中输入标题与正文的方法。

第 1 步 启动 Word 2016 程序，新建空白文档，输入标题，如图 1-21 所示。

第 2 步 输入标题后，按 Enter 键将光标定位在下一行，输入正文内容，如图 1-22 所示。

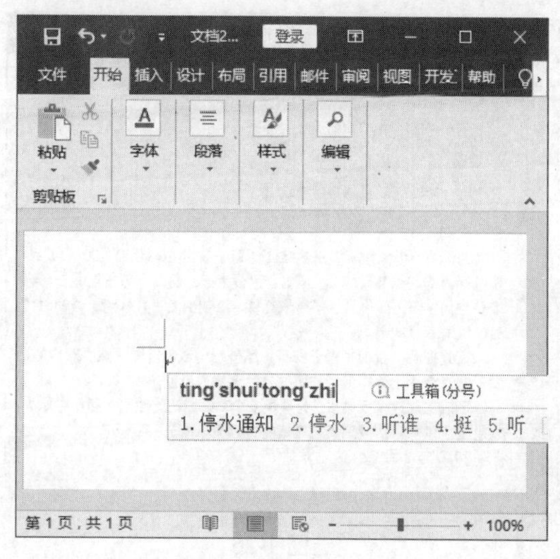

图 1-21

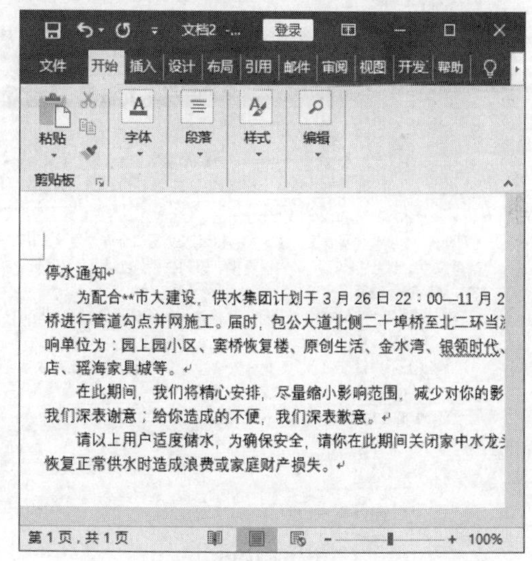

图 1-22

1.4.2　插入日期和时间

完成文档标题与正文的输入后，用户还可以为文档插入日期与时间。在文档中插入日期与时间的方法非常简单，下面详细介绍在文档中插入日期与时间的方法。

第 1 步 按 Enter 键换行，***1.*** 选择【插入】选项卡，***2.*** 单击【文本】下拉按钮，

3.在弹出的选项中单击【日期和时间】按钮，如图 1-23 所示。

第 2 步 弹出【日期和时间】对话框，***1.*** 在【可用格式】列表框中选择一种格式，***2.*** 单击【确定】按钮，如图 1-24 所示。

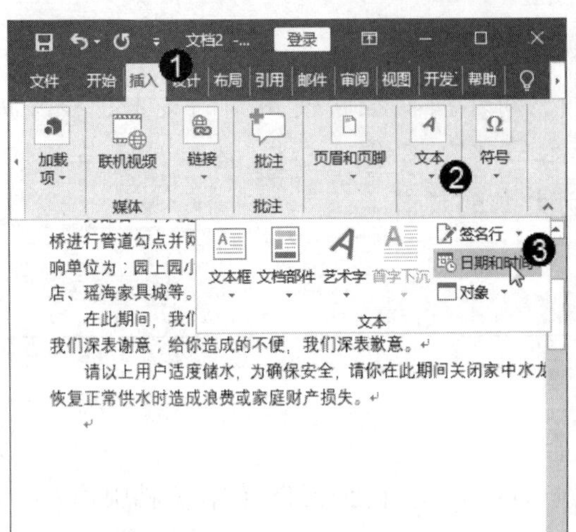

图 1-23

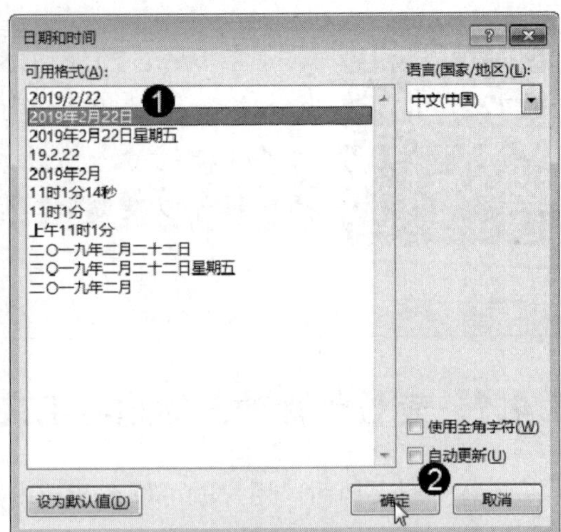

图 1-24

第 3 步 可以看到文档中添加了当前日期，如图 1-25 所示。

第 4 步 使用相同方法为文档插入当前时间，如图 1-26 所示。

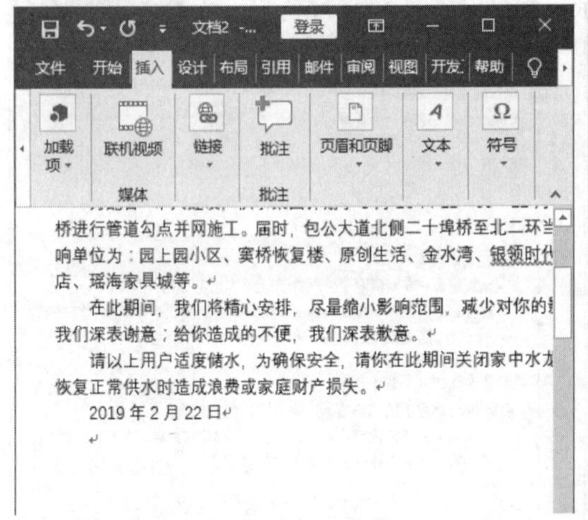

图 1-25

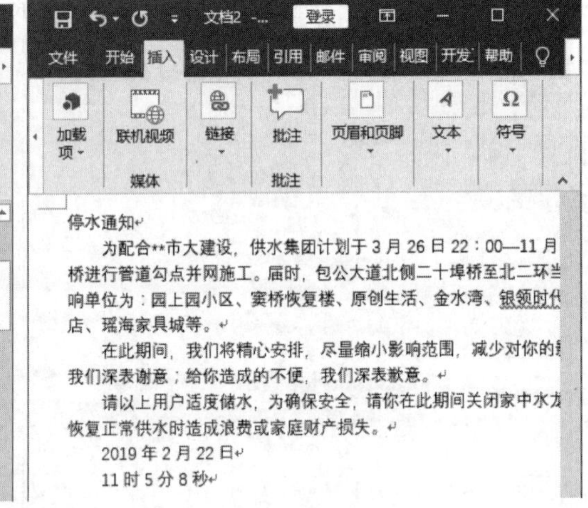

图 1-26

1.4.3　在文档中插入符号

除了可以在文档中插入日期与时间外，用户还可以在文档中插入特殊符号，下面详细介绍在文档中插入特殊符号的方法。

第 1 步 定位光标，***1.*** 选择【插入】选项卡，***2.*** 单击【符号】下拉按钮，***3.*** 在弹出的菜单中单击【符号】下拉按钮，***4.*** 在弹出的子菜单中选择【其他符号】选项，如图 1-27

所示。

第 2 步 弹出【符号】对话框，***1.*** 在列表框中选择一种符号，***2.*** 单击【插入】按钮，***3.*** 单击【关闭】按钮，如图 1-28 所示。

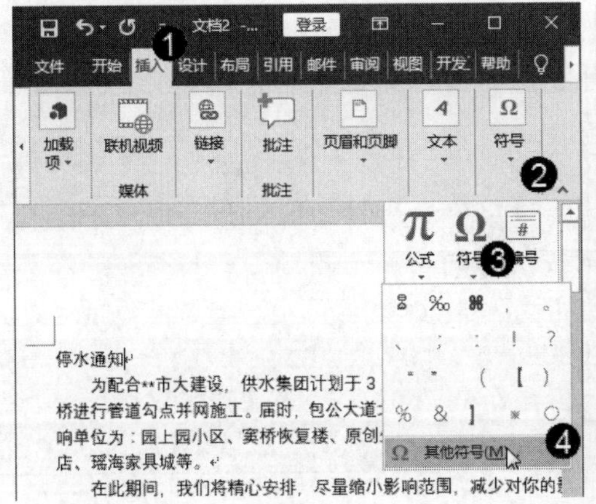

图 1-27

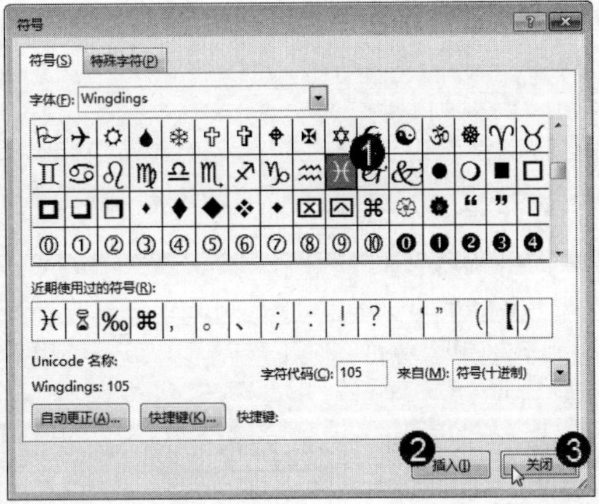

图 1-28

第 3 步 可以看到文档中已经插入了符号，如图 1-29 所示。

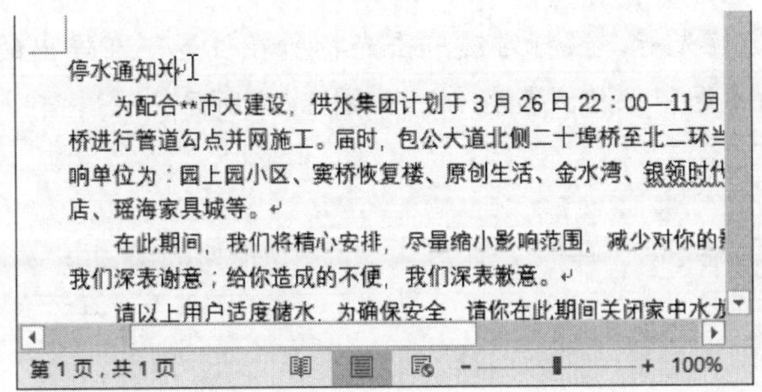

图 1-29

1.4.4　复制、剪切与粘贴文本

复制是指把文档中的一部分拷贝一份，然后放到其他位置，而复制的内容仍按原样保留在原位置。剪切文本则是指把文档中的一部分内容移到文档中的其他位置，原有位置的文档不保留。下面详细介绍复制、剪切与粘贴文本的方法。

第 1 步 鼠标右键单击选中的文本，在弹出的快捷菜单中选择【复制】菜单项，如图 1-30 所示。

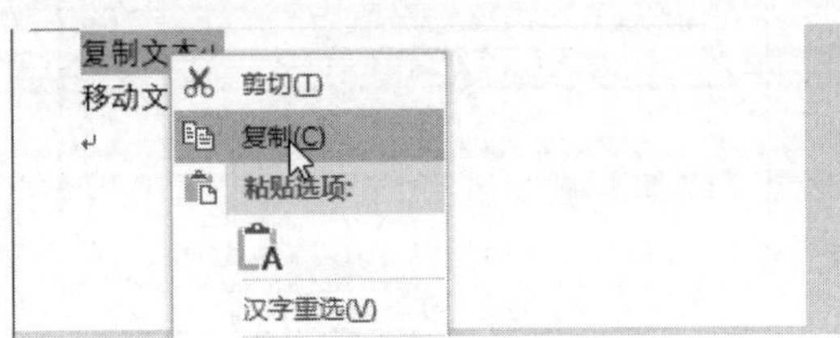

图 1-30

第 2 步 重新定位光标，鼠标右键单击光标所在位置，在弹出的快捷菜单中单击【粘贴选项】菜单项下的【保留源格式】按钮，如图 1-31 所示。

第 3 步 此时文本内容已经粘贴到新位置，通过以上步骤即可完成复制文本内容的操作，如图 1-32 所示。

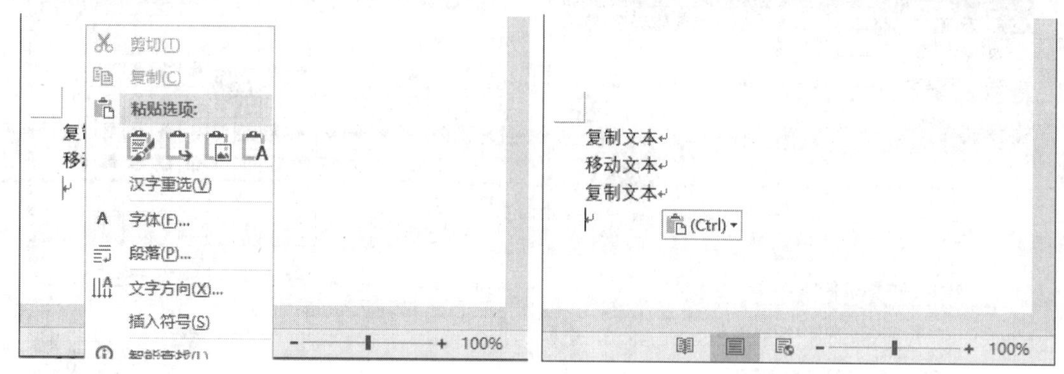

图 1-31　　图 1-32

第 4 步 鼠标右键单击选中文本，在弹出的快捷菜单中选择【剪切】菜单项，如图 1-33 所示。

第 5 步 重新定位光标，鼠标右键单击光标所在位置，在弹出的快捷菜单中单击【粘贴选项】菜单项下的【保留源格式】按钮，如图 1-34 所示。

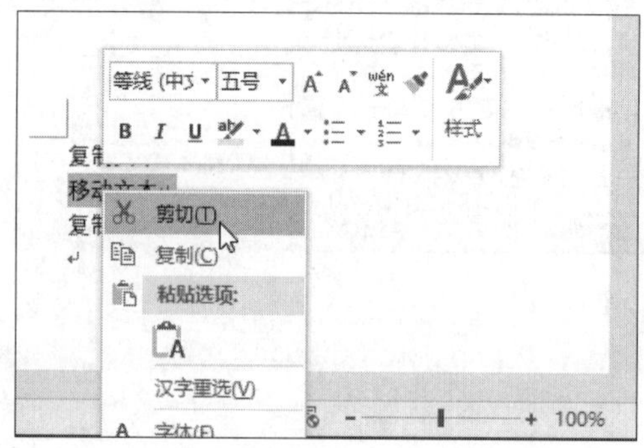

图 1-33

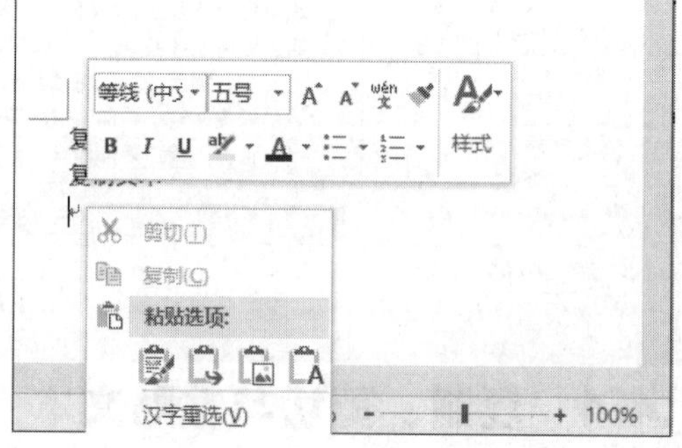

图 1-34

第 6 步 可以看到文本内容已经移动到新位置，通过以上步骤即可完成剪切文本的操作，如图 1-35 所示。

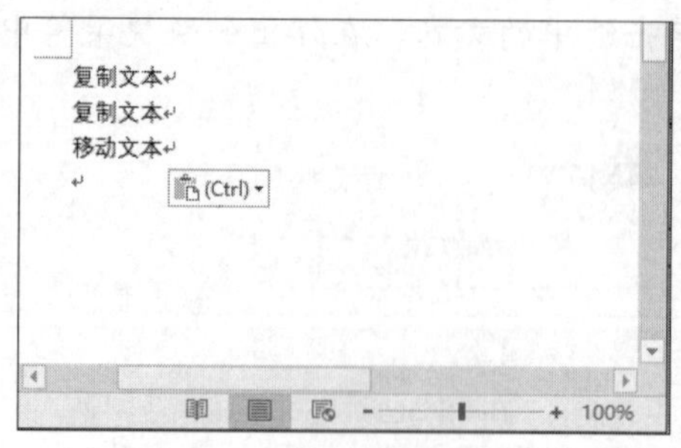

图 1-35

1.5　查找和替换文本

在一篇很长的文档中查找一个词语，可以借助 Word 2016 提供的查找功能。同样，如果要将文档中的一个词语用另外的词语来替换，而且这个词语在文档中出现的次数较多时，可借助 Word 2016 提供的替换功能。

↑扫码看视频

1.5.1　查找文本

Word 2016 中新增了导航窗格，通过导航窗格可以查看文档结构，也可以对文档中的某些文本内容进行搜索，搜索到所需内容后，程序会自动将其突出显示。

第 1 步　将光标定位在文本的任意位置，***1.*** 在【开始】选项卡中单击【编辑】下拉按钮，**2.** 在弹出的菜单中选择【查找】选项，如图 1-36 所示。

第 2 步　弹出【导航】窗格，在下拉列表框中输入准备查找的文本内容如“公司”，按 Enter 键，如图 1-37 所示。

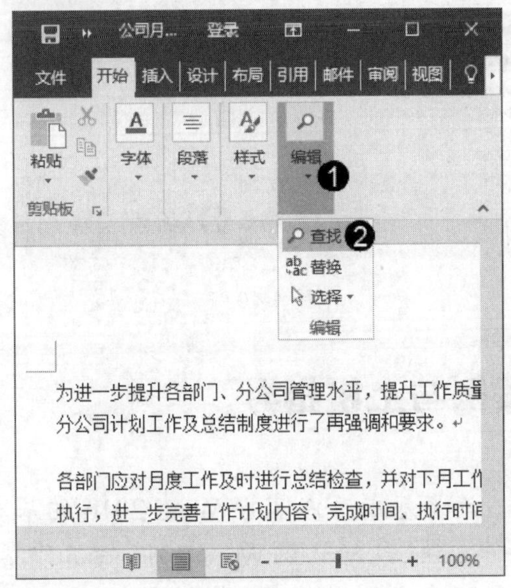

图 1-36

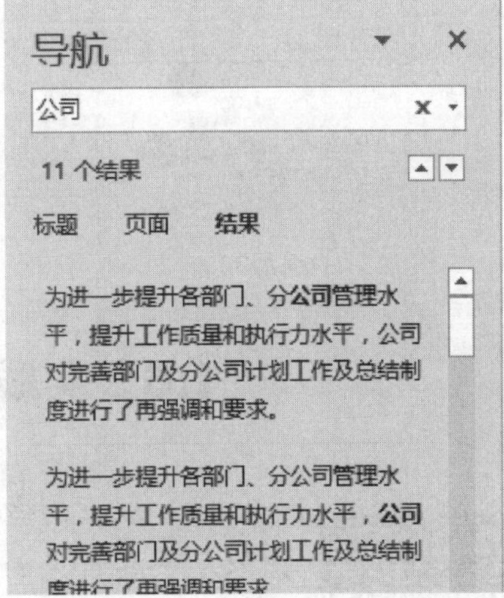

图 1-37

第 3 步　在文档中会显示该文本所在的页面和位置，该文本用黄色标出，如图 1-38 所示。

为进一步提升各部门、分公司管理水平，提升工作质量和执行力水平，公司对完善部门及分公司计划工作及总结制度进行了再强调和要求。

各部门应对月度工作及时进行总结检查，并对下月工作进行计划，并将其作为一项制度来执行，进一步完善工作计划内容、完成时间、执行时间、责任人。各部门及分公司负责人要将本部门的工作总结及计划于每月月底及时上报总经理，公司总经理办公会将对各部门的月度工作计划进行通报，对上月度的工作完成情况进行检查并通报，对未完成的工作任务分析原因，提出最后完成期限公司月度工作计划范文工作计划。

各部门及分公司负责人要做好本部门员工工作计划及总结编写的组织及督促，要求工作任务分解到人、明确量化。部门员工的月度工作计划、总结由部门及分公司领导审核，并于每月月底报管理部人力资源主管钱静处备存，以备检查执行情况。

为加强部门月度工作计划与总结工作，根据公司领导班子扩大会议的精神，特作如下规定：

图 1-38

1.5.2 替换文本

替换功能用于将文档中的某些内容替换为其他内容，使用该功能时，将会与查找功能一起使用。

第 1 步 在【开始】选项卡中，***1.*** 单击【编辑】下拉按钮，***2.*** 在弹出的菜单中选择【替换】选项，如图 1-39 所示。

第 2 步 弹出【查找和替换】对话框，***1.*** 在【替换】选项卡的【查找内容】和【替换为】下拉列表框中输入内容，***2.*** 单击【全部替换】按钮即可完成替换文本的操作，如图 1-40 所示。

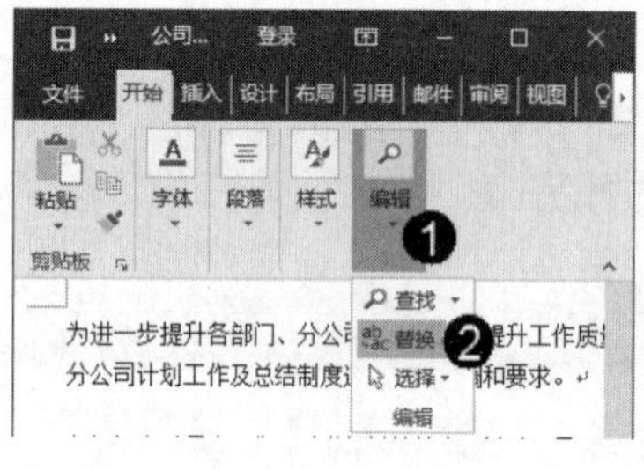

图 1-39

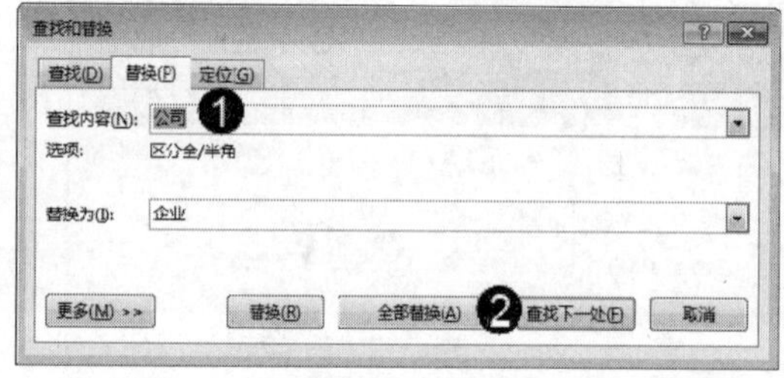

图 1-40

1.6 实践案例与上机指导

通过本章的学习，读者基本可以掌握 Word 2016 的基本知识以及一些常见的操作方法，包括认识 Word 2016 的工作界面、文档视图方式、新建与保存文件、输入与编辑文本以及查找和替换文本等。下面通过练习操作，以达到巩固学习、拓展提高的目的。

↑扫码看视频

1.6.1　设置文档自动保存时间间隔

用户可以根据自身需要设置文档自动保存的时间间隔，下面详细介绍设置文档自动保存时间间隔的方法。

素材保存路径：无

素材文件名称：无

第 1 步 启动 Word 2016 程序，选择【文件】选项卡，如图 1-41 所示。

第 2 步 进入 Backstage 视图，选择【选项】选项，如图 1-42 所示。

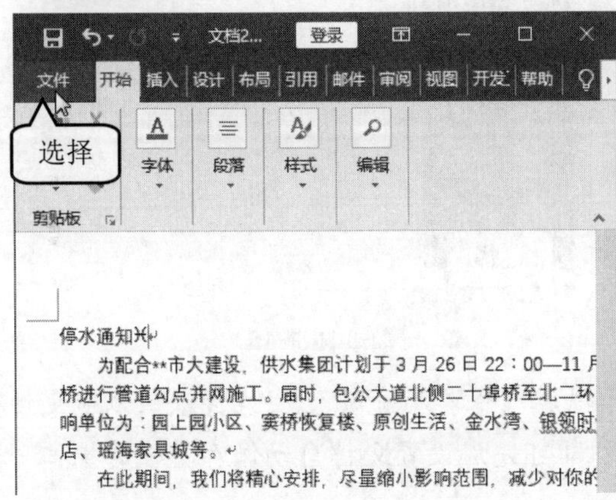

图 1-41

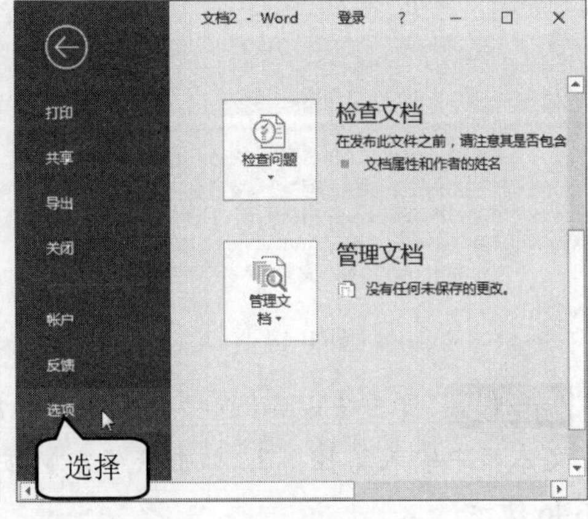

图 1-42

第 3 步 弹出【Word 选项】对话框，*1.* 选择【保存】选项，*2.* 在【保存自动恢复信息时间间隔】微调框中输入数字，*3.* 单击【确定】按钮即可完成设置文档自动保存时间间隔的操作，如图 1-43 所示。

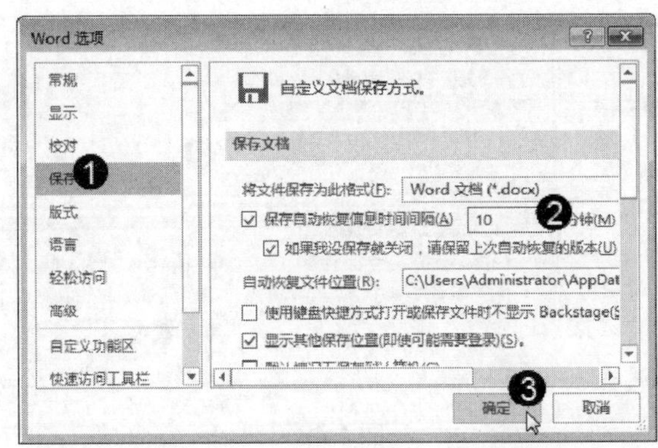

图 1-43

1.6.2　设置默认的文档保存路径

用户可以根据自身需要设置文档保存路径，下面详细介绍设置文档保存路径的方法。

素材保存路径：无

素材文件名称：无

第 1 步 启动 Word 2016 程序，选择【文件】选项卡，如图 1-44 所示。

第 2 步 进入 Backstage 视图，选择【选项】选项，如图 1-45 所示。

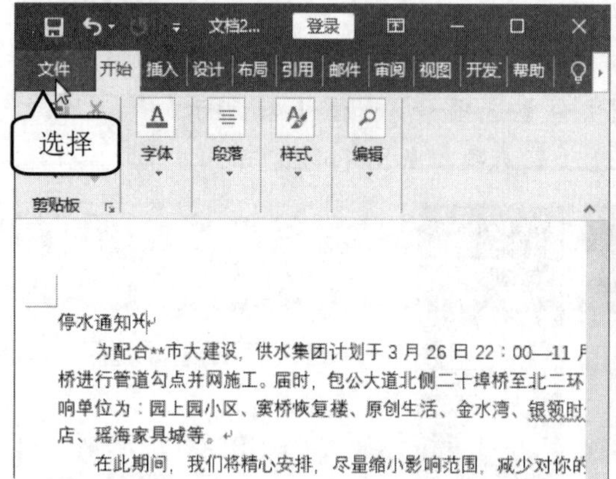

图 1-44

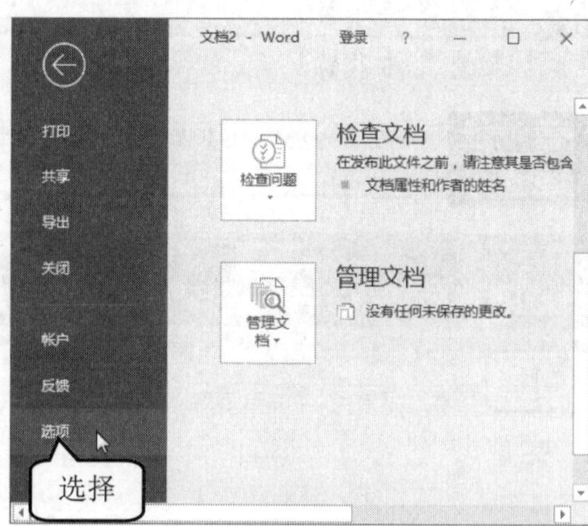

图 1-45

第 3 步 弹出【Word 选项】对话框，*1.* 选择【保存】选项，*2.* 在【默认本地文件位置】文本框中输入路径，*3.* 单击【确定】按钮即可完成设置文档自动保存路径的操作，如图 1-46 所示。

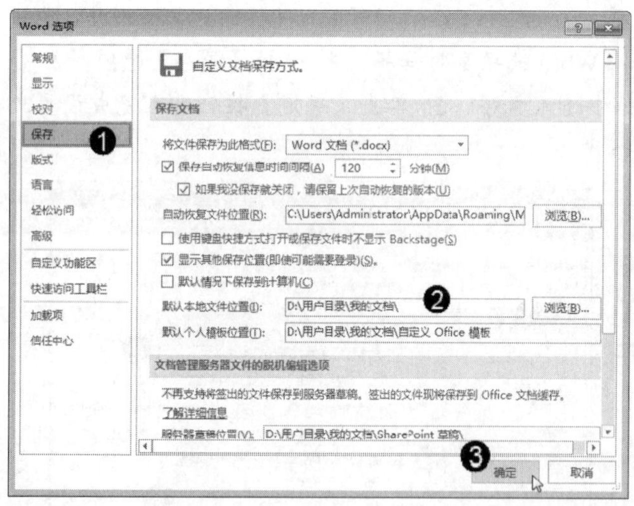

图 1-46

1.6.3 设置纸张大小和方向

用户还可以设置页面边距和纸张的大小等要素，设置页面边距和纸张大小的方法非常简单，下面详细介绍其操作方法。

第 1 步 新建文档，在【布局】选项卡中，*1.* 单击【页面设置】下拉按钮，*2.* 在弹出的选项中单击【纸张大小】下拉按钮，*3.* 在弹出的下拉菜单中选择【信函】选项，如图 1-47 所示。

第 2 步 可以看到纸张的大小已经改变，通过以上步骤即可完成设置纸张大小的操作，如图 1-48 所示。

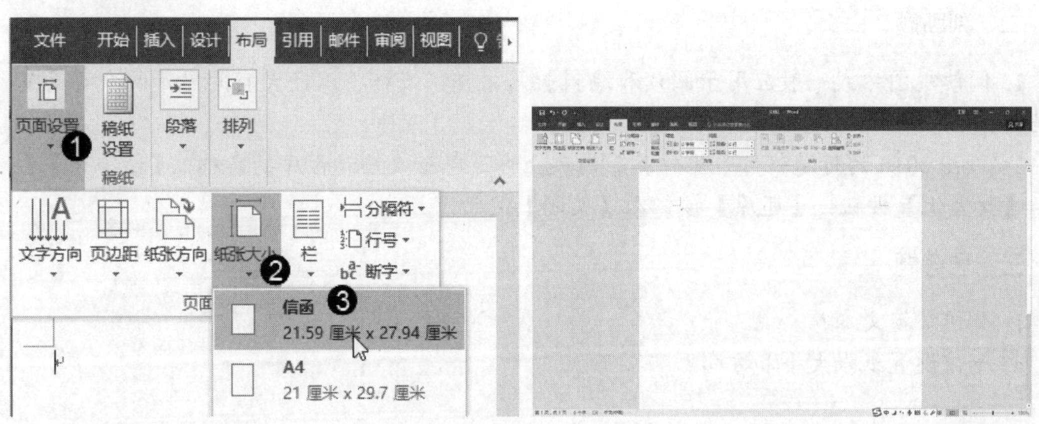

图 1-47　　　　图 1-48

第 3 步 在【布局】选项卡中，*1.* 单击【页面设置】下拉按钮，*2.* 在弹出的选项中单击【纸张方向】下拉按钮，*3.* 在弹出的下拉菜单中选择【横向】选项，如图 1-49 所示。

第 4 步 可以看到纸张的方向已经改变，通过以上步骤即可完成设置纸张方向的操作，如图 1-50 所示。

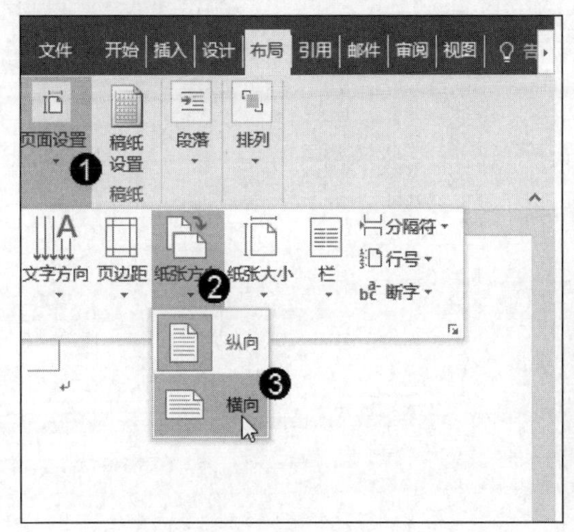

图 1-49

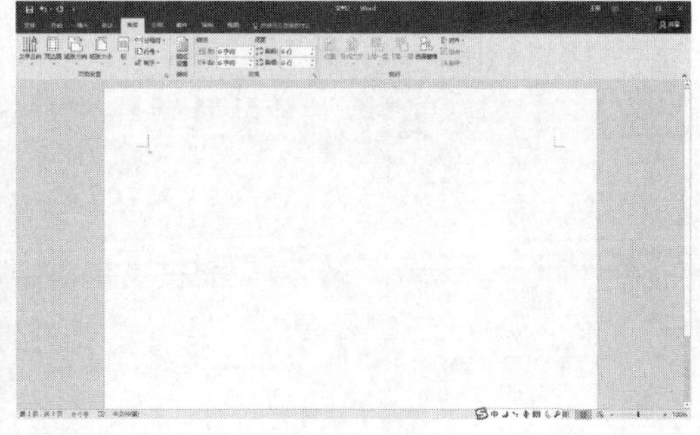

图 1-50

1.7　思考与练习

一、填空题

1. Word 2016 的工作界面包括__________、快速访问工具栏、文档编辑区、状态栏、________、________和垂直滚动条。

2. 在 Word 2016 中，选择【视图】选项卡，单击【视图】按钮，在弹出的菜单中单击__________按钮即可应用页面视图。

二、判断题

1. 阅读视图方式一般应用于阅读和编辑长篇文档，文档将以最大空间显示两个页面的文档。 (   )

2. Word 2016 的标题栏位于操作界面的最上方，包括文档和程序的名称、【最小化】按钮、【最大化】按钮、【还原】按钮和【关闭】按钮。 (   )

三、思考题

1. 如何替换文本?

2. 如何设置纸张大小和方向?

新起点 电脑教程

第 2 章

编排 Word 文档格式

本章要点

- 设置文本格式
- 编排段落格式
- 特殊版式设计
- 边框和底纹设置

本章主要内容

本章主要介绍了设置文本格式、编排段落格式和特殊版式设计方面的知识与技巧，同时还讲解了设置边框和底纹的方法，在本章的最后还针对实际的工作需求，讲解了添加项目符号和编号、分栏排版的方法。通过本章的学习，读者可以掌握 Word 2016 编排文档格式方面的知识，为深入学习 Office 2016 知识奠定基础。

2.1 设置文本格式

在 Word 2016 中输入文本后，可以对文本格式进行设置，使文档更加美观。设置文本格式包括对文字的字体、大小、颜色、倾斜和加粗等内容的设置。本节详细介绍设置 Word 文本格式的操作方法。

↑ 扫码看视频

2.1.1 设置文本的字体

在 Word 2016 中输入文本后，可以对文本的字体进行设置，使整个文档更加工整，下面详细介绍设置文本字体的操作方法。

第 1 步 选中要设置字体的文本，***1.*** 在【开始】选项卡中单击【字体】下拉按钮，***2.*** 在弹出的菜单中选择一种字体，如“黑体”，如图 2-1 所示。

第 2 步 可以看到文本字体已经发生改变，通过以上步骤即可完成设置文本字体的操作，如图 2-2 所示。

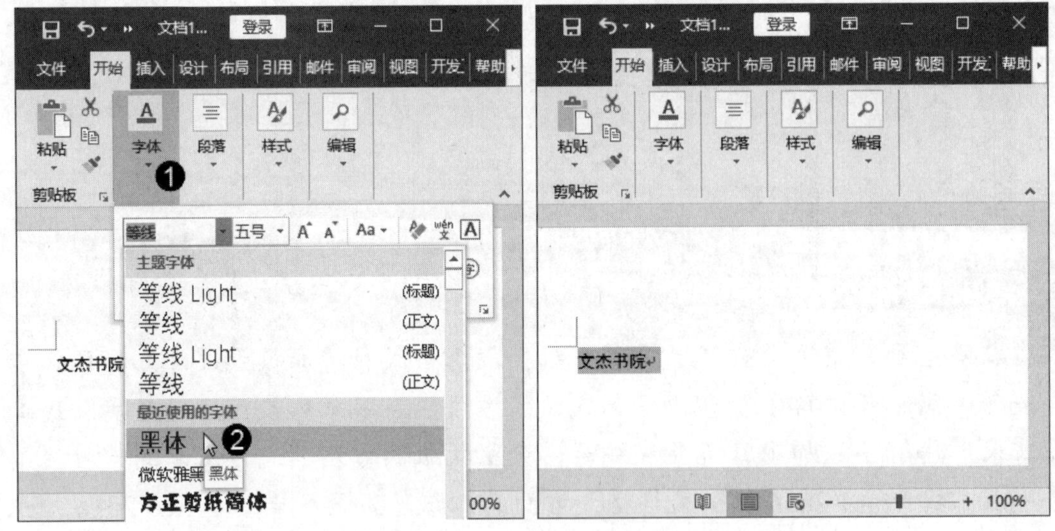

图 2-1　　图 2-2

2.1.2 设置文本的字号

在 Word 2016 中输入文本后，不但可以设置文本的字体，还可以设置文本的字号，下面详细介绍设置文本字号的操作方法。

第 1 步 选中要设置字号的文本，*1.* 在【开始】选项卡中单击【字体】下拉按钮，**2.** 在弹出的菜单中选择一种字号，如“小二”，如图 2-3 所示。

第 2 步 可以看到文本的字号已经发生改变，通过以上步骤即可完成设置文本字号的操作，如图 2-4 所示。

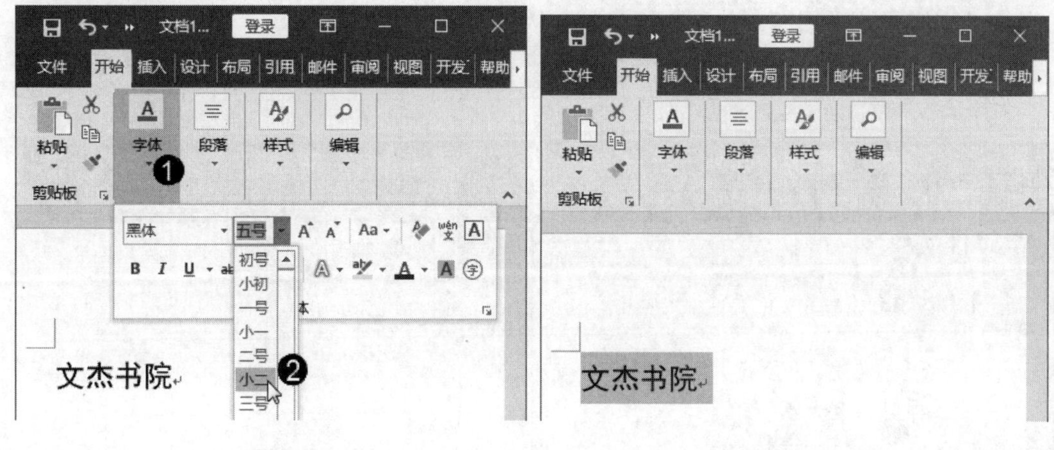

图 2-3　　　　图 2-4

2.1.3　设置文本的颜色

为了使文本更加美观、清晰，或者起到突出文本内容的效果，可以为文本设置颜色，下面详细介绍设置文本颜色的操作方法。

第 1 步 选中要设置颜色的文本，*1.* 在【开始】选项卡中单击【字体】下拉按钮，**2.** 在弹出的菜单中单击【字体颜色】下拉按钮，在弹出的颜色库中选择一种颜色，如图 2-5 所示。

第 2 步 可以看到文本颜色已经发生改变，通过以上步骤即可完成设置文本颜色的操作，如图 2-6 所示。

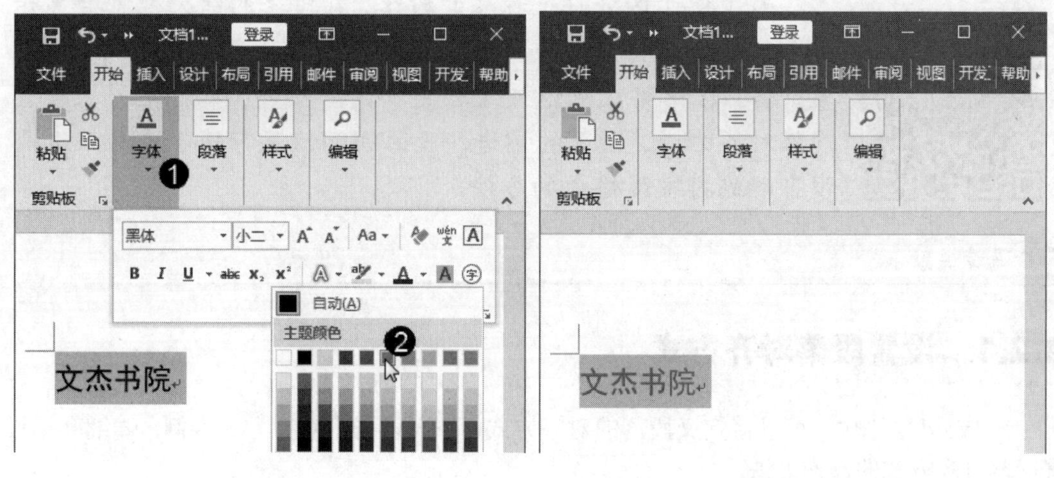

图 2-5　　　　图 2-6

2.1.4 设置字体字形

除了可以设置文本的大小、颜色之外，用户还可以设置文本的字形，下面详细介绍设置文本字形的方法。

第 1 步 选中要设置字形的文本，***1.*** 在【开始】选项卡中单击【字体】下拉按钮，***2.*** 在弹出的菜单中单击【加粗】和【倾斜】按钮，如图 2-7 所示。

第 2 步 可以看到文本字形已经发生改变，通过以上步骤即可完成设置文本字形的操作，如图 2-8 所示。

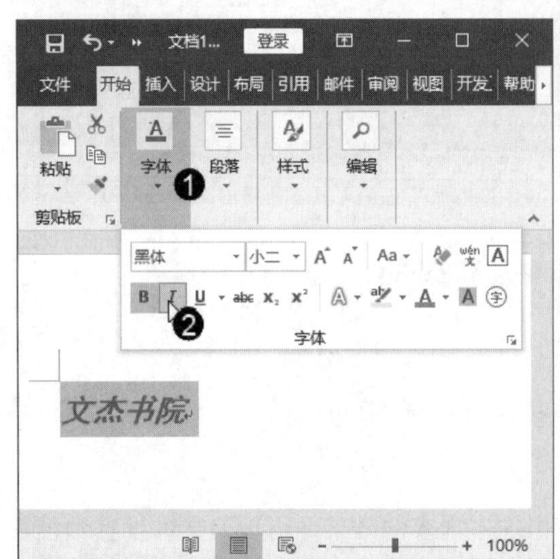

图 2-7

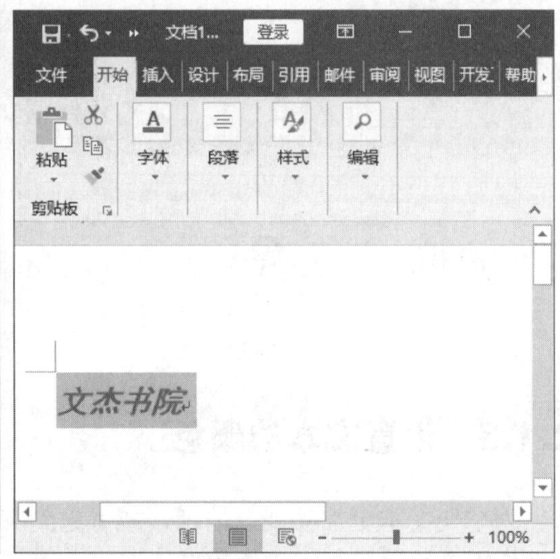

图 2-8

2.2 编排段落格式

为了便于区分每个独立的段落，在段落的结束处都会显示一个段落标记符号。该符号保留着有关该段落的所有格式设置。编排段落格式可以使文档更加简洁规整，本节主要从设置段落对齐方式、段落的缩进、段落间距以及行距等方面来进一步了解编排段落格式的方法。

↑扫码看视频

2.2.1 设置段落对齐方式

在 Word 文档中，可以自定义段落的对齐方式，下面以居中对齐方式为例，详细介绍设置段落对齐方式的操作方法。

第 1 步 选中文本，*1.* 在【开始】选项卡中单击【段落】下拉按钮，*2.* 在弹出的菜单中单击【居中】按钮，如图 2-9 所示。

第 2 步 可以看到选中的文本已经居中显示，通过以上步骤即可完成设置段落对齐方式的操作，如图 2-10 所示。

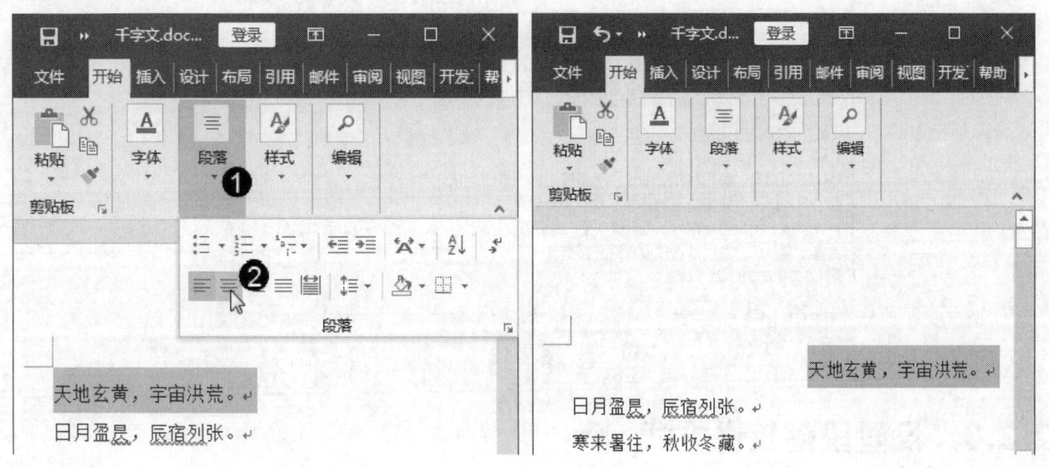

图 2-9　　　　图 2-10

2.2.2　设置段落间距和行距

段落间距是指文档中段落与段落之间的距离。有时为了需要，要设置段落间距。行距是指文档中行与行之间的距离。行距的形式包括单倍行距、1.5 倍行距、2 倍行距、最小值行距等，下面详细介绍设置段落间距与行距的操作方法。

第 1 步 选中文本，*1.* 在【开始】选项卡中单击【段落】下拉按钮，*2.* 在弹出的菜单中单击【启动器】按钮，如图 2-11 所示。

第 2 步 弹出【段落】对话框，*1.* 在【缩进和间距】选项卡的【段前】、【段后】微调框中输入数值，*2.* 在【行距】下拉列表框中选择【1.5 倍行距】选项，*3.* 单击【确定】按钮，如图 2-12 所示。

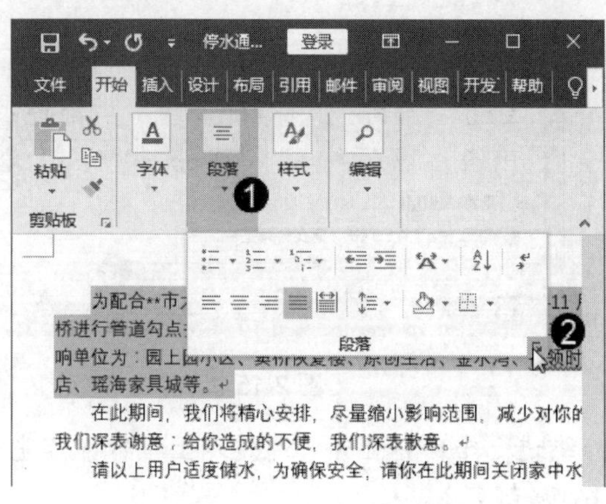

图 2-11　　　　图 2-12

第 3 步 通过以上步骤即可完成在 Word 文档中设置段落间距和行距的操作，如图 2-13 所示。

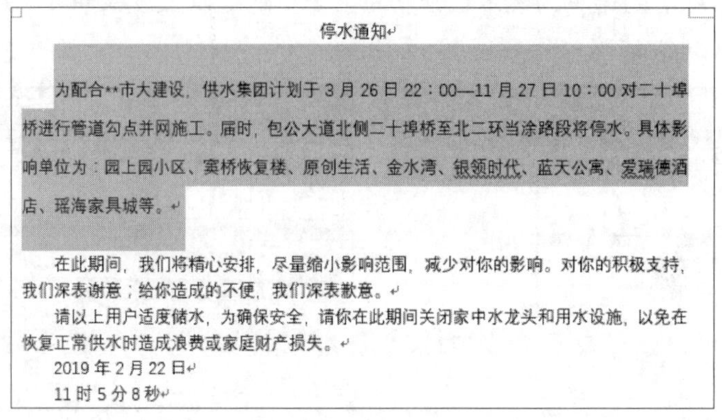
停水通知

为配合**市大建设，供水集团计划于 3 月 26 日 22：00—11 月 27 日 10：00 对二十埠桥进行管道勾点并网施工。届时，包公大道北侧二十埠桥至北二环当涂路段将停水。具体影响单位为：园上园小区、窦桥恢复楼、原创生活、金水湾、银领时代、蓝天公寓、爱瑞德酒店、瑶海家具城等。

在此期间，我们将精心安排，尽量缩小影响范围，减少对你的影响。对你的积极支持，我们深表谢意；给你造成的不便，我们深表歉意。

请以上用户适度储水，为确保安全，请你在此期间关闭家中水龙头和用水设施，以免在恢复正常供水时造成浪费或家庭财产损失。

2019 年 2 月 22 日

11 时 5 分 8 秒

图 2-13

2.2.3 设置段落缩进方式

段落缩进是指段落相对左右页边距向页内缩进一段距离。设置段落缩进可以将一个段落与其他段落分开，使文字条理更加清晰、层次更加分明。下面介绍设置段落缩进的方法。

第 1 步 选中文本，***1.*** 在【开始】选项卡中单击【段落】下拉按钮，***2.*** 在弹出的菜单中单击【启动器】按钮，如图 2-14 所示。

第 2 步 弹出【段落】对话框，***1.*** 在【缩进和间距】选项卡的【缩进】区域中单击【特殊】下拉按钮，选择【首行】选项，***2.*** 在【缩进值】微调框中输入数值，***3.*** 单击【确定】按钮，如图 2-15 所示。

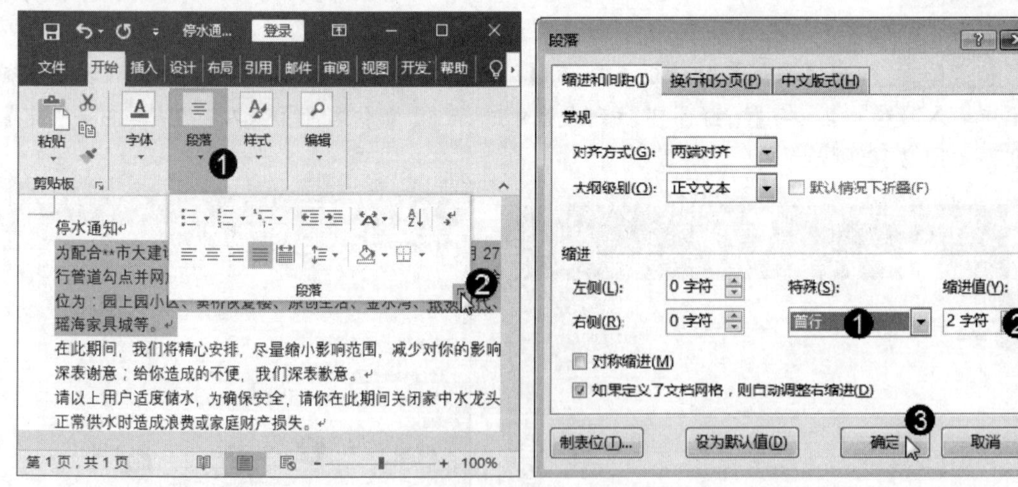

图 2-14　　　　图 2-15

第 3 步 可以看到选中的段落首行已经缩进 2 个字符显示，通过以上步骤即可完成在 Word 文档中设置段落缩进的操作，如图 2-16 所示。

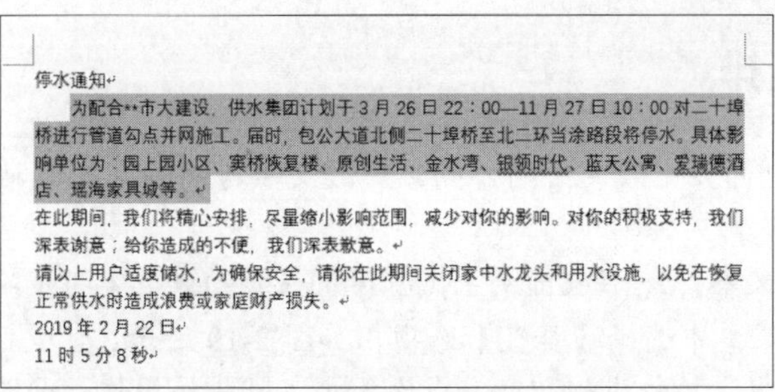

停水通知

为配合**市大建设，供水集团计划于 3 月 26 日 22：00—11 月 27 日 10：00 对二十埠桥进行管道勾点并网施工。届时，包公大道北侧二十埠桥至北二环当涂路段将停水。具体影响单位为：园上园小区、宴桥恢复楼、原创生活、金水湾、银领时代、蓝天公寓、爱瑞德酒店、瑶海家具城等。

在此期间，我们将精心安排，尽量缩小影响范围，减少对你的影响。对你的积极支持，我们深表谢意；给你造成的不便，我们深表歉意。

请以上用户适度储水，为确保安全，请你在此期间关闭家中水龙头和用水设施，以免在恢复正常供水时造成浪费或家庭财产损失。

2019 年 2 月 22 日

11 时 5 分 8 秒

图 2-16

2.3　特殊版式设计

在对文档进行排版时，为了制作具有特殊效果的文档，需要对文档进行特殊的版式设计，如首字下沉、文字竖排、使用拼音指南等，这些技巧性的操作在编辑 Word 文档时经常被应用。本节详细介绍关于特殊版式设计的操作。

↑扫码看视频

2.3.1　首字下沉

在报纸杂志上经常会看到首字下沉的效果，也就是一段文字开头的第一个字格外粗大，非常醒目。Word 也提供了首字下沉的功能，下面详细介绍设置首字下沉的方法。

第 1 步　选中文本，***1.*** 在【插入】选项卡中单击【文本】下拉按钮，***2.*** 在弹出的菜单中单击【首字下沉】下拉按钮，***3.*** 在弹出的子菜单中选择【下沉】选项，如图 2-17 所示。

第 2 步　通过以上操作步骤即可完成设置首字下沉的操作，如图 2-18 所示。

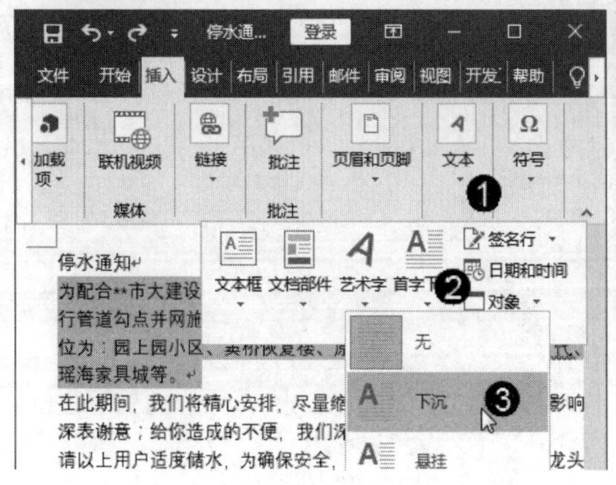

图 2-17

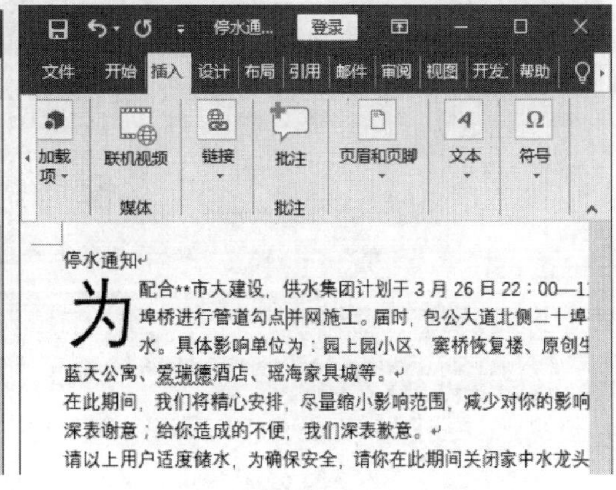

图 2-18

2.3.2 文字竖排

用户还可以根据需要更改文字的方向。更改文字方向的操作非常简单，下面详细介绍更改文字方向的方法。

第 1 步 选中文本，*1.* 在【布局】选项卡的【页面设置】组中单击【文字方向】下拉按钮，*2.* 在弹出的菜单中选择【垂直】选项，如图 2-19 所示。

第 2 步 通过以上操作步骤即可完成设置文字竖排的操作，如图 2-20 所示。

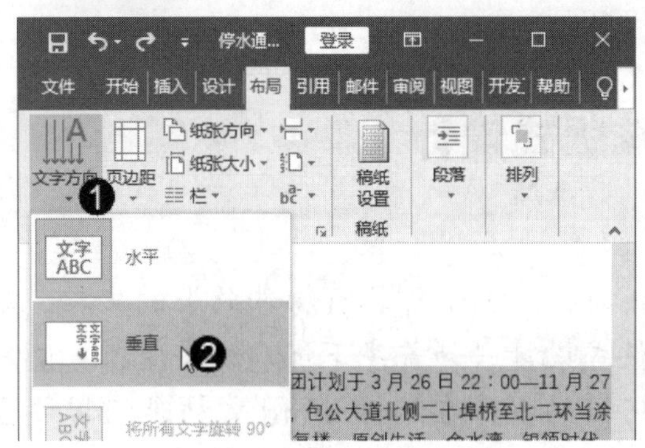

图 2-19

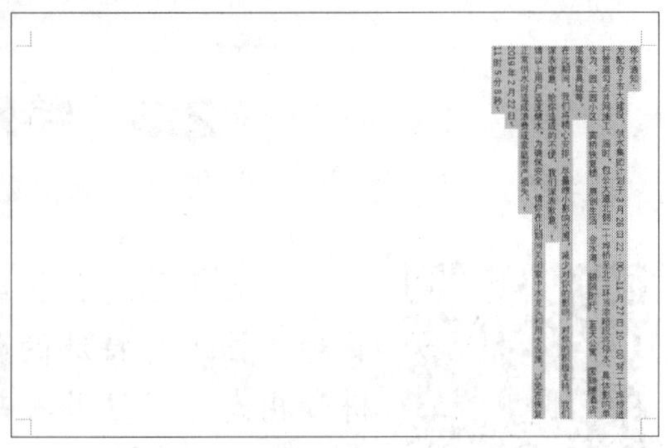

图 2-20

2.3.3 拼音指南

拼音指南是 Word 软件提供的一个智能命令，可以通过拼音指南功能将选中文字的拼音字符明确显示，下面详细介绍使用拼音指南的方法。

第 1 步 选中文本，*1.* 在【开始】选项卡中单击【字体】下拉按钮，*2.* 在弹出的菜单中单击【拼音指南】按钮，如图 2-21 所示。

第 2 步 弹出【拼音指南】对话框，*1.* 在【拼音文字】文本框中输入拼音，*2.* 在【字号】下拉列表框中输入数值，*3.* 单击【确定】按钮，如图 2-22 所示。

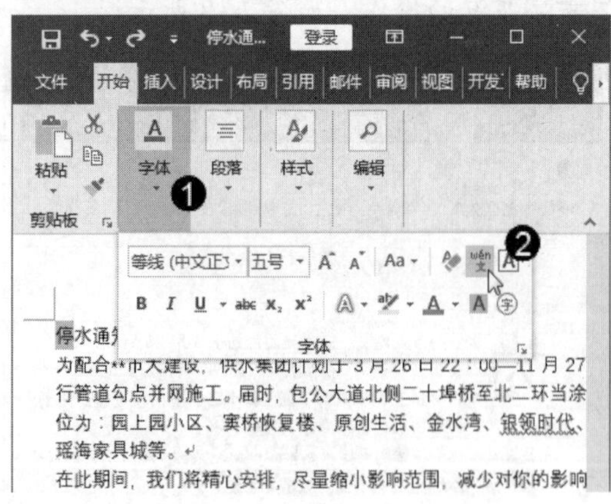

图 2-21

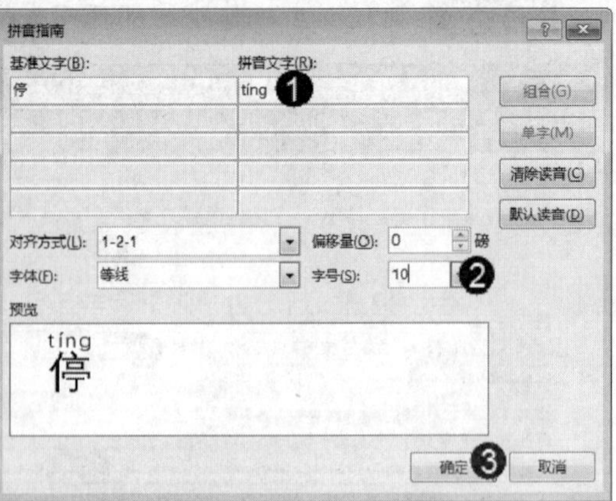

图 2-22

第 3 步 通过以上步骤即可完成给文字添加拼音指南的操作，如图 2-23 所示。

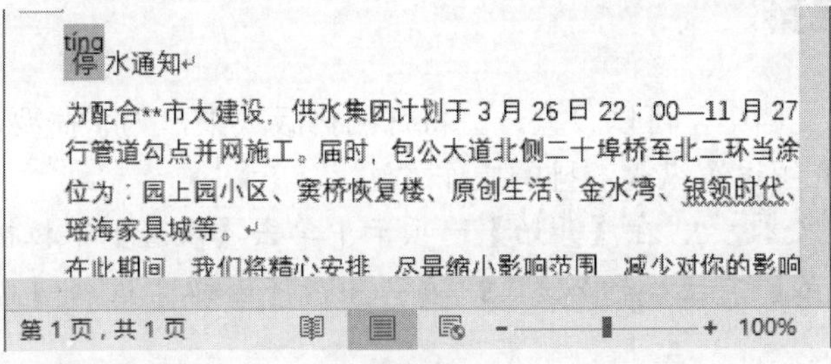

图 2-23

2.3.4　双行合一

在 Word 2016 文档中，可以设置一些特殊的排版效果，为了需要可以将文档双行合一，下面详细介绍如何设置双行合一的操作方法。

第 1 步 选中文本，***1.*** 在【开始】选项卡中单击【段落】下拉按钮，***2.*** 在弹出的菜单中单击【中文版式】下拉按钮，***3.*** 在弹出的子菜单中选择【双行合一】选项，如图 2-24 所示。

第 2 步 弹出【双行合一】对话框，单击【确定】按钮，如图 2-25 所示。

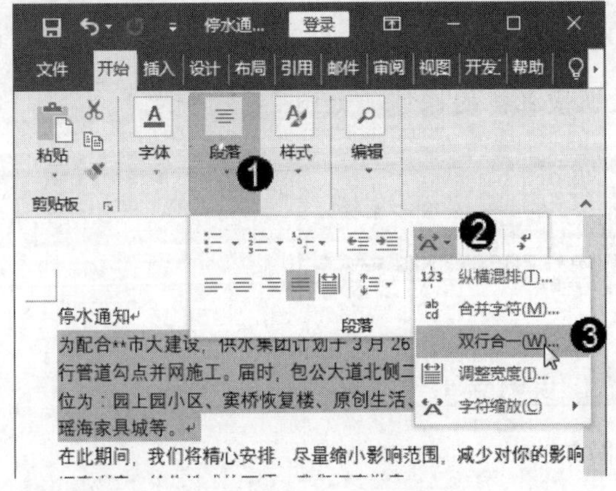

图 2-24

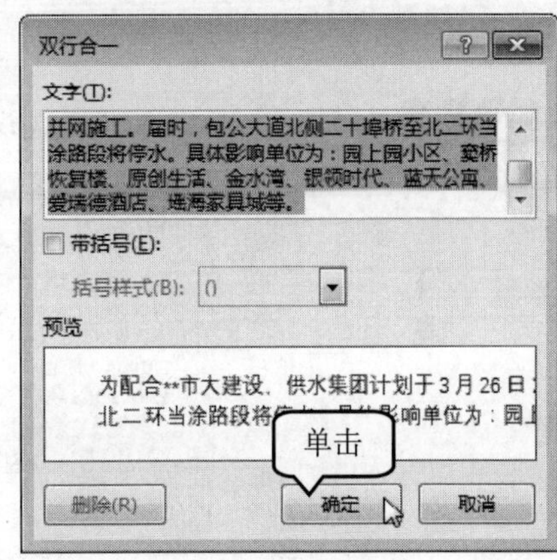

图 2-25

第 3 步 通过以上步骤即可完成设置双行合一的操作，如图 2-26 所示。

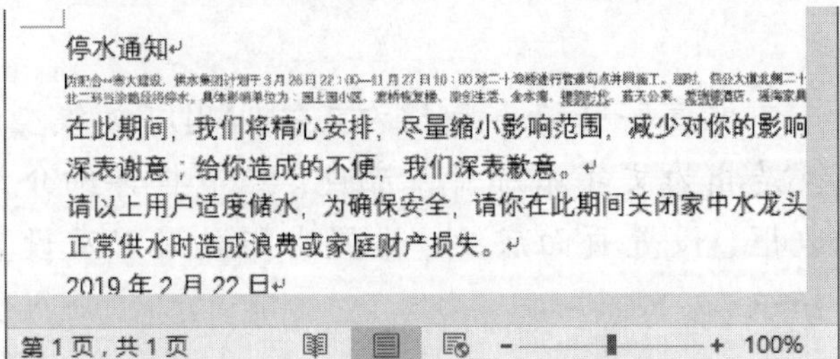

图 2-26

2.3.5 纵横混排

在 Word 2016 文档中，可以设置一些特殊的排版效果，为了需要，可以将文档进行纵横混排，下面详细介绍设置纵横混排的操作方法。

第 1 步 选中文本，*1.* 在【开始】选项卡中单击【段落】下拉按钮，*2.* 在弹出的菜单中单击【中文版式】下拉按钮，*3.* 在弹出的子菜单中选择【纵横混排】选项，如图 2-27 所示。

第 2 步 弹出【纵横混排】对话框，单击【确定】按钮，如图 2-28 所示。

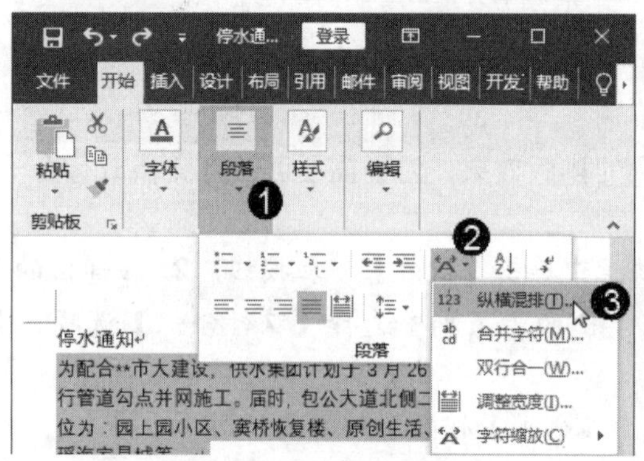

图 2-27

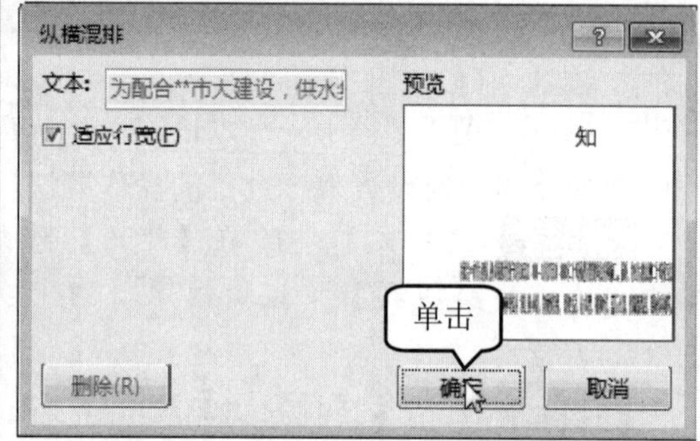

图 2-28

第 3 步 通过以上步骤即可完成设置纵横混排的操作，如图 2-29 所示。

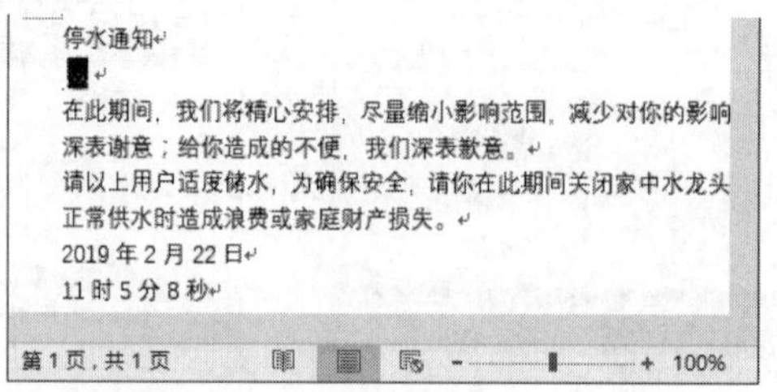

图 2-29

2.4 边框和底纹设置

设置字符边框是指为文字四周添加线型边框，设置字符底纹是指为文字添加背景颜色。本节将详细介绍为字符添加页面边框、设置页面底纹、设置水印效果以及设置页面颜色的相关知识。

↑扫码看视频

2.4.1　设置页面边框

为了增加 Word 文档的美观，还可以对文档添加一些外观效果，如添加页面边框、添加页面底纹、添加水印效果和设置页面颜色等，下面详细介绍设置页面边框的操作。

第 1 步　打开 Word 文档，***1.*** 选择【设计】选项卡，***2.*** 单击【页面背景】组中的【页面边框】按钮，如图 2-30 所示。

第 2 步　弹出【边框和底纹】对话框，***1.*** 在【页面边框】选项卡的【设置】区域选择【三维】选项，***2.*** 选择一种样式、宽度和颜色，***3.*** 单击【确定】按钮，如图 2-31 所示。

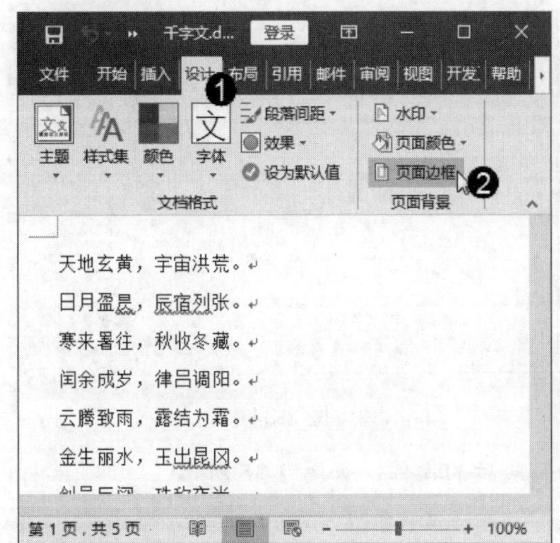

图 2-30

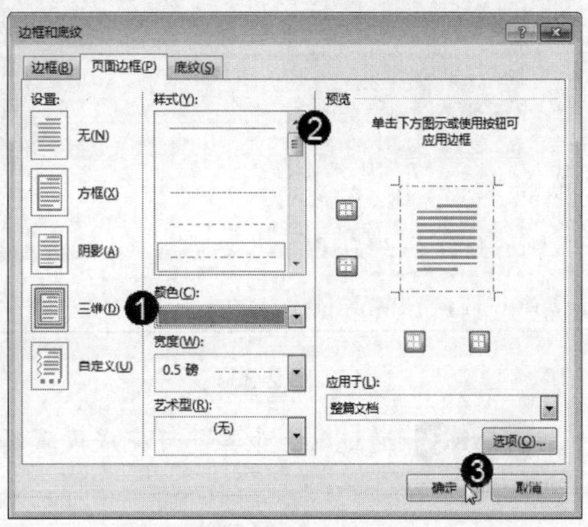

图 2-31

第 3 步　通过以上步骤即可完成设置页面边框的操作，如图 2-32 所示。

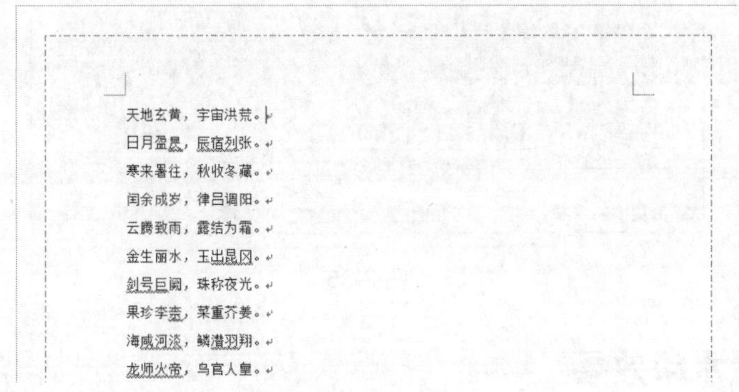

图 2-32

2.4.2　设置页面底纹

在 Word 2016 中，设置页面底纹是指选中文本的字符或段落背景，可以自定义设置页面底纹，下面详细介绍设置页面底纹的操作方法。

第 1 步 选中要设置页面底纹的文本，*1.* 选择【设计】选项卡，*2.* 在【页面背景】组中单击【页面边框】按钮，如图 2-33 所示。

第 2 步 弹出【边框和底纹】对话框，*1.* 选择【底纹】选项卡，*2.* 在【填充】下拉列表框中选择底纹颜色，*3.* 单击【确定】按钮，如图 2-34 所示。

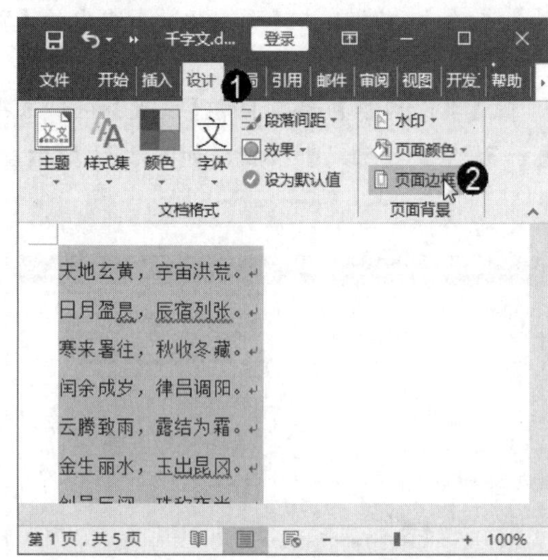

图 2-33

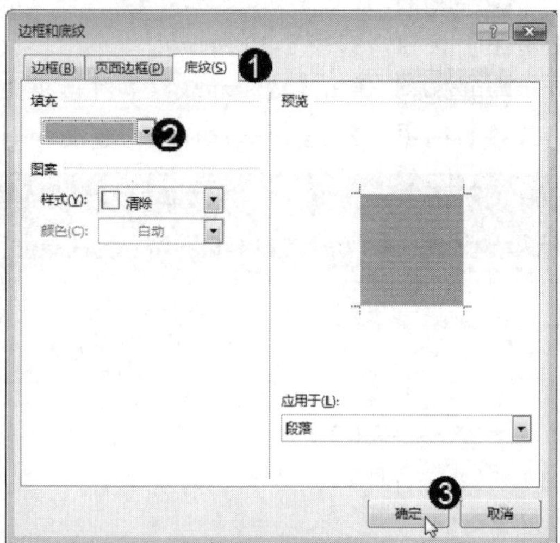

图 2-34

第 3 步 通过以上步骤即可完成设置页面底纹的操作，如图 2-35 所示。

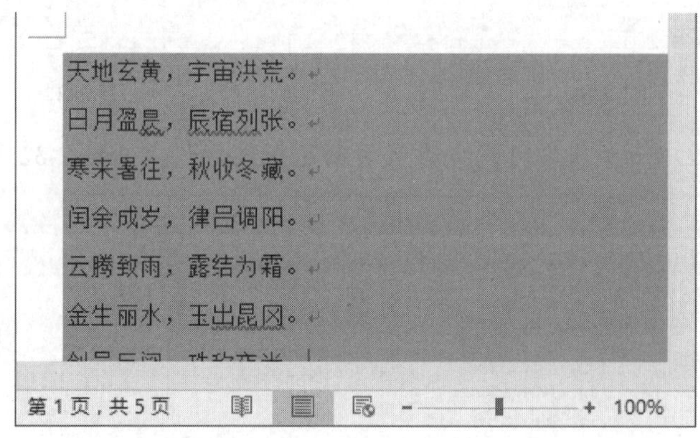

图 2-35

2.4.3 设置水印效果

水印效果是指在页面的背景上添加一种颜色略浅的文字或图片的效果，这样会使文档变得独一无二，防止其他人盗用文档。下面详细介绍设置水印效果的操作方法。

第 1 步 打开文档，*1.* 选择【设计】选项卡，*2.* 在【页面背景】组中单击【水印】按钮，*3.* 在弹出的下拉菜单中选择【自定义水印】选项，如图 2-36 所示。

第 2 步 弹出【水印】对话框，*1.* 选中【文字水印】单选按钮，*2.* 在【文字】下拉列表框中输入内容，**3.** 给水印选择一种颜色，取消勾选【半透明】复选框，**4.** 单击【应用】按钮，如图 2-37 所示。

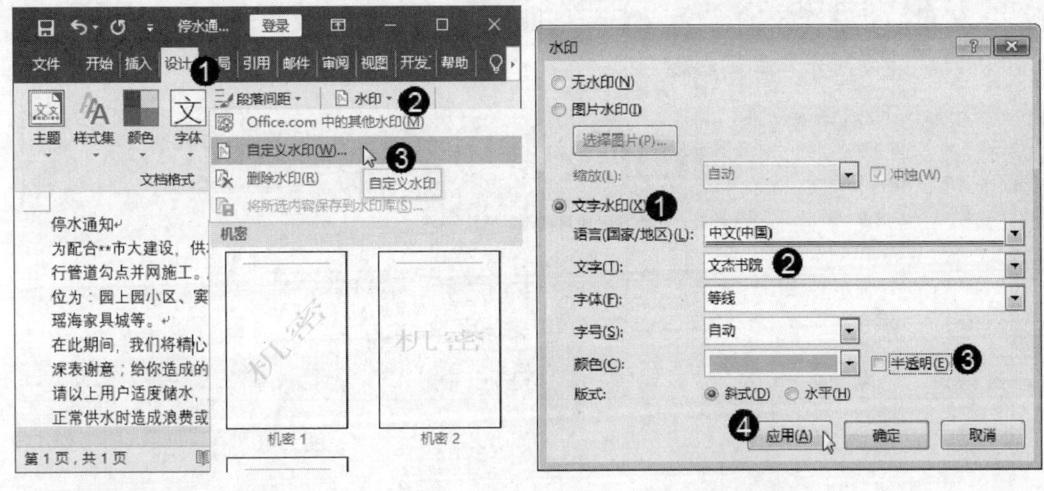

图 2-36　　　　　　　　　　　　　　　图 2-37

第 3 步 通过以上步骤即可完成设置水印的操作，如图 2-38 所示。

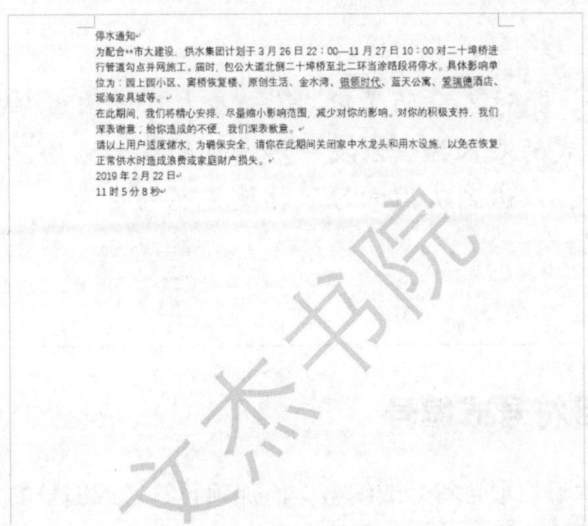

停水通知

为配合**市大建设，供水集团计划于 3 月 26 日 22：00—11 月 27 日 10：00 对二十埠桥进行管道勾点并网施工。届时，包公大道北侧二十埠桥至北二环当途路段将停水。具体影响单位为：园上园小区、寞桥恢复楼、原创生活、金水湾、银领时代、蓝天公寓、爱瑞德酒店、瑶海家具城等。

在此期间，我们将精心安排，尽量缩小影响范围，减少对你的影响。对你的积极支持，我们深表谢意；给你造成的不便，我们深表歉意。

请以上用户适度储水，为确保安全，请你在此期间关闭家中水龙头和用水设施，以免在恢复正常供水时造成浪费或家庭财产损失。

2019 年 2 月 22 日

11 时 5 分 8 秒

文杰书院

图 2-38

2.4.4　设置页面颜色

在 Word 2016 中，用户还可以设置页面的颜色，下面详细介绍设置页面颜色的方法。

第 1 步 打开文档，**1.** 选择【设计】选项卡，**2.** 在【页面背景】组中单击【页面颜色】按钮，**3.** 在弹出的颜色库中选择要使用的颜色，如图 2-39 所示。

第 2 步 可以看到文档的页面颜色已经发生改变，通过以上步骤即可完成设置页面颜色的操作，如图 2-40 所示。

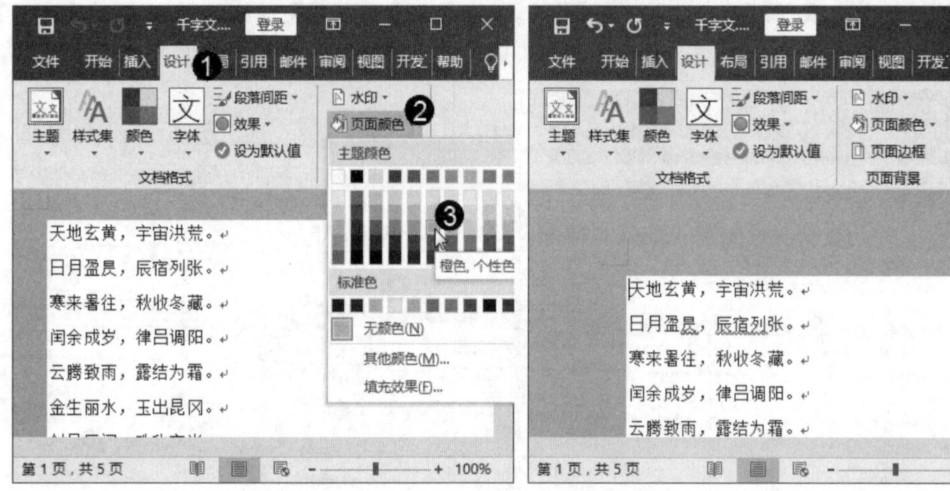

图 2-39　　　　　　图 2-40

2.5 实践案例与上机指导

通过本章的学习，读者基本可以掌握 Word 2016 编排文档格式的基本知识以及一些常见的操作方法，下面通过练习操作，以达到巩固学习、拓展提高的目的。

↑扫码看视频

2.5.1 添加项目符号或编号

用户还可以为文本添加项目符号或编号，添加项目符号或编号的方法非常简单，下面详细介绍为文本添加项目符号或编号的方法。

素材保存路径：配套素材\第 2 章

素材文件名称：停水通知.docx、效果-停水通知.docx

第 1 步 将光标定位在某段文字的段首，***1.*** 在【开始】选项卡中单击【段落】下拉按钮，***2.*** 在弹出的菜单中单击【项目符号】下拉按钮，***3.*** 在弹出的项目符号库中选择一种符号样式，如图 2-41 所示。

第 2 步 可以看到段首已经添加了项目符号，通过以上步骤即可完成添加项目符号的操作，如图 2-42 所示。

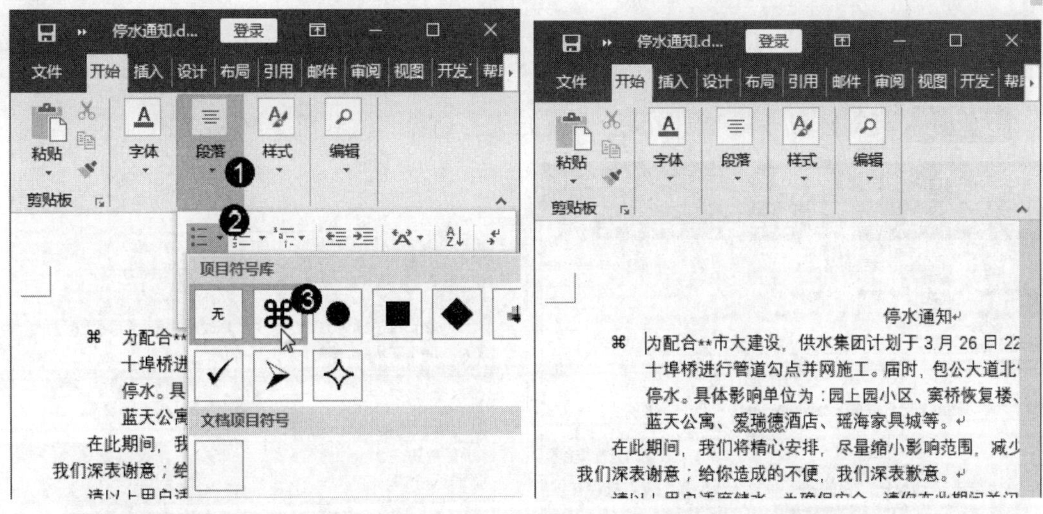

图 2-41　　　　图 2-42

第 3 步 选中文本，***1.*** 在【开始】选项卡中单击【段落】下拉按钮，***2.*** 在弹出的菜单中单击【编号】下拉按钮，***3.*** 在弹出的编号库中选择一种编号样式，如图 2-43 所示。

第 4 步 可以看到段首已经添加了编号，通过以上步骤即可完成添加编号的操作，如图 2-44 所示。

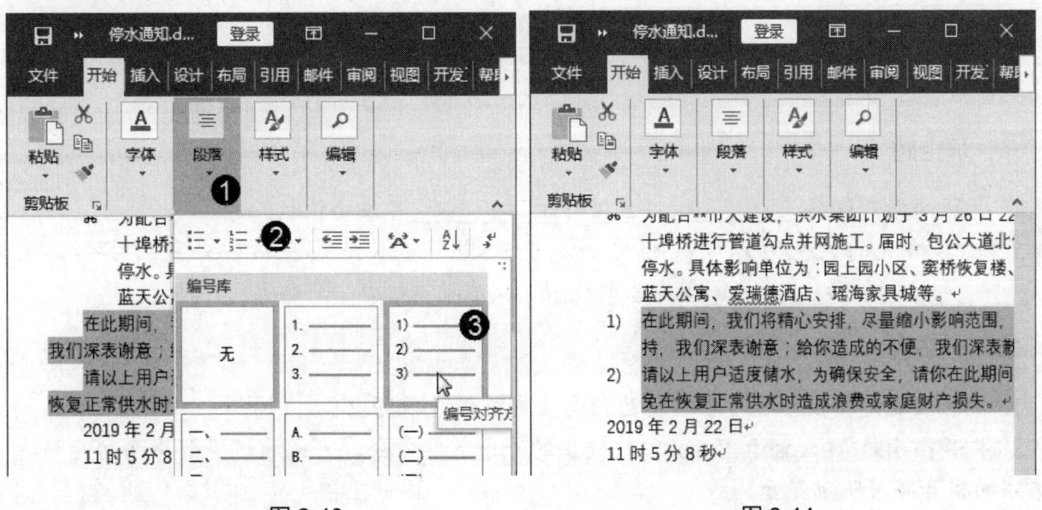

图 2-43　　　　图 2-44

2.5.2　分栏排版

分栏是指将文档中的文本分成两栏或多栏，是文档编辑中的一种基本方法，一般用于排版，下面详细介绍分栏排版的操作方法。

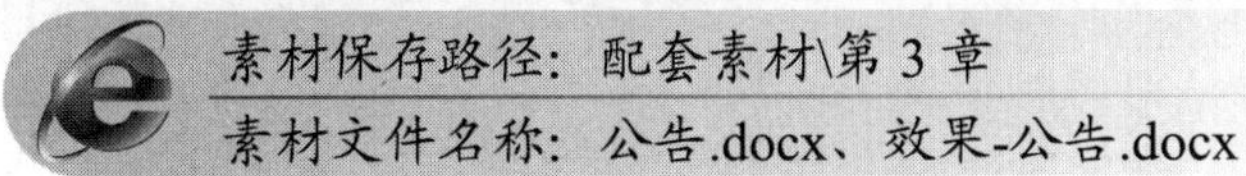

素材保存路径：配套素材\第 3 章

素材文件名称：公告.docx、效果-公告.docx

第 1 步 选中要分栏的文本，***1.*** 在【布局】选项卡中单击【页面设置】下拉按钮，

2. 在弹出的菜单中单击【栏】下拉按钮，*3.* 在弹出的子菜单中选择【两栏】选项，如图 2-45 所示。

第 2 步 通过以上步骤即可完成分栏显示文档的操作，如图 2-46 所示。

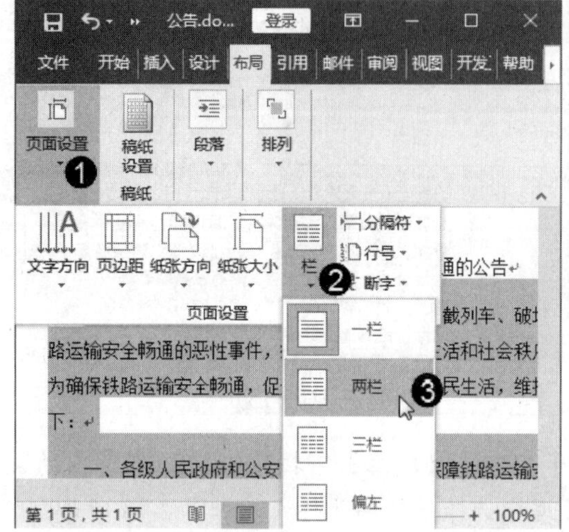

图 2-45

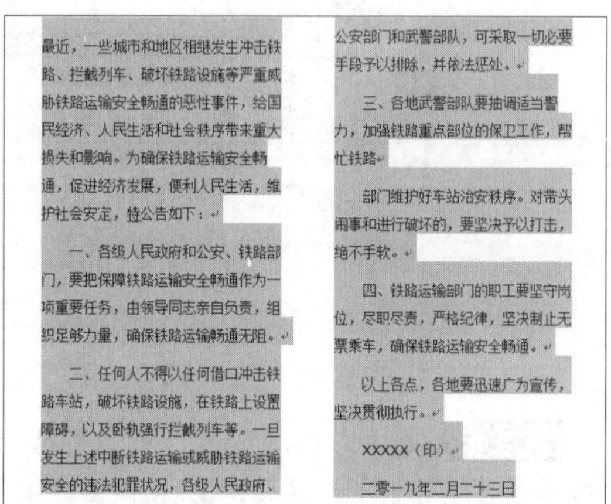

图 2-46

2.6 思考与练习

一、填空题

1. 行距的形式包括_________、1.5 倍行距、_______、最小值行距等。

2. 文本格式的设置可以使文档更加美观，设置文本格式包括对文字的字体、大小、_______、倾斜和_________等内容的设置。

二、判断题

1. 段落缩进是指段落相对左右页边距向页内缩进一段距离。 (　　)

2. 拼音指南是 Microsoft Excel 软件提供的一个智能命令，可以通过拼音指南功能将选中文字的拼音字符明确显示。 (　　)

三、思考题

1. 如何设置字体字形？

2. 如何设置页面边框？

第 3 章

编排图文并茂的文章

本章要点

- 插入与设置图片
- 使用艺术字
- 使用文本框
- 绘制与编辑自选图形
- 插入与编辑 SmartArt 图形

本章主要内容

本章主要介绍了插入与设置图片、使用艺术字、使用文本框和绘制与编辑自选图形方面的知识与技巧，同时还讲解了如何插入与编辑 SmartArt 图形，在本章的最后还针对实际的工作需求，讲解了插入页眉页脚、调整文本框位置、添加页码和给文档添加签名行的方法。通过本章的学习，读者可以掌握编排图文并茂的文章方面的知识，为深入学习 Office 2016 知识奠定基础。

3.1 插入与设置图片

Word 不但擅长处理普通文本内容，还擅长编辑带有图形对象的文档，即图文混排。使用 Word 2016 可以在文档中插入图片作为文本，而且用户还可以对插入的图片进行自定义设置，如调整图片大小、样式等，本节将介绍插入与设置图片的方法。

↑ 扫码看视频

3.1.1 插入本地电脑中的图片

使用 Word 2016 编辑文档时，用户可以将本地电脑中的图片插入文档中，下面具体介绍插入本地电脑中图片的操作方法。

第 1 步 打开 Word 文档，**1.** 选择【插入】选项卡，**2.** 单击【插图】下拉按钮，**3.** 在弹出的菜单中单击【图片】按钮，如图 3-1 所示。

第 2 步 弹出【插入图片】对话框，**1.** 选择要打开图片的位置，**2.** 选择要插入的图片，**3.** 单击【插入】按钮，如图 3-2 所示。

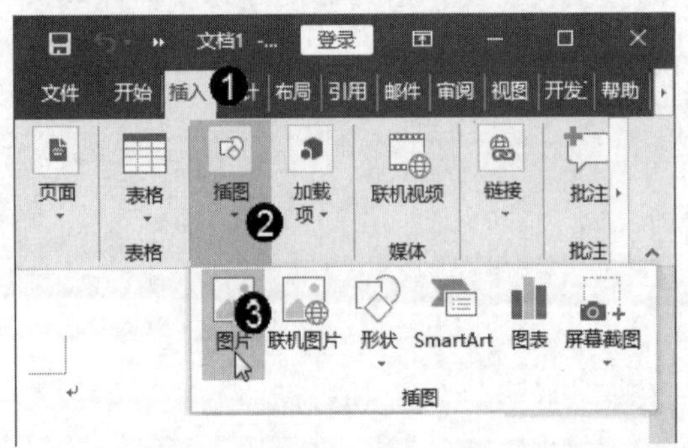

图 3-1

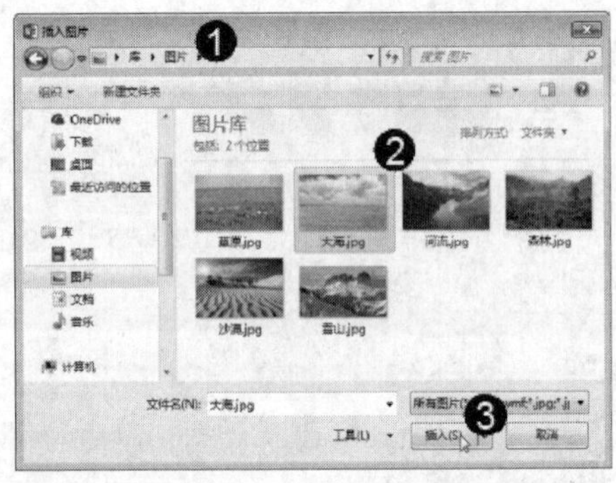

图 3-2

第 3 步 通过以上步骤即可完成在 Word 中插入本地电脑图片的操作，如图 3-3 所示。

图 3-3

3.1.2 调整图片的大小和位置

在文档中插入图片后，还可以根据自己的需要更改图片的大小和位置，下面详细介绍改变图片大小和位置的操作方法。

第 1 步 选中图片，**1.** 在【格式】选项卡中单击【大小】下拉按钮，**2.** 在弹出菜单的【宽度】微调框中输入新的数值，如图 3-4 所示。

第 2 步 用鼠标单击文档任意空白处，通过以上步骤即可完成改变图片大小的操作，如图 3-5 所示。

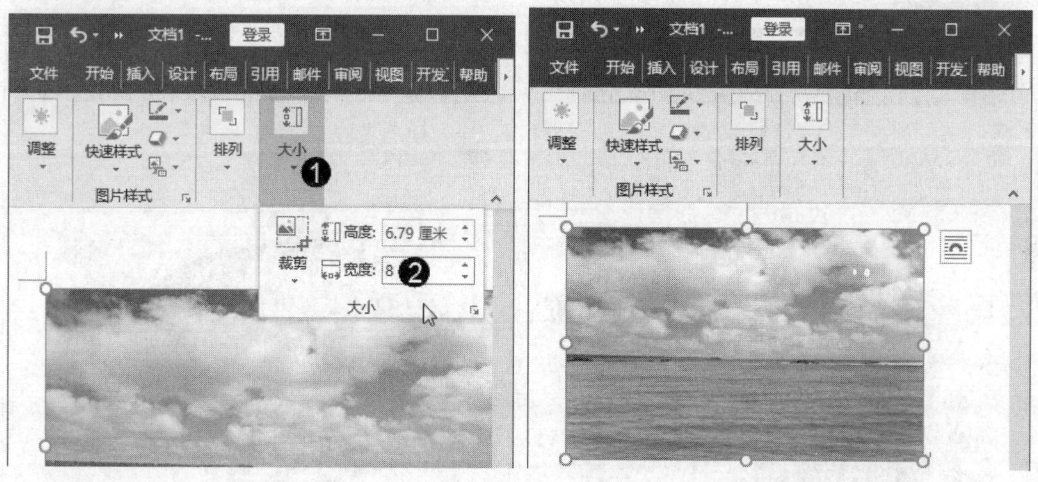

图 3-4　　　　图 3-5

第 3 步 选中图片，**1.** 在【格式】选项卡中单击【排列】下拉按钮，**2.** 在弹出的菜单中单击【位置】下拉按钮，**3.** 在弹出的子菜单中选择【其他布局选项】选项，如图 3-6 所示。

第 4 步 弹出【布局】对话框，**1.** 在【文字环绕】选项卡的【环绕方式】区域中选择【四周型】选项，**2.** 在【环绕文字】区域中选中【两边】单选按钮，**3.** 单击【确定】按钮，如图 3-7 所示。

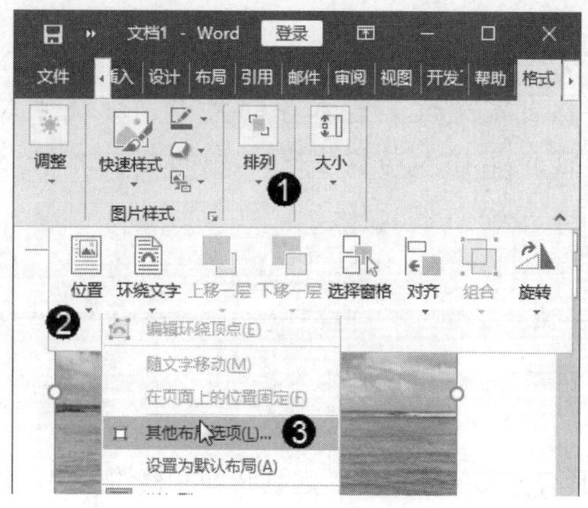

图 3-6

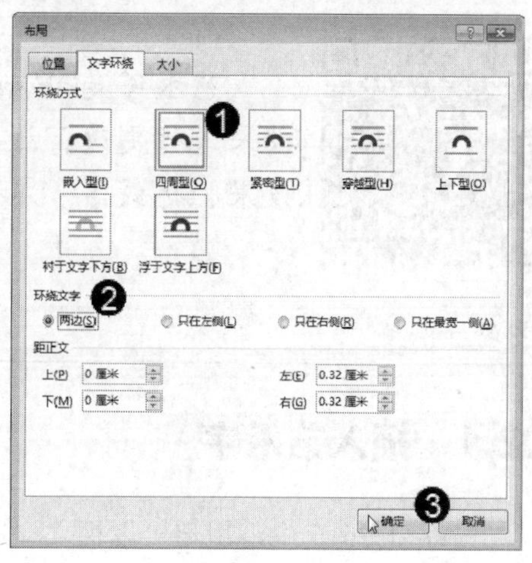

图 3-7

3.1.3 裁剪图片

在 Word 2016 中，可以将插入文档中的图片裁剪成不同形状，下面介绍裁剪图片形状的操作方法。

第 1 步 选中图片，*1.* 在【格式】选项卡中单击【大小】下拉按钮，*2.* 在弹出的菜单中单击【裁剪】下拉按钮，*3.* 在弹出的子菜单中选择【裁剪为形状】选项，*4.* 在形状库中选择【椭圆】选项，如图 3-8 所示。

第 2 步 通过以上步骤即可完成裁剪图片形状的操作，如图 3-9 所示。

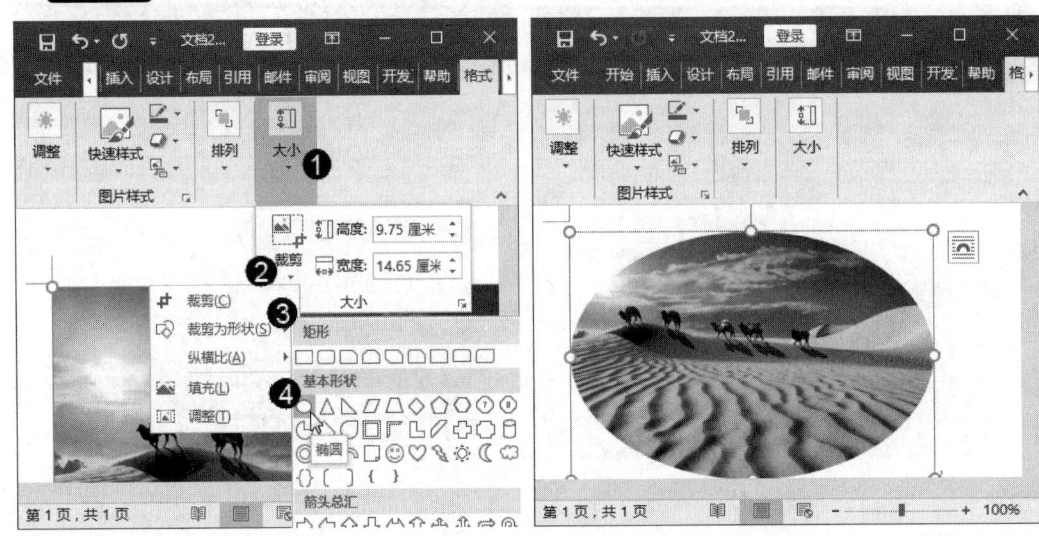

图 3-8　　图 3-9

3.2 使用艺术字

艺术字是 Word 的一个特殊功能，用户可以对文本的外观效果进行更改，还可以自定义设置艺术字的大小、环绕方式、效果、样式等。本节将介绍插入与设置艺术字的相关方法。

↑扫码看视频

3.2.1 插入艺术字

在 Word 2016 中，用户可以插入一些具有美感的艺术字，起到装饰文档的效果，下面介绍插入艺术字的操作方法。

第 1 步 启动 Word 2016 程序，*1.* 在【插入】选项卡中单击【文本】下拉按钮，*2.* 在弹出的菜单中单击【艺术字】下拉按钮，*3.* 在弹出的下拉菜单中选择一种艺术字样式，如图 3-10 所示。

第 2 步 在弹出的【请在此放置您的文字】文本框中输入文字，如“浩瀚无垠”，如图 3-11 所示。

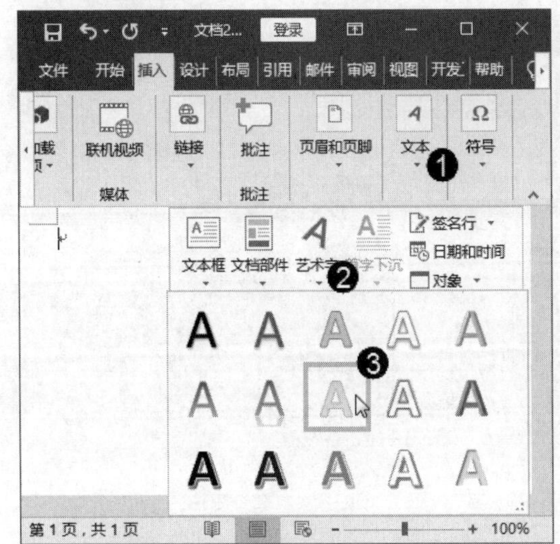

图 3-10

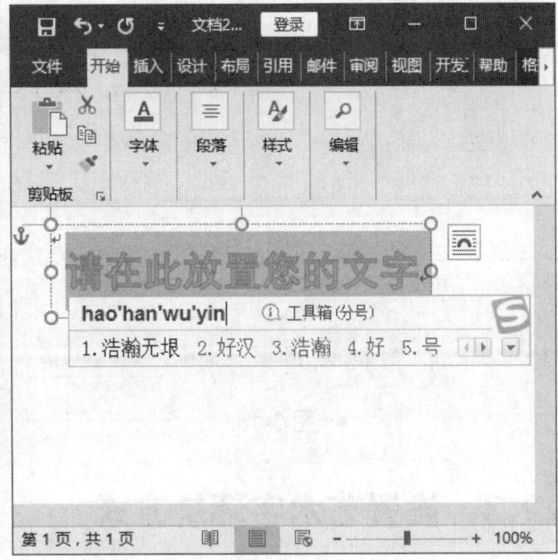

图 3-11

第 3 步 通过以上步骤即可插入艺术字，如图 3-12 所示。

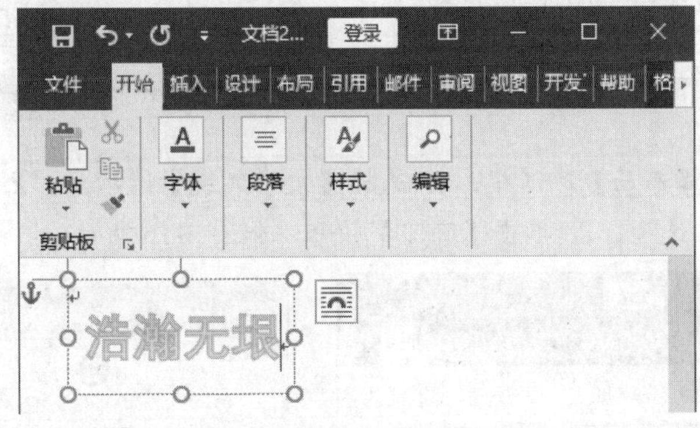

图 3-12

3.2.2　设置艺术字大小

在 Word 文档中插入艺术字后，如果用户对艺术字的大小并不满意，则可以对其进行修改，下面详细介绍设置艺术字大小的操作方法。

第 1 步 选中艺术字，*1.* 在【开始】选项卡中单击【字体】下拉按钮，*2.* 在【字号】下拉列表中选择字号，如图 3-13 所示。

第 2 步 通过以上步骤即可完成设置艺术字大小的操作，如图 3-14 所示。

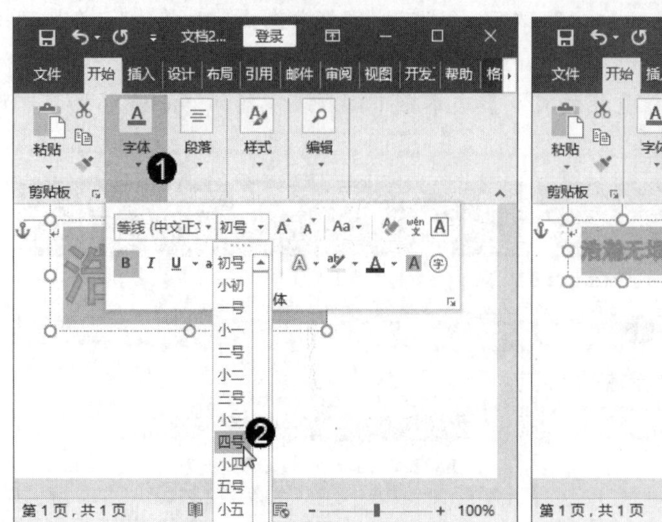

图 3-13

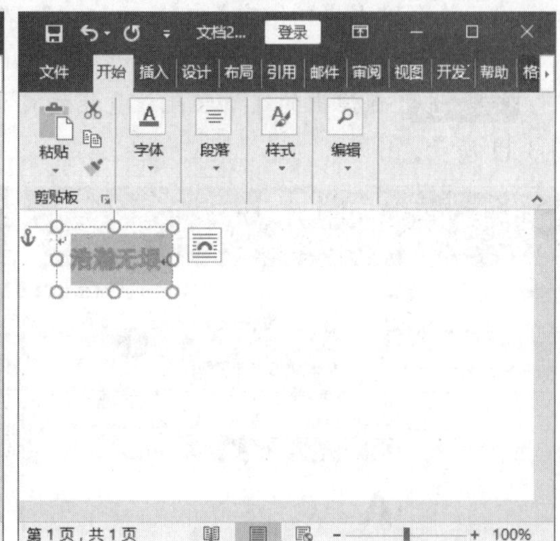

图 3-14

3.2.3 设置艺术字环绕方式

当 Word 文档中同时存在文本文字、艺术字和图片等多种插图时，用户可以通过设置艺术字的环绕方式，使文本文字和艺术字等的表现方式更加美观，从而适合文本的需要。下面介绍设置艺术字环绕方式的操作方法。

第 1 步 选中艺术字，*1.* 在【格式】选项卡中单击【排列】下拉按钮，*2.* 在弹出的菜单中单击【位置】下拉按钮，*3.* 在弹出的子菜单中选择【其他布局选项】选项，如图 3-15 所示。

第 2 步 弹出【布局】对话框，*1.* 选择【文字环绕】选项卡，*2.* 在【环绕方式】区域中选择【四周型】选项，*3.* 单击【确定】按钮，如图 3-16 所示。

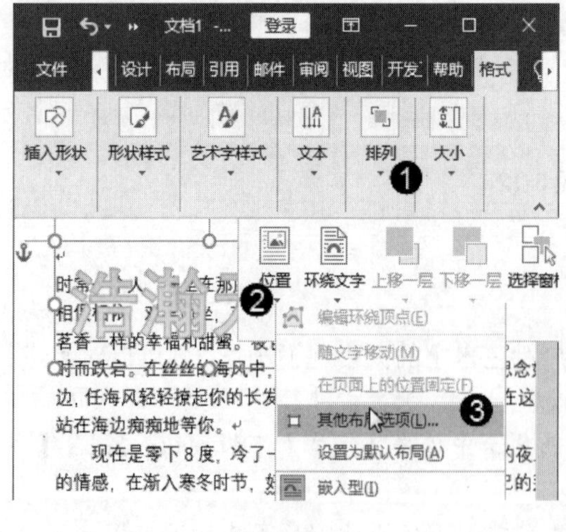

图 3-15

图 3-16

第 3 步 通过以上步骤即可完成设置艺术字环绕方式的操作，如图 3-17 所示。

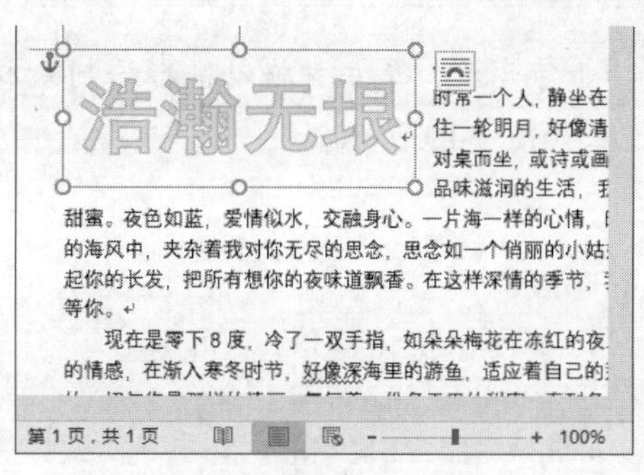

图 3-17

3.3　使用文本框

在 Word 2016 中，文本框是一种可以移动，也可以调整大小的文字或图形容器。通过使用文本框，用户可以将 Word 文本方便地放置到文档页面的指定位置，而不会受到段落格式、页面设置等因素的影响。本节将介绍使用文本框的相关知识。

↑扫码看视频

3.3.1　插入文本框

在 Word 2016 中，可以在文档中插入文本框，将需要的文字放置到文本框中，下面介绍插入文本框的操作方法。

第 1 步　启动 Word 2016 程序，*1.* 在【插入】选项卡中单击【文本】下拉按钮，*2.* 在弹出的菜单中单击【文本框】下拉按钮，*3.* 在弹出的子菜单中选择【绘制横排文本框】选项，如图 3-18 所示。

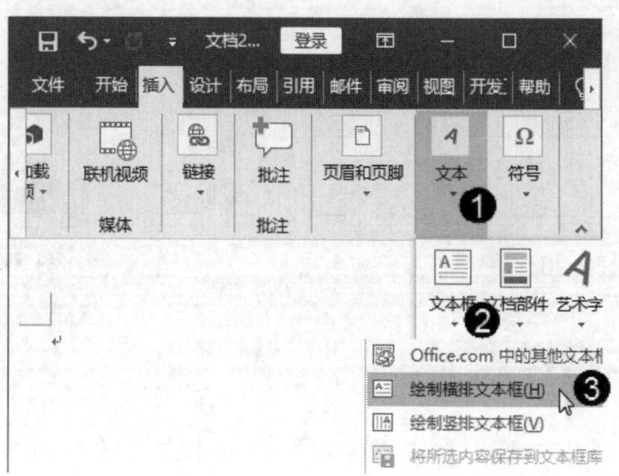

图 3-18

第 2 步 鼠标光标变为十字形状，单击并拖动鼠标绘制文本框，到合适位置释放鼠标即可完成插入文本框的操作，如图 3-19 所示。

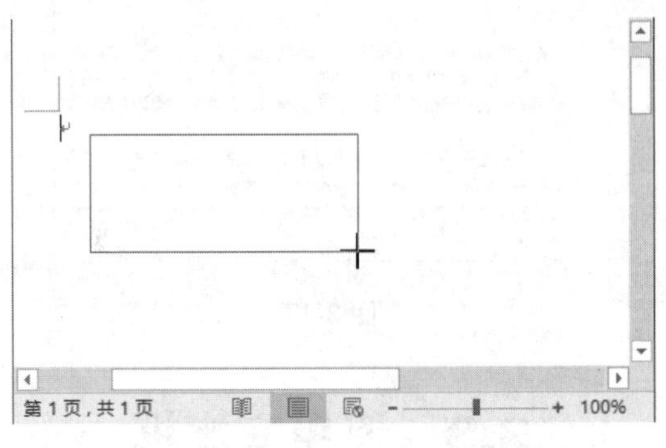

图 3-19

3.3.2 设置文本框大小

在 Word 2016 中插入文本框后，可以根据个人需要对文本框的大小进行更改，下面介绍设置文本框大小的操作方法。

第 1 步 选中文本框，**1.** 在【格式】选项卡中单击【大小】下拉按钮，**2.** 在弹出菜单的【宽度】微调框中输入新的数值，如图 3-20 所示。

第 2 步 通过以上步骤即可完成设置文本框大小的操作，如图 3-21 所示。

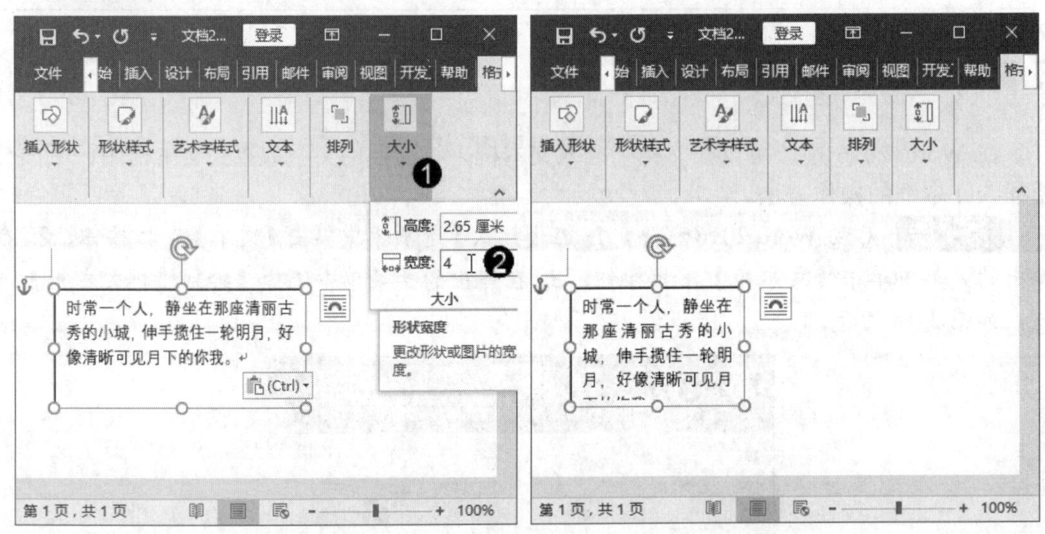

图 3-20　　图 3-21

3.3.3 设置文本框样式

在 Word 2016 中，用户可以通过【格式】选项卡对文本框的样式进行设置，下面介绍设置文本框样式的操作方法。

第 1 步 鼠标右键单击要设置样式的文本框，在弹出的快捷菜单中选择【设置形状格式】菜单项，如图 3-22 所示。

第 2 步 弹出【设置形状格式】窗格，*1.* 在【形状选项】选项卡中单击【填充】下拉按钮，*2.* 在弹出的列表中选中【纯色填充】单选按钮，*3.* 在【颜色】下拉列表框中选择要添加的颜色，如图 3-23 所示。

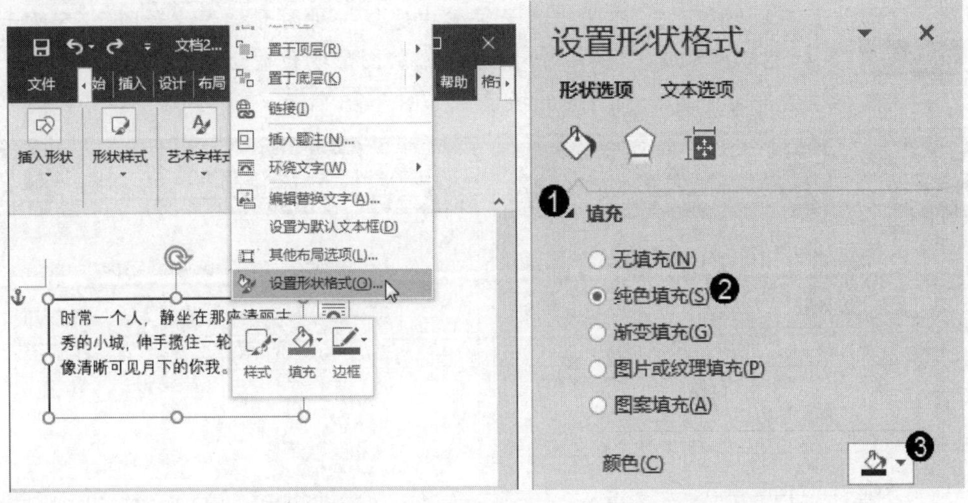

图 3-22　　图 3-23

第 3 步 通过以上步骤即可完成设置文本框样式的操作，如图 3-24 所示。

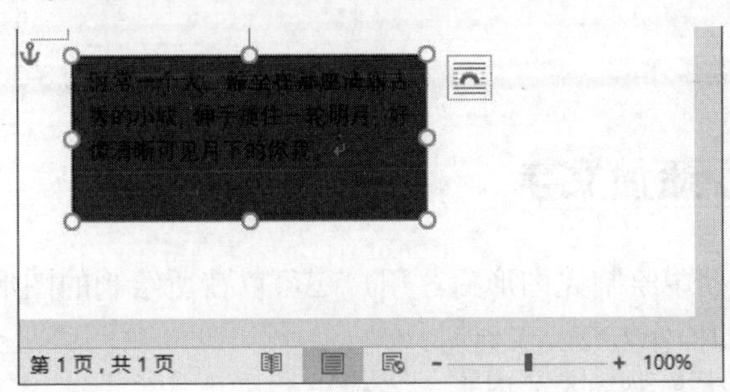

图 3-24

3.4　绘制与编辑自选图形

在 Word 2016 中，用户可以在文档中添加一些特殊的图形对象，并且可以对添加的图形对象再添加文字，并对多个图形进行对齐等格式的设置。本节将介绍在文档中添加自选图形对象的方法。

↑扫码看视频

3.4.1 绘制图形

用户可以在 Word 文档中绘制图形，在 Word 文档中绘制图形的方法非常简单，下面详细介绍在 Word 中绘制图形的方法。

第 1 步 打开文档，***1.*** 在【插入】选项卡中单击【插图】下拉按钮，***2.*** 在弹出的菜单中单击【形状】下拉按钮，***3.*** 在弹出的子菜单中选择一种图形样式，如图 3-25 所示。

第 2 步 鼠标光标将变成十字样式⊞，在要添加图形的位置上单击并拖动鼠标至适当位置，释放鼠标左键即可完成绘制图形的操作，如图 3-26 所示。

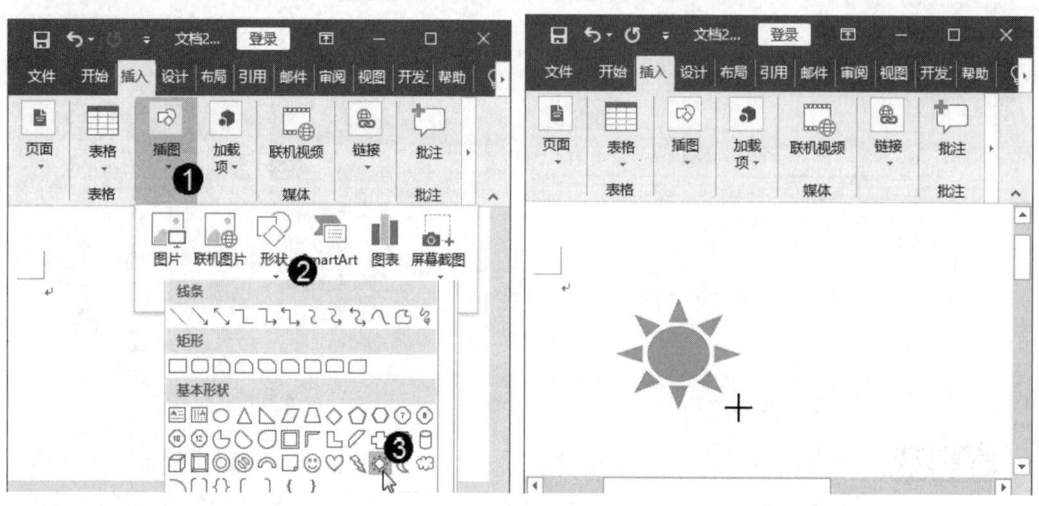

图 3-25　　图 3-26

3.4.2 在图形中添加文字

在 Word 2016 文档中绘制完图形后，用户还可以在所绘制的图形中添加文字，下面介绍在图形中添加文字的操作方法。

第 1 步 鼠标右键单击插入的图形，在弹出的快捷菜单中选择【添加文字】菜单项，如图 3-27 所示。

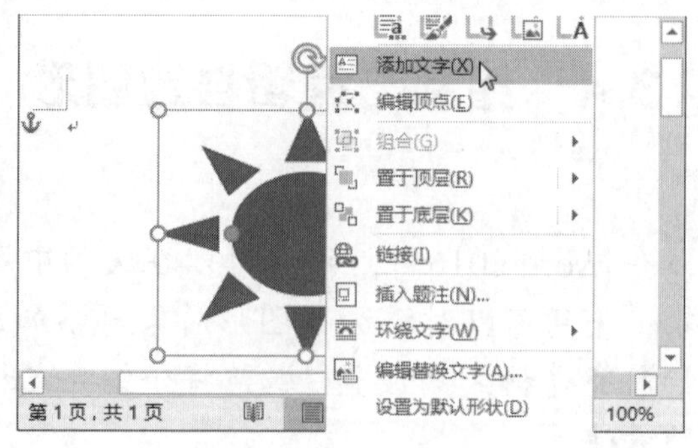

图 3-27

第 2 步 图形中出现光标，使用输入法输入文字，如图 3-28 所示。

第 3 步 通过以上步骤即可完成在图形中添加文字的操作，如图 3-29 所示。

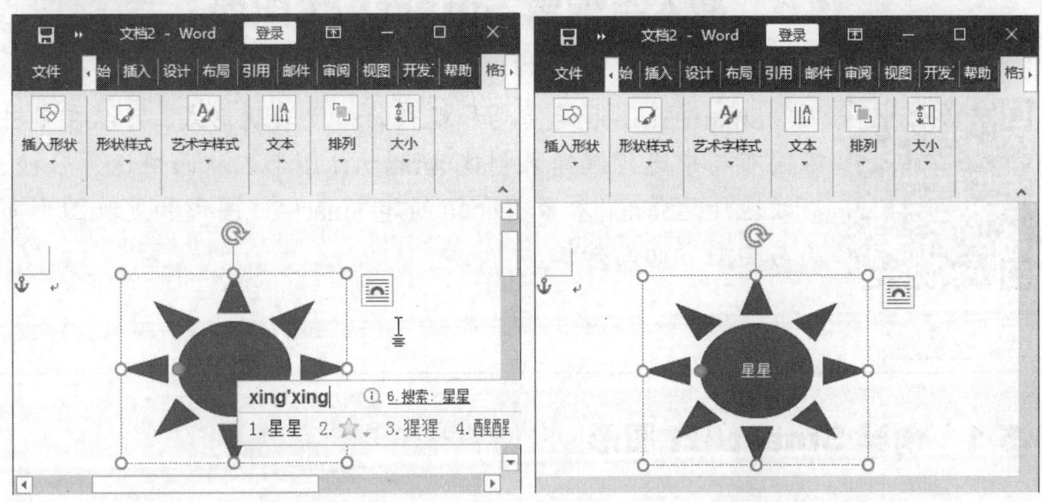

图 3-28　　　　图 3-29

3.4.3　对齐多个图形

如果所绘制的图形较多，在文档中显得杂乱无章，用户可以将多个图形进行对齐显示，这样会使文档干净整洁，下面介绍对齐多个图形的操作方法。

第 1 步 选中文档中的多个图形，***1.*** 在【格式】选项卡中单击【排列】下拉按钮，***2.*** 在弹出的菜单中单击【对齐】下拉按钮，***3.*** 在弹出的子菜单中选择对齐方式，如图 3-30 所示。

第 2 步 可以看到所选中的图形已被对齐，通过以上步骤即可完成对齐多个图形的操作，如图 3-31 所示。

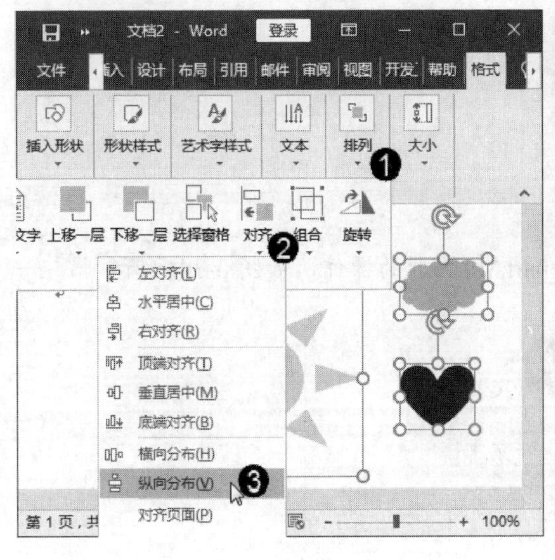

图 3-30

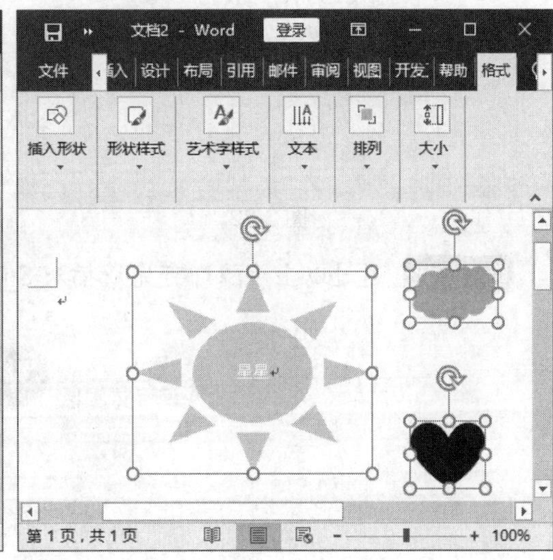

图 3-31

3.5　插入与编辑 SmartArt 图形

SmartArt 图形是信息和观点的视觉表现形式，可以在多种不同布局中进行选择来创建 SmartArt 图形，从而快速、轻松、有效地传达信息。本节将介绍创建 SmartArt 图形和更改图形布局与类型方面的知识。

↑扫码看视频

3.5.1　创建 SmartArt 图形

将 SmartArt 图形插入文档中时，它将与文档中的其他内容相匹配，下面介绍创建 SmartArt 图形的操作方法。

第 1 步 打开文档，***1.*** 在【插入】选项卡中单击【插图】下拉按钮，***2.*** 在弹出的菜单中单击 SmartArt 按钮，如图 3-32 所示。

第 2 步 弹出【选择 SmartArt 图形】对话框，***1.*** 选择【全部】选项，***2.*** 在【列表】区域选择一种 SmartArt 图形样式，***3.*** 单击【确定】按钮，如图 3-33 所示。

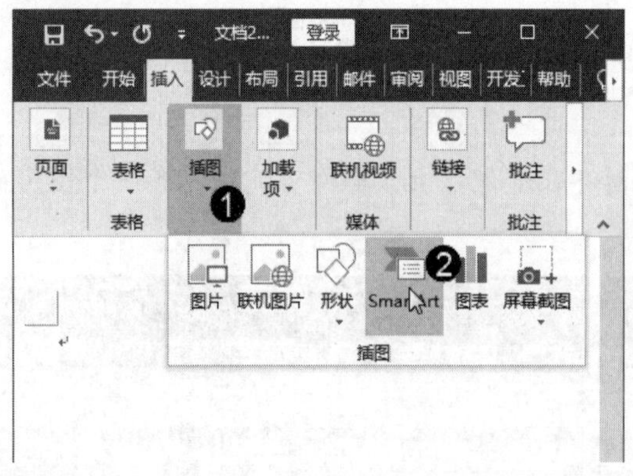

图 3-32

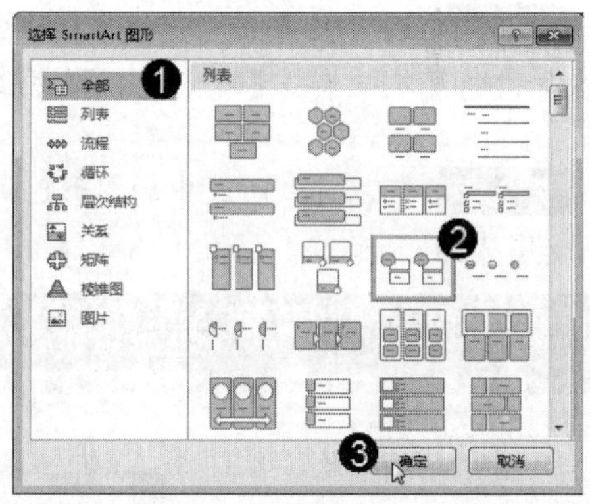

图 3-33

第 3 步 通过以上步骤即可完成插入 SmartArt 图形的操作，如图 3-34 所示。

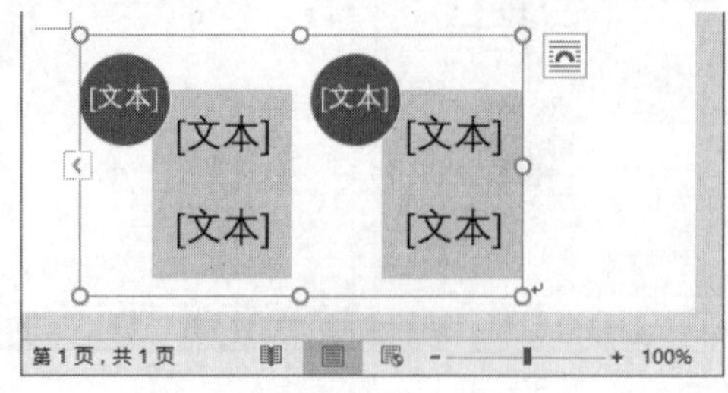

图 3-34

3.5.2　更改图形的布局和类型

在文档中创建 SmartArt 图形后，用户可以对 SmartArt 图形进行布局和类型的设置，下面介绍更改图形的布局和类型的操作方法。

第 1 步 选中 SmartArt 图形，***1.*** 在【设计】选项卡中单击【SmartArt 样式】下拉按钮，***2.*** 在弹出的样式列表中选择一种样式，如图 3-35 所示。

第 2 步 通过以上步骤即可完成更改 SmartArt 图形类型的操作，如图 3-36 所示。

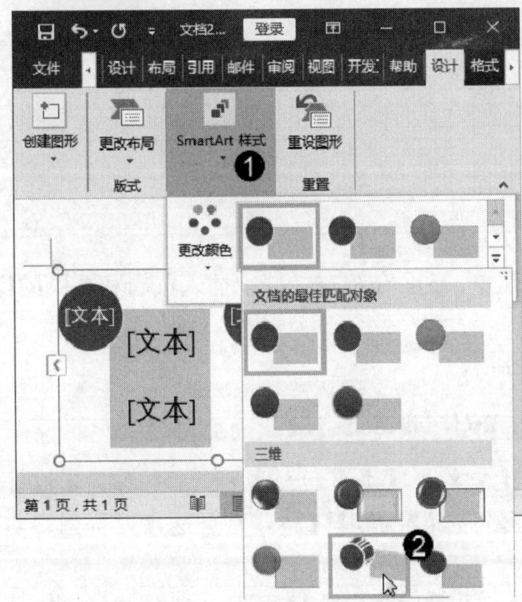

图 3-35

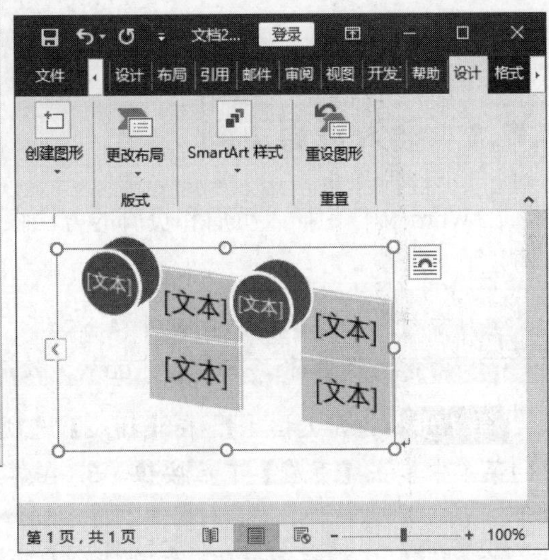

图 3-36

第 3 步 选中图形，***1.*** 在【设计】选项卡中单击【更改布局】下拉按钮，***2.*** 在弹出的菜单中选择一种布局，如图 3-37 所示。

第 4 步 通过以上步骤即可完成更改 SmartArt 图形布局的操作，如图 3-38 所示。

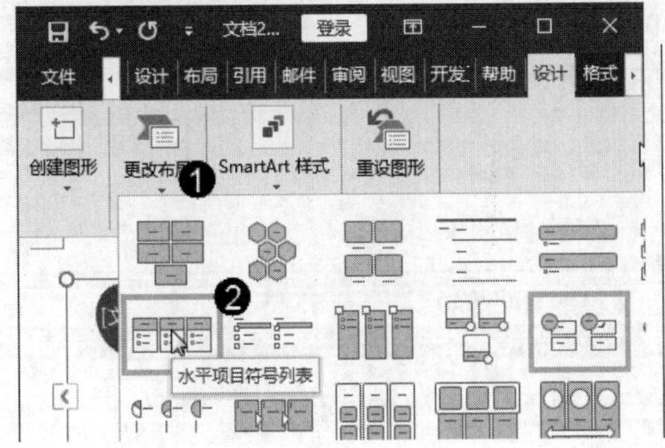

图 3-37

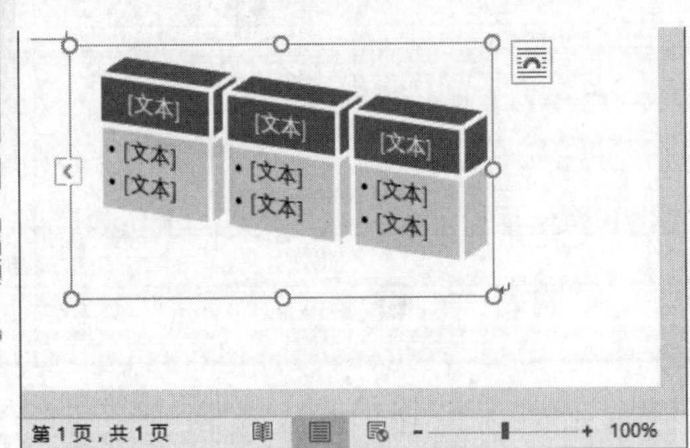

图 3-38

3.6 实践案例与上机指导

通过本章的学习，读者基本可以掌握编排图文的基本知识以及一些常见的操作方法，下面通过练习操作，以达到巩固学习、拓展提高的目的。

↑扫码看视频

3.6.1 插入页眉页脚

在 Word 文档中插入页眉和页脚的方法很简单，下面介绍在文档中插入页眉和页脚的操作方法。

素材保存路径：配套素材\第 3 章

素材文件名称：公司守则.docx、效果-公司守则.docx

第 1 步 打开文档，***1.*** 在【插入】选项卡中单击【页眉和页脚】下拉按钮，***2.*** 在弹出的菜单中单击【页眉】下拉按钮，***3.*** 在弹出的列表中选择【边线型】选项，如图 3-39 所示。

第 2 步 文档的每一页顶部都插入了页眉，并显示【文档标题】文本域，输入内容，如图 3-40 所示。

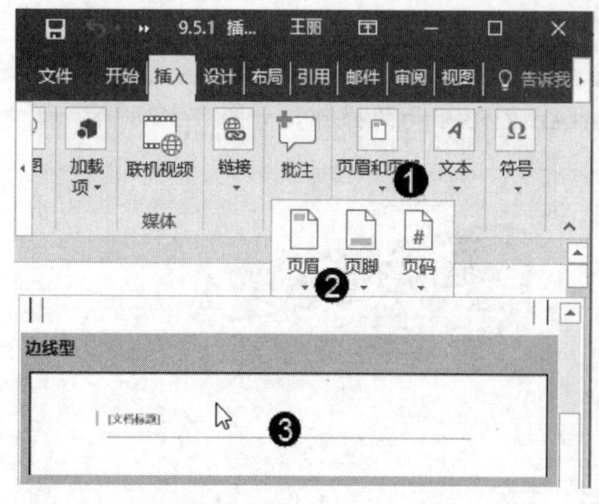

图 3-39

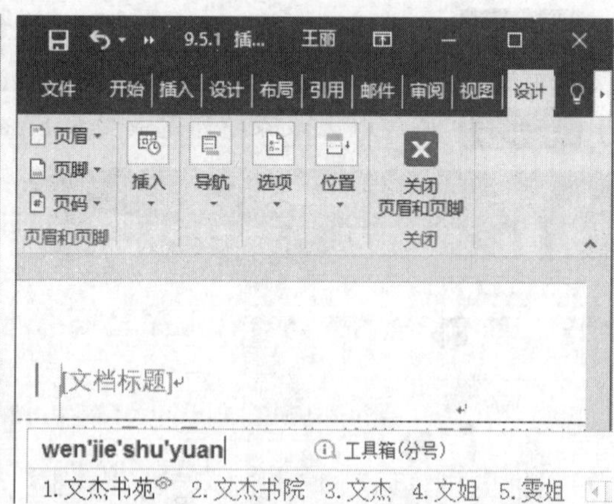

图 3-40

第 3 步 按下候选词所在序号 2，完成输入，如图 3-41 所示。

第 4 步 选择【设计】选项卡，***1.*** 在【页眉和页脚】组中单击【页脚】下拉按钮，***2.*** 在弹出的列表中选择【奥斯汀】选项，如图 3-42 所示。

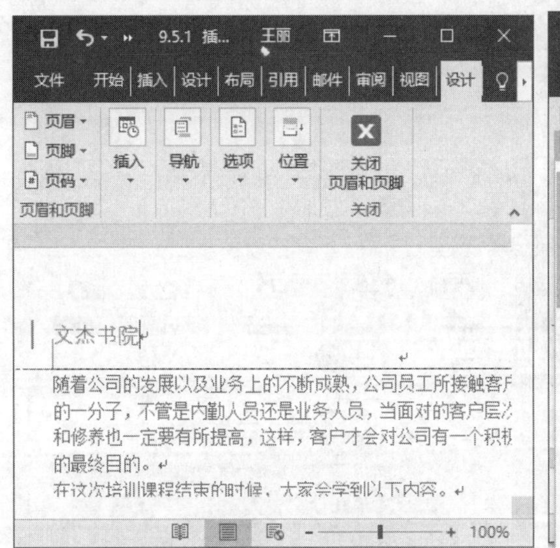

图 3-41

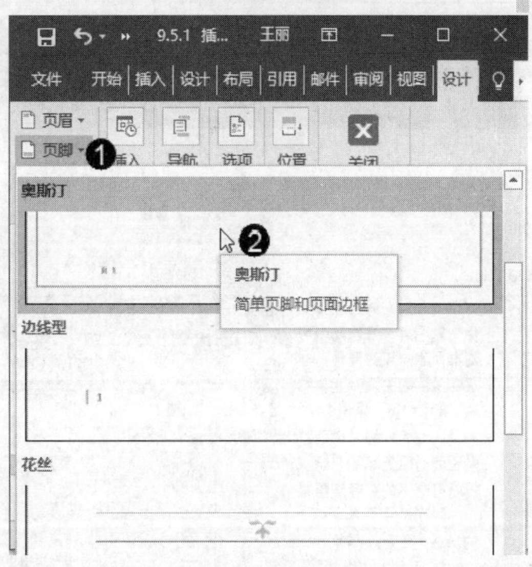

图 3-42

第 5 步 文档自动跳转到页脚编辑状态，输入页脚内容如当前日期，然后单击【关闭页眉和页脚】按钮即可完成插入页眉和页脚的操作，如图 3-43 所示。

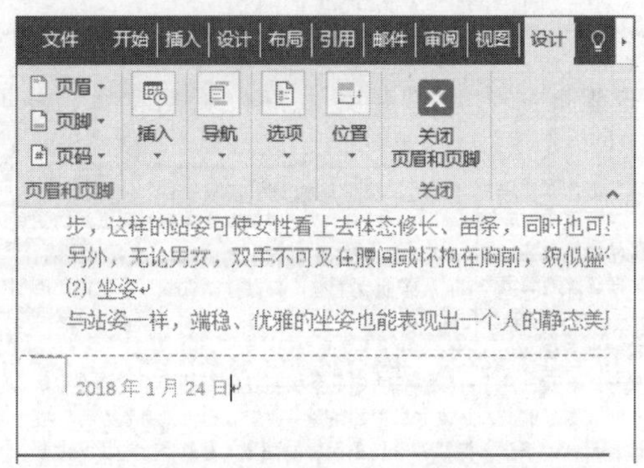

图 3-43

3.6.2　调整文本框位置

在日常的工作和学习中会经常遇到写述职报告或新闻报道等文档的情况，Word 2016 提供了功能十分完善的稿纸设置功能，并可以按照设置的页面格式打印。

素材保存路径：配套素材\第 3 章
素材文件名称：大海.docx、效果-大海.docx

第 1 步 选中文本框，***1.*** 在【格式】选项卡中单击【排列】下拉按钮，***2.*** 在弹出的菜单中单击【位置】下拉按钮，***3.*** 在弹出的子菜单中选择【其他布局选项】选项，如图 3-44 所示。

第 2 步 弹出【布局】对话框，***1.*** 选择【文字环绕】选项卡，***2.*** 选择【浮于文字上方】选项，***3.*** 单击【确定】按钮，如图 3-45 所示。

图 3-44　　　　　　　　　　　　图 3-45

第 3 步 通过以上步骤即可完成调整文本框位置的操作，如图 3-46 所示。

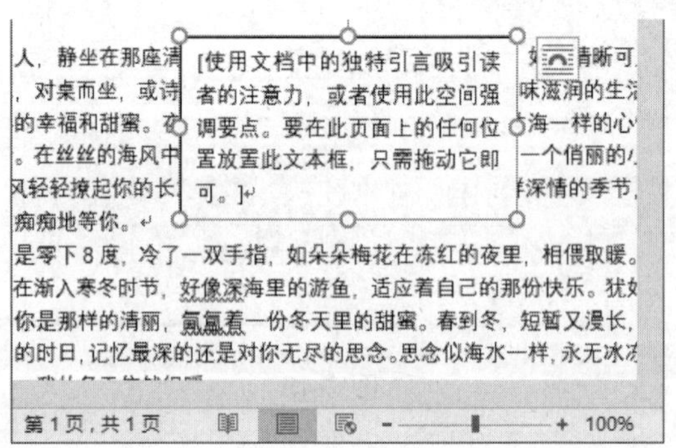

图 3-46

3.6.3　添加页码

插入页眉和页脚后，用户还可以为文档添加页码，下面介绍为文档添加页码的操作方法。

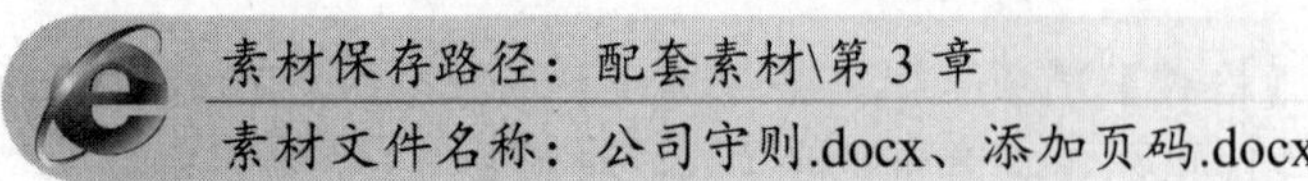

素材保存路径：配套素材\第 3 章

素材文件名称：公司守则.docx、添加页码.docx

第 1 步 打开文档，*1.* 在【插入】选项卡中单击【页眉和页脚】下拉按钮，*2.* 在弹出的菜单中单击【页码】下拉按钮，*3.* 在弹出的子菜单中选择【页面底端】选项，*4.* 在弹出的列表中选择【普通数字 1】选项，如图 3-47 所示。

第 2 步 可以看到文档的页脚部分已经插入了阿拉伯数字“1”，单击【关闭页眉和页脚】按钮即可完成添加页码的操作，如图 3-48 所示。

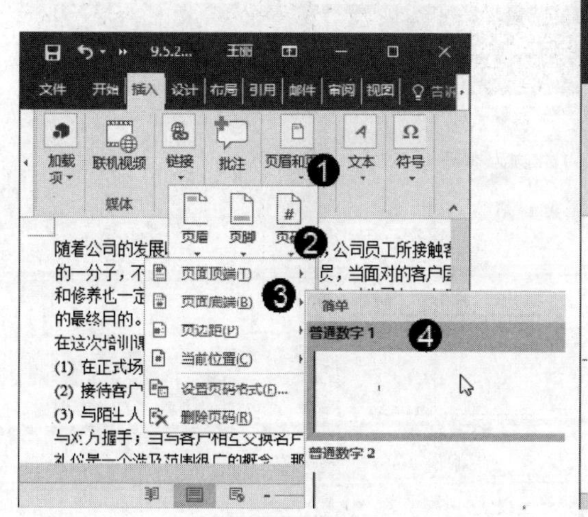

图 3-47

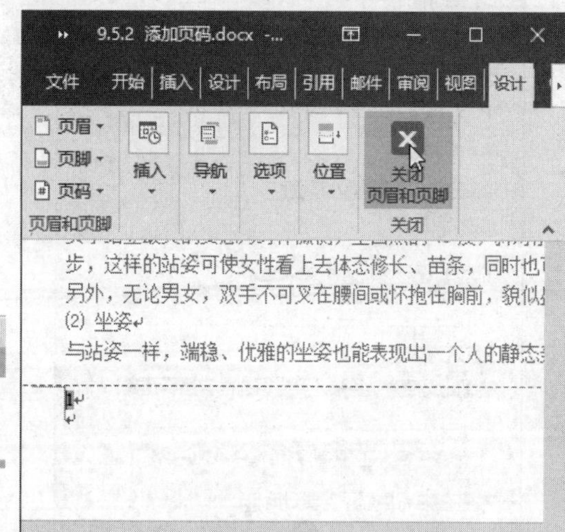

图 3-48

3.6.4　给文档添加签名行

用户还可以给文档添加签名行，这样就节省了手动签名的时间，下面详细介绍给文档添加签名行的操作方法。

素材保存路径：配套素材\第 3 章

素材文件名称：签名行.docx

第 1 步 新建空白文档，***1.*** 在【插入】选项卡中单击【文本】下拉按钮，***2.*** 在弹出的菜单中单击【签名行】下拉按钮，***3.*** 在弹出的子菜单中选择【图章签名行】菜单项，如图 3-49 所示。

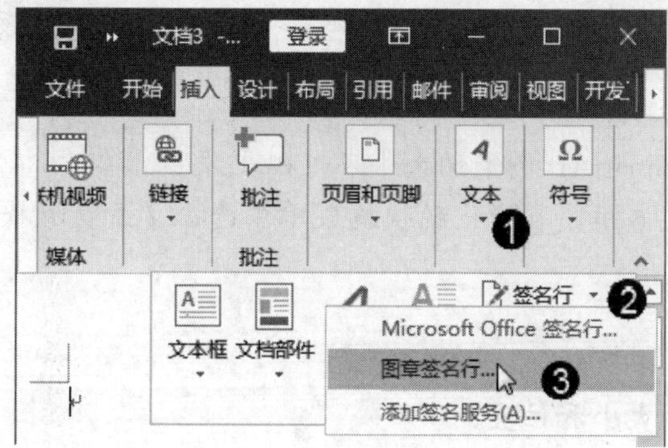

图 3-49

第 2 步 弹出【签名设置】对话框，***1.*** 在【建议的签名人(如王大同)】文本框中输入名字，***2.*** 在【建议的签名人职务(如经理)】文本框中输入职务，***3.*** 单击【确定】按钮，如

图 3-50 所示。

第 3 步 通过以上步骤即可完成为文档添加签名行的操作，如图 3-51 所示。

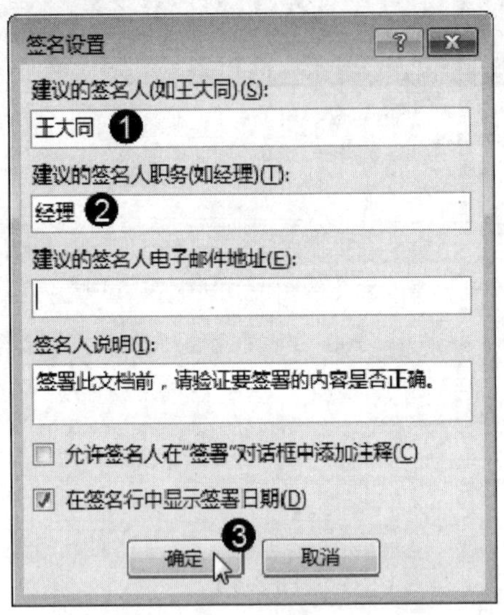

图 3-50

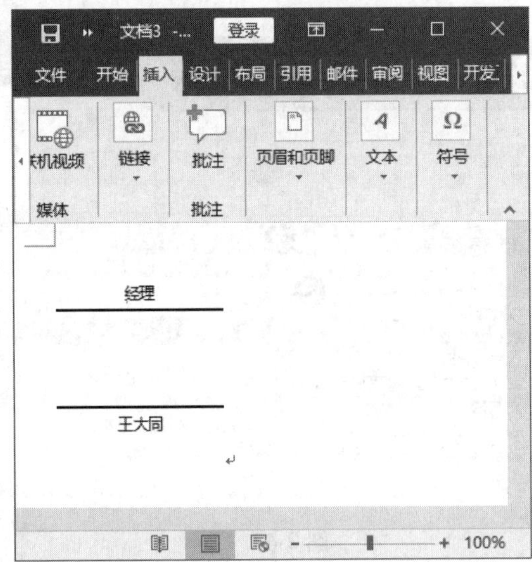

图 3-51

3.7 思考与练习

一、填空题

1. Word 不但擅长处理普通文本内容，还擅长编辑带有图形对象的文档，即图文混排。使用 Word 2016 可以在文档中插入图片作为文本，用户还可以对插入的图片进行________，如调整图片大小、________等。

2. 艺术字是 Word 的一个特殊功能，可以对文本文字的外观效果进行更改，而且用户还可以自定义设置艺术字的________、环绕方式、________、样式等。

二、判断题

1. Word 文档中的 SmartArt 图形的大小不可以更改。 (　　)

2. 鼠标右键单击文本框，在弹出的快捷菜单中选择【设置形状格式】菜单项即可对文本框样式进行设置。 (　　)

三、思考题

1. 如何调整图片的大小和位置？

2. 如何更改 SmartArt 图形的布局和类型？

新起点 电脑教程

第 4 章

创建与编辑表格

本章要点

- 创建表格
- 在表格中输入和编辑文本
- 编辑单元格
- 合并与拆分单元格
- 美化表格格式

本章主要内容

本章主要介绍了创建表格、在表格中输入和编辑文本、编辑单元格和合并与拆分单元格方面的知识与技巧，同时还讲解了如何美化表格格式，在本章的最后还针对实际的工作需求，讲解了制作产品销售记录表和绘制出差报销表的方法。通过本章的学习，读者可以掌握在 Word 2016 中创建与编辑表格方面的知识，为深入学习 Office 2016 知识奠定基础。

4.1 创 建 表 格

在 Word 2016 中绘制表格是日常办公中应用十分广泛的一种操作。使用 Office 2016 组件进行文本编辑时，应学会在文本中创建表格的方法。本节将介绍在 Word 2016 中创建表格的基础知识。

↑ 扫码看视频

4.1.1 手动创建表格

手动创建表格是通过光标自定义的方式来绘制表格，这种方法可以根据绘制者的需求创建表格，手动创建表格具有操作灵活的特点，下面介绍手动创建表格的方法。

第 1 步 打开文档，***1.*** 在【插入】选项卡中单击【表格】下拉按钮，***2.*** 在弹出的菜单中选择【绘制表格】菜单项，如图 4-1 所示。

第 2 步 鼠标光标变成绘制标志状态，单击并拖动鼠标，到适当位置释放鼠标，通过以上操作步骤即可完成手动创建表格的操作，如图 4-2 所示。

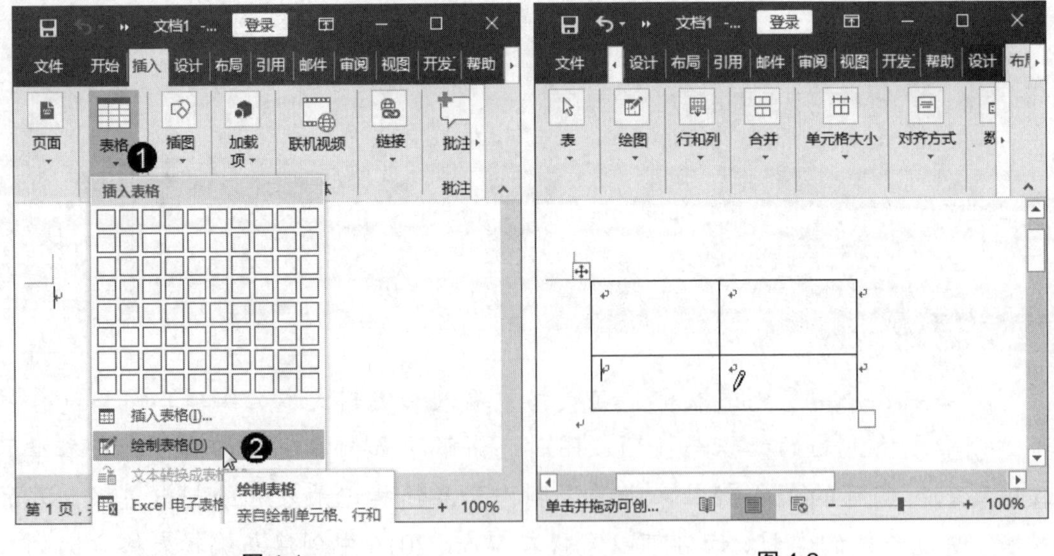

图 4-1　　　图 4-2

4.1.2 自动创建表格

自动创建表格的方法有两种，一种是通过【表格】组中提供的虚拟表格来快速创建表

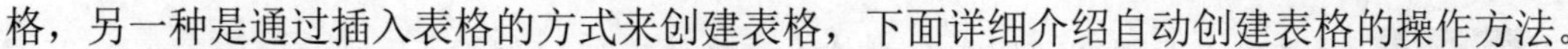

格，另一种是通过插入表格的方式来创建表格，下面详细介绍自动创建表格的操作方法。

1. 虚拟表格

通过【表格】组中提供的虚拟表格可以快速创建 10 列 8 行以内任意数列的表格，下面介绍使用虚拟表格创建表格的方法。

第 1 步 打开文档，***1.*** 在【插入】选项卡中单击【表格】下拉按钮，***2.*** 在虚拟表格区域中选择准备绘制表格的行数和列数，如图 4-3 所示。

第 2 步 通过以上步骤即可完成使用虚拟表格绘制表格的操作，如图 4-4 所示。

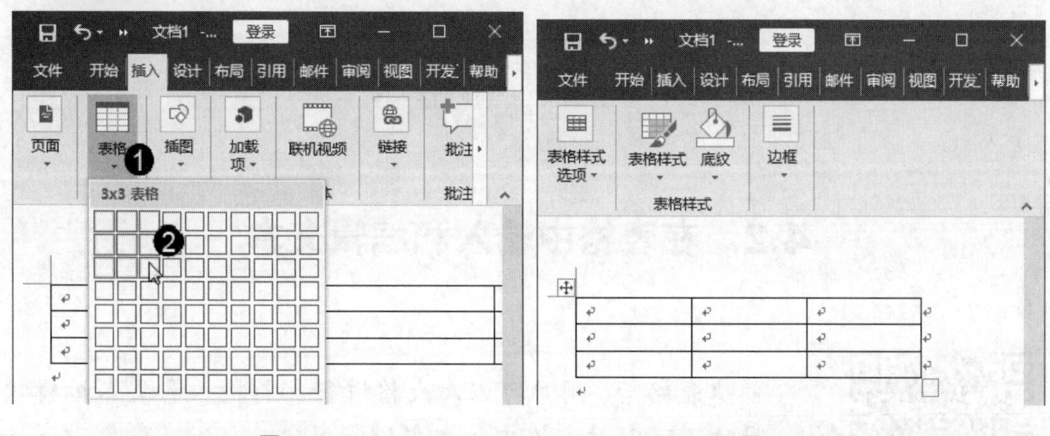

图 4-3　　　　图 4-4

2. 自动插入表格

通过选择【表格】组中的【插入表格】菜单项可以创建任意行数和列数的表格，下面介绍使用【插入表格】菜单项来创建表格的方法。

第 1 步 打开文档，***1.*** 在【插入】选项卡中单击【表格】下拉按钮，***2.*** 在弹出的菜单中选择【插入表格】菜单项，如图 4-5 所示。

第 2 步 弹出【插入表格】对话框，***1.*** 在【列数】和【行数】微调框中输入数值，***2.*** 单击【确定】按钮，如图 4-6 所示。

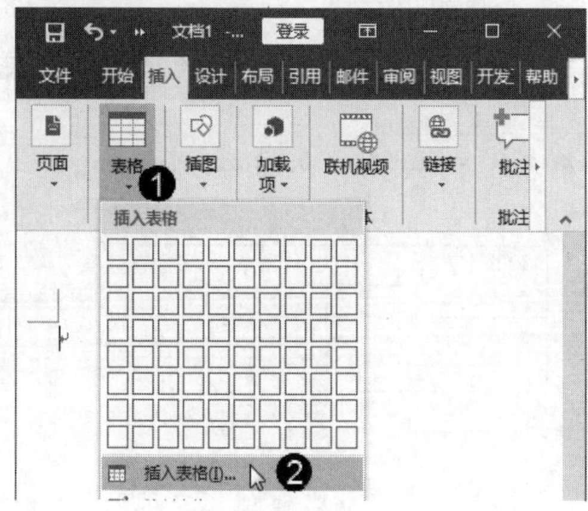

图 4-5

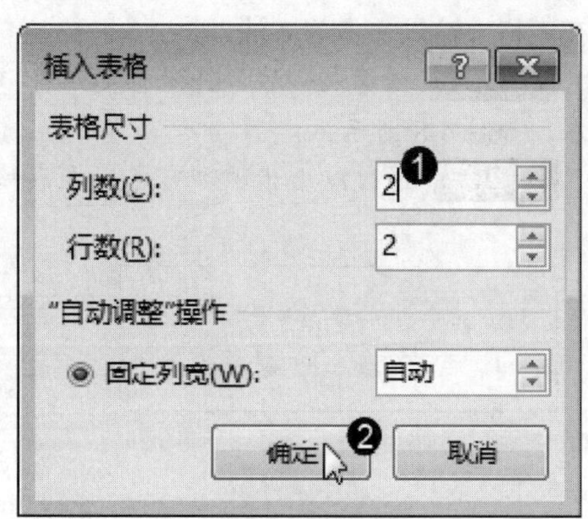

图 4-6

第 3 步 通过以上步骤即可完成自动插入表格的操作，如图 4-7 所示。

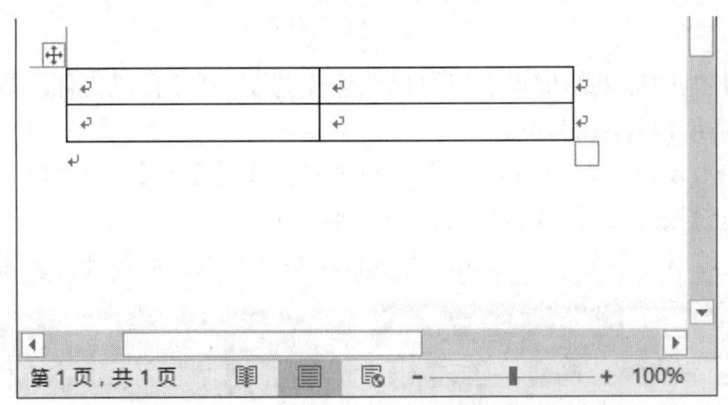

图 4-7

4.2 在表格中输入和编辑文本

创建表格后，用户可以对表格进行字符输入和文本编辑操作，同时还可以对表格中的文本进行复制、粘贴、设置对齐方式等操作，下面介绍在表格中输入和编辑文本的操作方法。

↑扫码看视频

4.2.1 在表格中输入文本

一个表格中可以包含多个单元格，用户可以将文本内容输入指定的单元格中，下面介绍在表格中输入文本的方法。

第 1 步 创建表格后，将光标定位在准备输入内容的单元格中，使用键盘输入需要的文本，如图 4-8 所示。

第 2 步 通过以上步骤即可完成在表格中输入文本的操作，如图 4-9 所示。

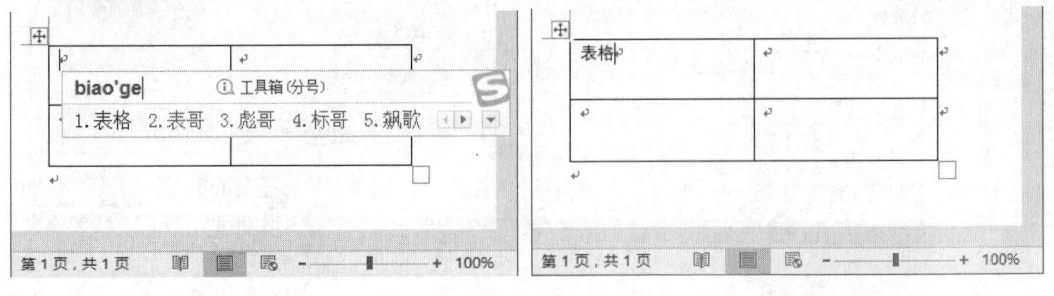

图 4-8　　图 4-9

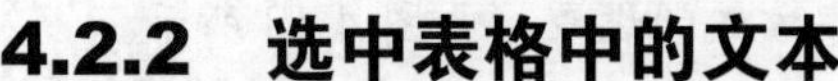

4.2.2　选中表格中的文本

用户可以随时对表格中的文本进行修改和编辑，在对文本进行修改和编辑时，需要将表格中的文本选中，下面介绍选中表格中文本的操作方法。

第 1 步　将光标放置在需要选中文本的起始点或终止点，单击鼠标左键并拖动，如图 4-10 所示。

第 2 步　通过以上操作步骤即可在表格中将文本选中，如图 4-11 所示。

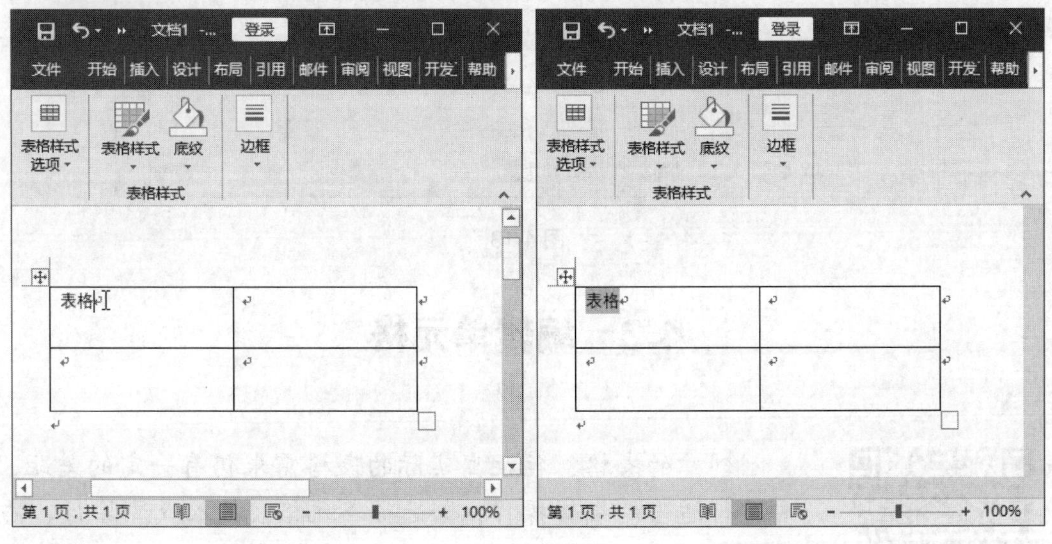

图 4-10　　　　图 4-11

4.2.3　设置表格文本的对齐方式

在表格中输入文本后，用户可以对表格中的文本进行对齐方式的设置，下面介绍设置表格文本对齐方式的操作方法。

第 1 步　选中文本，***1.*** 在【布局】选项卡中单击【对齐方式】下拉按钮，***2.*** 在弹出的列表中选择一种对齐方式，如图 4-12 所示。

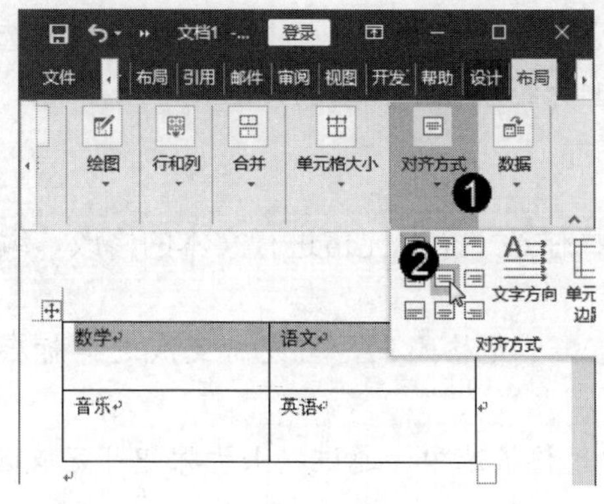

图 4-12

第 2 步 通过以上操作步骤即可完成表格文本对齐方式的设置，如图 4-13 所示。

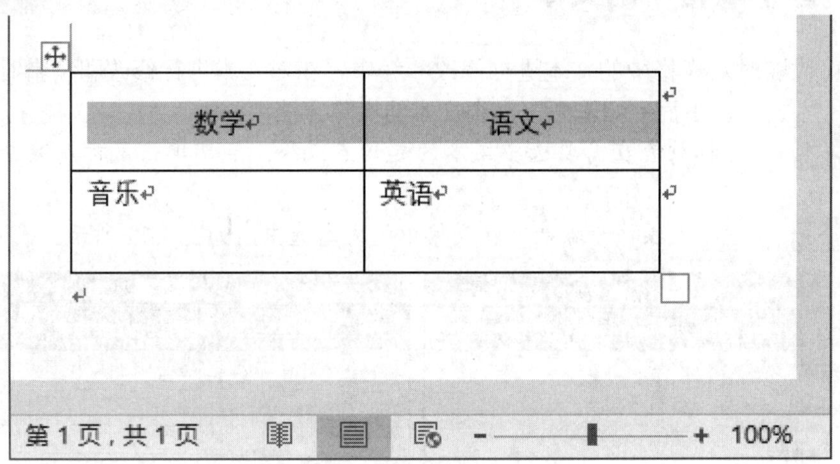

图 4-13

4.3 编辑单元格

刚创建的表格，往往离实际的表格需求仍有一定的差距，还要进行适当的编辑操作，如选择单元格、插入或删除行、插入或删除列、插入或删除单元格等。本节将详细介绍编辑单元格的方法。

↑扫码看视频

4.3.1 选择单元格

选择单元格中的文本内容，可以对文本进行编辑和设置。选择单元格的方法有 5 种，分别是选择一个单元格、选择一行单元格、选择一列单元格、选择多个不连续单元格和选择整个表格的单元格，下面介绍选择单元格的方法。

1. 选择一个单元格

用户可以在表格中选择任意一个单元格进行文本的修改、编辑和设置，下面介绍选择一个单元格的方法。

第 1 步 将光标放置在单元格左侧，当光标变成选择标志状态↗时，单击鼠标，如图 4-14 所示。

第 2 步 可以看到单元格被选中，通过以上步骤即可完成选择一个单元格的操作，如图 4-15 所示。

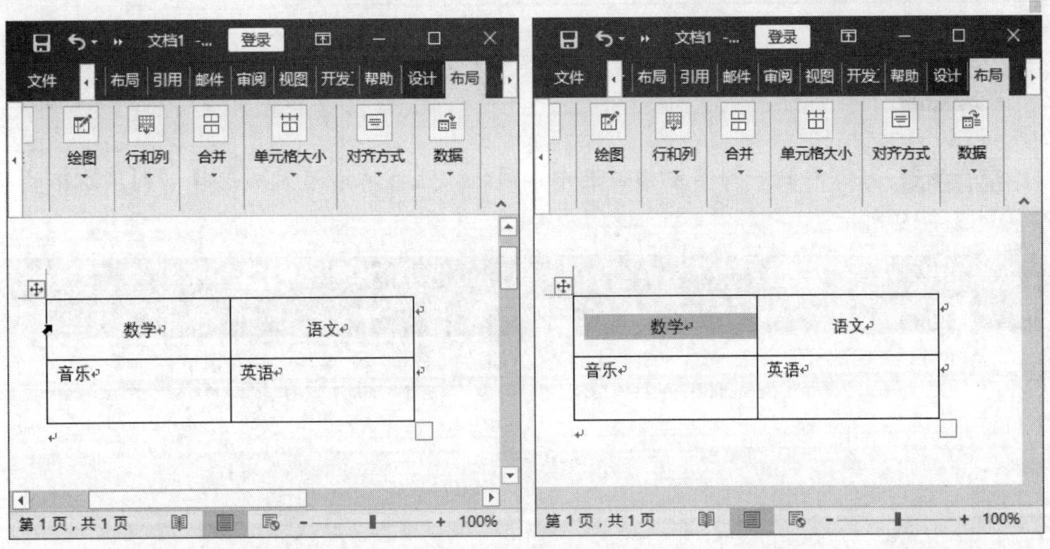
图 4-14　　图 4-15

2. 选择一行单元格

用户可以在表格中选择任意一行单元格进行文本的修改、编辑和设置，下面介绍选择一行单元格的方法。

第 1 步　将光标放置在一行单元格的左侧，当光标变成选择标志时，单击鼠标，如图 4-16 所示。

第 2 步　可以看到一行单元格被选中，通过以上步骤即可完成选择一行单元格的操作，如图 4-17 所示。

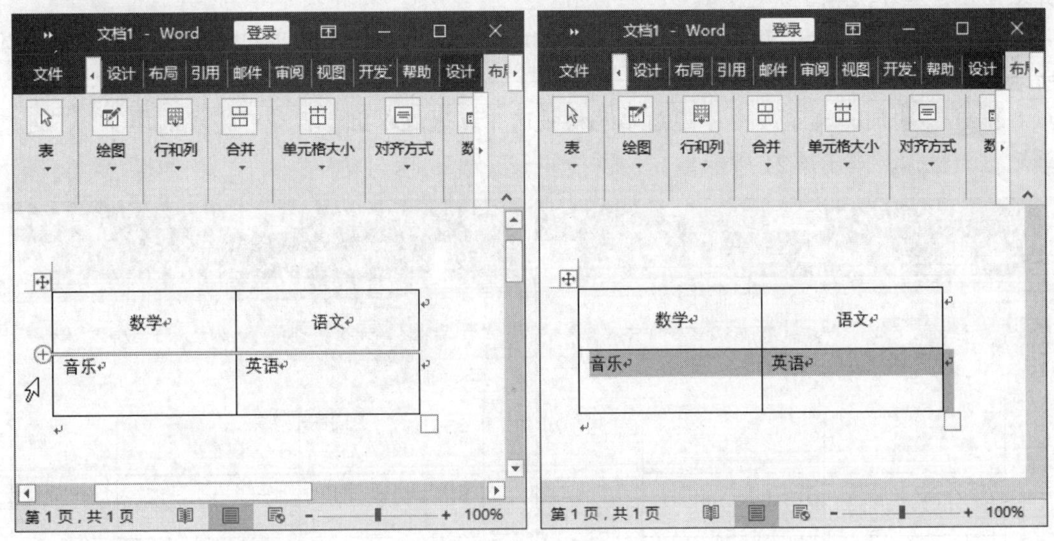
图 4-16　　图 4-17

3. 选择一列单元格

用户可以在表格中选择任意一列单元格进行文本的修改、编辑和设置，下面介绍选择一列单元格的方法。

第 1 步 将光标放置在一列单元格的最上方，当光标变成选择标志⬇后，单击鼠标，如图 4-18 所示。

第 2 步 可以看到一列单元格被选中，通过以上步骤即可完成选择一列单元格的操作，如图 4-19 所示。

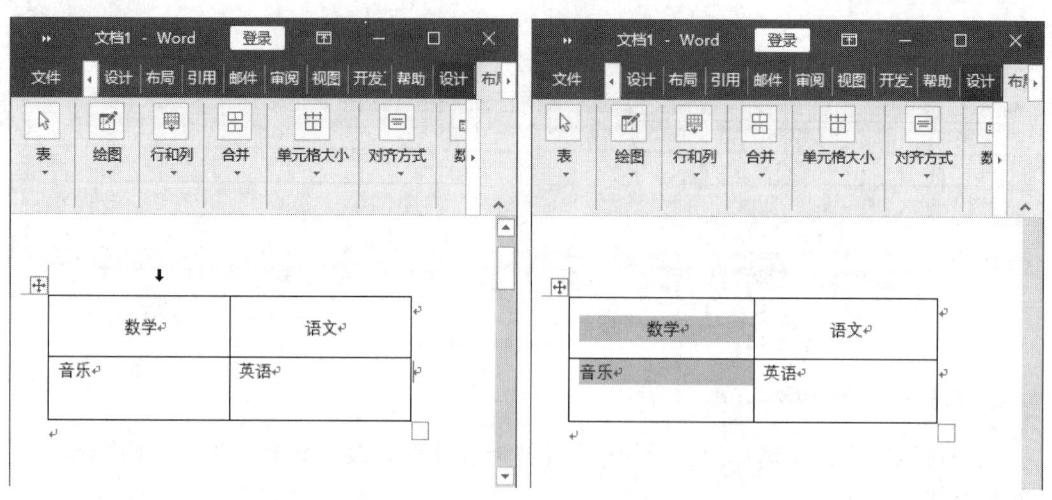

图 4-18　　　　图 4-19

4. 选择多个不连续单元格

用户可以在表格中选择多个不连续单元格进行文本的修改、编辑和设置，下面介绍选择多个不连续单元格的方法。

第 1 步 选中一个起始单元格，按住 Ctrl 键，在准备终止的单元格内单击，如图 4-20 所示。

第 2 步 可以看到多个不连续单元格被选中，通过以上步骤即可完成选择多个不连续单元格的操作，如图 4-21 所示。

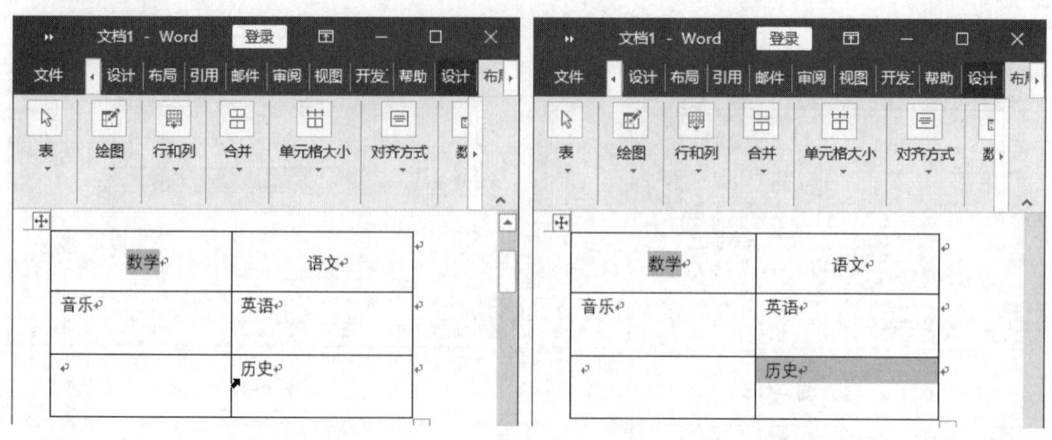

图 4-20　　　　图 4-21

5. 选择整个表格

用户可以选择整个表格进行文本的修改、编辑和设置，下面介绍选择整个表格的方法。

第 1 步 将光标放置在整个表格的左上角图标⊞上，当光标变成选择标志后，单击鼠标左键，如图 4-22 所示。

第 2 步 可以看到整个表格被选中，通过以上步骤即可完成选择整个表格的操作，如图 4-23 所示。

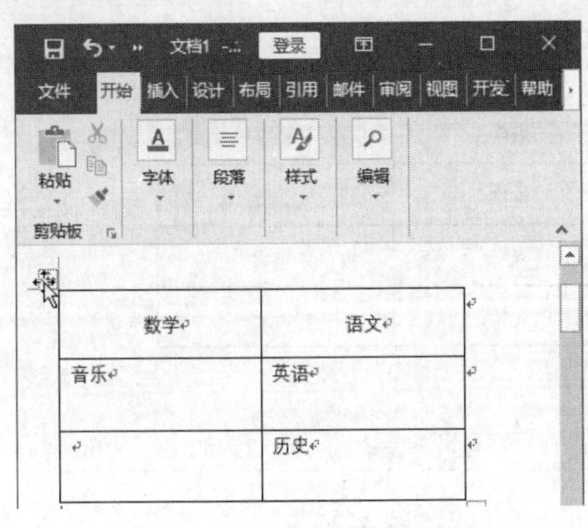

图 4-22

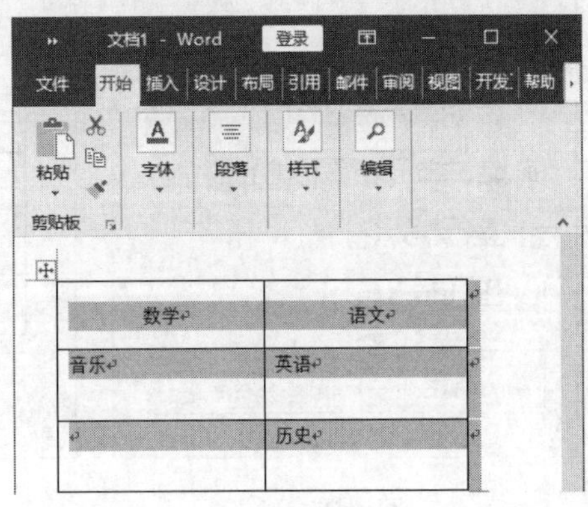

图 4-23

4.3.2　插入行、列与单元格

如果用户在编辑表格的过程中，需要在指定的位置上增加内容时，可以在表格中插入行、列和单元格，下面介绍插入单元格、行、列的操作方法。

1. 插入单元格

在 Word 表格中，用户可以在指定位置上添加单个或多个单元格，下面介绍插入单元格的操作方法。

第 1 步 将光标移动至需要插入单元格的位置上，***1.*** 在【布局】选项卡中单击【行和列】下拉按钮，***2.*** 在弹出的菜单中单击【启动器】按钮，如图 4-24 所示。

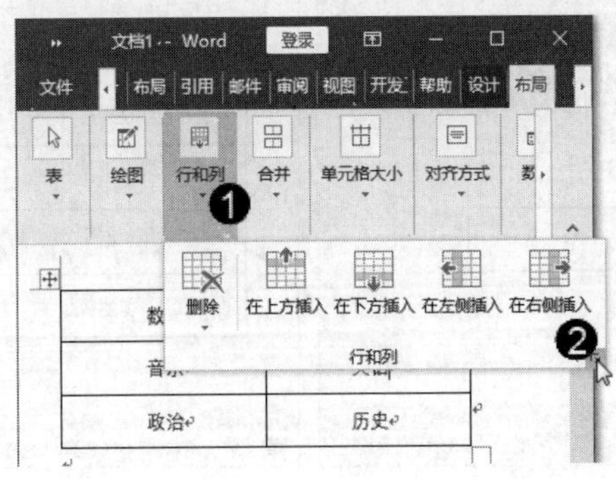

图 4-24

第 2 步 弹出【插入单元格】对话框，***1.*** 选中【活动单元格下移】单选按钮，***2.*** 单击【确定】按钮，如图 4-25 所示。

第 3 步 通过以上步骤即可完成在表格中插入一个单元格的操作，如图 4-26 所示。

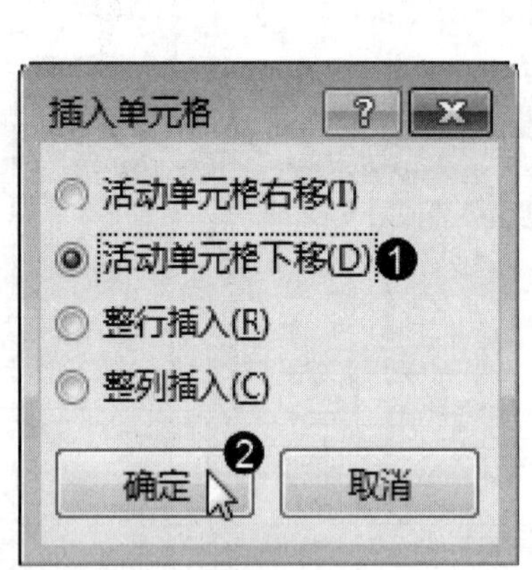

图 4-25

图 4-26

2. 插入整行单元格

在 Word 表格中，用户可以在指定位置插入整行单元格。下面介绍插入整行单元格的操作方法。

第 1 步 将光标移动至需要插入单元格的位置，***1.*** 在【布局】选项卡中单击【行和列】下拉按钮，***2.*** 在弹出的菜单中单击【在下方插入】按钮，如图 4-27 所示。

第 2 步 通过以上步骤即可完成插入整行单元格的操作，如图 4-28 所示。

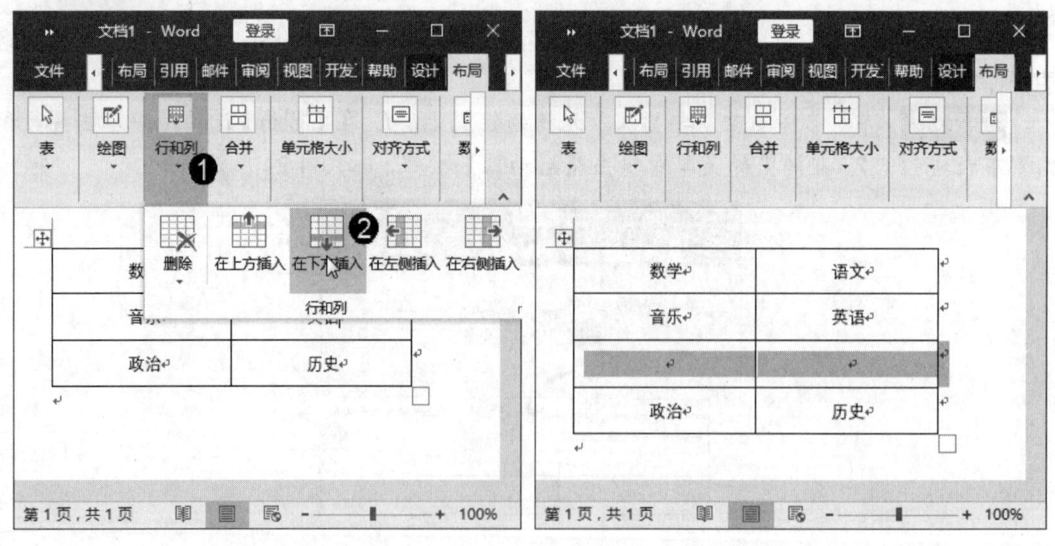

图 4-27　　　　图 4-28

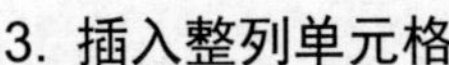

3. 插入整列单元格

在 Word 表格中，用户可以在指定位置插入整列单元格，下面介绍插入整列单元格的操作方法。

第 1 步　将光标移动至需要插入单元格的位置，**1.** 在【布局】选项卡中单击【行和列】下拉按钮，**2.** 在弹出的菜单中单击【在右侧插入】按钮，如图 4-29 所示。

第 2 步　通过以上步骤即可完成插入整列单元格的操作，如图 4-30 所示。

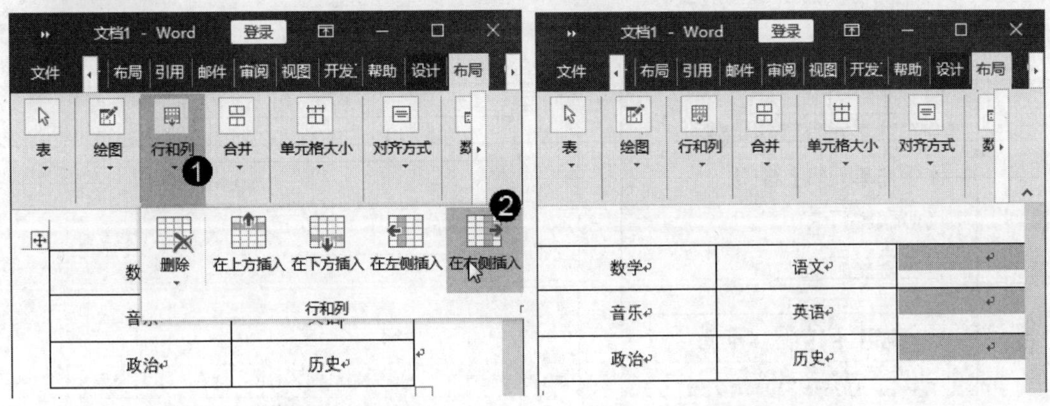

图 4-29　　　　图 4-30

4.3.3　删除行、列与单元格

在表格中，用户可以将单元格、行、列进行删除，下面介绍删除行、列与单元格的操作方法。

1. 删除单元格

在 Word 表格中，用户可以在指定位置上删除某个单元格，下面介绍删除单元格的操作方法。

第 1 步　选中单元格，按 Backspace 键，如图 4-31 所示。

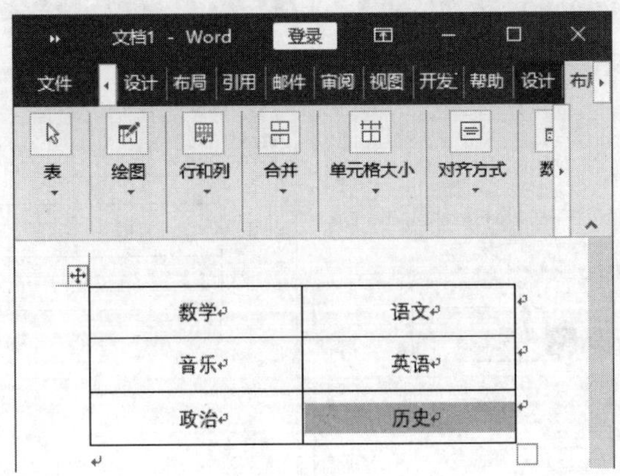

图 4-31

第 2 步 弹出【删除单元格】对话框，***1.*** 选中【右侧单元格左移】单选按钮，***2.*** 单击【确定】按钮，如图 4-32 所示。

第 3 步 通过以上步骤即可完成删除单元格的操作，如图 4-33 所示。

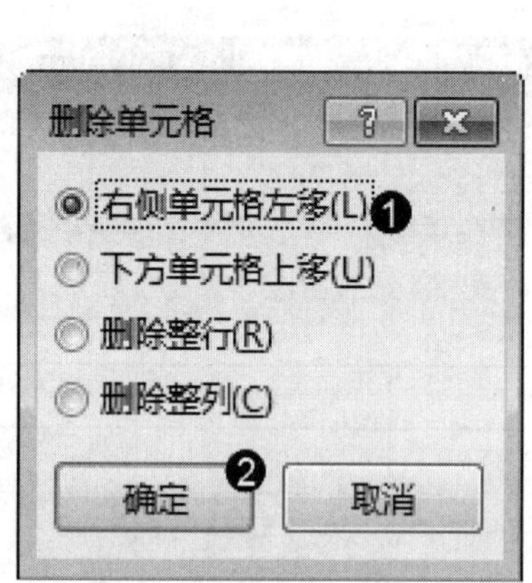

图 4-32

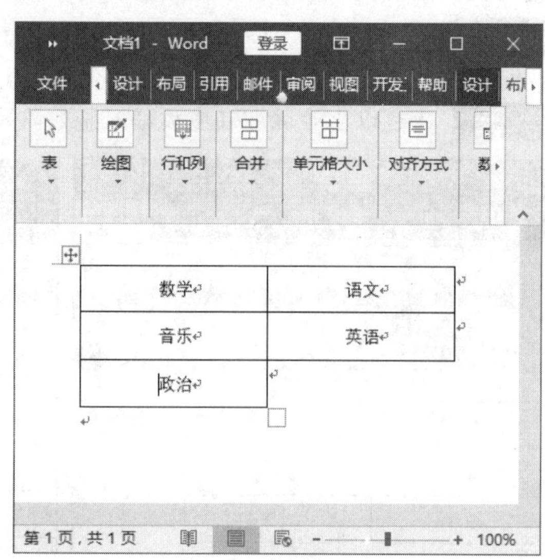

图 4-33

2. 删除整行单元格

在 Word 表格中，用户可以在指定位置上删除整行单元格。下面介绍删除整行单元格的操作方法。

第 1 步 将光标移动至需要删除整行单元格的起始位置，***1.*** 在【布局】选项卡中单击【行和列】下拉按钮，***2.*** 在弹出的菜单中单击【删除】按钮，***3.*** 在弹出的子菜单中选择【删除行】菜单项，如图 4-34 所示。

第 2 步 通过以上步骤即可完成删除整行单元格的操作，如图 4-35 所示。

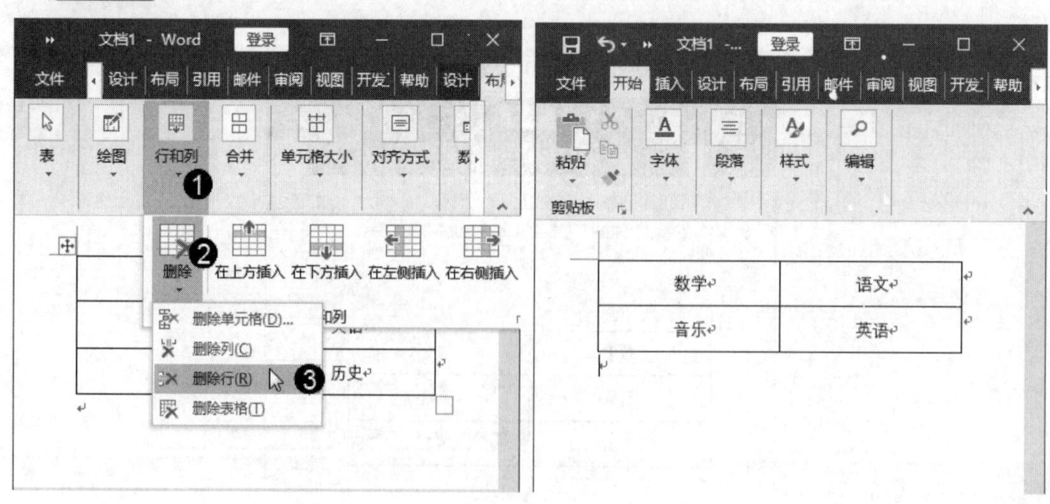

图 4-34

图 4-35

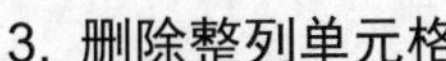

3. 删除整列单元格

在 Word 表格中，用户可以在指定位置上删除整列单元格。下面介绍删除整列单元格的操作方法。

第 1 步　将光标移动至需要删除整列单元格的起始位置，***1.*** 在【布局】选项卡中单击【行和列】下拉按钮，***2.*** 在弹出的菜单中单击【删除】下拉按钮，***3.*** 在弹出的子菜单中选择【删除列】菜单项，如图 4-36 所示。

第 2 步　通过以上步骤即可完成删除整列单元格的操作，如图 4-37 所示。

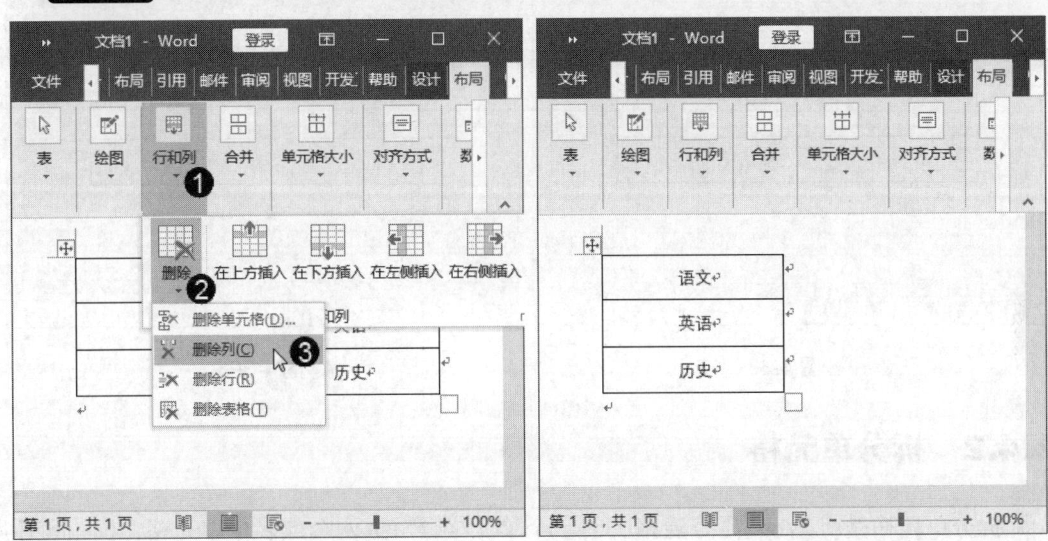

图 4-36　　　　图 4-37

4.4　合并与拆分单元格

合并单元格是指将多个连续的单元格组合成一个单元格，拆分单元格是指将一个单元格分解成多个连续的单元格，合并与拆分单元格的操作多用于 Word 或 Excel 中的表格。下面介绍合并与拆分单元格的方法。

↑扫码看视频

4.4.1　合并单元格

在表格中，用户可以根据个人需要将多个连续的单元格合并成一个单元格，下面介绍合并单元格的操作方法。

第 1 步　选中需要合并的连续单元格，***1.*** 在【布局】选项卡中单击【合并】下拉按钮，

2. 在弹出的菜单中单击【合并单元格】按钮，如图 4-38 所示。

第 2 步 通过以上步骤即可完成合并选中单元格的操作，如图 4-39 所示。

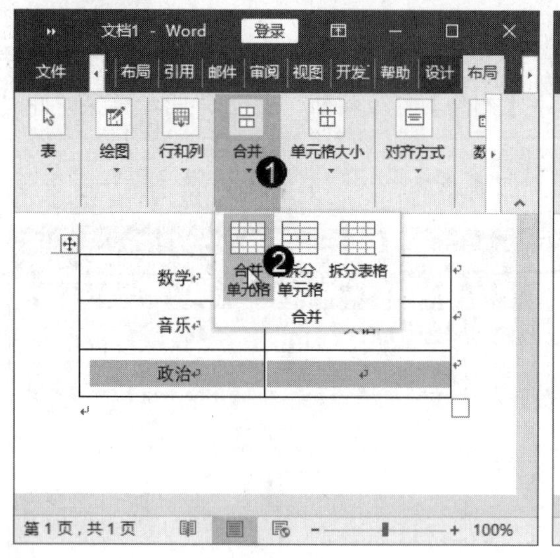

图 4-38

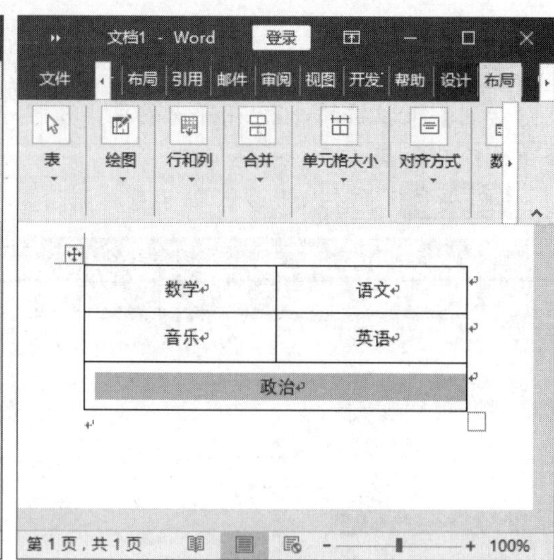

图 4-39

4.4.2 拆分单元格

拆分单元格是将 Word 文档表格中的一个单元格分解成两个或多个单元格，下面介绍拆分单元格的操作方法。

第 1 步 选中需要拆分的单元格，*1.* 在【布局】选项卡中单击【合并】下拉按钮，*2.* 在弹出的菜单中单击【拆分单元格】按钮，如图 4-40 所示。

第 2 步 弹出【拆分单元格】对话框，*1.* 在【列数】和【行数】微调框中输入数值，*2.* 单击【确定】按钮，如图 4-41 所示。

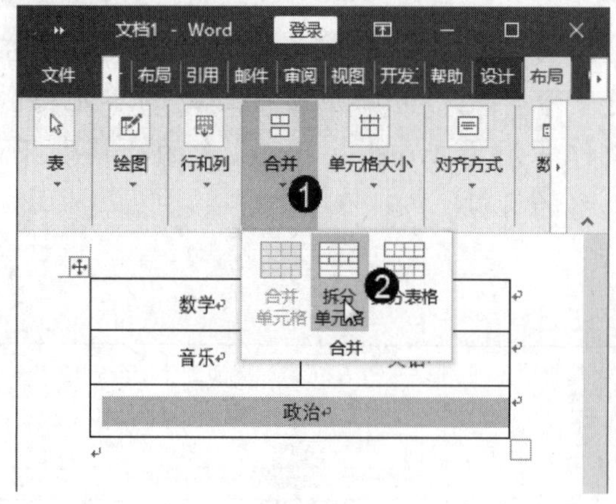

图 4-40

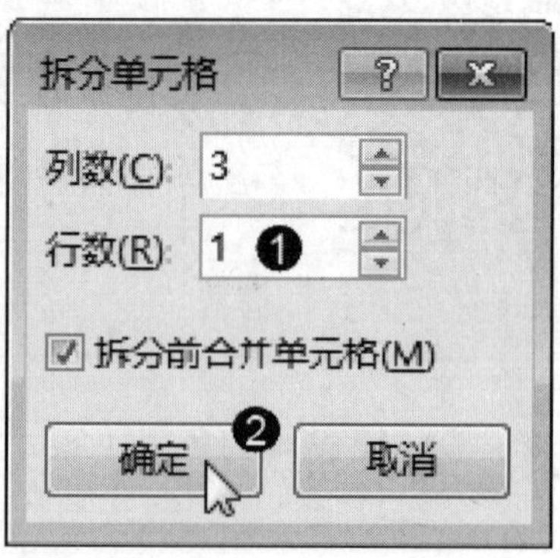

图 4-41

第 3 步 通过以上步骤即可完成拆分单元格的操作，如图 4-42 所示。

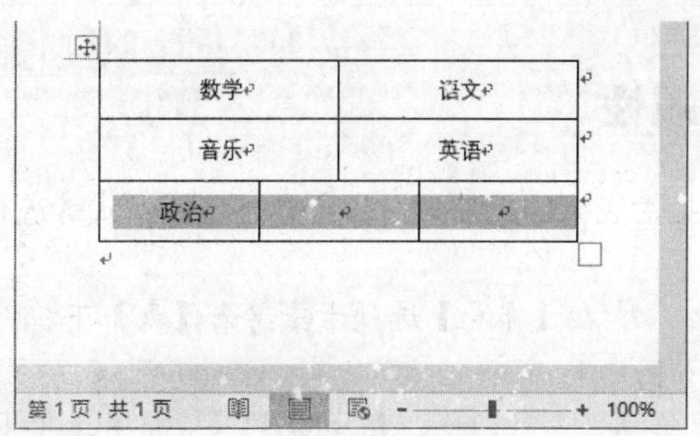

图 4-42

4.5　设置表格格式

在使用 Word 2016 制作表格时，为了使表格更加美观，可以对表格格式进行设置。表格格式包括表格的样式、属性、行高、列宽、边框和底纹等。本节将详细介绍设置表格格式的方法。

↑扫码看视频

4.5.1　自动套用表格样式

Word 2016 可以将表格自动格式化，用户根据需要可以将 Word 2016 提供的多种预设样式直接套用到表格中，下面介绍自动套用表格样式的方法。

第 1 步　选中需要更改样式的表格，***1.*** 在【设计】选项卡中单击【表格样式】下拉按钮，***2.*** 在弹出的表格样式库中选择一种样式，如图 4-43 所示。

第 2 步　通过以上步骤即可完成更改表格样式的操作，如图 4-44 所示。

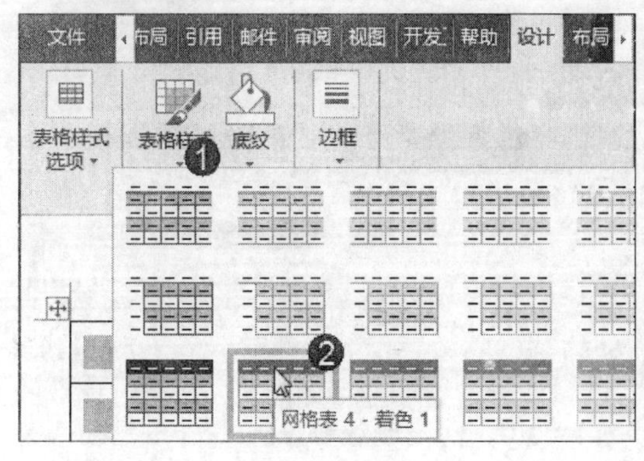

图 4-43

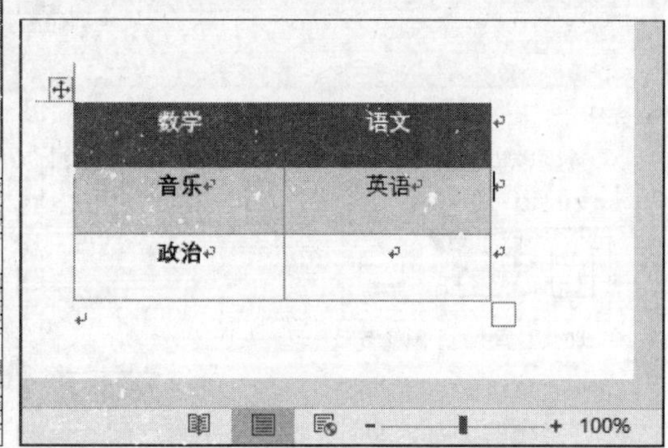

图 4-44

4.5.2 设置表格属性

表格属性的设置包括对表格的尺寸、对齐方式、环绕方式等进行设置，下面介绍设置表格属性的操作方法。

第 1 步 选中表格，*1.* 在【布局】选项卡中单击【表】下拉按钮，*2.* 在弹出的菜单中单击【属性】按钮，如图 4-45 所示。

第 2 步 弹出【表格属性】对话框，*1.* 切换到【表格】选项卡，*2.* 在【对齐方式】区域中选择【右对齐】选项，*3.* 在【文字环绕】区域中选择【无】选项，如图 4-46 所示。

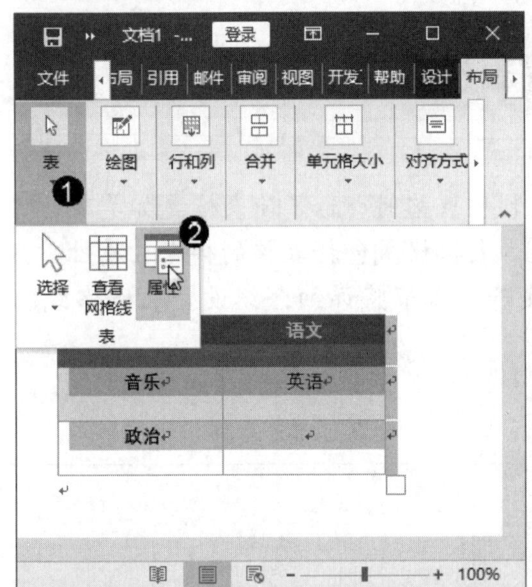

图 4-45

图 4-46

第 3 步 切换到【单元格】选项卡，*1.* 在【垂直对齐方式】区域中选择【居中】选项，*2.* 单击【确定】按钮，如图 4-47 所示。

第 4 步 通过以上步骤即可完成设置表格属性的操作，如图 4-48 所示。

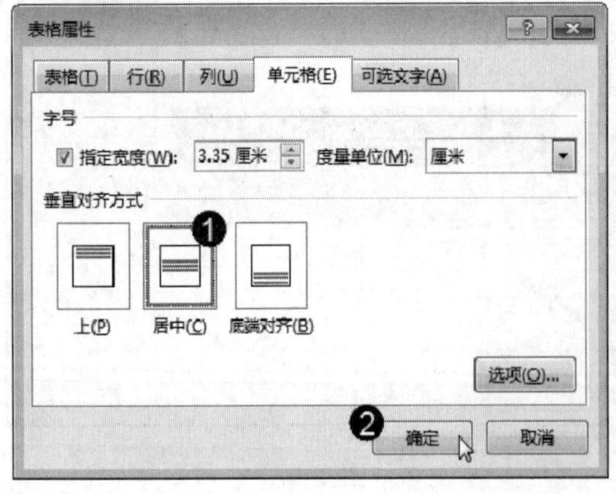

图 4-47

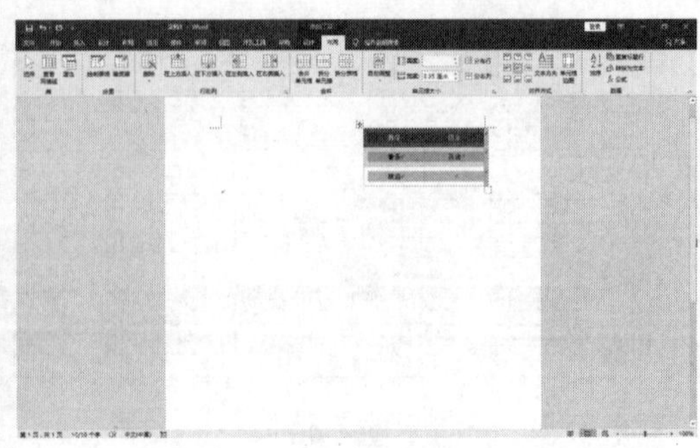

图 4-48

4.6　实践案例与上机指导

通过本章的学习，读者基本可以掌握在 Word 2016 中创建与编辑表格的基本知识以及一些常见的操作方法，下面通过练习操作，以达到巩固知识、拓展提高的目的。

↑扫码看视频

4.6.1　制作产品销售记录表

结合本章所讲的知识要点，下面以在 Word 2016 中制作产品销售记录表为例，讲解如何在文档中插入与编辑表格。

素材保存路径：配套素材\第 4 章

素材文件名称：产品销售记录表.docx

第 1 步 新建空白文档，***1.*** 在【插入】选项卡中单击【表格】下拉按钮，***2.*** 在虚拟表格区域中选择一个 9 列 8 行的表格，如图 4-49 所示。

第 2 步 在表格第 8 行中，选中第 2 列到第 9 列的单元格，***1.*** 在【布局】选项卡中单击【合并】下拉按钮，***2.*** 在弹出的菜单中单击【合并单元格】按钮，如图 4-50 所示。

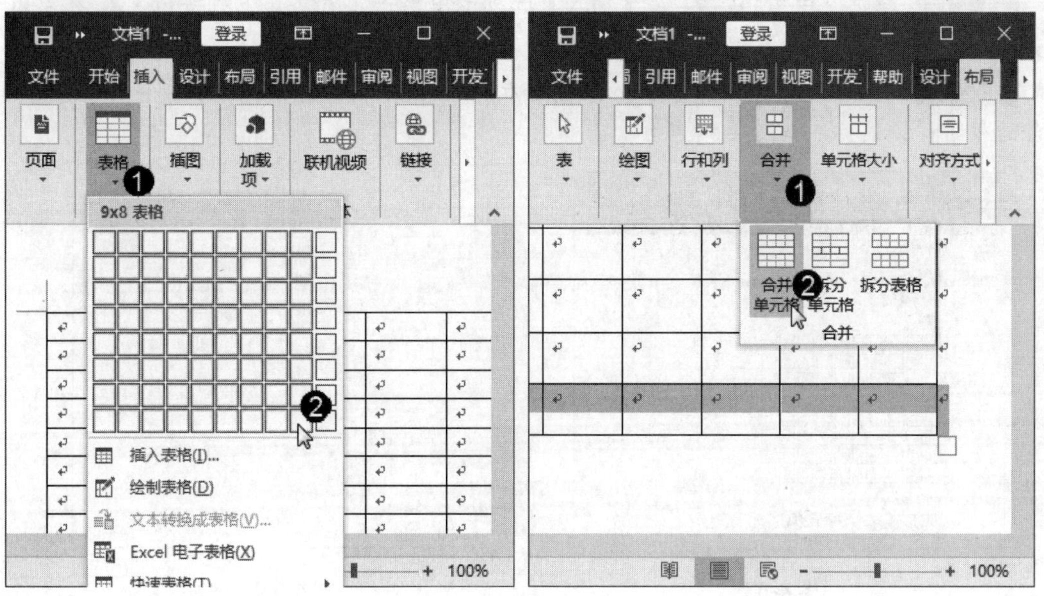

图 4-49　　　　图 4-50

第 3 步 输入表格标题和记录编号等内容，如图 4-51 所示。

第 4 步 输入表格内容，通过以上步骤即可完成制作产品销售记录表的操作，如图 4-52 所示。

图 4-51

图 4-52

4.6.2 绘制出差报销表

手动绘制表格是指用画笔工具绘制表格的边线，可以很方便地绘制出同行不同列的不规则表格，结合本章所讲的知识要点，下面以在 Word 2016 中绘制出差报销表为例，讲解如何在文档中手动绘制表格。

素材保存路径：配套素材\第 4 章

素材文件名称：出差报销表.docx、效果-出差报销表.docx

第 1 步 新建空白文档，***1.*** 在【插入】选项卡中单击【表格】下拉按钮，***2.*** 在弹出的菜单中选择【绘制表格】菜单项，如图 4-53 所示。

第 2 步 鼠标指针变为形状，按住鼠标左键不放并拖动，直到绘制出所需大小的表格外边框时释放鼠标，如图 4-54 所示。

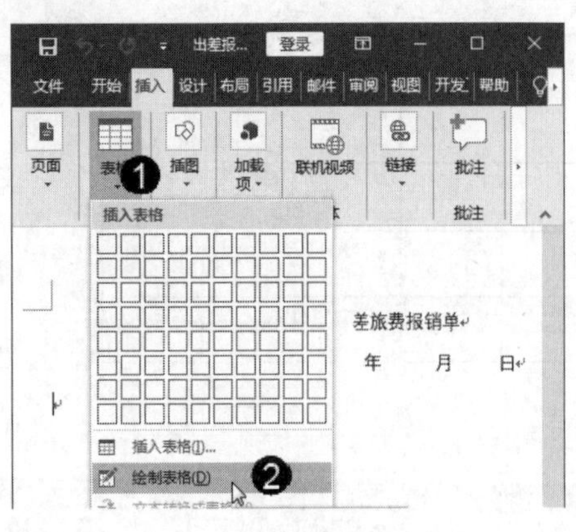

图 4-53

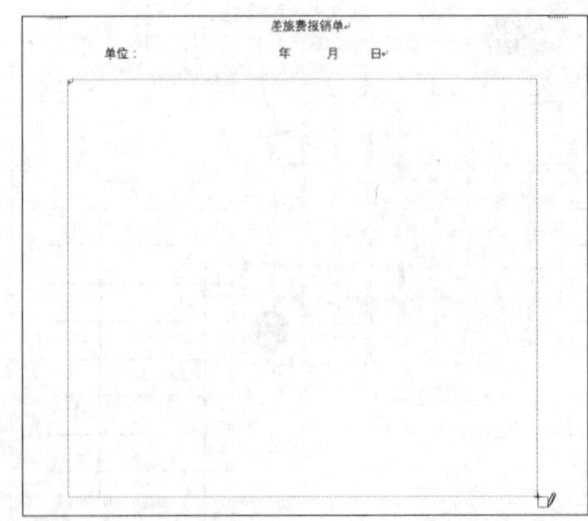

图 4-54

第 3 步 在绘制好的表格外边框内横向拖动鼠标光标绘制出表格的行线，如图 4-55

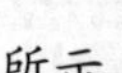

所示。

第 4 步　在表格外边框内竖向拖动鼠标光标绘制出表格的列线，如图 4-56 所示。

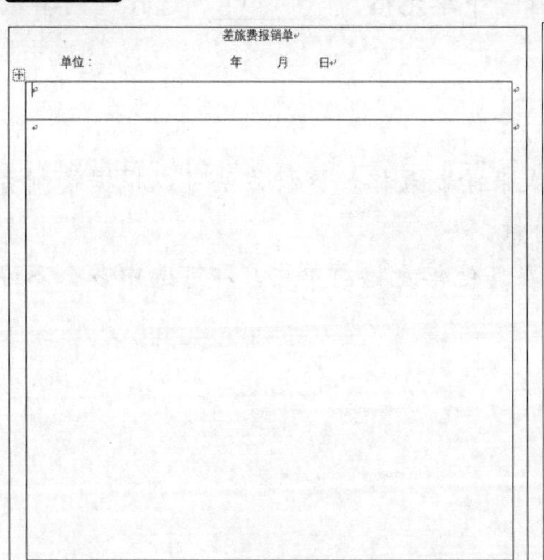

图 4-55

差旅费报销单

单位：　年　月　日

图 4-56

第 5 步　在表格中输入内容即可完成手动绘制出差报销表的操作，如图 4-57 所示。

差旅费报销单

单位：　　年　月　日

姓名						共计　人
出差事由				经费来源		
出差地点						
起止日期						
共计天数				附单据数		
差旅费票据金额		各种补助	标准	人数	天数	金额
飞机票		伙食				
火车票		住宿				
汽车票		公杂				
住宿费		乘车超时				
伙食费		未乘卧铺				
其他		备注（乘坐飞机的理由）：				
是否由接待单位安排伙食是□否□；是否由所在单位、接待单位或其他单位免费提供交通工具是□否□						
金额合计：　万　仟　佰　拾　元　角　分 ¥						
预支金额		应退金额		应补金额		
批准人		报销人		审核		

图 4-57

4.7　思考与练习

一、填空题

1. 自动创建表格的方法分为两种，一种是通过【表格】组中提供的__________来快速创建表格，另一种是通过__________的方式来创建表格。

2. 选择单元格的方法有 5 种，分别是选择一个单元格、________、选择一列单元格、________和选中整个表格。

二、判断题

1. 手动创建表格是通过光标自定义的方式来绘制表格，这种方法可以根据绘制者的需求创建表格，手动创建表格具有操作灵活的特性。 (   )

2. 选中一个起始单元格，按住 Shift 键，在其他单元格内单击，即可选中多个不连续的单元格。 (   )

三、思考题

1. 如何自动套用表格格式？

2. 如何合并单元格？

第 5 章

Word 高效办公与打印

本章要点

- 审阅与修订文档
- 制作页眉和页脚
- 制作目录与索引
- 页面设置与打印文档

本章主要内容

本章主要介绍了审阅与修订文档、制作页眉和页脚、制作目录与索引方面的知识与技巧，同时还讲解了页面设置与打印文档，在本章的最后还针对实际的工作需求，讲解了使用分页符、添加尾注和删除目录的方法。通过本章的学习，读者可以掌握 Word 高效办公与打印方面的知识，为深入学习 Office 2016 知识奠定基础。

5.1 审阅与修订文档

在审阅文档时，通过修订功能，文档编辑者可以跟踪多个修订者对文档进行修改。审阅者可以将自己的见解以批注的形式插入文档中，便于读者查看或参考。本节将介绍审阅与修订文档的相关知识及操作方法。

↑ 扫码看视频

5.1.1 添加和删除批注

在审阅文档时，发现文档中的错误后，用户可以通过添加批注的方式对这些内容做出注释、建议等。下面将详细介绍添加批注和删除批注的操作方法。

第 1 步 选中要添加批注的文本，***1.*** 在【审阅】选项卡中单击【批注】下拉按钮，***2.*** 在弹出的菜单中单击【新建批注】按钮，如图 5-1 所示。

第 2 步 这时在文档右侧插入一个批注框，将光标定位在批注框中，输入批注内容，通过以上步骤即可完成添加批注的操作，如图 5-2 所示。

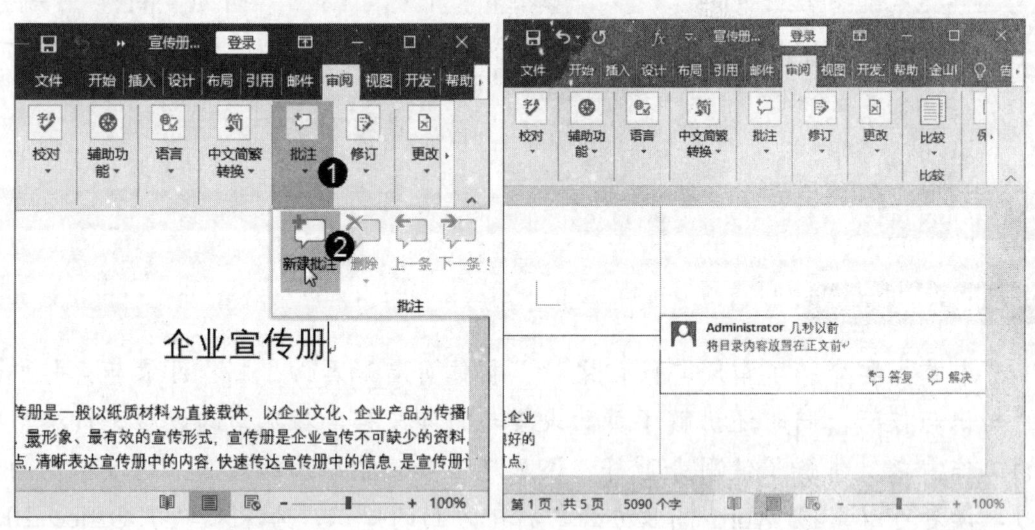

图 5-1　　　　图 5-2

第 3 步 将光标定位在批注中，***1.*** 在【审阅】选项卡中单击【批注】下拉按钮，***2.*** 在弹出的菜单中单击【删除】下拉按钮，***3.*** 在弹出的子菜单中选择【删除】菜单项，如图 5-3 所示。

第 4 步 批注已经被删除，通过以上步骤即可完成删除批注的操作，如图 5-4 所示。

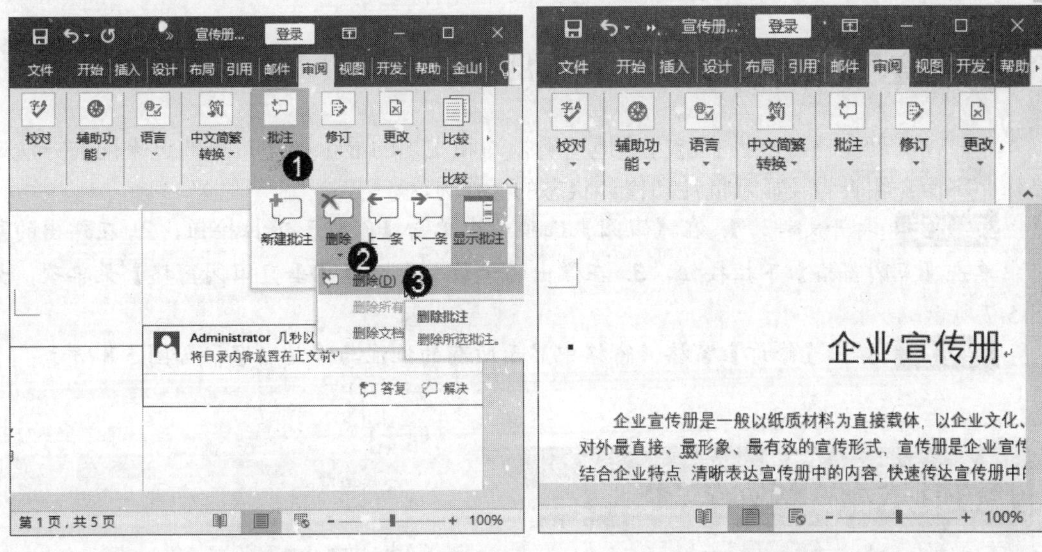

图 5-3　　　　图 5-4

5.1.2　修订文档

在审阅其他用户编辑的文档时，只要启用了修订功能，Word 则会自动根据修订内容的不同，以修订标记格式显示。下面介绍修订文档的操作方法。

第 1 步　打开文档，***1.*** 在【审阅】选项卡中单击【修订】下拉按钮，***2.*** 在弹出的菜单中单击【修订】按钮，如图 5-5 所示。

第 2 步　将光标定位在要进行修改的位置，将整段首行缩进 2 个字符，可以看到文档右侧会显示修订的操作说明，通过以上步骤即可完成修订文档的操作，如图 5-6 所示。

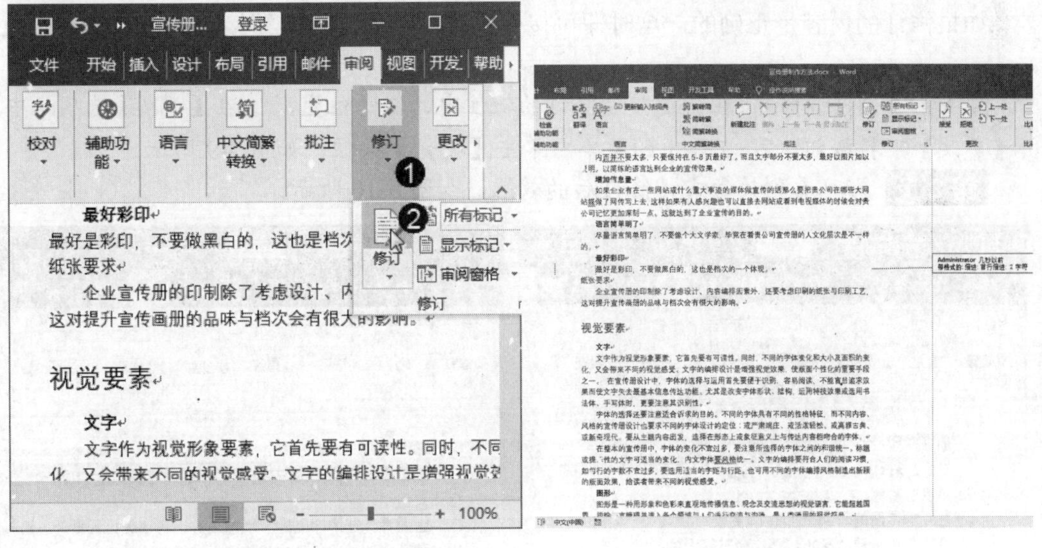

图 5-5　　　　图 5-6

5.1.3 查看及显示批注和修订的状态

用户在阅读文档时，为了能方便地查看批注和文档的显示状态，可通过不同的方法来操作，下面介绍查看及显示批注和修订状态的操作方法。

第 1 步 打开文档，*1.* 在【审阅】选项卡中单击【修订】下拉按钮，*2.* 在弹出的菜单中单击【审阅窗格】下拉按钮，*3.* 在弹出的子菜单中选择【垂直审阅窗格】菜单项，如图 5-7 所示。

第 2 步 弹出【修订】窗格，窗格中显示所有的批注与修订内容，如图 5-8 所示。

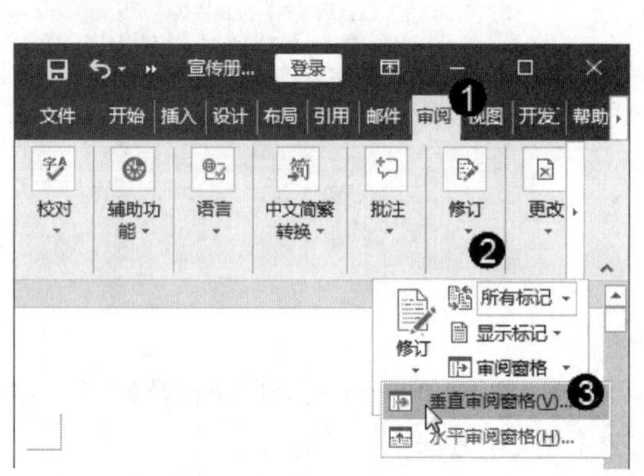

图 5-7

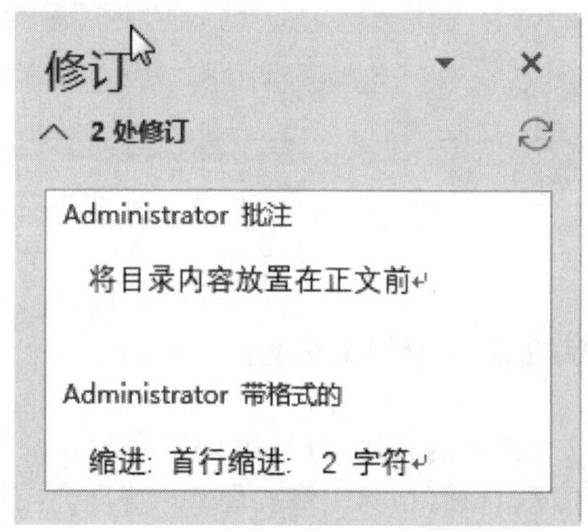

图 5-8

5.1.4 接受或拒绝修订

如果修订的内容是正确的，这时即可接受修订。下面详细介绍接受或拒绝修订的操作方法。

第 1 步 将光标定位在需要接受修订的批注内的任意位置，*1.* 在【审阅】选项卡中单击【更改】下拉按钮，*2.* 在弹出的菜单中单击【接受】按钮，如图 5-9 所示。

第 2 步 即可看到接受文档修订后的效果，如图 5-10 所示。

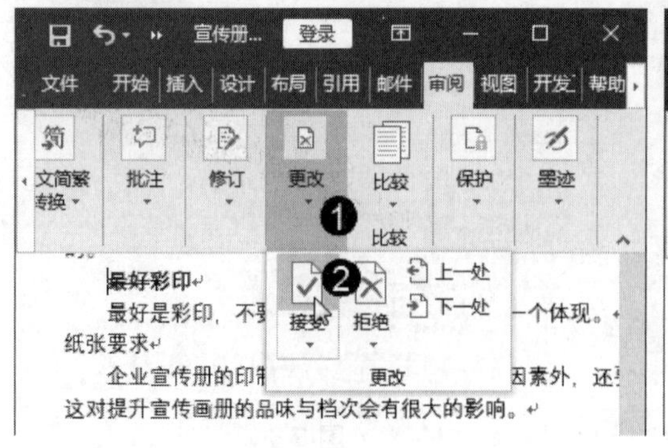

图 5-9

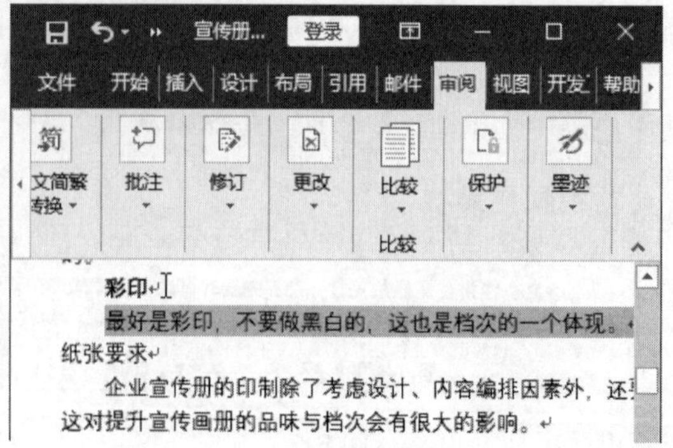

图 5-10

第 3 步 将光标定位在需要拒绝修订的批注内的任意位置，**1.** 在【审阅】选项卡中单击【更改】下拉按钮，**2.** 在弹出的菜单中单击【拒绝】按钮，如图 5-11 所示。

第 4 步 文档恢复原来的样式，如图 5-12 所示。

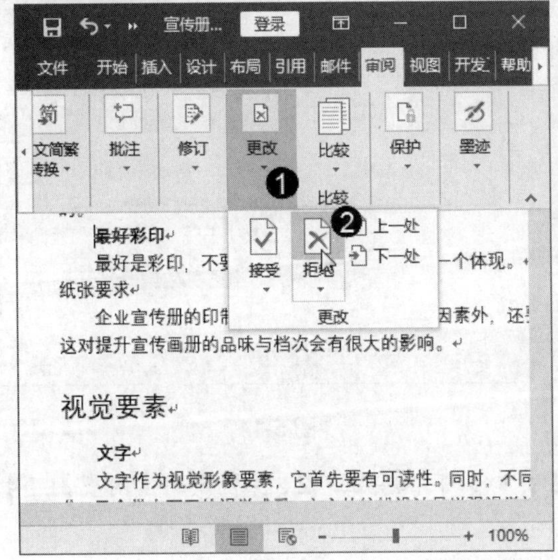

图 5-11

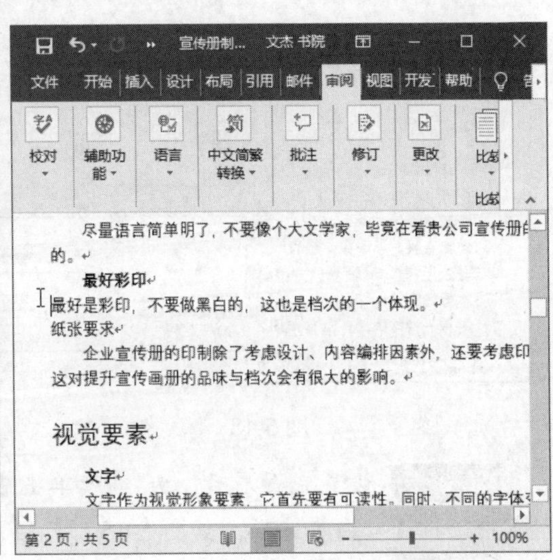

图 5-12

5.2 制作页眉和页脚

页眉是每个页面页边距的顶部区域，以书籍为例，通常显示书名、章节等信息。页脚是每个页面页边距的底部区域，通常显示文档的页码等信息。对页眉、页脚进行编辑，可起到美化文档的作用。本节将介绍制作页眉和页脚的知识和技巧。

↑扫码看视频

5.2.1 插入静态页眉和页脚

为文档插入静态的页眉和页脚时，插入的页码内容不会随页数的变化而自动改变。静态页眉与页脚常用于设置一些固定不变的信息内容，常用来插入时间、日期、页码、单位名称和标识等。下面介绍插入静态页眉和页脚的相关操作方法。

第 1 步 打开 Word 文档，**1.** 在【插入】选项卡中单击【页眉和页脚】下拉按钮，**2.** 在弹出的菜单中单击【页眉】下拉按钮，**3.** 在展开的【内置】下拉列表中选择【空白】选项，如图 5-13 所示。

第 2 步 页眉区域被激活，显示“在此处键入”提示文本，在其中输入页眉内容，即可完成插入静态页眉的操作，如图 5-14 所示。

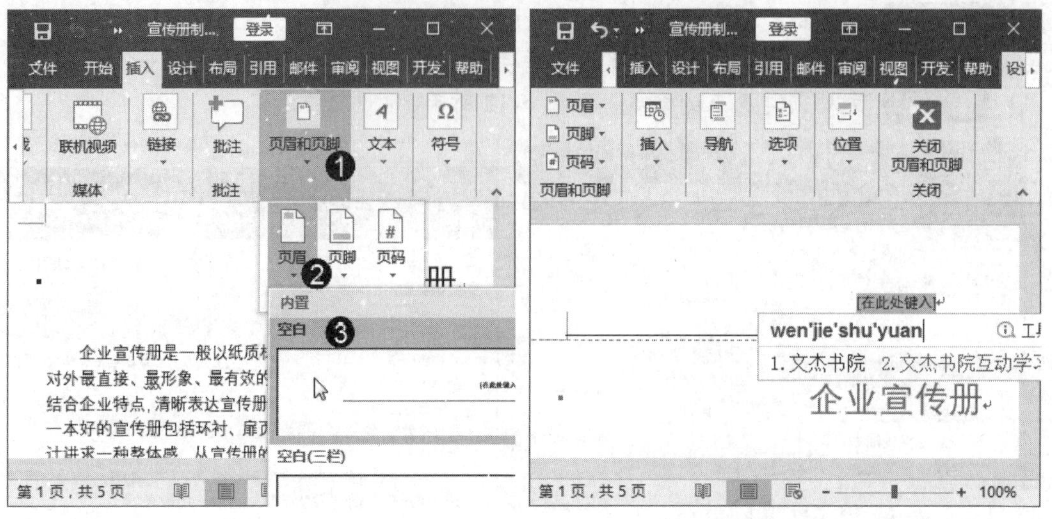

图 5-13　　　　图 5-14

第 3 步 设置完页眉后，*1.* 继续单击【页脚】下拉按钮，*2.* 在展开的【内置】下拉列表中选择【空白】选项，如图 5-15 所示。

第 4 步 页脚区域被激活，显示“在此处键入”提示文本，在其中输入页脚内容，即可完成插入静态页脚的操作，如图 5-16 所示。

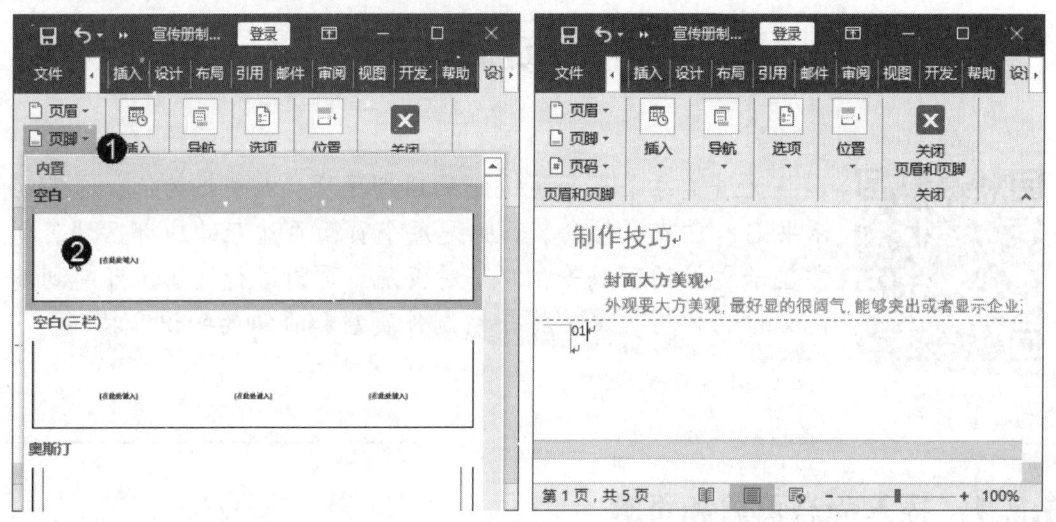

图 5-15　　　　图 5-16

5.2.2 添加动态页码

页码是每一页面上标明次序的编码或其他数字，用于统计书籍的页数，便于读者检索。下面以设置页面底端的页码为例，详细介绍添加动态页码的操作方法。

第 1 步 打开 Word 文档，*1.* 在【插入】选项卡中单击【页眉和页脚】下拉按钮，*2.* 在弹出的菜单中单击【页码】下拉按钮，*3.* 在弹出的子菜单中选择【页面底端】菜单项，

4. 在弹出的库中选择【普通数字 1】选项，如图 5-17 所示。

第 2 步 可以看到在页面底端插入了页码，单击【关闭页眉和页脚】按钮即可完成插入动态页码的操作，如图 5-18 所示。

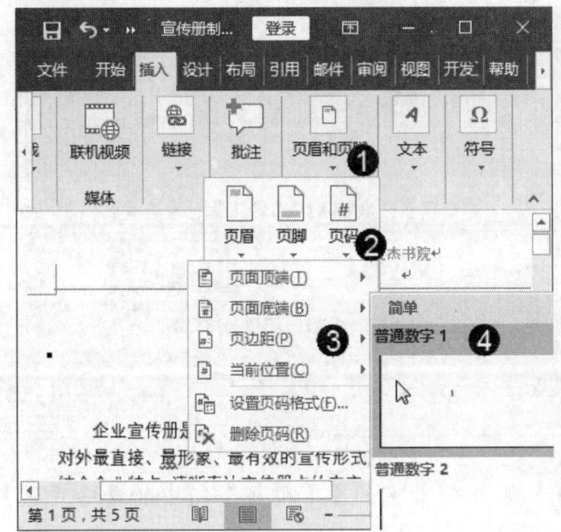

图 5-17

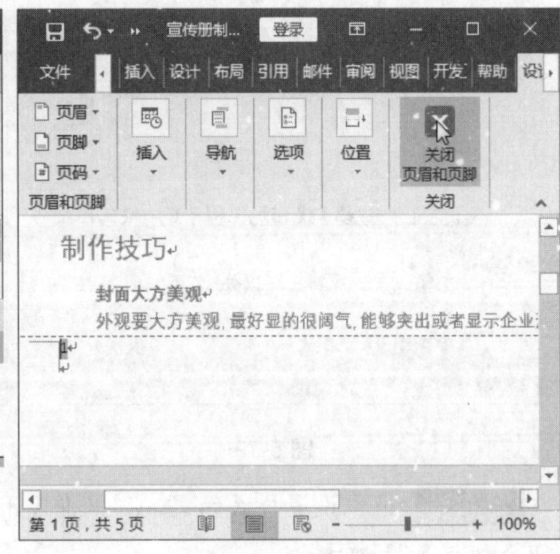

图 5-18

5.3　制作目录与索引

文档创建完成后，为了便于阅读，我们可以为文档添加一个目录或者制作一个索引目录。目录通常位于正文之前，可以看作是文档或书籍的检索机制，用于帮助阅读者查找想要阅读的内容。

↑扫码看视频

5.3.1　设置标题的大纲级别

在制作目录之前，首先需要为文档设置标题样式或者标题级别，然后插入目录样式。下面详细介绍设置标题大纲级别的方法。

第 1 步 选中需要设置样式的文本，***1.*** 在【开始】选项卡中单击【样式】下拉按钮，***2.*** 在弹出的菜单中选择【副标题】选项，如图 5-19 所示。

第 2 步 ***1.*** 在【开始】选项卡中单击【段落】下拉按钮，***2.*** 在弹出的下拉列表中单击【左对齐】按钮，如图 5-20 所示。

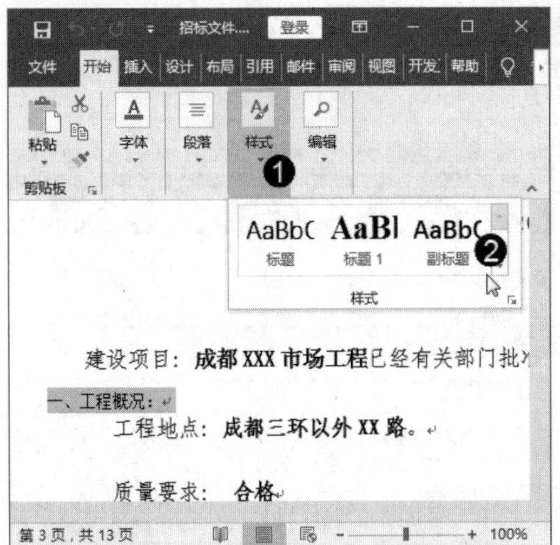

图 5-19

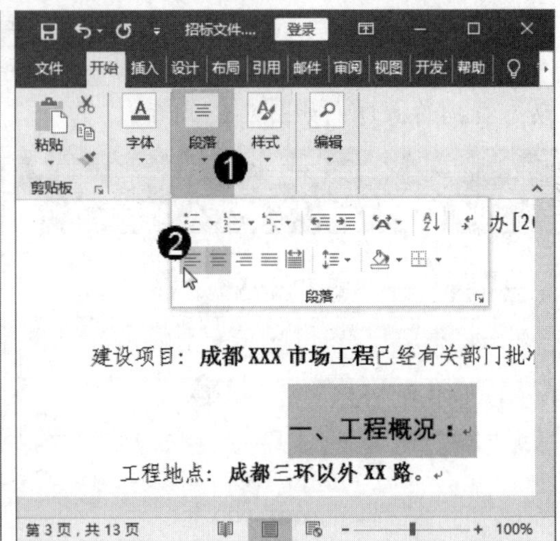

图 5-20

第 3 步 选中设置样式的文本，单击【开始】选项卡下的【剪贴板】组中的【格式刷】按钮，如图 5-21 所示。

第 4 步 鼠标变为刷子形状，按住鼠标左键不放，拖动复制格式，即可完成设置标题大纲格式的操作，如图 5-22 所示。

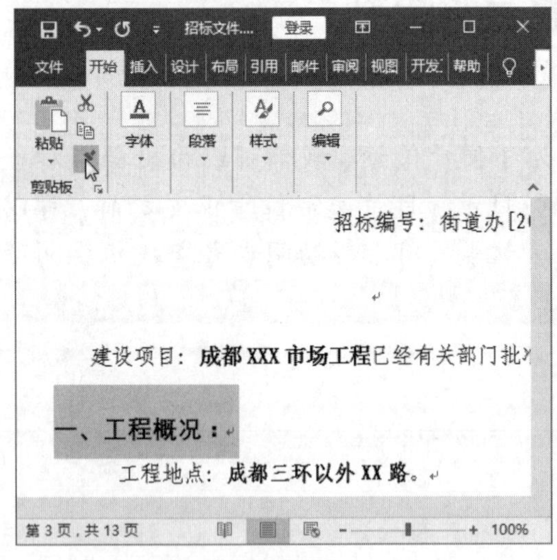

图 5-21

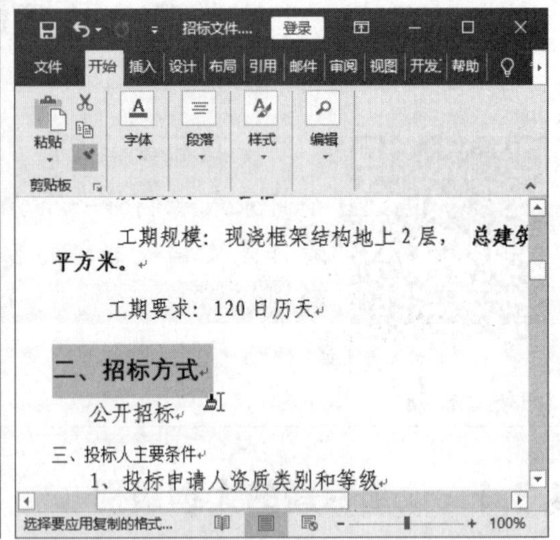

图 5-22

5.3.2 自动生成目录

设置完标题样式后，接下来就可以生成目录了。

第 1 步 将鼠标光标定位在第 2 页，***1.*** 在【引用】选项卡中单击【目录】下拉按钮，***2.*** 在弹出的菜单中单击【目录】下拉按钮，***3.*** 在展开的【内置】下拉列表中选择【自动目录 1】选项，如图 5-23 所示。

第 2 步　文档自动生成目录，如图 5-24 所示。

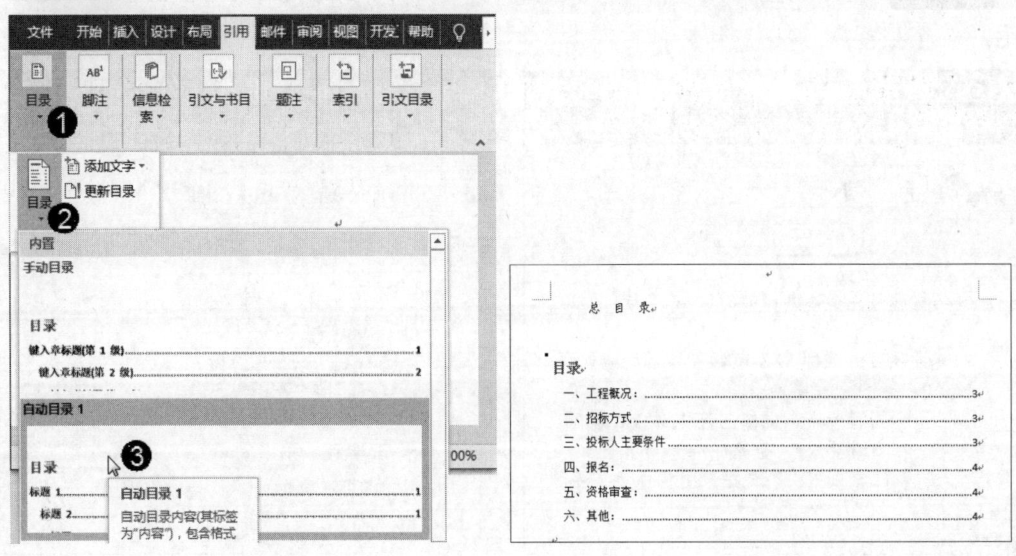

图 5-23　　　　图 5-24

5.3.3　更新文档目录

用户在编辑文档时，插入内容、删除内容或者更改级别样式，页码或者级别会发生改变，这时要及时更新目录，下面详细介绍更新文档目录的方法。

第 1 步　打开文档，*1.* 在【视图】选项卡中单击【视图】下拉按钮，*2.* 在弹出的菜单中单击【大纲】按钮，如图 5-25 所示。

第 2 步　选中文本，*1.* 单击【大纲工具】下拉按钮，*2.* 在弹出的菜单中单击【大纲级别】下拉按钮，*3.* 在弹出的下拉列表选择【3 级】选项，如图 5-26 所示。

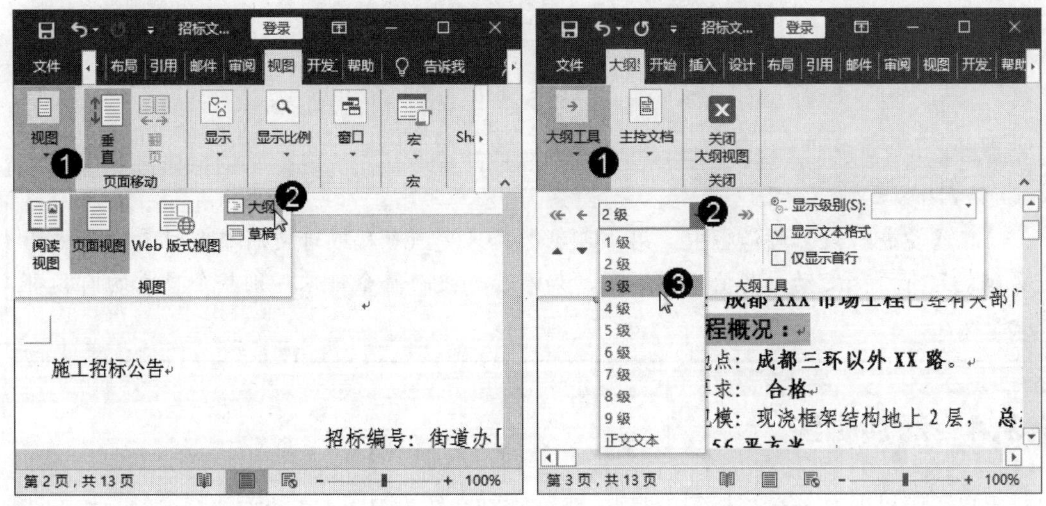

图 5-25　　　　图 5-26

第 3 步　更改完级别后，单击【关闭大纲视图】按钮，如图 5-27 所示。

第 4 步 单击目录，目录周围出现边框，在边框上单击【更新目录】按钮，如图 5-28 所示。

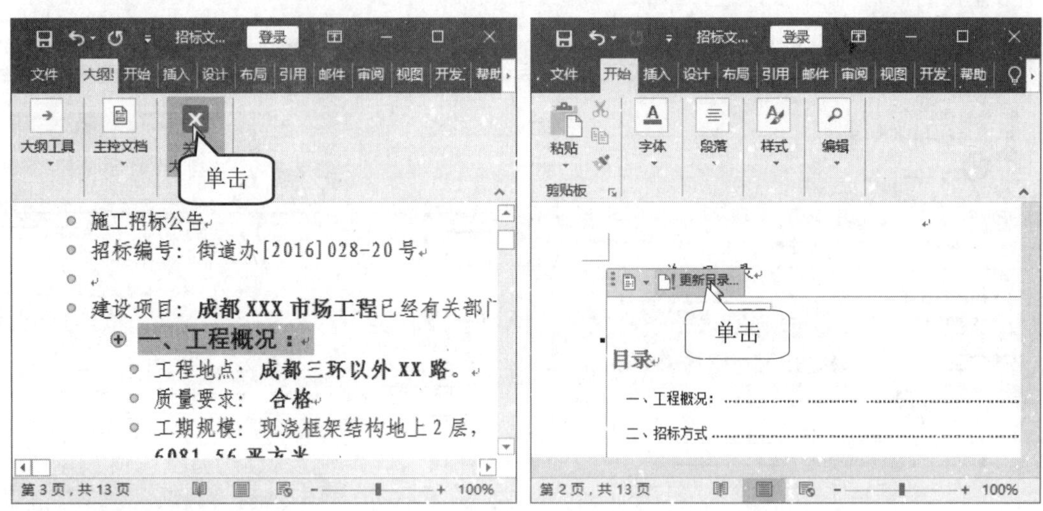

图 5-27　　　　图 5-28

第 5 步 弹出【更新目录】对话框，*1.* 选中【更新整个目录】单选按钮，*2.* 单击【确定】按钮即可完成更新文档目录的操作，如图 5-29 所示。

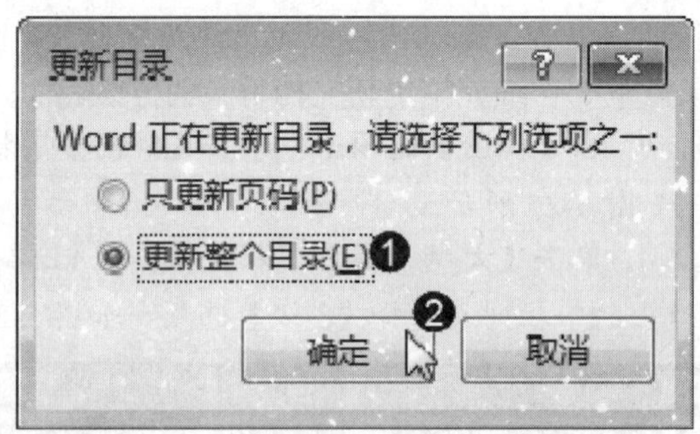

图 5-29

在【更新目录】对话框中，用户可以选择只更新页码或者更新整个目录，只更新页码就只有页码变动，其他内容不变，如果选择更新整个目录，则整个目录的内容都会更新。

5.3.4 添加脚注

用户还可以为 Word 文档添加脚注，下面详细介绍为 Word 文档添加脚注的操作方法。

第 1 步 选中文本，*1.* 在【引用】选项卡中单击【脚注】下拉按钮，*2.* 在弹出的菜单中单击【插入脚注】按钮，如图 5-30 所示。

第 2 步 在本页文档的末尾已经插入脚注，输入相应注释即可完成操作，如图 5-31 所示。

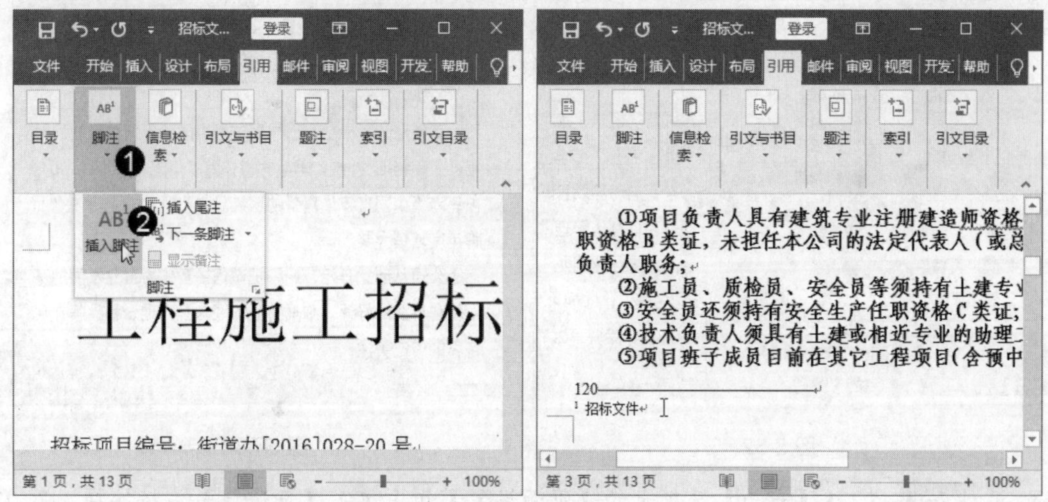

图 5-30　　图 5-31

5.4　页面设置与打印文档

虽然目前电子邮件和 Web 文档极大地促进了办公的快速发展，但很多时候还是需要将编辑好的文档打印输出，以方便工作中使用或者保存，本节将详细介绍打印文档的相关知识及操作方法。

↑扫码看视频

5.4.1　设置纸张大小、方向和页边距

在实际工作中，用于打印的纸张有很多种，不同的工作要求用户在文档中设置不同的纸张大小、方向和页边距等，设置完成后可以进行预览，如果用户对预览效果比较满意，就可以打印了，否则还需要重新设置。下面介绍设置纸张大小、方向和页边距的操作方法。

第 1 步 打开文档，***1.*** 在【布局】选项卡的【页面设置】组中单击【纸张大小】下拉按钮，***2.*** 在弹出的下拉列表中选择【法律专用纸】选项，如图 5-32 所示。

第 2 步 ***1.*** 在【布局】选项卡的【页面设置】组中单击【纸张方向】下拉按钮，***2.*** 在弹出的下拉列表中选择【横向】选项，如图 5-33 所示。

图 5-32　　图 5-33

第 3 步 ***1.*** 在【布局】选项卡的【页面设置】组中单击【页边距】下拉按钮，***2.*** 在弹出的下拉列表中选择【中等】选项，如图 5-34 所示。

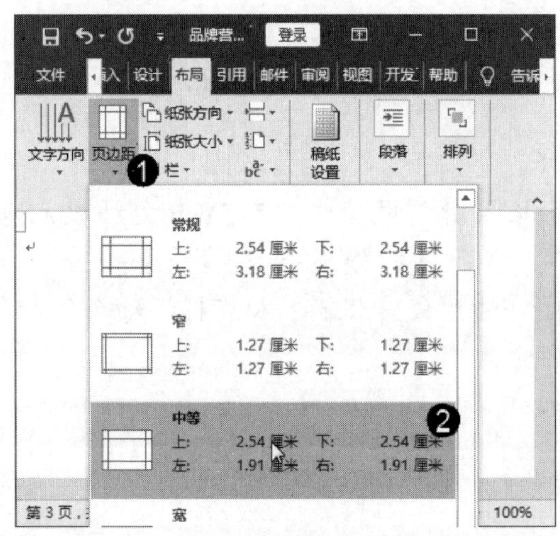

图 5-34

5.4.2 预览打印效果

预览打印效果是指在文档编辑完成后，准备打印之前，用户可以通过计算机显示器，来查看文档打印输出在纸张上的效果。下面详细介绍预览打印效果的操作方法。

第 1 步 打开要进行预览打印效果的文档，选择【文件】选项卡，如图 5-35 所示。

第 2 步 进入 Backstage 视图，选择【打印】选项，在窗口右侧会显示打印效果，用户可以在其中进行预览，如果觉得设置不满意，还可以重新设置纸张的大小、方向和页边距等内容，如图 5-36 所示。

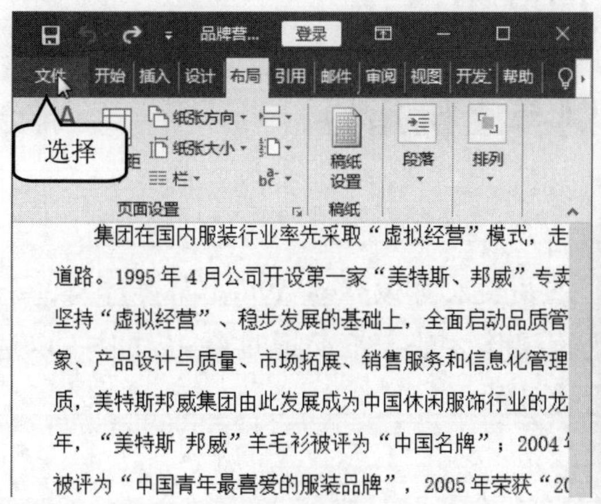

图 5-35

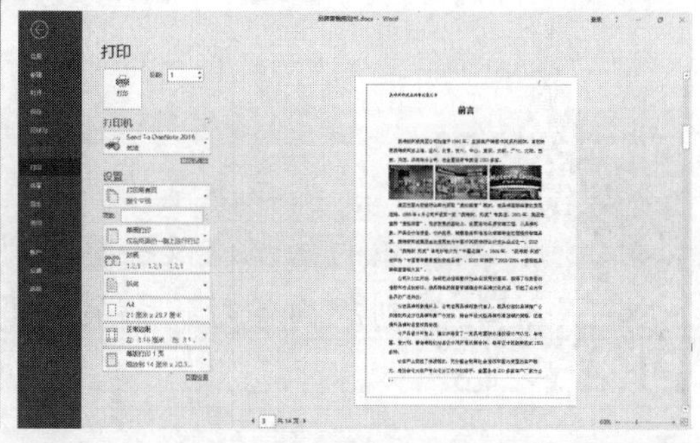

图 5-36

5.4.3 快速打印文档

如果在工作中需要急于看到文档打印到纸张上的效果，并且用户不需要对打印的页数、位置等参数进行设置，可以通过快速打印的操作直接打印文档，下面介绍快速打印文档的相关操作方法。

第 1 步 打开 Word 文档，***1.*** 单击自定义快速访问工具栏下拉按钮，***2.*** 在弹出的下拉菜单中选择【打印预览和打印】菜单项，如图 5-37 所示。

第 2 步 在快速访问工具栏中显示新添加的【快速打印】按钮，单击该按钮即可完成快速打印文档的操作，如图 5-38 所示。

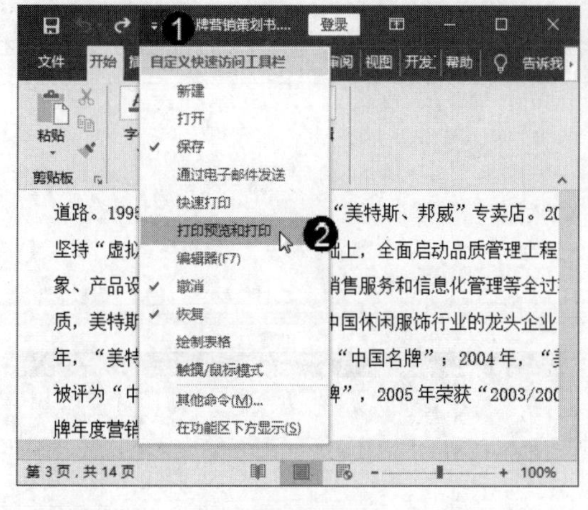

图 5-37

图 5-38

智慧锦囊

在【打印】选项中，用户可以在【份数】微调框中设置打印份数，还可以选择打印整个文档或自定义打印范围。

5.5 实践案例与上机指导

通过本章的学习，读者基本可以掌握 Word 高效办公与打印的知识以及一些常见的操作方法，下面通过练习操作，以达到巩固学习、拓展提高的目的。

↑扫码看视频

5.5.1 使用分页符

分页符是分页的一种符号，用来隔开上一页结束以及下一页开始的位置。下面将详细介绍插入分页符的操作方法。

素材保存路径：配套素材\第 5 章

素材文件名称：品牌营销策划书.docx、效果-策划书.docx

第 1 步 将光标定位在要插入分页符的位置，***1.*** 在【布局】选项卡中单击【页面设置】下拉按钮，***2.*** 在弹出的菜单中单击【分隔符】下拉按钮，***3.*** 在弹出的子菜单中选择【分页符】菜单项，如图 5-39 所示。

第 2 步 可以看到在光标定位之前已经插入了一个分页符，通过以上步骤即可完成插入分页符的操作，如图 5-40 所示。

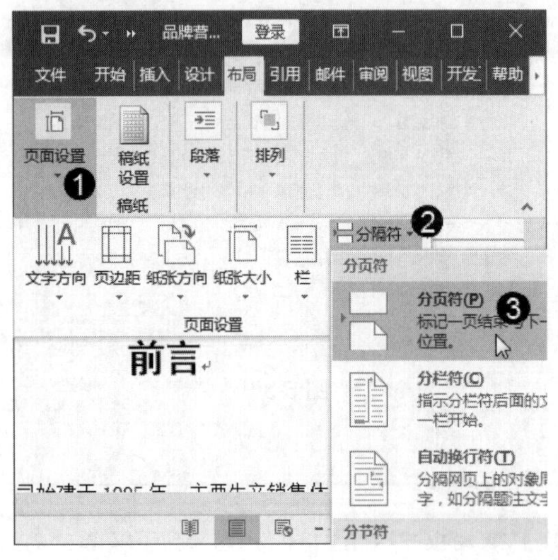

图 5-39

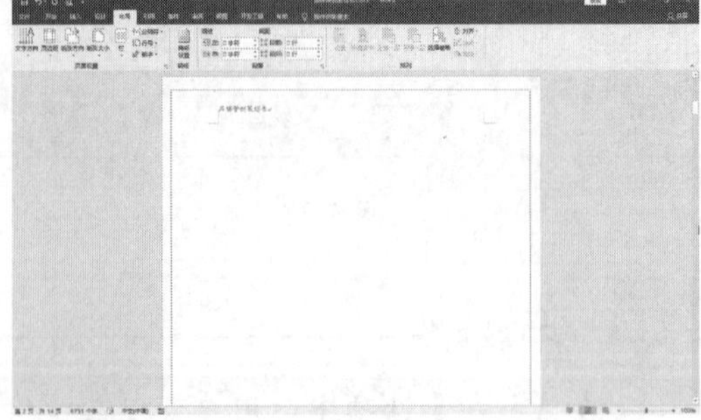

图 5-40

5.5.2　添加尾注

当需要说明文档中引用的文献或者对关键字词进行说明时，用户可以在文档相应的位置处添加尾注，下面将详细介绍添加尾注的操作方法。

素材保存路径：配套素材\第 5 章

素材文件名称：招标文件.docx、效果-招标文件.docx

第 1 步 打开 Word 文档，选中需要添加尾注的文本，***1.*** 在【引用】选项卡中单击【脚注】下拉按钮，***2.*** 在弹出的菜单中选择【插入尾注】菜单项，如图 5-41 所示。

第 2 步 在整个文档的末尾插入了尾注，输入内容即可完成操作，如图 5-42 所示。

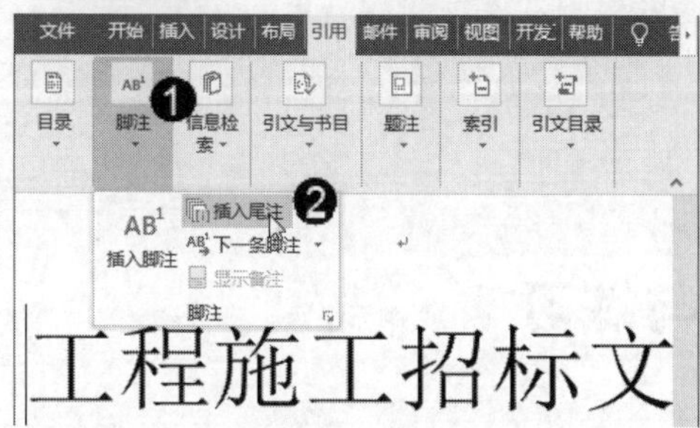

图 5-41

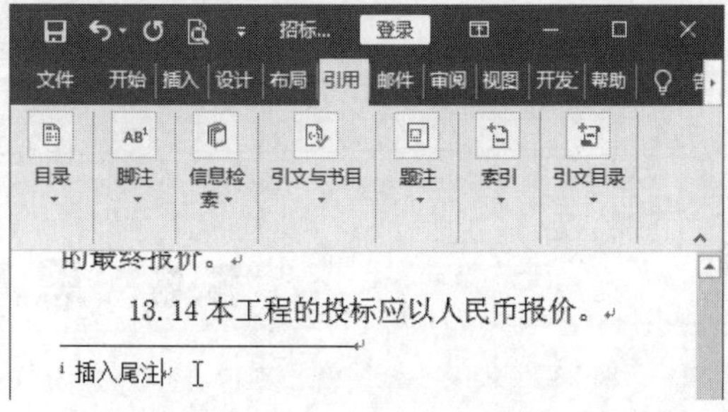

图 5-42

5.5.3　删除目录

如果添加的目录有错误或者不想再保留目录，用户可以将目录删除，下面详细介绍删除目录的方法。

素材保存路径：配套素材\第 5 章

素材文件名称：删除目录.docx、效果-删除目录.docx

第 1 步 打开 Word 文档，选中目录，目录周围出现边框，***1.*** 单击【目录】下拉按钮，***2.*** 在弹出的菜单中选择【删除目录】菜单项，如图 5-43 所示。

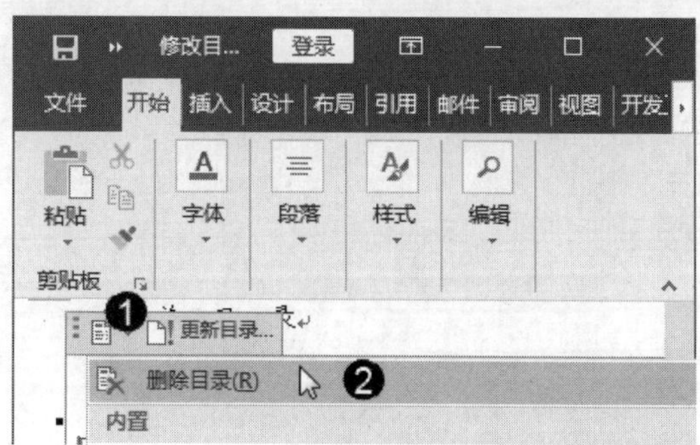

图 5-43

第 2 步 目录已经被删除，通过以上步骤即可完成删除目录的操作，如图 5-44 所示。

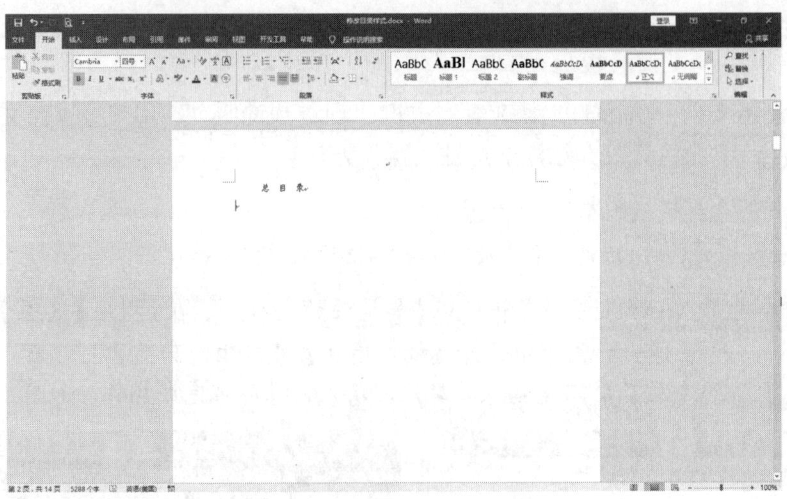

图 5-44

5.6 思考与练习

一、填空题

1. 在审阅文档时，发现文档中的错误后，用户可以添加________和________进行标注并修改。

2. ________是每个页面页边距的顶部区域，________是每个页面页边距的底部区域。

二、判断题

1. 在审阅其他用户编辑的文档时，只要启用了修订功能，Word 则会自动根据修订内容的不同，以修订标记格式显示。 ( )

2. 为文档插入静态的页眉和页脚时，插入的页码内容不会随页数的变化而自动改变。静态页眉与页脚常用于设置一些固定不变的信息内容，常用来插入时间、日期、页码、单位名称和标识等。 ( )

三、思考题

1. 如何添加动态页码？

2. 如何更新文档目录？

新起点电脑教程

第 6 章

Excel 2016 工作簿与工作表

本章要点

- Excel 基础知识
- 工作簿的基本操作
- 工作表的基本操作
- 复制与移动工作表

本章主要内容

本章主要介绍了 Excel 基础知识、工作簿的基本操作和工作表的基本操作方面的知识与技巧，同时还讲解了如何复制与移动工作表，在本章的最后还针对实际的工作需求，讲解了保护工作簿和保护工作表的方法。通过本章的学习，读者可以掌握 Excel 2016 工作簿与工作表的基础知识，为深入学习 Office 2016 知识奠定基础。

6.1 Excel 基础知识

Excel 2016 是微软公司最新推出的一套功能强大的电子表格处理软件，它可以管理账务、制作报表、对数据进行排序与分析等操作。启动 Excel 2016 后即可进入 Excel 2016 的工作界面。本节将详细介绍有关 Excel 2016 工作界面的组成以及各部分的功能等方面的知识。

↑ 扫码看视频

6.1.1 认识 Excel 2016 操作界面

Excel 2016 工作界面主要由标题栏、快速访问工具栏、功能区、编辑栏、工作表编辑区、滚动条和状态栏等部分组成，如图 6-1 所示。

图 6-1

1. 标题栏

标题栏位于 Excel 2016 工作界面的最上方，用于显示文档和程序名称。在标题栏的最右侧，显示【最小化】按钮、【最大化】按钮/【向下还原】按钮和【关闭】按钮，用于执行窗口的最小化、最大化、向下还原和关闭等操作，如图 6-2 所示。

2. 快速访问工具栏

快速访问工具栏位于 Excel 2016 工作界面的左上方，用于快速执行一些特定操作。在

Excel 2016 的使用过程中，可以根据使用需要，添加或删除快速访问工具栏中的命令选项，如图 6-3 所示。

图 6-2　　　　图 6-3

3. 功能区

功能区位于标题栏的下方，默认情况下由【文件】、【开始】、【插入】、【页面布局】、【公式】、【数据】、【审阅】和【视图】8 个选项卡组成。为了使用方便，将功能相似的命令分类在选项卡下的不同组中，如图 6-4 所示。

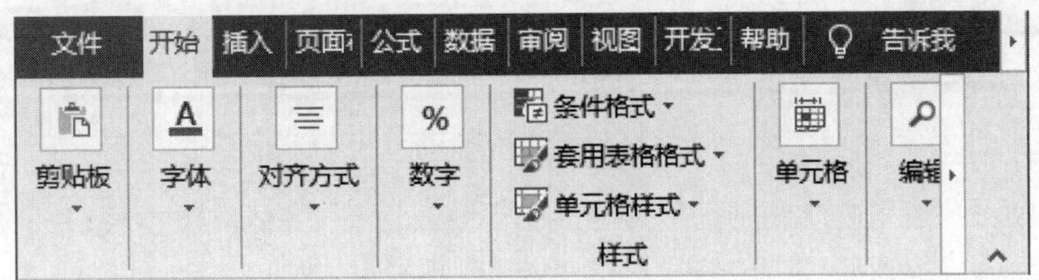

图 6-4

4. Backstage 视图

在功能区切换到【文件】选项卡，可以打开 Backstage 视图，在该视图中可以管理文档和有关文档的相关数据，如新建、打开和保存文档等，如图 6-5 所示。

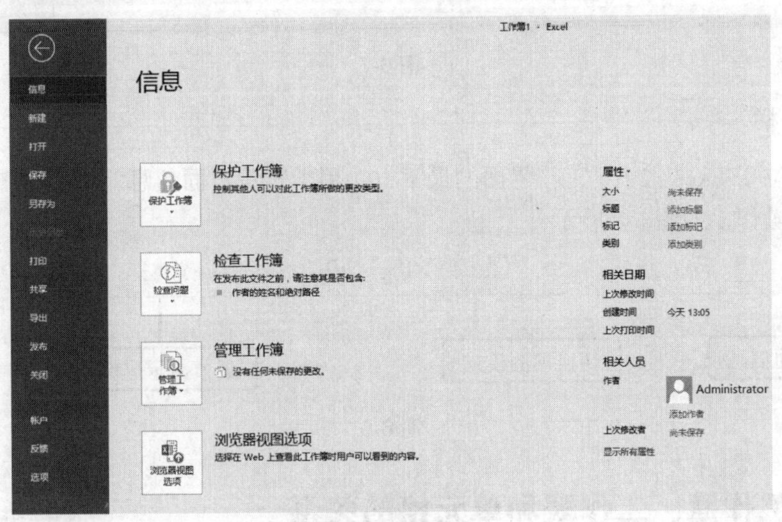

图 6-5

5. 编辑栏

编辑栏位于功能区的下方，用于显示和编辑当前单元格中的数据和公式。编辑栏主要由名称框、按钮组和编辑框组成，如图 6-6 所示。

图 6-6

6. 工作表编辑区

工作表编辑区位于编辑栏的下方，是 Excel 2016 中的主要工作区域，用于进行 Excel 电子表格的创建和编辑等操作，如图 6-7 所示。

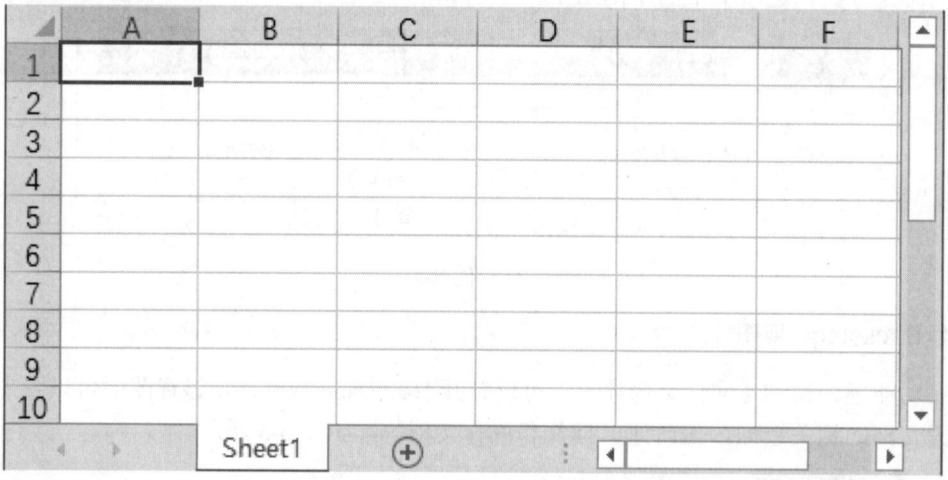

图 6-7

7. 状态栏

状态栏位于 Excel 2016 工作界面的最下方，用于查看页面信息、切换视图模式和调节显示比例等操作，如图 6-8 所示。

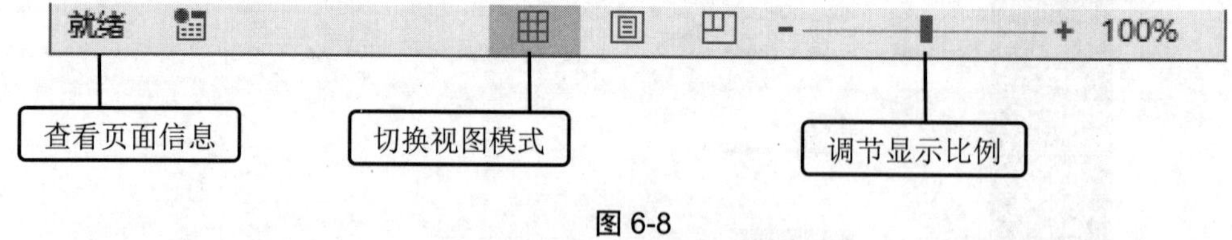

图 6-8

6.1.2 工作簿、工作表和单元格的关系

工作簿中的每一张表格都被称为工作表，工作表的集合即组成了一个工作簿。单元格是工作表中的表格单位，用户通过在工作表中编辑单元格来分析和处理数据。工作簿、工作表与单元格是相互依存的关系，一个工作簿中可以有多个工作表，而一张工作表中又含有多个单元格，三者组合成为 Excel 2016 中最基本的 3 个元素。

工作簿、工作表与单元格在 Excel 2016 中的位置如图 6-9 所示。

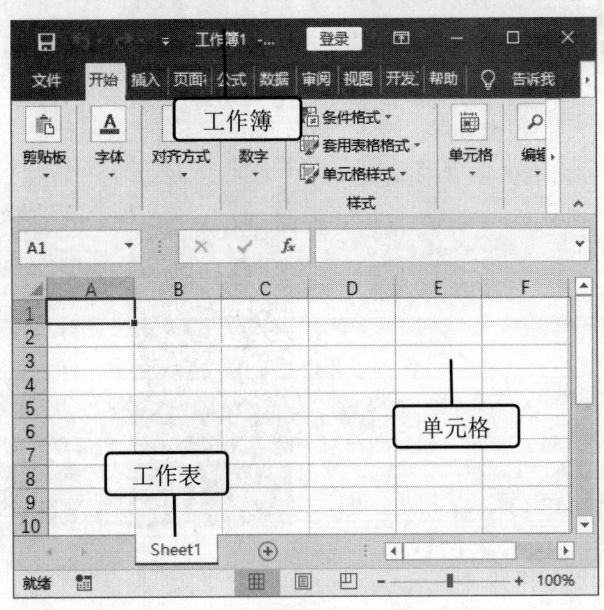

图 6-9

6.2 工作簿的基本操作

操作与处理 Excel 数据都是在工作簿和工作表中进行的，因此有必要先了解工作簿和工作表的常用操作，包括新建工作簿、保存工作簿、关闭工作簿和打开工作簿的具体操作方法。

↑扫码看视频

6.2.1 新建与保存工作簿

启动 Excel 2016 时，在开始屏幕上单击【空白工作簿】图标，系统会自动创建一个空白的工作簿，用户还可以根据实际需要创建新的工作簿，下面介绍新建与保存工作簿的操作方法。

第 1 步 打开 Excel 2016 程序，选择【文件】选项卡，如图 6-10 所示。

第 2 步 进入 Backstage 视图，*1.* 选择【新建】选项，*2.* 选择准备应用的表格模板，如【空白工作簿】，如图 6-11 所示。

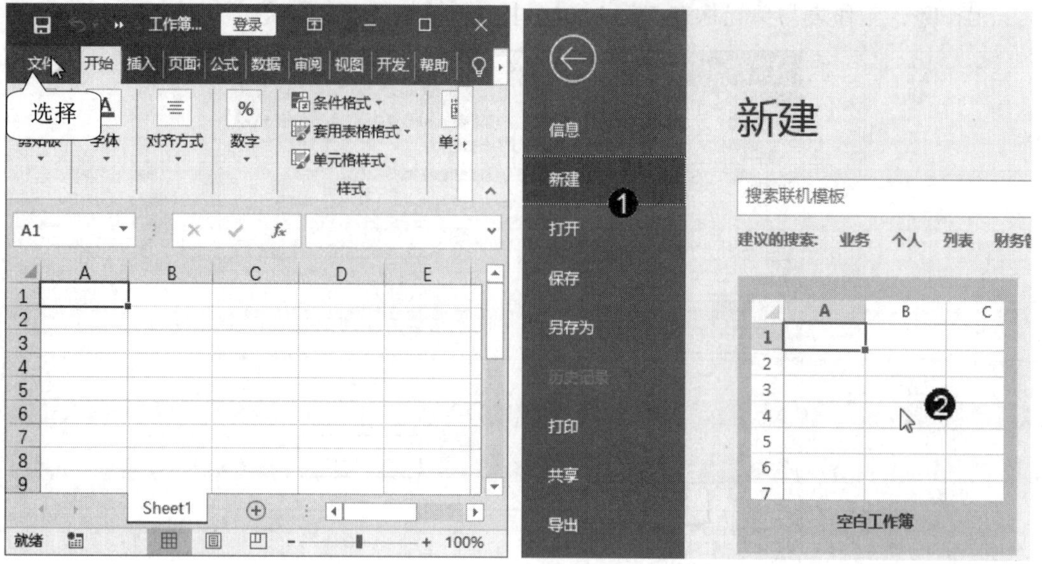

图 6-10　　图 6-11

第 3 步 系统创建了一个名为“工作簿 2”的文档，通过以上步骤即可完成新建工作簿的操作，选择【文件】选项卡，如图 6-12 所示。

第 4 步 进入 Backstage 视图，*1.* 选择【另存为】选项，*2.* 单击【浏览】按钮，如图 6-13 所示。

图 6-12　　图 6-13

第 5 步 弹出【另存为】对话框，*1.* 设置文档保存位置，*2.* 在【文件名】下拉列表框中输入名称，*3.* 单击【保存】按钮即可完成新建与保存工作簿的操作，如图 6-14 所示。

图 6-14

6.2.2　打开与关闭工作簿

如果要对已保存的工作簿进行编辑，就必须先打开该工作簿；对于暂时不再进行编辑的工作簿，可以将其关闭，以释放该工作簿所占用的内存空间。下面介绍打开与关闭工作簿的方法。

第 1 步　打开 Excel 2016 程序，选择【文件】选项卡，如图 6-15 所示。

第 2 步　进入 Backstage 视图，***1.*** 选择【打开】选项，***2.*** 单击【浏览】按钮，如图 6-16 所示。

图 6-15　　　　图 6-16

第 3 步　弹出【打开】对话框，***1.*** 选择文件所在位置，***2.*** 选中文档，***3.*** 单击【打开】

按钮，如图 6-17 所示。

第 4 步 表格已经打开，通过以上步骤即可完成打开工作簿的操作，如图 6-18 所示。

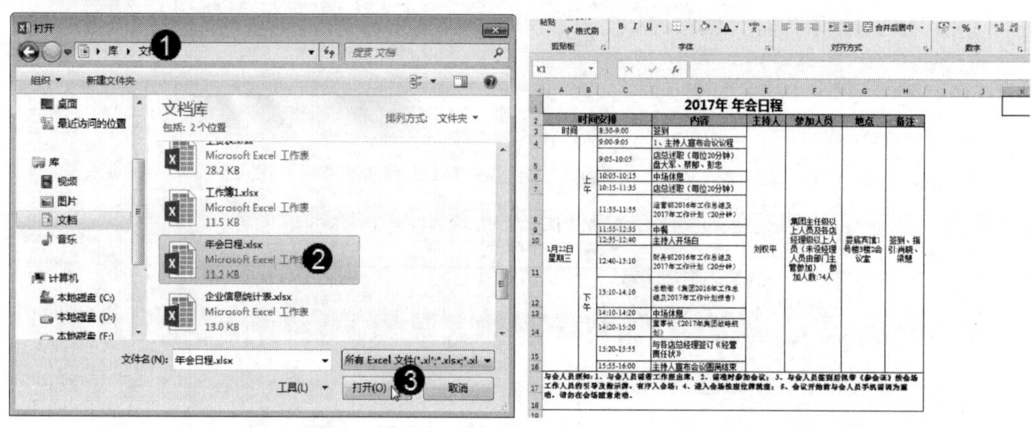

图 6-17　　　　图 6-18

第 5 步 切换到【文件】选项卡，进入 Backstage 视图，选择【关闭】选项，即可关闭打开的工作簿，如图 6-19 所示。

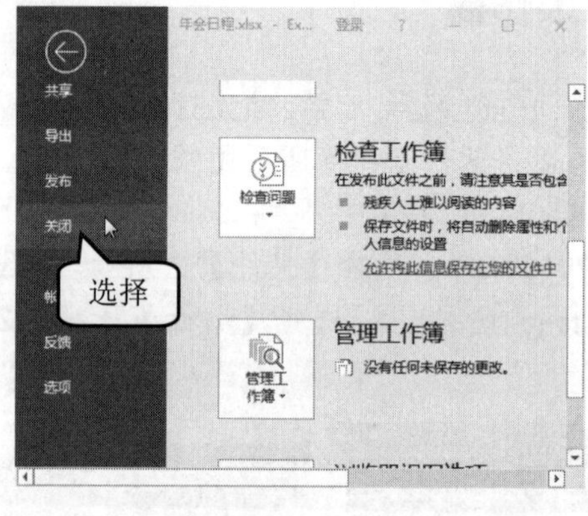

图 6-19

6.3 工作表的基本操作

对 Excel 2016 工作簿的操作事实上是对每张工作表进行操作，工作表的基本操作包括选择工作表、移动工作表、插入工作表、重命名工作表、删除工作表，下面分别予以详细介绍。

↑扫码看视频

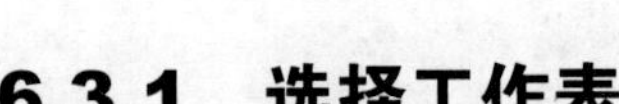

6.3.1　选择工作表

如果要在工作表中进行数据的分析处理，首先应选择某一张工作表，下面介绍选择工作表的相关操作方法。

1. 选择一张工作表

在 Excel 2016 中，默认创建有一张工作表，名称为 Sheet1。如果一个工作簿中包括多张工作表，单击工作表标签即可选择该工作表，如图 6-20 所示。

图 6-20

2. 选择两张或多张相邻工作表

如果要选择两张或多张相邻的工作表，首先应该单击第一张工作表标签，然后按住 Shift 键，单击要选择的最后一张工作表标签，如图 6-21 所示。

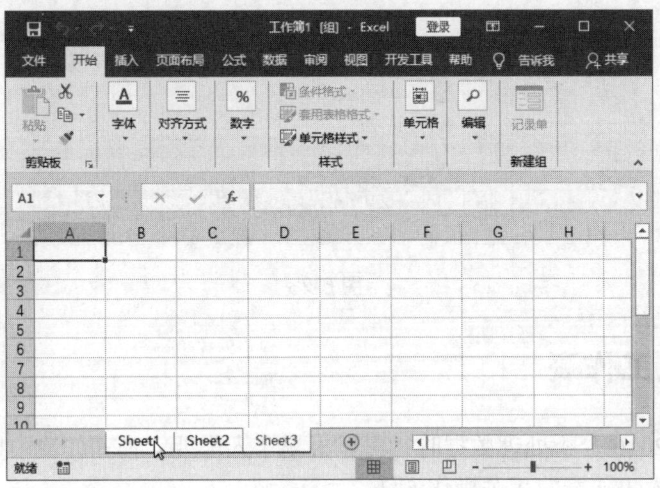

图 6-21

3. 选择两张或多张不相邻的工作表

如果准备选择两张或多张不相邻的工作表，那么首先应该单击第一张工作表标签，然后按 Ctrl 键的同时单击要选择的工作表标签，通过以上方法即可完成选择两张或多张不相邻工作表的操作，如图 6-22 所示。

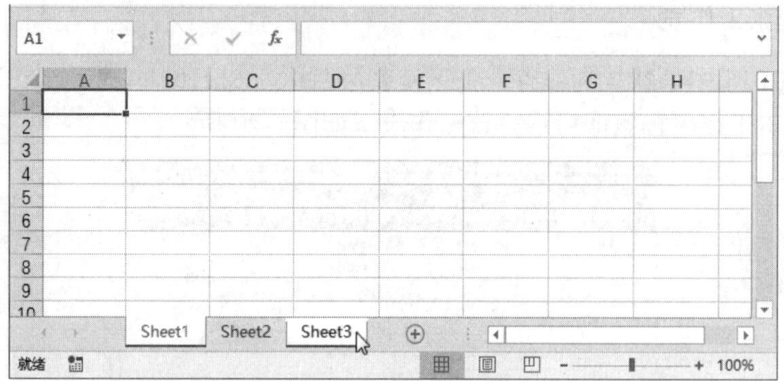

图 6-22

4. 选择所有的工作表

鼠标右键单击任意一张工作表标签，在弹出的快捷菜单中选择【选定全部工作表】菜单项即可完成选择所有工作表的操作，如图 6-23 所示。

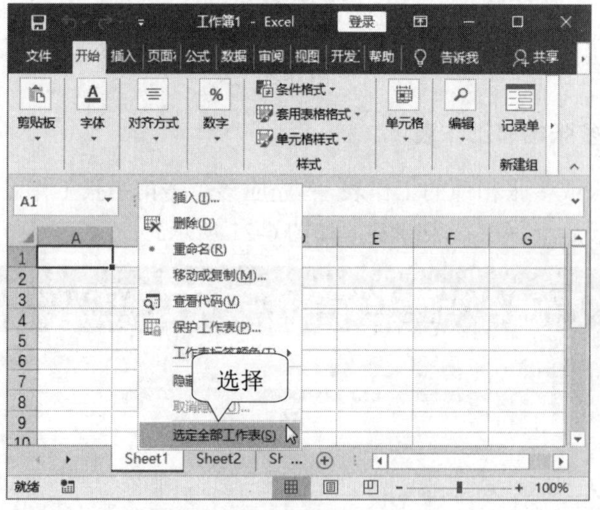

图 6-23

6.3.2 插入工作表

使用 Excel 2016 分析处理数据时，可以根据个人需要，在工作簿中插入多张工作表，下面详细介绍插入工作表的相关操作方法。

第 1 步 打开 Excel 2016 程序，***1.*** 在【开始】选项卡中单击【单元格】下拉按钮，***2.*** 在弹出的菜单中单击【插入】下拉按钮，***3.*** 在弹出的子菜单中选择【插入工作表】选项，如图 6-24 所示。

第 2 步　在工作表标签区域可以看到新插入名为“Sheet2”的工作表，通过以上步骤即可完成插入工作表的操作，如图 6-25 所示。

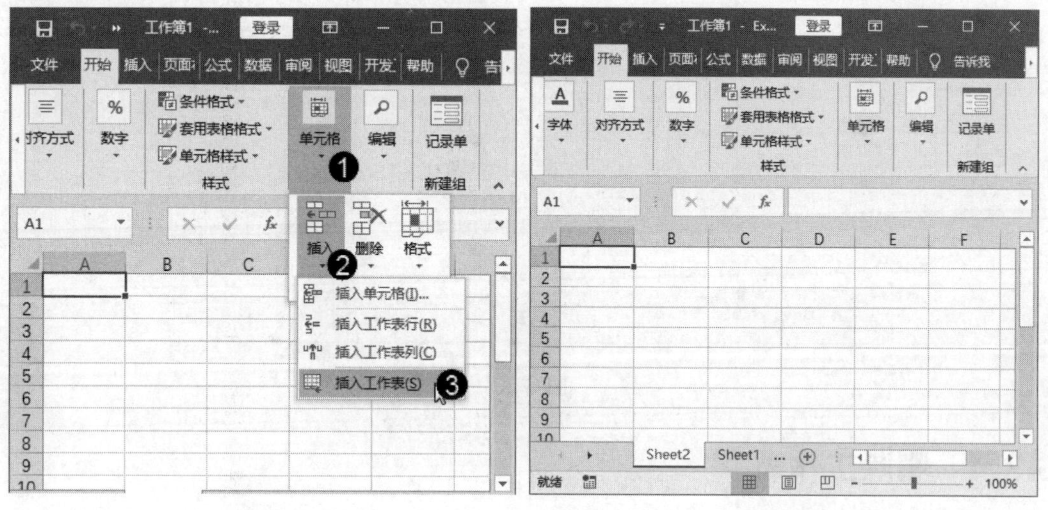

图 6-24　　　　图 6-25

6.3.3　重命名工作表

在 Excel 2016 工作簿中，工作表默认的名称为“Sheet+数字”，如 Sheet1、Sheet2、Sheet3 等，用户也可以改变工作表的名称，下面详细介绍改变工作表名称的操作步骤。

第 1 步　鼠标右键单击名为 Sheet1 的工作表标签，在弹出的快捷菜单中选择【重命名】菜单项，如图 6-26 所示。

第 2 步　表格名称被选中，使用输入法输入新的名称，如图 6-27 所示。

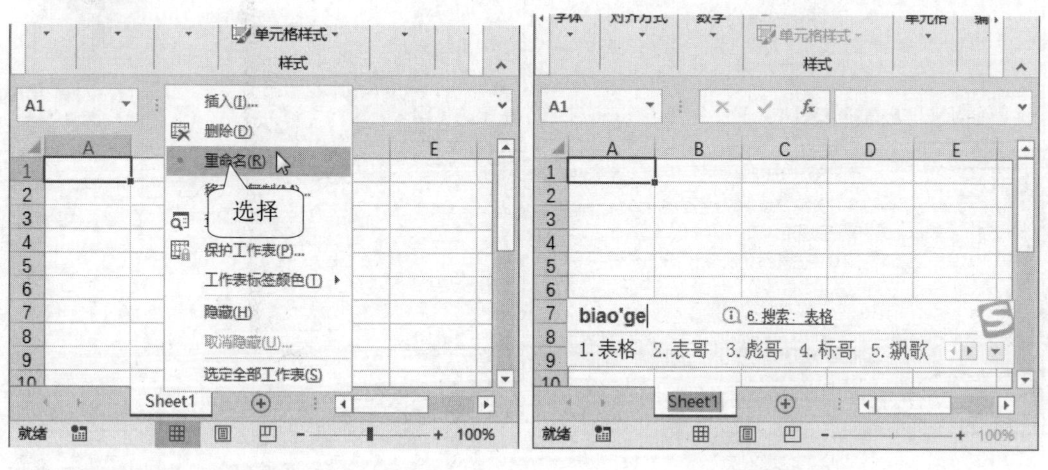

图 6-26　　　　图 6-27

第 3 步　输入完成后，鼠标单击表格任意位置即可完成重命名工作表的操作，如图 6-28 所示。

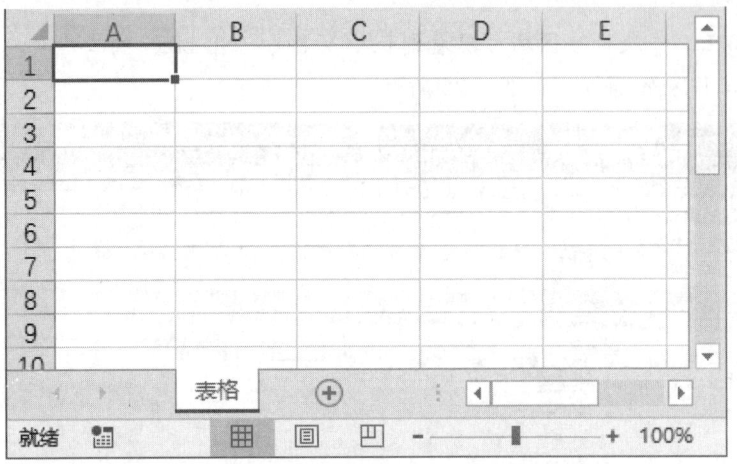

图 6-28

6.3.4 删除工作表

在 Excel 2016 工作簿中，可以删除不再使用的工作表，以节省计算机资源，下面介绍删除工作表的相关操作方法。

第 1 步 鼠标右键单击名为 Sheet1 的工作表标签，在弹出的快捷菜单中选择【删除】菜单项，如图 6-29 所示。

第 2 步 通过以上步骤即可删除工作表，如图 6-30 所示。

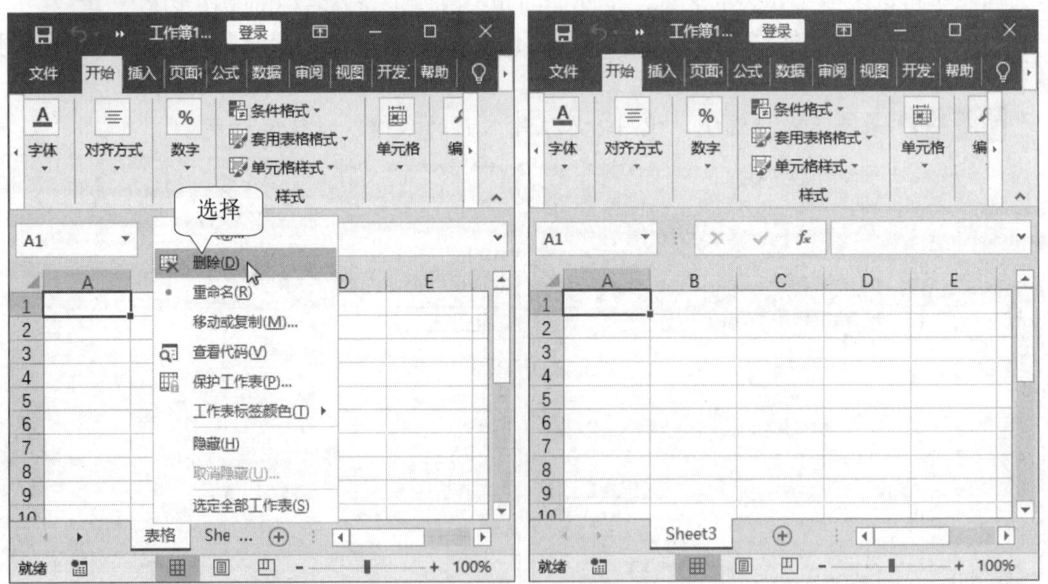

图 6-29　　图 6-30

6.4　复制与移动工作表

在 Excel 2016 中，移动工作表是在不改变工作表数量的情况下，对工作表的位置进行调整，而复制工作表则是在原工作表数量的基础上，再创建一个与原工作表有同样内容的工作表。本节将介绍工作表的复制和移动的相关知识。

↑扫码看视频

6.4.1　复制工作表

在 Excel 2016 中复制工作表的方法非常简单，下面详细介绍复制工作表的操作方法。

第 1 步　右键单击准备复制的工作表标签“销售数据”，在弹出的快捷菜单中选择【移动或复制】菜单项，如图 6-31 所示。

第 2 步　弹出【移动或复制工作表】对话框，*1.* 在【工作簿】下拉列表框中选择要复制到的目标工作簿，*2.* 在【下列选定工作表之前】列表框中选择【(移至最后)】选项，*3.* 勾选【建立副本】复选框，*4.* 单击【确定】按钮，如图 6-32 所示。

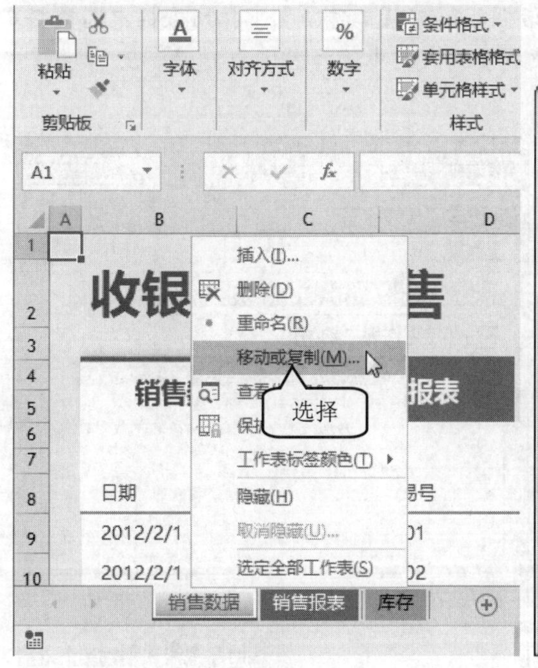

图 6-31

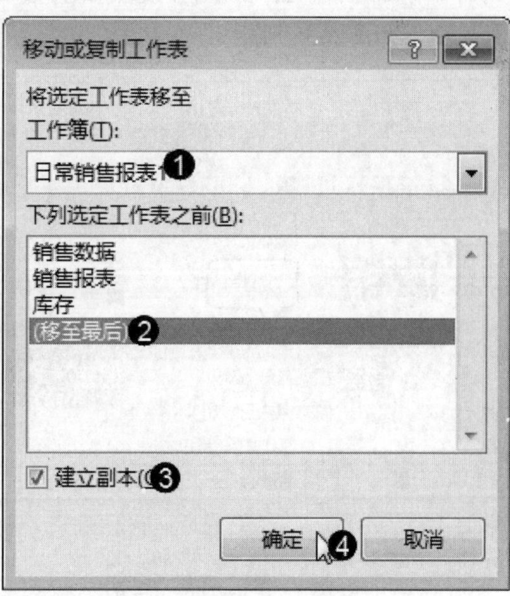

图 6-32

第 3 步　返回工作簿中，可以看到已经复制了一个名为“销售数据(2)”的工作表且放置在所有工作表之后，通过以上步骤即可完成复制工作表的操作，如图 6-33 所示。

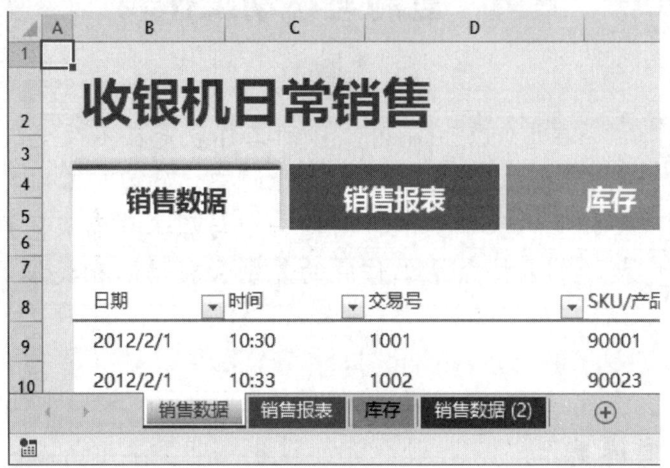

图 6-33

6.4.2 移动工作表

在 Excel 2016 中移动工作表的方法非常简单，下面详细介绍移动工作表的操作方法。

第 1 步 右键单击要复制的工作表标签“销售数据”，在弹出的快捷菜单中选择【移动或复制】菜单项，如图 6-34 所示。

第 2 步 弹出【移动或复制工作表】对话框，*1.* 在【工作簿】下拉列表框中选择要复制到的目标工作簿，*2.* 在【下列选定工作表之前】列表框中选择 Sheet1 选项，*3.* 单击【确定】按钮，如图 6-35 所示。

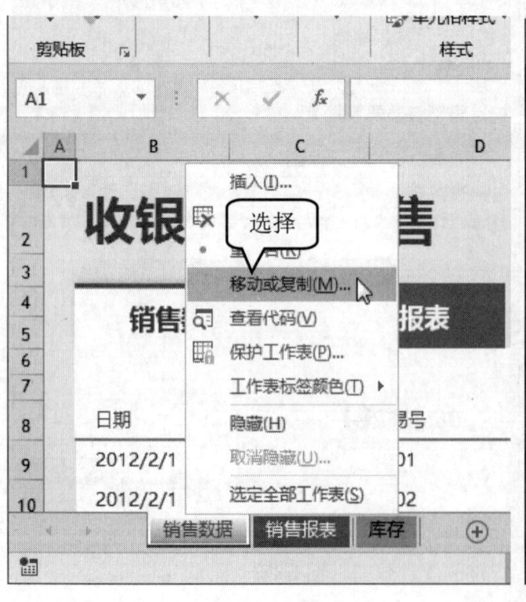

图 6-34

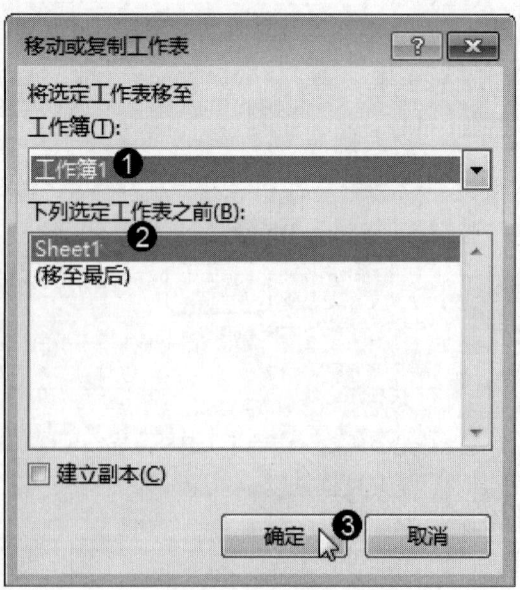

图 6-35

第 3 步 返回工作簿 1 中，可以看到已经添加了一个名为“销售数据”的工作表放置在 Sheet1 之前，通过以上步骤即可完成移动工作表的操作，如图 6-36 所示。

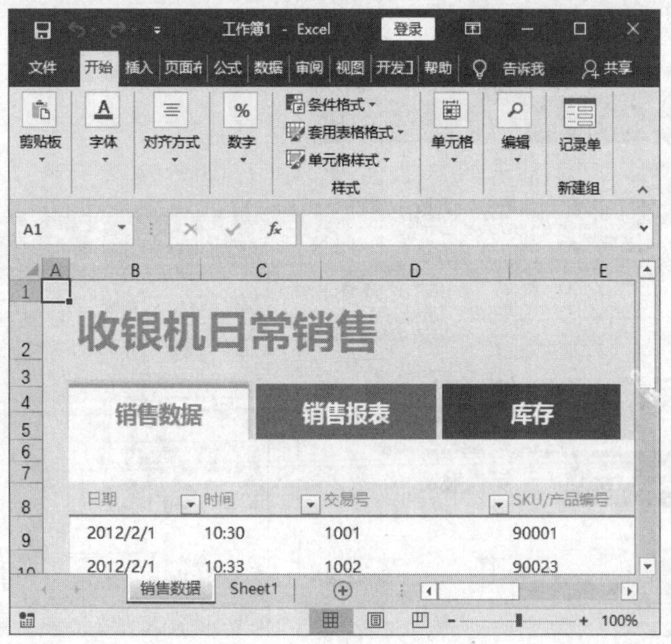

图 6-36

6.5　实践案例与上机指导

通过本章的学习，读者基本可以掌握 Excel 2016 工作簿与工作表的基本知识以及一些常见的操作方法，下面通过练习操作，以达到巩固学习、拓展提高的目的。

↑扫码看视频

6.5.1　保护工作簿

如果不希望他人更改自己的工作簿内容，可以将工作簿设置为保护状态，下面介绍保护工作簿的相关操作方法。

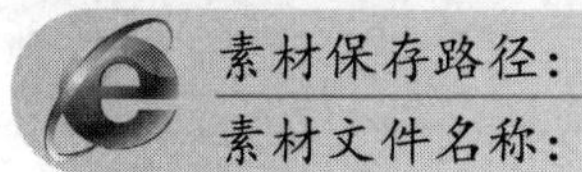

素材保存路径：无
素材文件名称：无

第 1 步 打开一个工作簿，***1.*** 在【审阅】选项卡中单击【保护】下拉按钮，***2.*** 在弹出的菜单中单击【保护工作簿】按钮，如图 6-37 所示。

第 2 步 弹出【保护结构和窗口】对话框，***1.*** 在【密码】文本框中输入要保护工作簿的密码，***2.*** 单击【确定】按钮，如图 6-38 所示。

图 6-37

图 6-38

第 3 步 弹出【确认密码】对话框，***1.*** 在【重新输入密码】文本框中输入上一步骤输入的密码，***2.*** 单击【确定】按钮即可完成保护工作簿的操作，如图 6-39 所示。

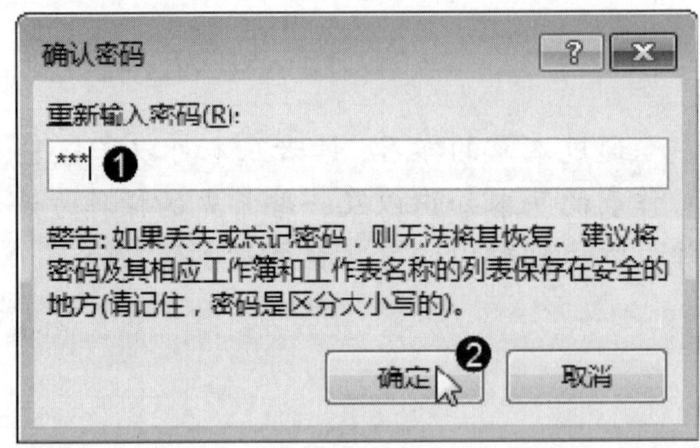

图 6-39

6.5.2 保护工作表

除了可以保护整个工作簿之外，用户还可以对工作簿中的任意一张工作表进行保护设置，保护工作表的方法非常简单，下面详细介绍保护工作表的方法。

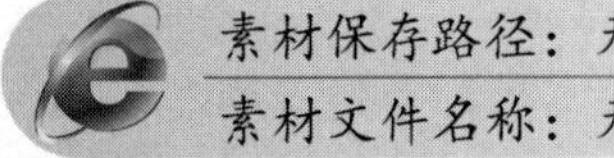

素材保存路径：无
素材文件名称：无

第 1 步 打开一个工作簿，*1.* 在【审阅】选项卡中单击【保护】下拉按钮，*2.* 在弹出的菜单中单击【保护工作表】按钮，如图 6-40 所示。

第 2 步 弹出【保护工作表】对话框，*1.* 在【取消工作表保护时使用的密码】文本框中输入密码，*2.* 在【允许此工作表的所有用户进行】列表框中勾选相应复选框，*3.* 单击【确定】按钮即可完成操作，如图 6-41 所示。

图 6-40

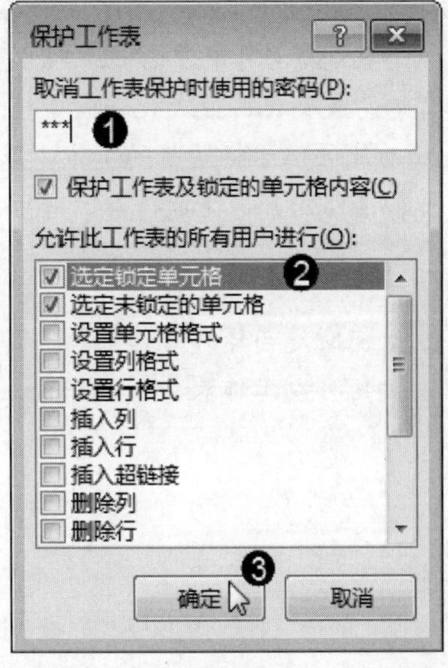

图 6-41

第 3 步 弹出【确认密码】对话框，*1.* 在【重新输入密码】文本框中输入上一步骤输入的密码，*2.* 单击【确定】按钮即可完成保护工作表的操作，如图 6-42 所示。

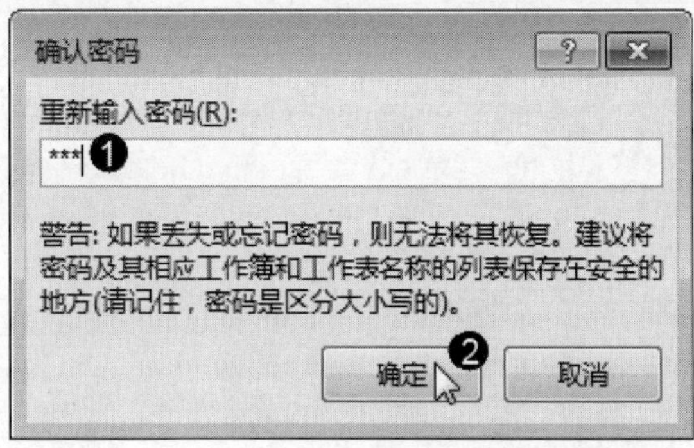

图 6-42

6.6 思考与练习

一、填空题

1. Excel 2016 是微软公司最新推出的一套功能强大的电子表格处理软件，它可以完成管理账务、________、________等操作。

2. Excel 2016 工作界面主要由__________、快速访问工具栏、________、编辑栏、工作表编辑区、滚动条和__________等部分组成。

二、判断题

1. 标题栏位于 Excel 2016 工作界面的最下方，用于显示文档和程序名称。在标题栏的最右侧，显示【最小化】按钮、【最大化】按钮/【向下还原】按钮和【关闭】按钮，用于执行窗口的最小化、最大化、向下还原和关闭等操作。 (　　)

2. 功能区位于标题栏的下方，默认情况下由【文件】、【开始】、【插入】、【页面布局】、【公式】、【数据】、【审阅】和【视图】8 个选项卡组成。 (　　)

三、思考题

1. 如何新建与保存工作簿？

2. 如何移动工作表？

新起点 电脑教程

第 7 章

输入与编辑数据

本章要点

- 输入数据
- 自动填充功能
- 编辑表格数据
- 数据有效性

本章主要内容

本章主要介绍了输入数据、自动填充功能和编辑表格数据方面的知识与技巧，同时还讲解了如何设置数据有效性，在本章的最后还针对实际的工作需求，讲解了快速输入特殊符号、设置数据有效性为小数和序列的方法。通过本章的学习，读者可以掌握使用 Excel 2016 输入与编辑数据方面的知识，为深入学习 Office 2016 知识奠定基础。

7.1 输入数据

使用 Excel 2016 在日常办公中对数据进行处理，首先应向工作表中输入各种类型的数据和文本。用户可以根据具体需要向工作表输入文本、数值、日期与时间及各种专业数据。本节将介绍在 Excel 工作表中输入数据的操作方法。

↑ 扫码看视频

7.1.1 输入文本

在单元格中输入最多的内容就是文本信息，如输入工作表的标题，图表中的内容等。下面详细介绍输入文本的相关操作方法。

第 1 步 启动 Excel 2016 应用程序，选中 A1 单元格，使用输入法输入文本如“员工档案表”，按下空格键键入文本，如图 7-1 所示。

第 2 步 按 Enter 键即可完成在 Excel 2016 中输入文本的操作，如图 7-2 所示。

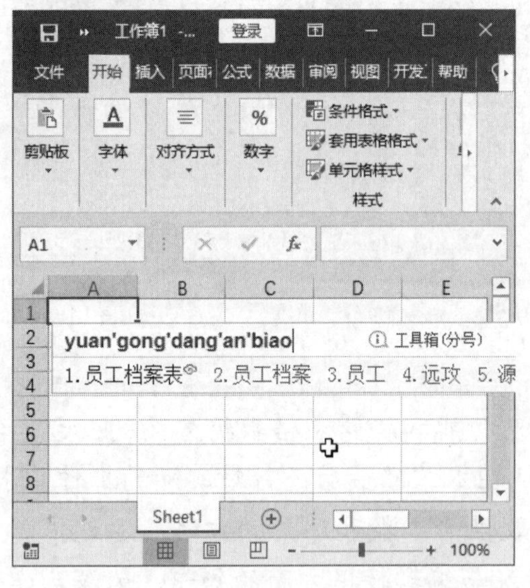

图 7-1

图 7-2

7.1.2 输入数值

在表格中除了输入文字之外，更多的是输入数字，包括保留“0”在前面或超过 10 位以上的数据等，下面详细介绍输入保留“0”在前面数值的方法。

第 1 步 选中 A 列单元格，*1.* 在【开始】选项卡中单击【数字】下拉按钮，*2.* 在弹出的菜单中单击【启动器】按钮，如图 7-3 所示。

第 2 步 弹出【设置单元格格式】对话框，*1.* 在【分类】列表框中选择【文本】选项，*2.* 单击【确定】按钮，如图 7-4 所示。

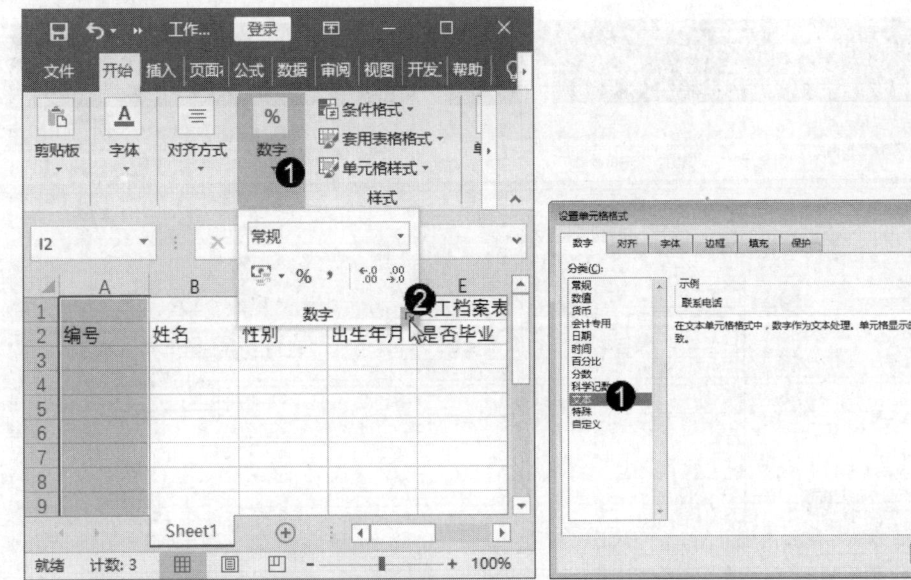

图 7-3　　　　图 7-4

第 3 步 返回到表格中，在 A3 单元格中输入“001”，按 Enter 键，即可完成输入数值的操作，如图 7-5 所示。

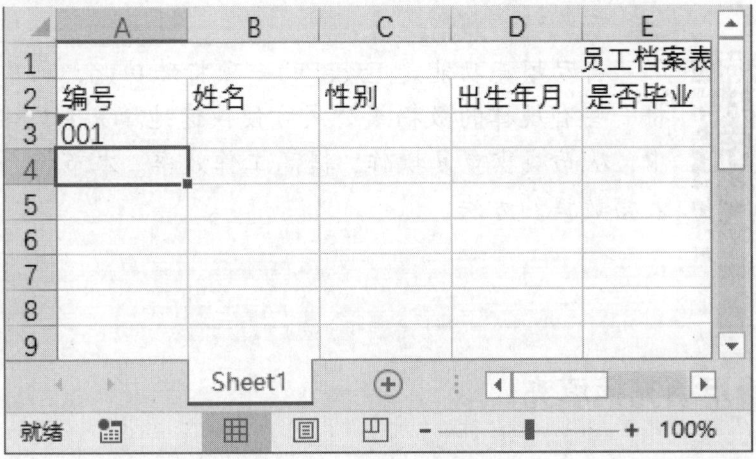

图 7-5

7.1.3　输入日期

在表格中输入的日期有长日期、短日期或者自定义的日期格式，用户可以选择自己熟悉或者常用的格式即可。下面以设置短日期格式为例，详细介绍输入日期的方法。

第 1 步 选中 D 列单元格，***1.*** 在【开始】选项卡中单击【数字】下拉按钮，***2.*** 在弹出的菜单中单击【常规】右侧的下拉按钮，***3.*** 在弹出的列表中选择【短日期】选项，如图 7-6 所示。

第 2 步 设置完成后，选中一个单元格如 D3，输入日期，如图 7-7 所示。

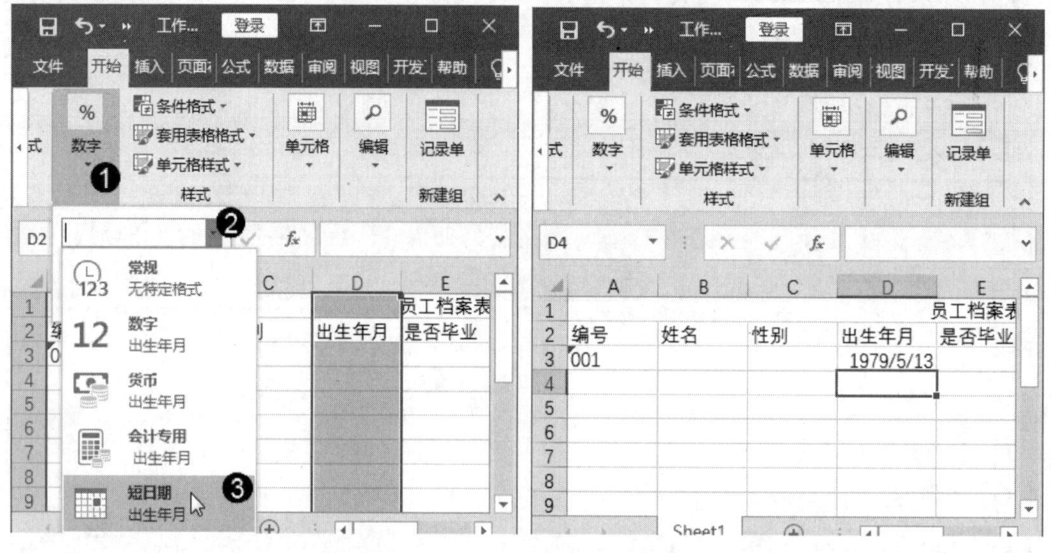

图 7-6　　　　图 7-7

7.2 自动填充功能

自动填充功能是 Excel 的一项特殊功能，利用该功能可以将一些有规律的数据或公式方便快速地填充到需要的单元格中，从而减少重复操作，提高工作效率。本节将介绍快速填充表格数据的方法。

↑扫码看视频

7.2.1 使用填充柄填充

填充柄是位于选定单元格或单元格区域右下方的小黑方块，将鼠标指针指向填充柄，当鼠标指针变为“十”形状时，向下拖动鼠标即可填充数据。

1. 快速输入相同数据

如果要在一行或一列表格中输入相同的数据时，那么可以使用填充柄快速输入相同数据，下面详细介绍其操作步骤。

第 1 步 选择要输入相同数据的单元格，把鼠标指针移动至单元格区域右下角的填充柄上，此时鼠标指针变为“十”形状，如图 7-8 所示。

第 2 步 单击并向下拖动鼠标至要复制的最后一个单元格，释放鼠标即可完成填充相同数据的操作，如图 7-9 所示。

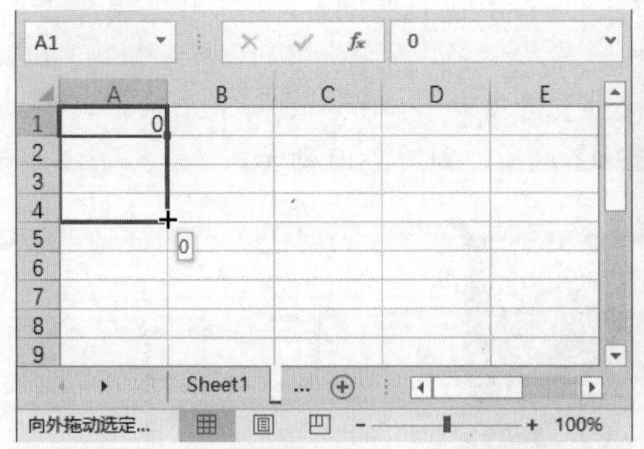

图 7-8

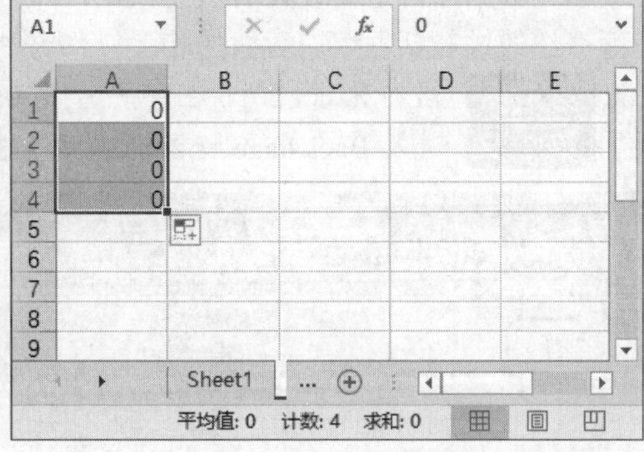

图 7-9

2. 快速输入序列数据

在 Excel 2016 中可以使用填充柄快速输入序列数据，首先需要在填充区域的前两个单元格中输入数据，然后使用填充柄即可快速输入序列数据，下面详细介绍其操作步骤。

第 1 步 在要输入序列数据的两个起始单元格中输入数据内容，如“星期一”和“星期二”。选中这两个单元格，将鼠标指针移动至填充柄上，此时鼠标指针变为“十”形状，如图 7-10 所示。

第 2 步 单击并向下拖动鼠标至目标位置，如 A7 单元格，通过上述方法即可完成使用填充柄快速输入序列数据的操作，如图 7-11 所示。

图 7-10

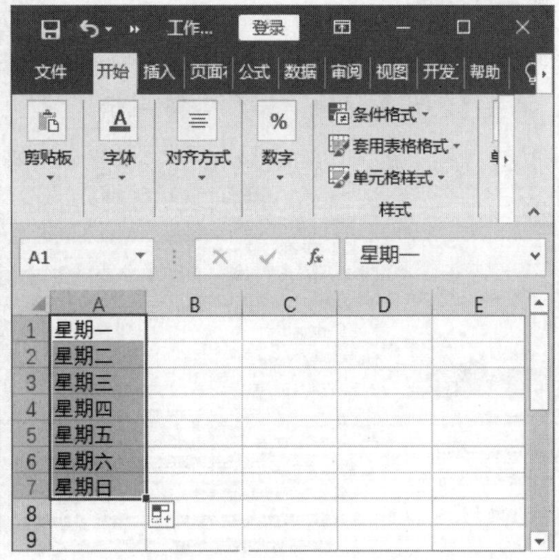

图 7-11

7.2.2 自定义序列填充

若 Excel 2016 程序默认的自动填充功能无法满足用户的需要，用户可以通过对话框自定义填充数据，自定义设置的填充数据可以更加准确、快速地帮助用户完成数据录入工作，下面介绍通过对话框填充数据的相关操作方法。

第 1 步 启动 Excel 2016 程序，选择【文件】选项卡，如图 7-12 所示。

第 2 步 进入 Backstage 视图，选择【选项】选项，如图 7-13 所示。

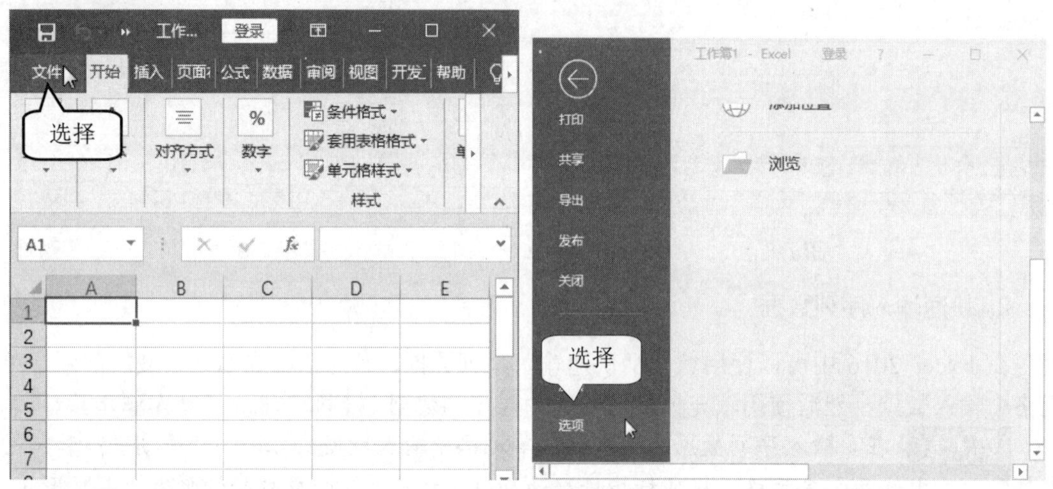

图 7-12　　图 7-13

第 3 步 弹出【Excel 选项】对话框，**1.** 切换到【高级】选项设置界面，**2.** 单击【编辑自定义列表】按钮，如图 7-14 所示。

第 4 步 弹出【自定义序列】对话框，**1.** 在【自定义序列】列表框中选择【新序列】选项，**2.** 在【输入序列】列表框中输入要设置的序列，如输入“第一分区～第四分区”，**3.** 单击【添加】按钮，如图 7-15 所示。

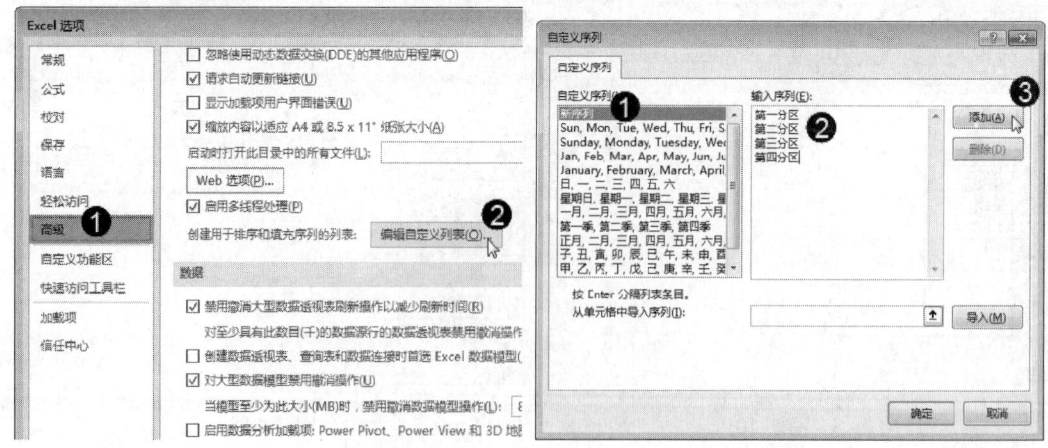

图 7-14　　图 7-15

第 5 步 可以看到刚刚输入的新序列被添加到【自定义序列】列表框中，单击【确定】按钮，如图 7-16 所示。

第 6 步 返回到【Excel 选项】对话框，单击【确定】按钮，如图 7-17 所示。

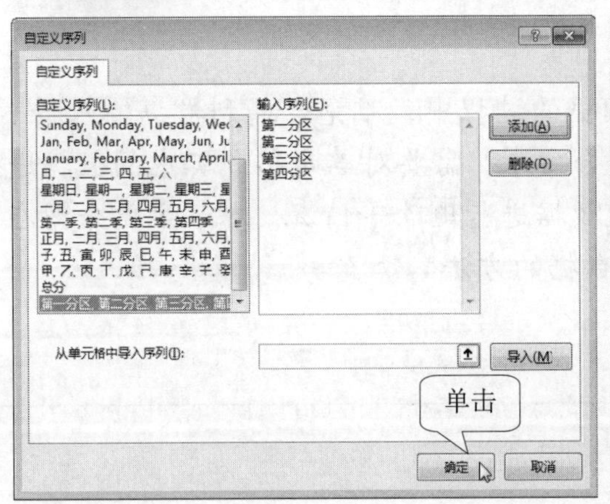

图 7-16

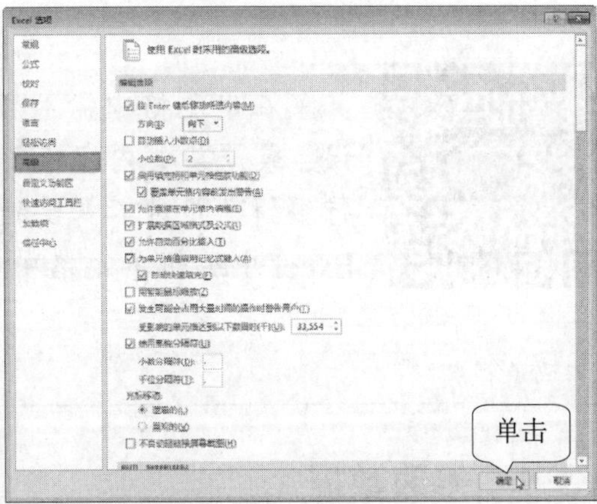

图 7-17

第 7 步 返回到工作表编辑界面，输入自定义设置好的填充内容，选中要填充内容的单元格区域，并且将鼠标指针移动至填充柄上，如图 7-18 所示。

第 8 步 通过以上步骤即可完成自定义序列填充的操作，如图 7-19 所示。

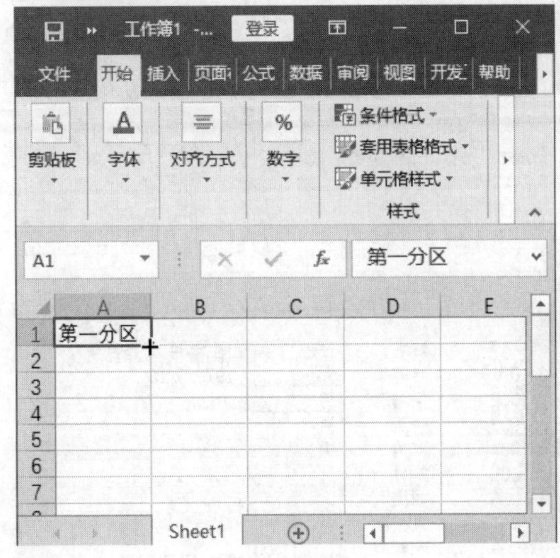

图 7-18

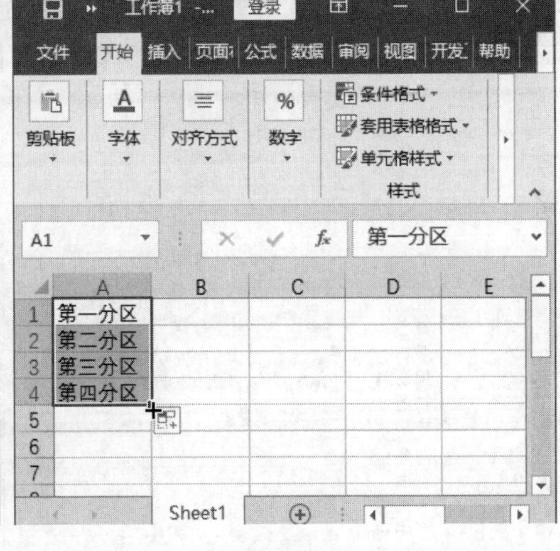

图 7-19

知识精讲

用户还可以在表格中输入等差和等比数列，输入等差和等比数列的方法有两种，一种是使用填充柄先输入前三个数值，然后进行填充；另一种是通过【序列】对话框输入，执行【开始】→【编辑】→【填充】→【序列】命令即可弹出【序列】对话框。

7.3 编辑单元格数据

在单元格中输入数据的过程中，难免会遇到数据输入错误，或是某些内容不符合要求，需要对单元格或其中的数据进行编辑，或对不需要的数据进行删除等情况。本节主要介绍在 Excel 中编辑单元格中数据的方法。

↑扫码看视频

7.3.1 修改数据

如果表格中的数据有错误，用户可以对数据进行修改，修改表格中数据的方法非常简单，下面详细介绍修改数据的方法。

第 1 步 选中数据所在的单元格，输入新内容，如图 7-20 所示。

第 2 步 按 Enter 键，通过以上步骤即可完成修改数据的操作，如图 7-21 所示。

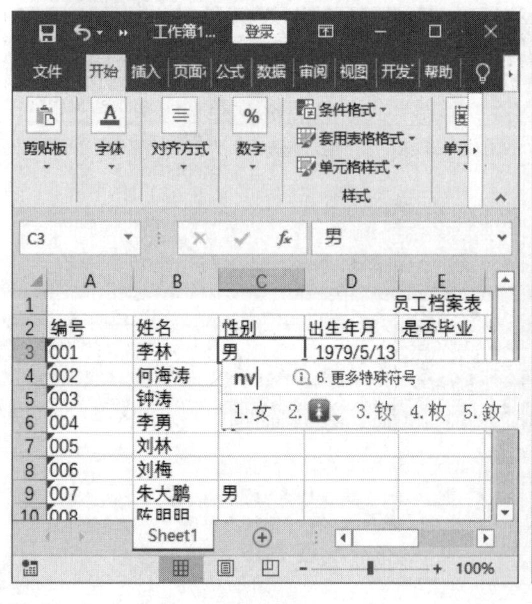

图 7-20

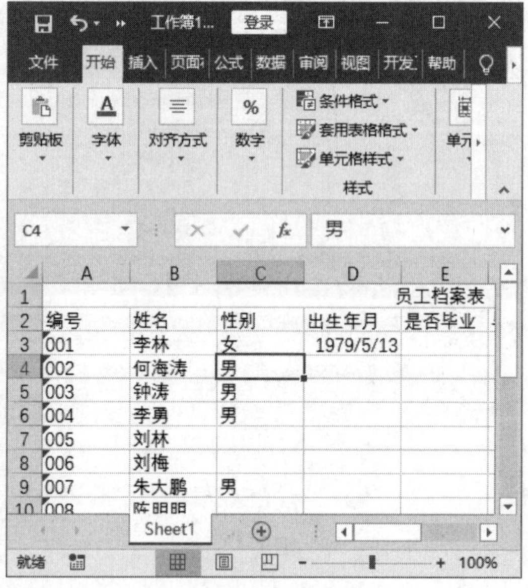

图 7-21

7.3.2 删除数据

如果不再需要单元格中的数据，用户可以将数据删除，删除数据的操作非常简单，下面详细介绍删除数据的操作。

第 1 步　选中数据所在的单元格，按 Delete 键，如图 7-22 所示。

第 2 步　通过以上步骤即可完成删除数据的操作，如图 7-23 所示。

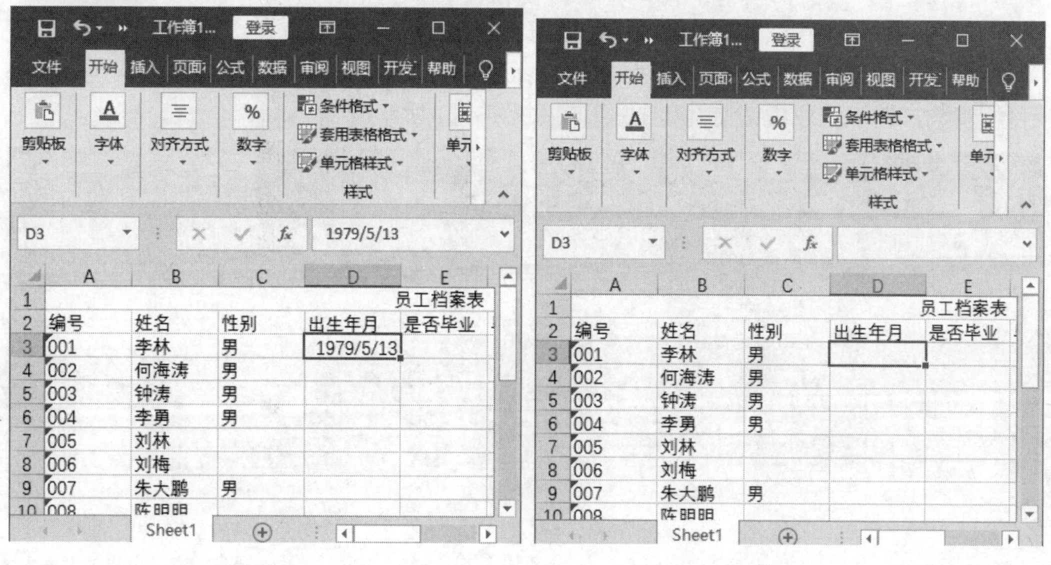

图 7-22　　图 7-23

7.3.3　移动数据

如果不满意数据放置的位置，可以对数据进行移动操作，移动数据的方法很简单，下面详细介绍移动数据的方法。

第 1 步　选中单元格，按 Ctrl+X 组合键进行剪切，被选中单元格区域边框成虚线显示，如图 7-24 所示。

第 2 步　选中目标单元格，按 Ctrl+V 组合键进行粘贴，通过以上步骤即可完成移动数据的操作，如图 7-25 所示。

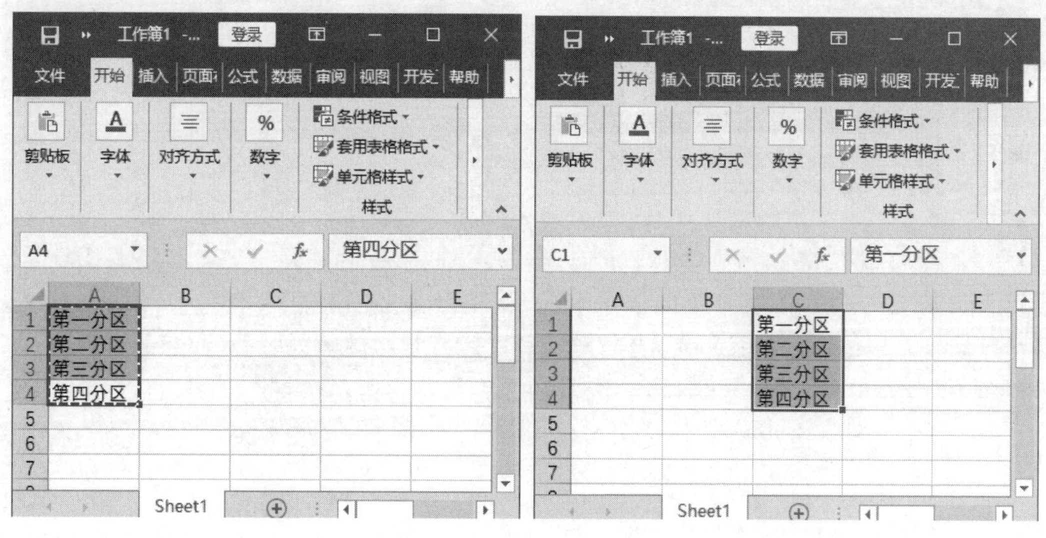

图 7-24　　图 7-25

7.3.4 撤销与恢复数据

单击 Excel 窗口中的【撤销】按钮，即可完成撤销上一步的操作，如图 7-26 所示。

单击 Excel 2016 快速访问工具栏中的【撤销】下拉按钮，在弹出的下拉菜单中选择撤销目标步数，即可完成撤销前几步的操作，如图 7-27 所示。

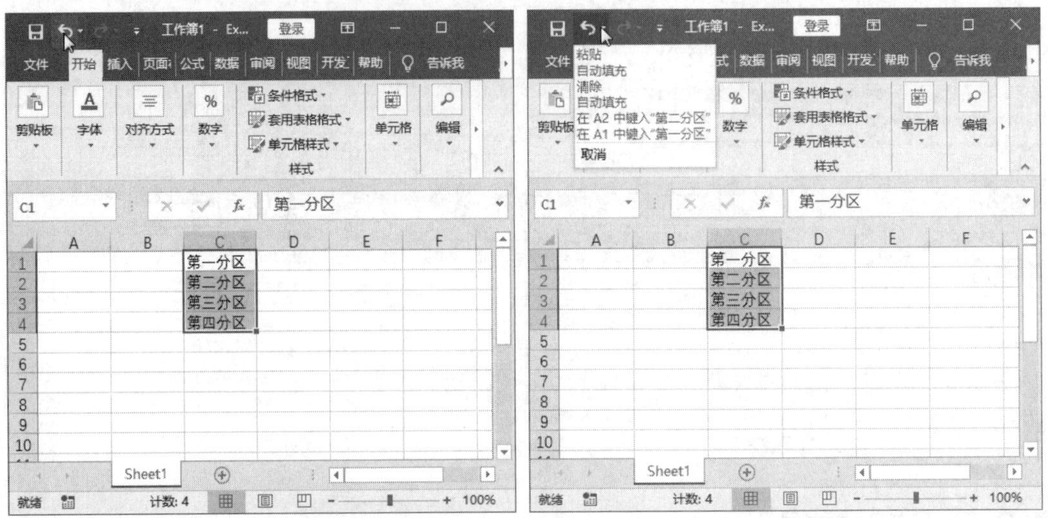

图 7-26　　　　图 7-27

单击 Excel 窗口中的【恢复】按钮，即可完成恢复上一步的操作，如图 7-28 所示。

单击 Excel 2016 快速访问工具栏中的【恢复】下拉按钮，在弹出的下拉菜单中选择恢复目标步数，即可完成恢复前几步的操作，如图 7-29 所示。

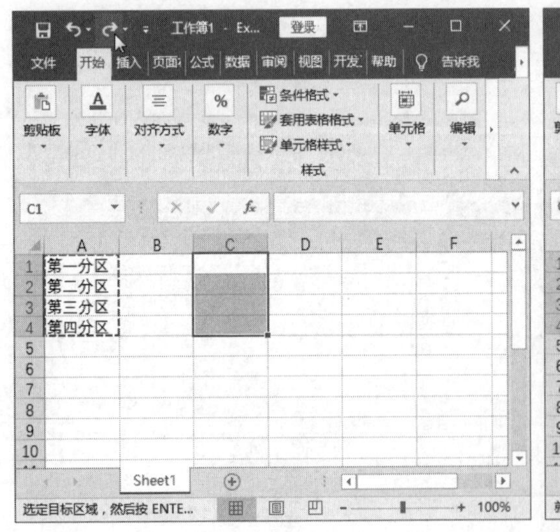

图 7-28

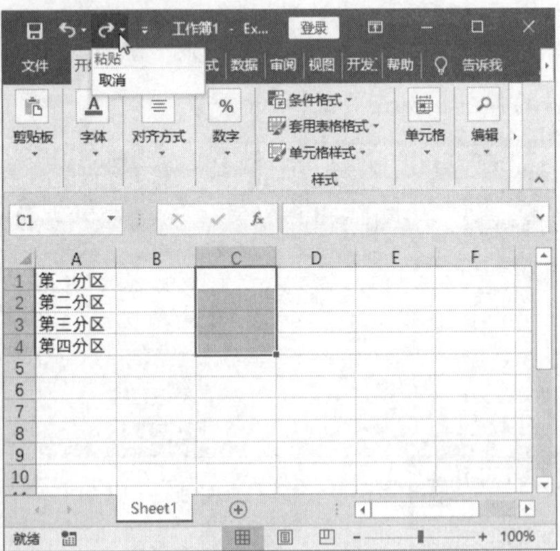

图 7-29

7.4　数据有效性

在编辑 Excel 工作表时，用户通过设置数据的有效性，可以防止其他用户输入无效数据，极大地减少了数据处理过程中的错误和复杂程度。本节将介绍设置数据有效性的相关操作方法。

↑扫码看视频

7.4.1　认识数据有效性

数据有效性是允许在单元格中输入有效数据或值的一种 Excel 功能，用户可以设置数据有效性以防止其他用户输入无效数据，当其他用户尝试在单元格中输入无效数据时，系统会进行警告，如图 7-30 所示。

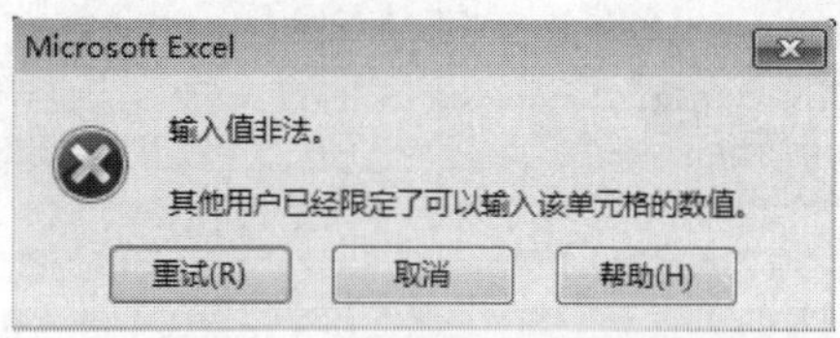

图 7-30

7.4.2　数据有效性的具体操作

本节将以设置数据有效性为整数为例，详细介绍设置数据有效性的操作方法。

第 1 步 选中单元格区域，***1.*** 在【数据】选项卡中单击【数据工具】下拉按钮，***2.*** 在弹出的菜单中单击【数据验证】按钮，***3.*** 在弹出的子菜单中选择【数据验证】菜单项，如图 7-31 所示。

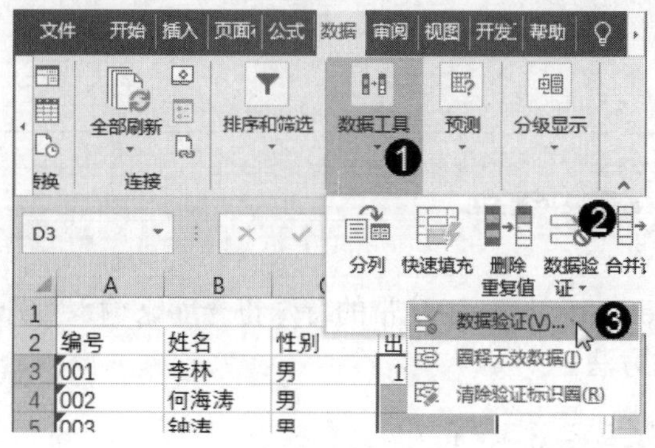

图 7-31

第 2 步 弹出【数据验证】对话框，切换到【设置】选项卡，***1.*** 在【允许】下拉列表框中选择【日期】选项，***2.*** 在【数据】下拉列表框中选择【介于】选项，***3.*** 分别设置【开始日期】和【结束日期】，***4.*** 单击【确定】按钮，如图 7-32 所示。

第 3 步 返回到工作表中，在选中的单元格区域中可以输入不符合要求的日期，将弹出提示对话框，通过以上步骤即可完成设置数据有效性的操作，如图 7-33 所示。

图 7-32

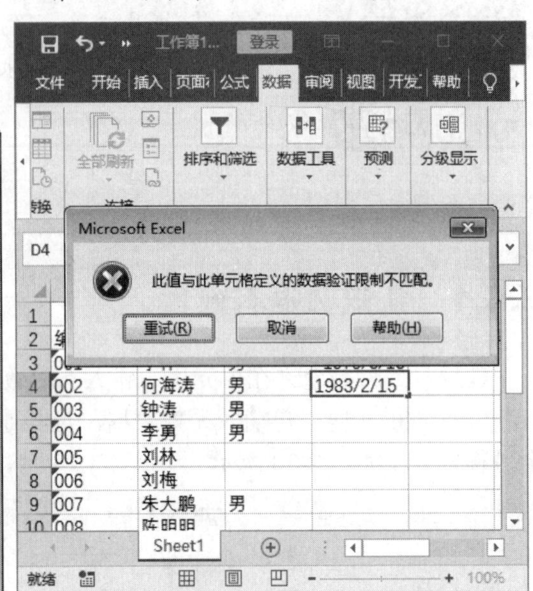

图 7-33

7.5 实践案例与上机指导

通过本章的学习，读者基本可以掌握使用 Excel 2016 输入与编辑数据的基本知识以及一些常见的操作方法，下面通过练习操作，以达到巩固学习、拓展提高的目的。

↑扫码看视频

7.5.1 快速输入特殊符号

用户可以使用 Excel 2016 程序中自带的特殊符号库来输入特殊符号，下面介绍快速输入特殊符号的相关操作方法。

素材保存路径：配套素材\第 7 章

素材文件名称：特殊符号.xlsx

第 1 步 单击要输入特殊符号的单元格，***1.*** 切换到【插入】选项卡，***2.*** 单击【符号】下拉按钮，***3.*** 在弹出的菜单中单击【符号】按钮，如图 7-34 所示。

第 2 步 弹出【符号】对话框，***1.*** 在【符号】选项卡的【字体】下拉列表框中选择【(普通文本)】选项，***2.*** 在符号库中选择“@”，***3.*** 单击【插入】按钮，***4.*** 单击【关闭】按钮，如图 7-35 所示。

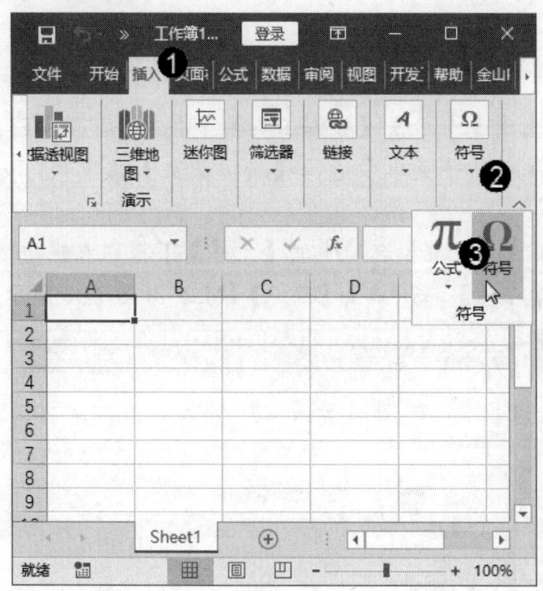

图 7-34

图 7-35

第 3 步 通过以上步骤即可完成输入特殊符号的操作，如图 7-36 所示。

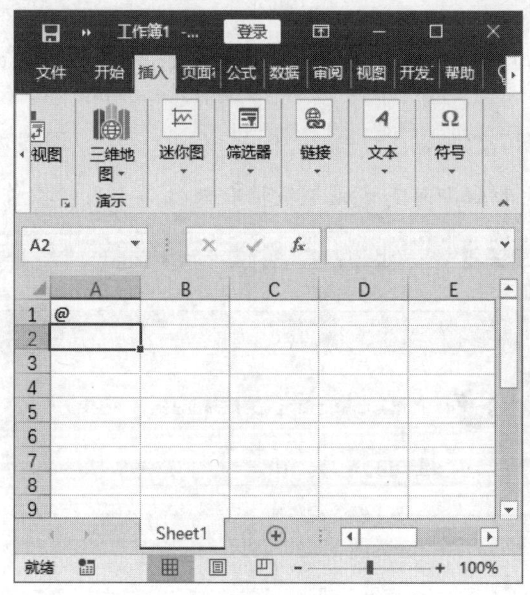

图 7-36

7.5.2 设置数据有效性为小数

通过设置数据有效性，将选中的单元格区域设置为“小数”格式后，该单元格区域中就只能允许输入数字或小数，下面将详细介绍其操作方法。

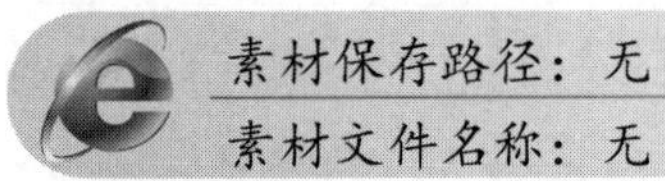
素材保存路径：无
素材文件名称：无

第 1 步 选中单元格，***1.*** 在【数据】选项卡中单击【数据工具】下拉按钮，***2.*** 在弹出的菜单中单击【数据验证】按钮，***3.*** 在弹出的子菜单中选择【数据验证】菜单项，如图 7-37 所示。

第 2 步 弹出【数据验证】对话框，***1.*** 在【设置】选项卡的【允许】下拉列表框中选择【小数】选项，***2.*** 分别设置【最大值】和【最小值】，***3.*** 单击【确定】按钮，如图 7-38 所示。

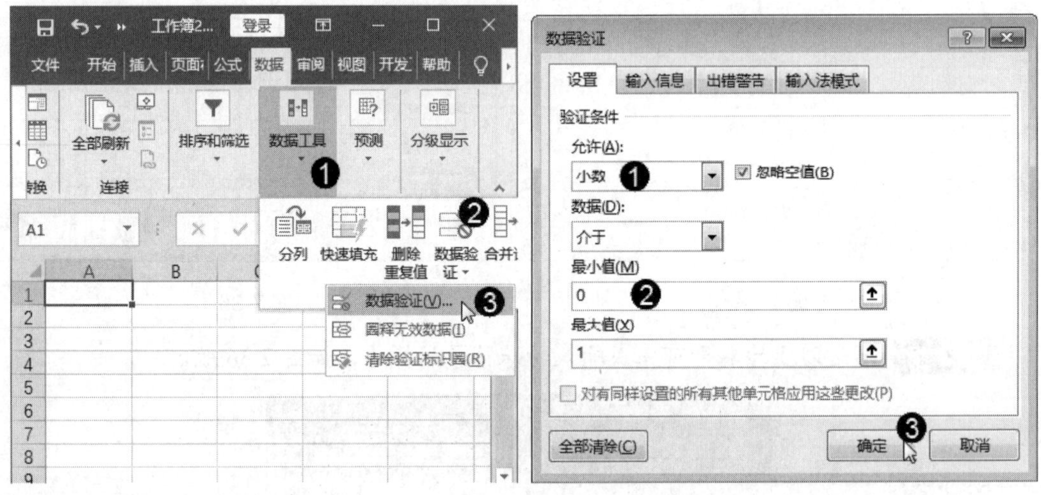

图 7-37　　　　图 7-38

第 3 步 通过以上步骤即可完成设置数据有效性为小数的操作，如图 7-39 所示。

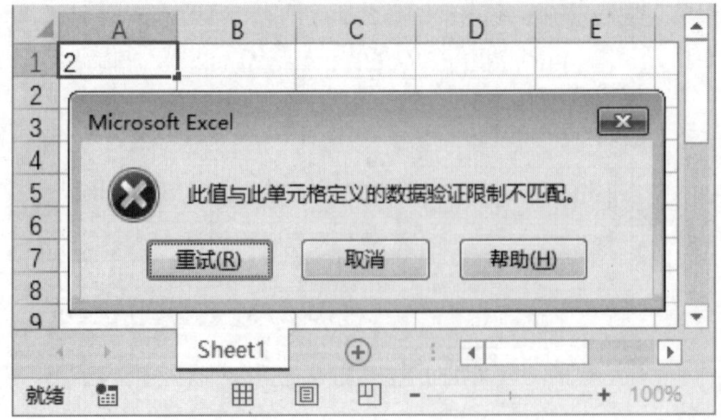

图 7-39

7.5.3 设置数据有效性为序列

通过设置数据有效性，将选中的单元格区域设置为“序列”格式后，该单元格区域中就只能允许输入序列，下面将详细介绍其操作方法。

素材保存路径：配套素材\第 7 章

素材文件名称：有效性为序列.xlsx

第 1 步 选中单元格，*1.* 在【数据】选项卡中单击【数据工具】下拉按钮，*2.* 在弹出的菜单中单击【数据验证】按钮，*3.* 在弹出的子菜单中选择【数据验证】菜单项，如图 7-40 所示。

第 2 步 弹出【数据验证】对话框，*1.* 在【设置】选项卡的【允许】下拉列表框中选择【序列】选项，*2.* 在【来源】文本框中输入序列，*3.* 单击【确定】按钮，如图 7-41 所示。

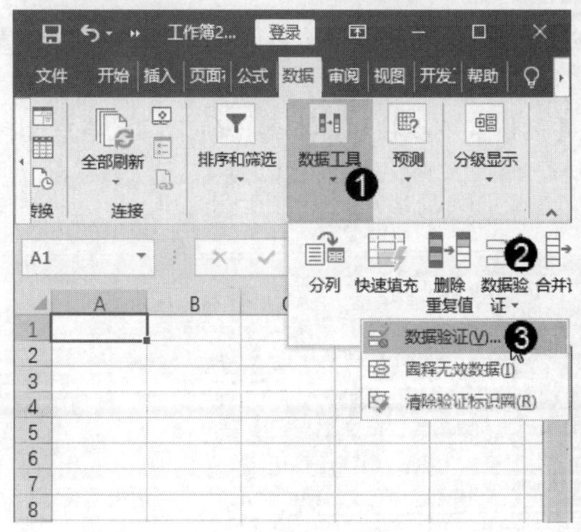

图 7-40

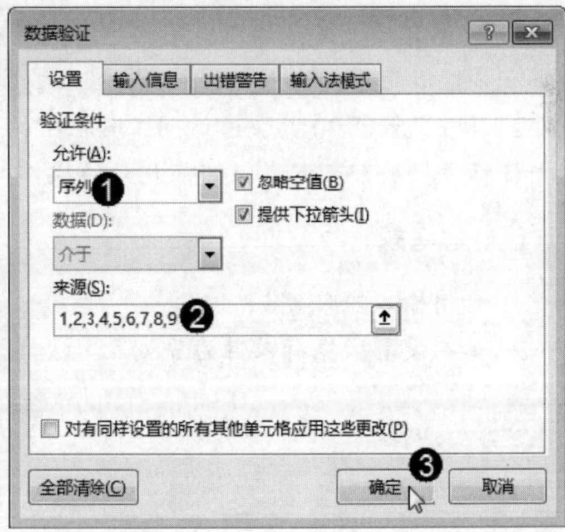

图 7-41

第 3 步 通过以上步骤即可完成设置数据有效性为序列的操作，如图 7-42 所示。

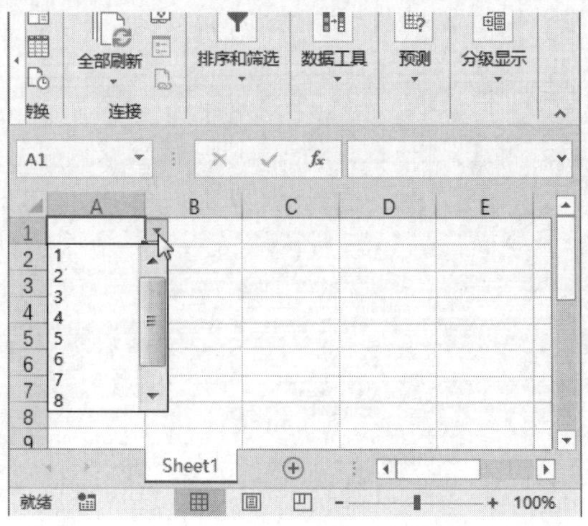

图 7-42

7.6 思考与练习

一、填空题

1. 使用 Excel 2016 在日常办公中对数据进行处理，首先应向工作表中输入各种类型的数据和文本。用户可以根据具体需要向工作表输入________、数值、________与时间及各种专业数据。

2. ________功能是 Excel 的一项特殊功能，利用该功能可以将一些有规律的数据或公式方便快速地填充到需要的单元格中，从而减少重复操作，提高工作效率。

二、判断题

1. 数据有效性是允许在单元格中输入有效数据或值的一种 Excel 功能，用户可以设置数据有效性以防止其他用户输入无效数据。 (   )

2. 单击 Excel 2016 快速访问工具栏中的【撤销】下拉按钮，在弹出的下拉菜单中选择撤销目标步数，即可完成撤销前几步的操作。 (   )

三、思考题

1. 如何输入短日期?

2. 如何设置数据有效性为序列?

第 8 章

设置与美化工作表

本章要点

- 设置工作表
- 操作单元格
- 操作行与列
- 在工作表中插入图片
- 插入艺术字与文本框

本章主要内容

本章主要介绍了设置工作表、操作单元格、操作行与列和在工作表中插入图片方面的知识与技巧，同时还讲解了如何在表格中插入艺术字和文本框，在本章的最后还针对实际的工作需求，讲解了插入批注、新建选项卡和组以及添加表格边框的方法。通过本章的学习，读者可以掌握设置与美化工作表方面的知识，为深入学习 Office 2016 知识奠定基础。

8.1 设置工作表

Excel 2016 提供了许多用于设置工作表的功能，包括为工作表标签设置颜色、隐藏和取消隐藏工作表、拆分和冻结工作表。本节将详细介绍设置工作表的操作。

↑ 扫码看视频

8.1.1 为工作表标签设置颜色

为工作表标签设置颜色便于查找所需要的工作表，同时还可以将同类的工作表标签设置成不同颜色以便区分，下面详细介绍设置工作表标签颜色的操作方法。

第 1 步 右键单击要更改颜色的工作表标签，如 Sheet1，**1.** 在弹出的快捷菜单中选择【工作表标签颜色】菜单项，**2.** 在弹出的【主题颜色】列表中选择一种颜色，如图 8-1 所示。

第 2 步 Sheet1 的标签颜色已经更改，通过以上步骤即可完成更改工作表标签颜色的操作，如图 8-2 所示。

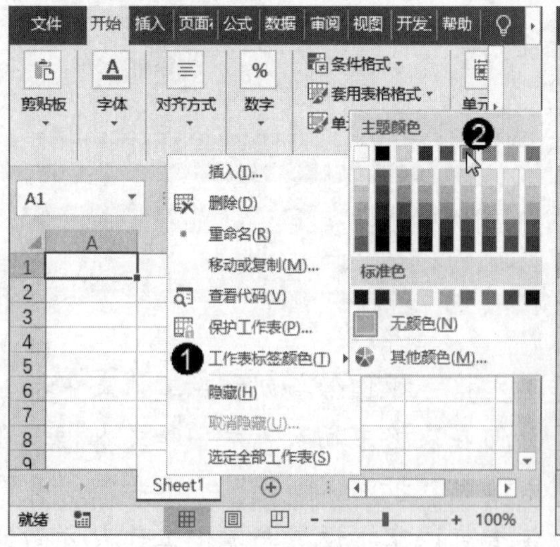

图 8-1

图 8-2

8.1.2 隐藏和取消隐藏工作表

在 Excel 2016 工作簿中，用户不但可以更改工作表的标签颜色，还可以对不想让别人看到的工作表进行隐藏和取消隐藏的操作，下面介绍隐藏和取消隐藏工作表的方法。

第 1 步 右键单击要隐藏的工作表标签，如“Sheet2”，在弹出的快捷菜单中选择【隐藏】菜单项，如图 8-3 所示。

第 2 步 通过以上步骤即可完成隐藏工作表的操作，如图 8-4 所示。

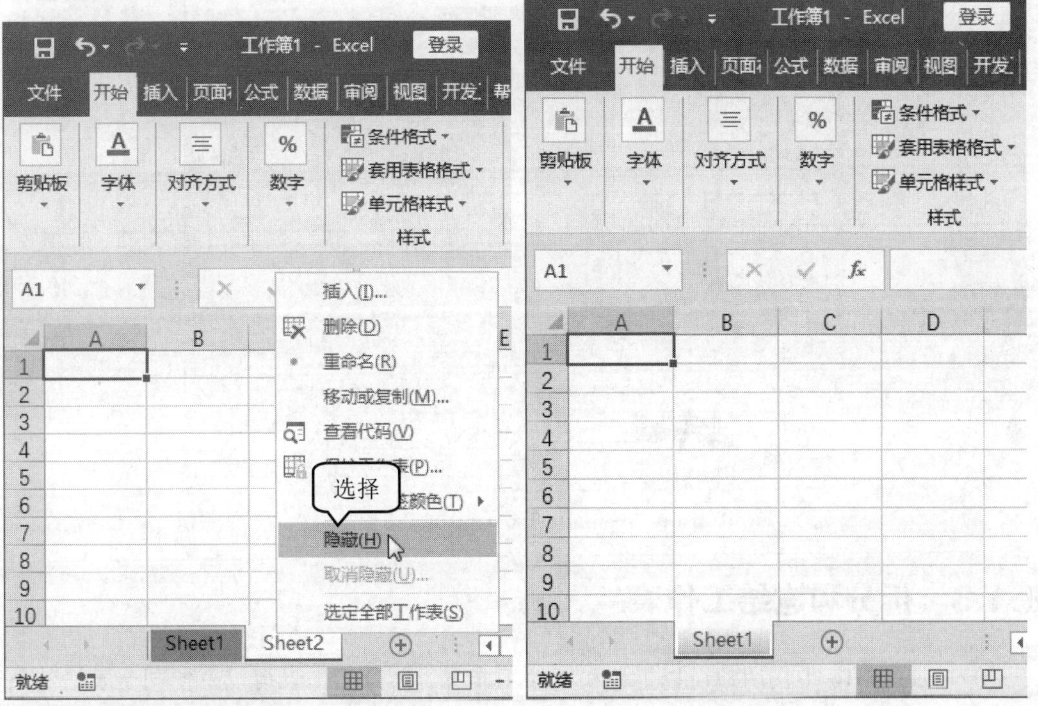

图 8-3　　　　图 8-4

第 3 步 右键单击任意一个工作表标签，在弹出的快捷菜单中选择【取消隐藏】菜单项，如图 8-5 所示。

第 4 步 弹出【取消隐藏】对话框，***1.*** 选择取消隐藏的工作表，***2.*** 单击【确定】按钮，如图 8-6 所示。

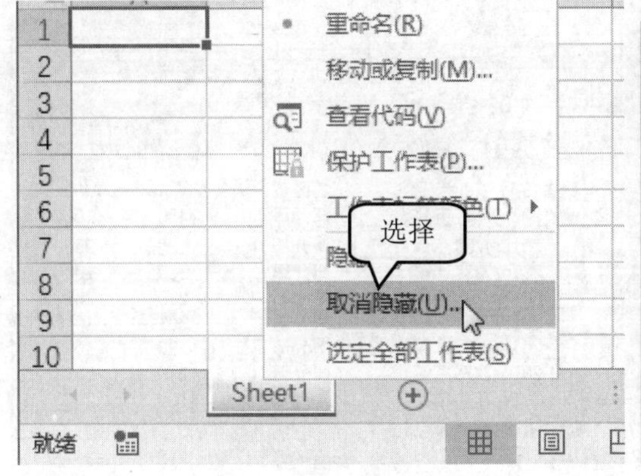

图 8-5

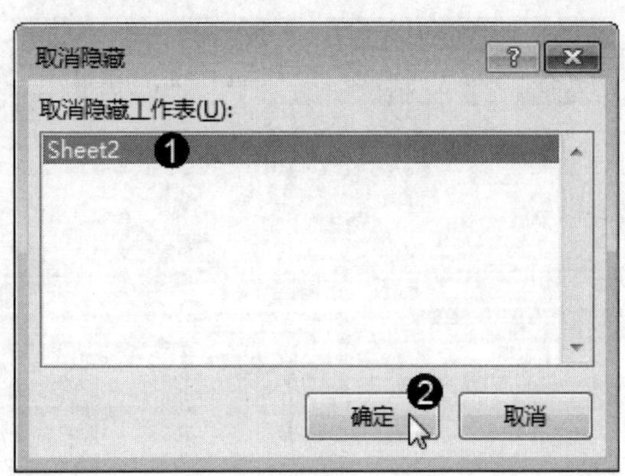

图 8-6

第 5 步 取消隐藏工作表的操作完成，如图 8-7 所示。

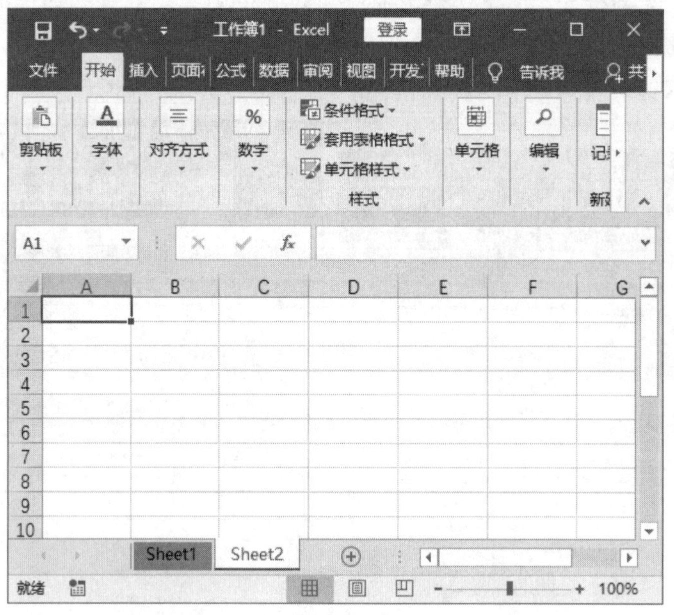

图 8-7

8.1.3 拆分和冻结工作表

在 Excel 2016 中，用户可以拆分和冻结工作表。拆分工作表可以方便同一表格的某一部分和另一部分的对比；冻结工作表是指用户为了方便查看和浏览，把一些单元格和标题固定住，下面详细介绍拆分和冻结工作表的操作方法。

第 1 步 选中准备拆分的工作表，***1.*** 在【视图】选项卡中单击【窗口】下拉按钮，***2.*** 在弹出的菜单中单击【拆分】按钮，如图 8-8 所示。

第 2 步 表格中出现拆分线，通过以上步骤即可将表格按照选中单元格的位置进行拆分，如图 8-9 所示。

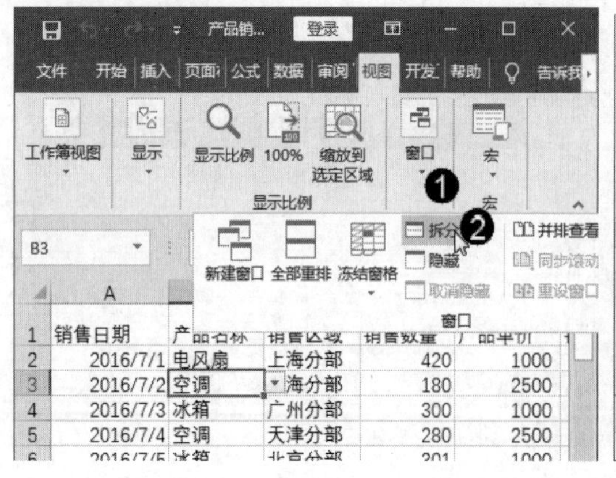

图 8-8

	A	B	C	D	E
1	销售日期	产品名称	销售区域	销售数量	产品单价
2	2016/7/1	电风扇	上海分部	420	1000
3	2016/7/2	空调	上海分部	180	2500
4	2016/7/3	冰箱	广州分部	300	1000
5	2016/7/4	空调	天津分部	280	2500
6	2016/7/5	冰箱	北京分部	301	1000
7	2016/7/6	冰箱	天津分部	180	1000
8	2016/7/7	空调	广州分部	250	2500
9	2016/7/8	洗衣机	北京分部	100	2000

图 8-9

第 3 步　***1.*** 在【视图】选项卡中单击【窗口】下拉按钮，***2.*** 在弹出的菜单中单击【冻结窗格】下拉按钮，***3.*** 在弹出的子菜单中选择【冻结窗格】菜单项，如图 8-10 所示。

第 4 步　这样在滚动工作表其余部分时，保持选中的行和列始终可见，通过以上步骤即可完成冻结工作表的操作，如图 8-11 所示。

图 8-10　　　　图 8-11

8.2　操作单元格

在 Excel 2016 工作表中，选中单元格后即可操作单元格，单元格的基本操作包括选择一个、多个和全部单元格，合并单元格和拆分单元格。本节将详细介绍操作单元格的相关方法。

↑扫码看视频

8.2.1　选择一个、多个和全部单元格

刚启动 Excel 2016 时，工作表中的第一个单元格是处于选中状态的。选择一个单元格的操作非常简单，用户可以直接单击所需的单元格，被单击的单元格周围带有粗绿边框，如图 8-12 所示的 C2 单元格已经被选中。

单击要选择不连续区域中的任意一个单元格，按 Ctrl 键，单击其他的单元格即可选择不连续的区域，如图 8-13 所示。

单击一个单元格，把鼠标指针移动至已选中的单元格上，此时鼠标指针变为✥形状，

单击并拖动鼠标指针至要拖动的目标单元格，即可完成选中连续单元格区域的操作，如图 8-14 所示。

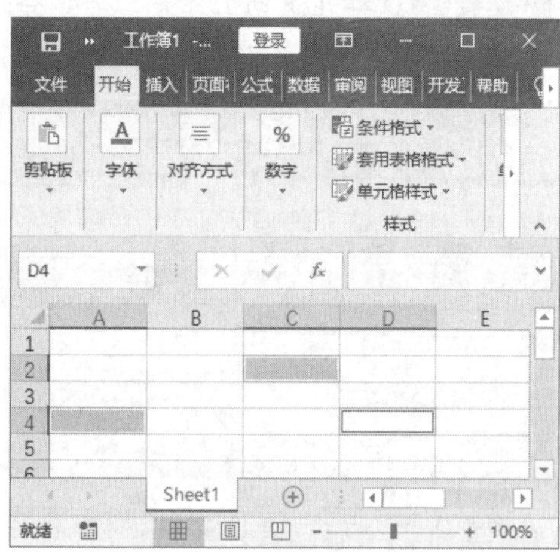

图 8-12

图 8-13

按 Ctrl+A 组合键即可将工作表中的单元格全部选中，如图 8-15 所示。

图 8-14

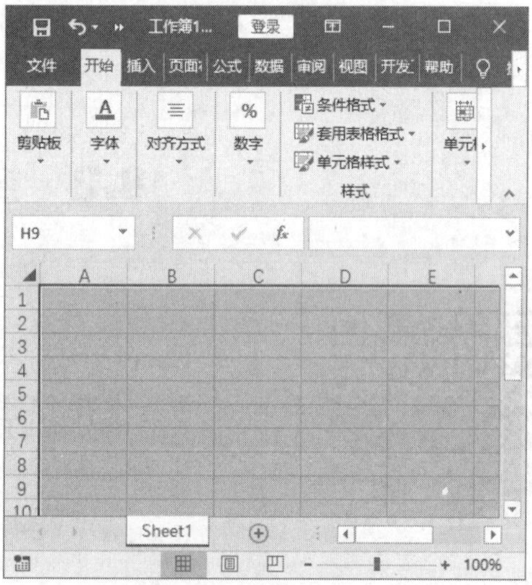

图 8-15

8.2.2 合并单元格

用户可以根据个人需要将多个连续的单元格合并成一个单元格，下面介绍合并单元格的操作方法。

第 1 步 选中要合并的单元格，*1.* 在【开始】选项卡中单击【对齐方式】下拉按钮，*2.* 在弹出的菜单中单击【合并后居中】按钮，如图 8-16 所示。

第 2 步 通过以上步骤即可完成合并单元格的操作，如图 8-17 所示。

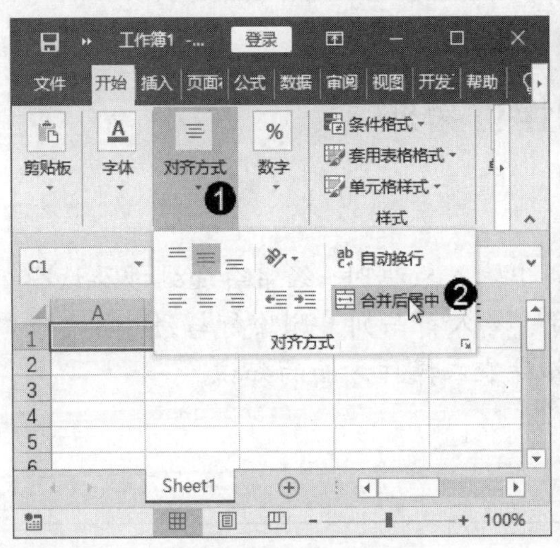

图 8-16

图 8-17

8.2.3　拆分单元格

在 Excel 2016 工作表中将单元格合并后，如果准备将其还原为原有的单元格数量，可以通过拆分单元格功能还原单元格。下面介绍拆分单元格的操作步骤。

第 1 步　选中要拆分的单元格，***1.*** 在【开始】选项卡中单击【对齐方式】下拉按钮，***2.*** 在弹出的菜单中单击【合并后居中】下拉按钮，***3.*** 在弹出的子菜单中选择【取消单元格合并】菜单项，如图 8-18 所示。

第 2 步　通过以上步骤即可完成拆分单元格的操作，如图 8-19 所示。

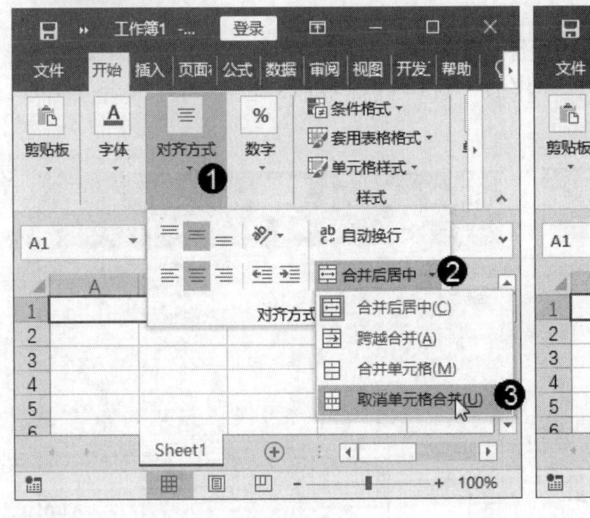

图 8-18 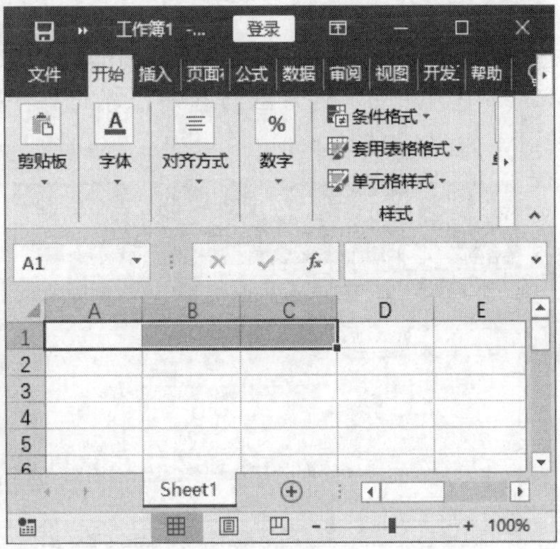　　　　图 8-19

考考您

请您根据上述方法进行拆分与合并单元格的操作，测试一下您的学习效果。

8.3 操作行与列

在工作表的行与列中输入数据时，经常会遇到涉及选择行和列、设置行高和列宽、插入行与列、删除行与列等操作。本节主要介绍行与列的各种基本操作方面的知识。

↑扫码看视频

8.3.1 选择行和列

制作电子表格时，需要选择工作簿中的行与列进行相应的操作，选择行和列包括选择单行或单列、选择相邻连续的多行或多列，以及选择不相邻的多行或多列。

1. 选择单行或单列

使用鼠标单击某个行号标签或列号标签，即可选中单行或单列，如图 8-20 所示。选中某行之后，该行的行号标签会改变颜色，而所有列标签会加亮显示，此行的所有单元格也会加亮显示，以表示该行正处于选中状态。相应地，选中单列的方法也是一样的。

2. 选择相邻的多行或多列

使用鼠标单击某行标签后，按住鼠标左键不放，向上或者向下拖动即可选中连续的多行。选中相邻的多列方法与选中相邻的多行相似，选中列标签后，鼠标向左或者向右拖动即可，如图 8-21 所示。

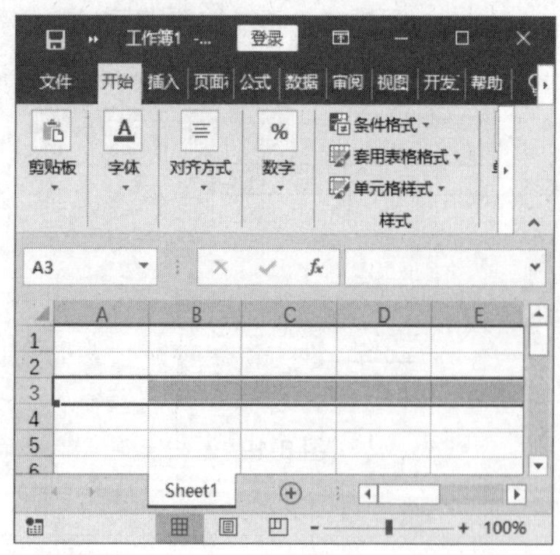

图 8-20

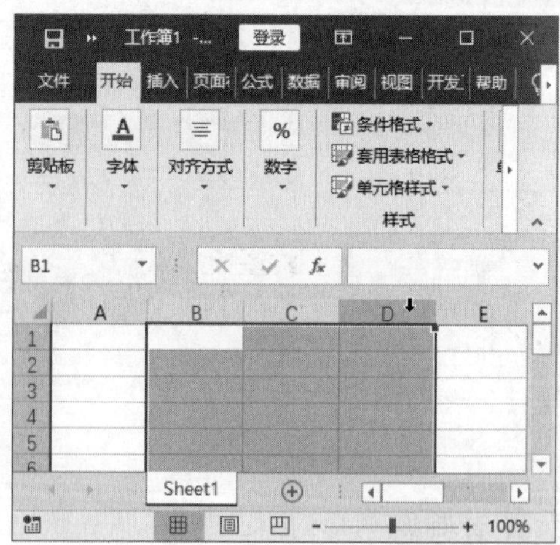

图 8-21

3. 选择不相邻的多行或多列

如果要选择不相邻的多行或多列，可以选中单行或单列之后，按住 Ctrl 键不放，然后用鼠标继续单击多个行或列的标签，直至选择完所有需要选择的行或列之后再释放 Ctrl 键，如图 8-22 所示。

图 8-22

8.3.2 设置行高和列宽

在 Excel 2016 工作表中，如果单元格的高度和宽度不足以显示整个数据时，那么可以通过设置行高和列宽的操作完整显示数据，下面详细介绍其操作方法。

第 1 步 选择要设置行高的单元格，***1.*** 在【开始】选项卡中单击【单元格】下拉按钮，***2.*** 在弹出的菜单中单击【格式】下拉按钮，***3.*** 在弹出的子菜单中选择【行高】菜单项，如图 8-23 所示。

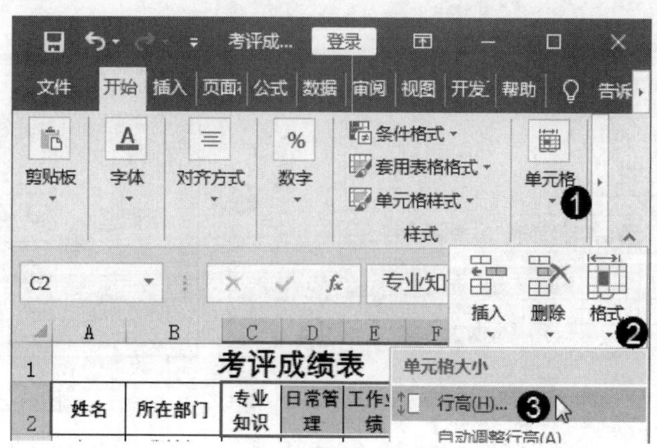

图 8-23

第 2 步 弹出【行高】对话框，*1.* 在【行高】文本框中输入行高的值，如“25”，*2.* 单击【确定】按钮，如图 8-24 所示。

第 3 步 通过以上步骤即可完成设置单元格行高的操作，如图 8-25 所示。

图 8-24

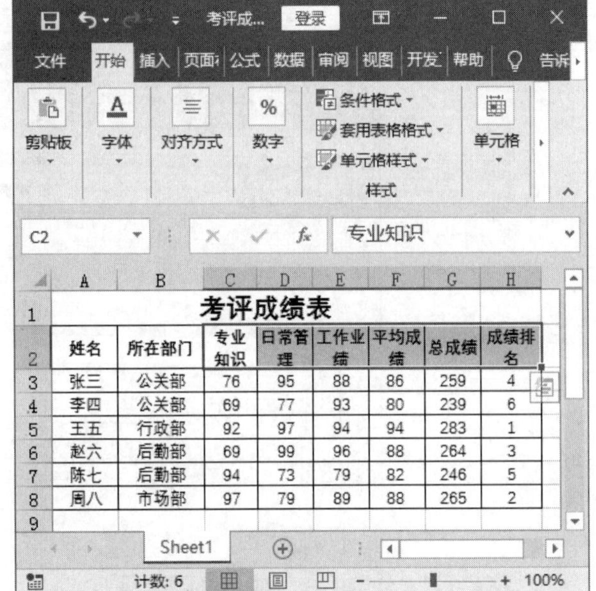

图 8-25

第 4 步 选择要设置列宽的单元格，*1.* 在【开始】选项卡中单击【单元格】下拉按钮，*2.* 在弹出的菜单中单击【格式】下拉按钮， *3.* 在弹出的子菜单中选择【列宽】菜单项，如图 8-26 所示。

第 5 步 弹出【列宽】对话框，*1.* 在【列宽】文本框中输入列宽的值，如“10”，*2.* 单击【确定】按钮，如图 8-27 所示。

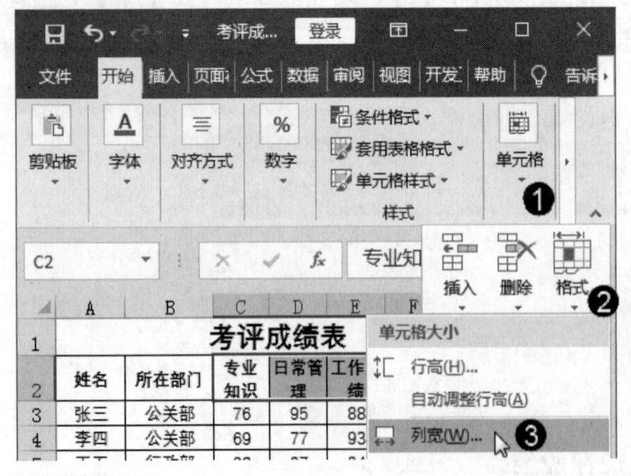

图 8-26

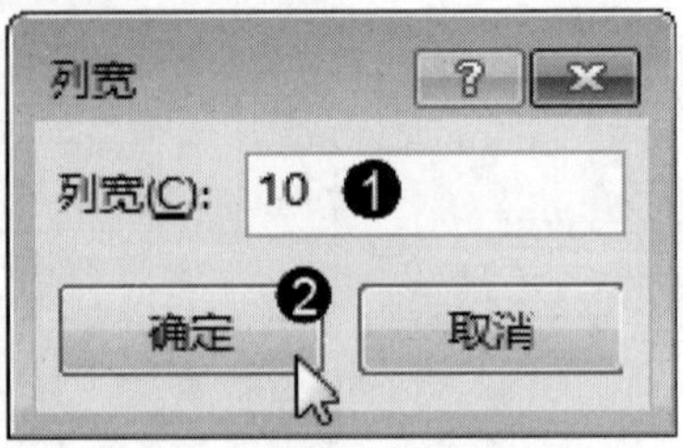

图 8-27

第 6 步 通过以上步骤即可完成设置单元格列宽的操作，如图 8-28 所示。

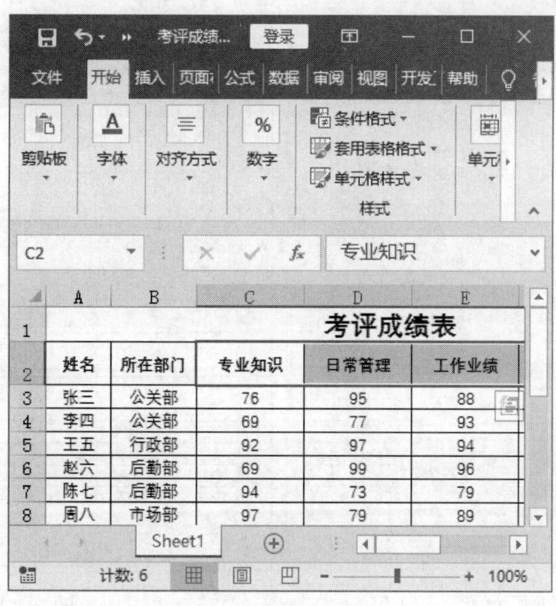

图 8-28

8.3.3　插入行与列

一个工作表创建之后并不是固定不变的，用户可以根据实际情况重新设置工作表的结构。例如插入行或列，以满足使用需求。

鼠标右键单击要插入行所在行号，在弹出的快捷菜单中选择【插入】菜单项即可，插入完成后将在选中行上方插入一整行空白单元格，如图 8-29 和图 8-30 所示。

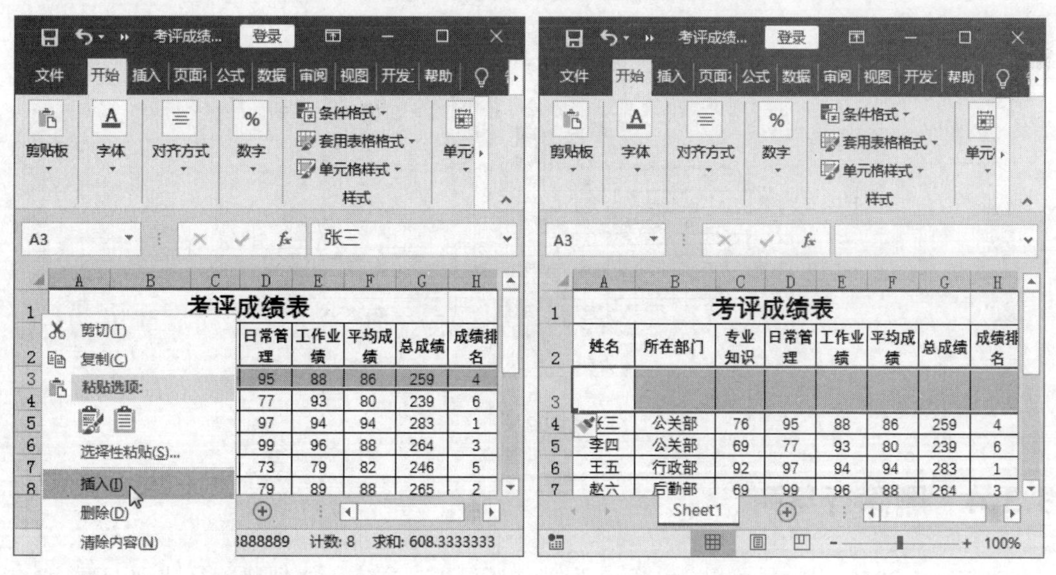

图 8-29　　　　图 8-30

同样，鼠标右键单击某个列标，在弹出的快捷菜单中选择【插入】菜单项，可以在选中列的左侧插入一整列空白单元格，如图 8-31 和图 8-32 所示。

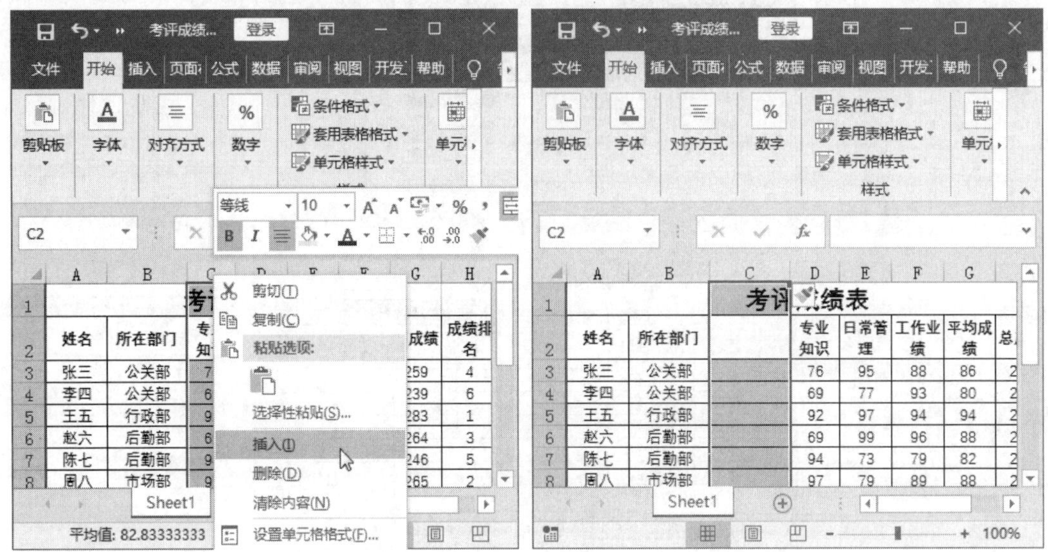

图 8-31　　　　图 8-32

用户还可以通过功能区插入行或列。选中一个单元格，**1.** 在【开始】选项卡中单击【单元格】下拉按钮，**2.** 在弹出的菜单中单击【插入】下拉按钮，在弹出的子菜单中选择【插入工作表行】或【插入工作表列】菜单项即可，如图 8-33 所示。

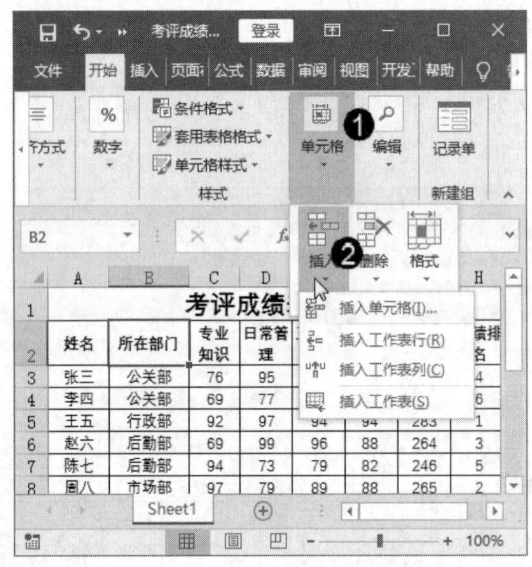

图 8-33

8.3.4 删除行与列

在 Excel 2016 中除了可以插入行或列外，还可以根据实际需要删除行或列。删除行或列的方法主要有以下两种。

选中要删除的行或列，单击鼠标右键，在弹出的快捷菜单中选择【删除】菜单项即可，如图 8-34 所示。

选中要删除的行或列，*1.* 在【开始】选项卡中单击【单元格】下拉按钮，*2.* 在弹出的菜单中单击【删除】下拉按钮，*3.* 在弹出的子菜单中选择【删除工作表行】或【删除工作表列】菜单项即可，如图 8-35 所示。

图 8-34

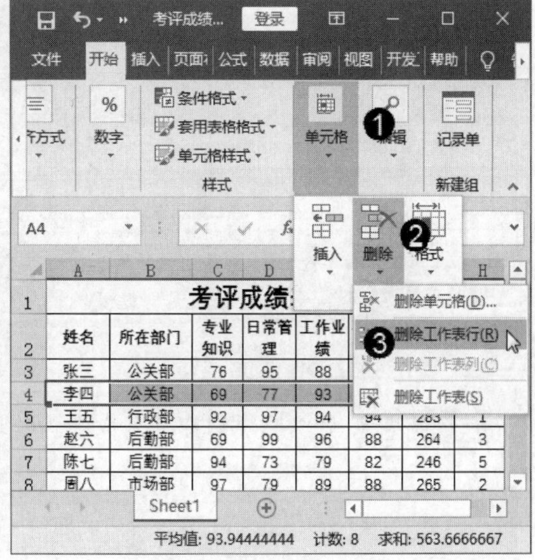

图 8-35

8.4　在工作表中插入图片

在 Excel 2016 中，用户可以使用图形图像对工作表进行修饰，用户可以在工作表中插入剪贴画或图片。本节将介绍如何在 Excel 2016 工作表中插入图片与剪贴画。

↑扫码看视频

8.4.1　插入图片

编辑工作表时可以插入与工作表内容相关的图片，对工作表进行美化和说明。下面将介绍在 Excel 2016 工作表中插入图片的操作方法。

第 1 步　新建空白工作簿，*1.* 在【插入】选项卡中单击【插图】下拉按钮，*2.* 在弹出的菜单中单击【图片】按钮，如图 8-36 所示。

第 2 步　弹出【插入图片】对话框，*1.* 选择图片所在位置，*2.* 选择一张图片，*3.* 单击【插入】按钮，如图 8-37 所示。

图 8-36

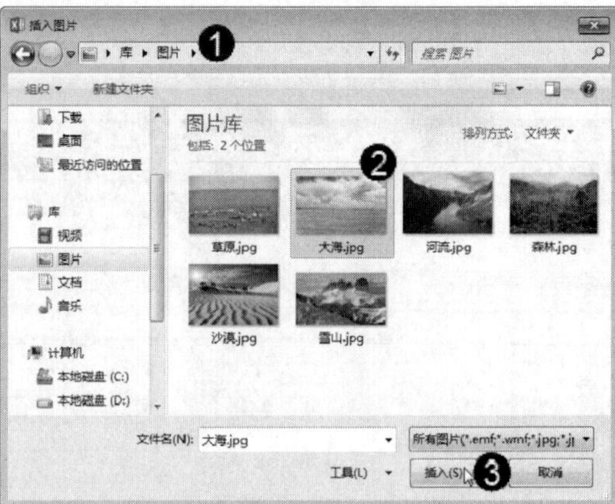

图 8-37

第 3 步 通过以上步骤即可完成在工作表中插入图片的操作，如图 8-38 所示。

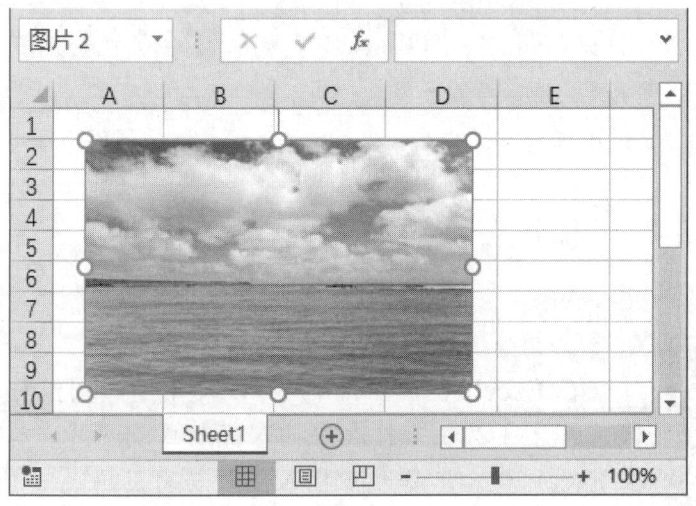

图 8-38

8.4.2 插入剪贴画

在 Excel 2016 中，联机图片中包含了大部分插图的功能，包括剪贴画功能。本节将详细介绍如何插入剪贴画。

第 1 步 新建空白工作簿，***1.*** 在【插入】选项卡中单击【插图】下拉按钮，***2.*** 在弹出的菜单中单击【联机图片】按钮，如图 8-39 所示。

第 2 步 弹出【插入图片】界面，***1.*** 在【必应图像搜索】选项右侧的文本框中输入“剪贴画”，***2.*** 单击【搜索必应】按钮，如图 8-40 所示。

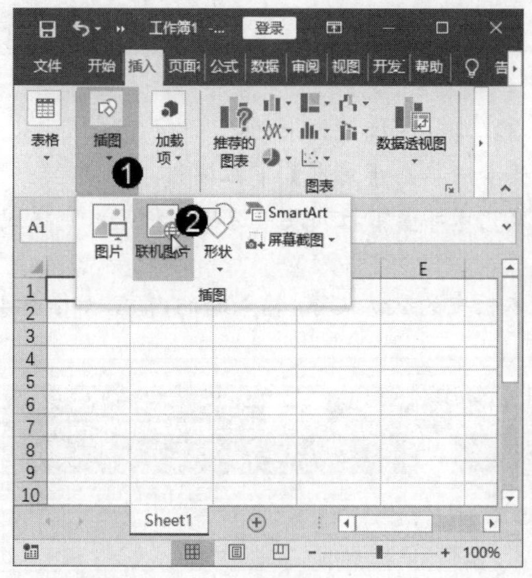

图 8-39

图 8-40

第 3 步 进入【在线图片】界面，***1.*** 从搜索到的图片中选择一张，***2.*** 单击【插入】按钮，如图 8-41 所示。

第 4 步 通过以上步骤即可完成在工作表中插入剪贴画的操作，如图 8-42 所示。

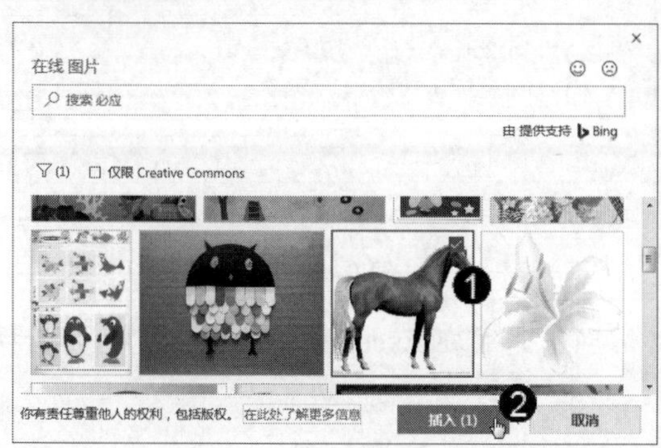

图 8-41

图 8-42

8.5　插入艺术字与文本框

艺术字是一种通过特殊效果使文字突出显示的字体形式，而文本框是一种可移动、可调大小的文字或图形容器。本节将详细介绍在 Excel 表格中插入艺术字与文本框的操作方法。

↑扫码看视频

8.5.1 插入艺术字

在表格中插入艺术字的方法很简单，下面将详细介绍插入艺术字的操作方法。

第 1 步 打开工作表，*1.* 在【插入】选项卡中单击【文本】下拉按钮，*2.* 在弹出的菜单中单击【艺术字】下拉按钮，*3.* 在弹出的【艺术字】下拉列表中选择一种艺术字样式，如图 8-43 所示。

第 2 步 弹出艺术字样式文本框，删除文本框中的默认文字，输入新的内容，如图 8-44 所示。

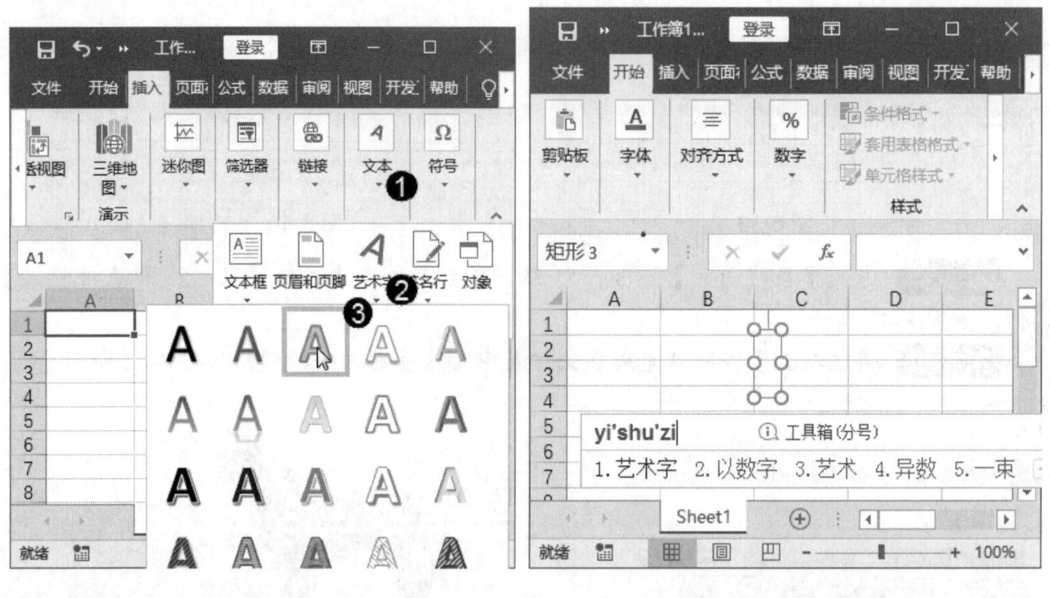

图 8-43　　图 8-44

第 3 步 按空格键完成输入，通过以上步骤即可完成在 Excel 2016 中插入艺术字的操作，如图 8-45 所示。

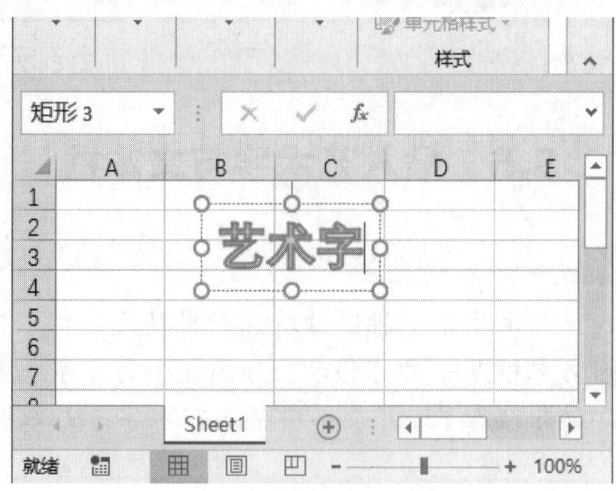

图 8-45

8.5.2 插入文本框

在 Excel 2016 中插入文本框的方法很简单，下面详细介绍在 Excel 2016 中插入文本框的方法。

第 1 步 打开工作表，***1.*** 在【插入】选项卡中单击【文本】下拉按钮，***2.*** 在弹出的菜单中单击【文本框】下拉按钮，***3.*** 在弹出的子菜单中选择【绘制横排文本框】菜单项，如图 8-46 所示。

第 2 步 鼠标指针变成“↓”形状，单击并拖动鼠标指针至目标位置，释放鼠标，在文本框的光标处输入文字，如图 8-47 所示。

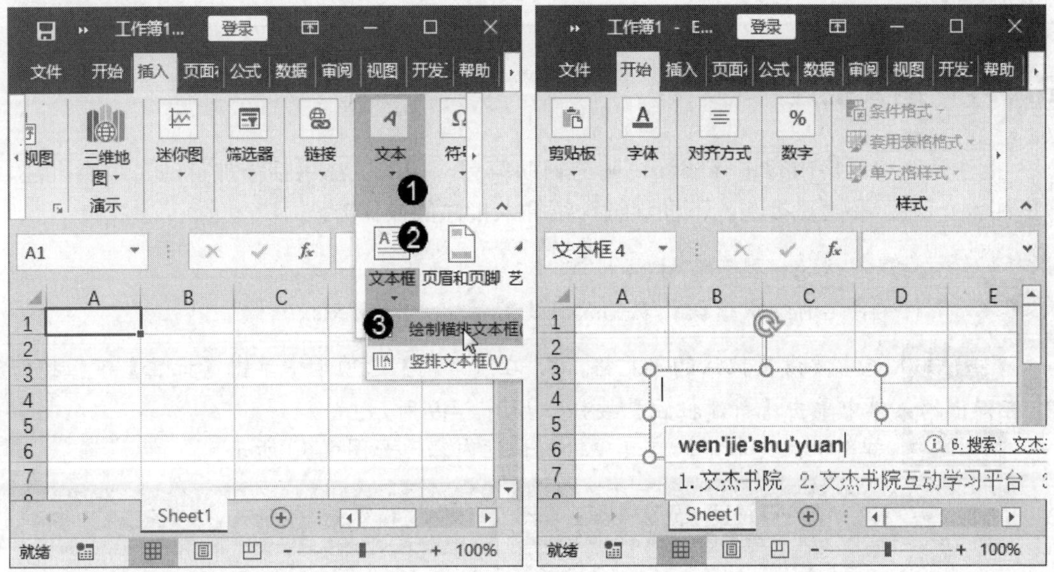

图 8-46　　图 8-47

第 3 步 按空格键完成输入，通过以上步骤即可完成在 Excel 2016 中插入文本框的操作，如图 8-48 所示。

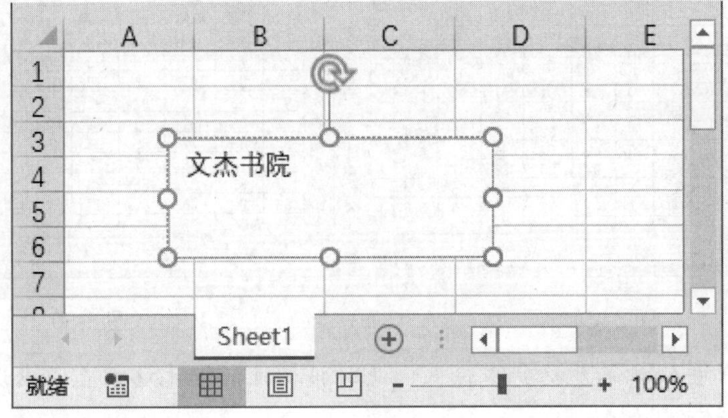

图 8-48

8.6 实践案例与上机指导

通过本章的学习，读者基本可以掌握设置与美化工作表的基本知识以及一些常见的操作方法，下面通过练习操作，以达到巩固学习、拓展提高的目的。

↑扫码看视频

8.6.1 插入批注

批注是对单元格内容进行解释说明的辅助信息，插入批注包括添加批注、编辑批注、删除批注、显示和隐藏批注，下面详细介绍插入批注的操作方法。

素材保存路径：配套素材\第 8 章

素材文件名称：成绩统计表.xlsx、效果-成绩统计表.xlsx

第 1 步 选中要设置批注的单元格，***1.*** 在【审阅】选项卡中单击【批注】下拉按钮，***2.*** 在弹出的菜单中单击【新建批注】按钮，如图 8-49 所示。

第 2 步 弹出批注文本框，在其中输入批注内容，如图 8-50 所示。

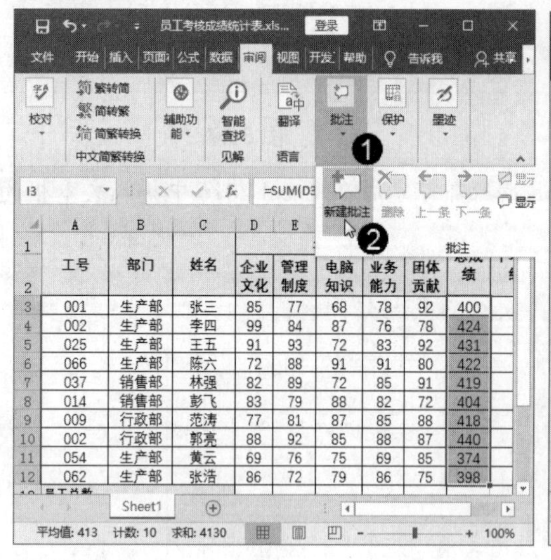

图 8-49

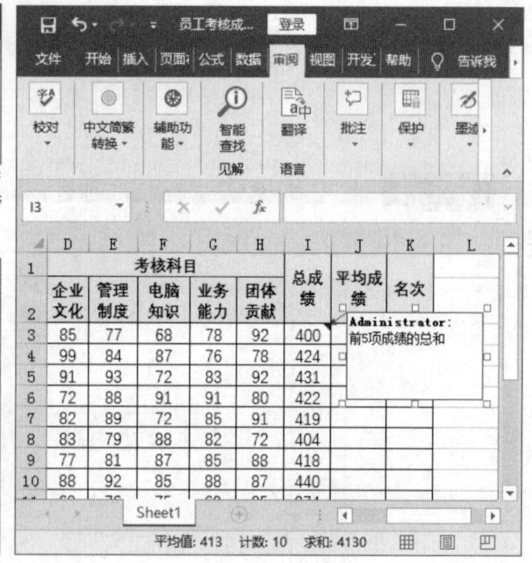

图 8-50

第 3 步 单击任意单元格完成输入，此时被批注的单元格右上角出现红色三角形标记，如图 8-51 所示。

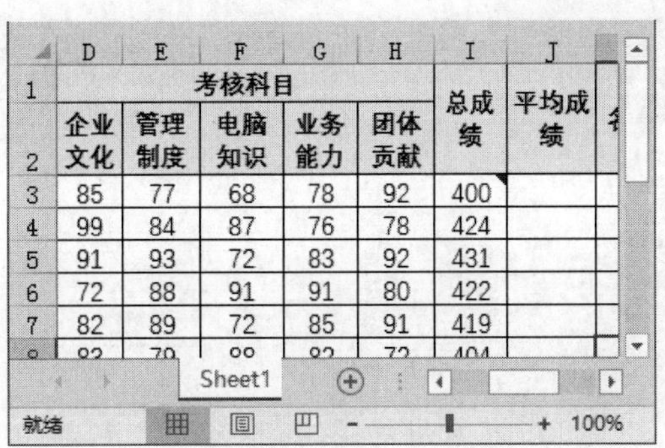
	D	E	F	G	H	I	J
1	考核科目					总成绩	平均成绩
2	企业文化	管理制度	电脑知识	业务能力	团体贡献		
3	85	77	68	78	92	400	
4	99	84	87	76	78	424	
5	91	93	72	83	92	431	
6	72	88	91	91	80	422	
7	82	89	72	85	91	419	

图 8-51

8.6.2　新建选项卡和组

在 Excel 2016 中，根据使用需要可以新建选项卡和组，将自己经常使用的命令选项添加到自定义的选项卡和组中，从而便于表格的编辑操作，下面介绍新建选项卡和组的操作方法。

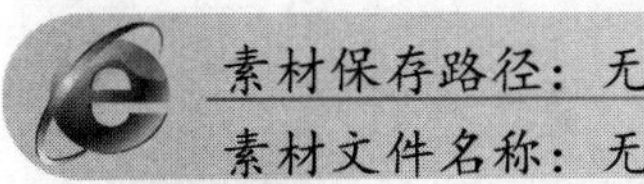

素材保存路径：无

素材文件名称：无

第 1 步　启动 Excel 2016 程序，选择【文件】选项卡，如图 8-52 所示。

第 2 步　进入 Backstage 视图，选择【选项】选项，如图 8-53 所示。

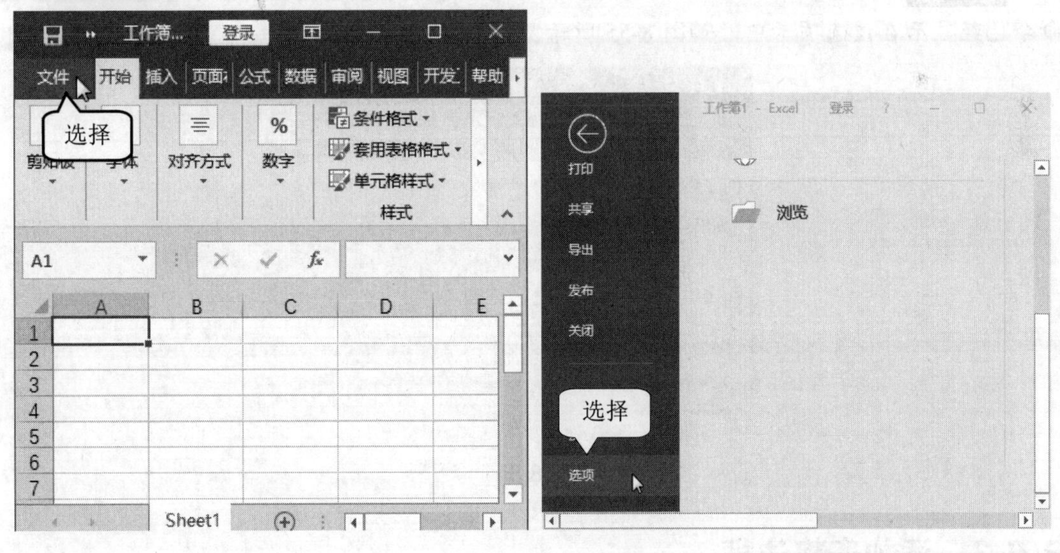

图 8-52　　图 8-53

第 3 步　弹出【Excel 选项】对话框，***1.*** 选择【自定义功能区】选项，***2.*** 单击【新建选项卡】按钮，***3.*** 在【主选项卡】列表框中已经添加了一个新的选项卡，重命名该选项卡为“常用命令”，给新选项卡添加命令，***4.*** 单击【确定】按钮，如图 8-54 所示。

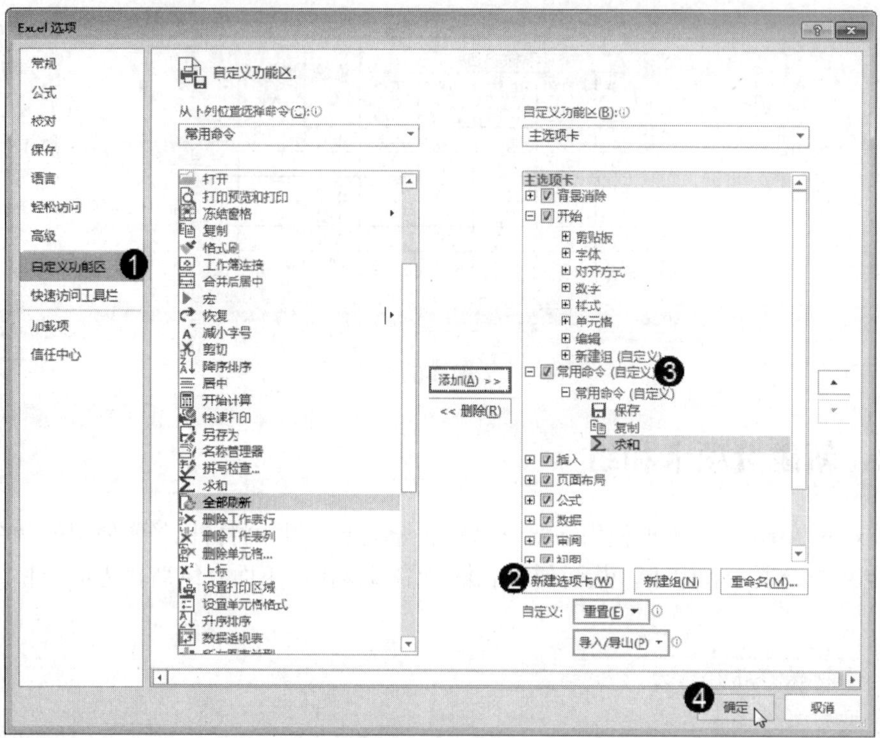

图 8-54

第 4 步 返回到表格中，切换到新添加的【常用命令】选项卡，即可看到刚刚添加的命令已经显示在该选项卡中，如图 8-55 所示。

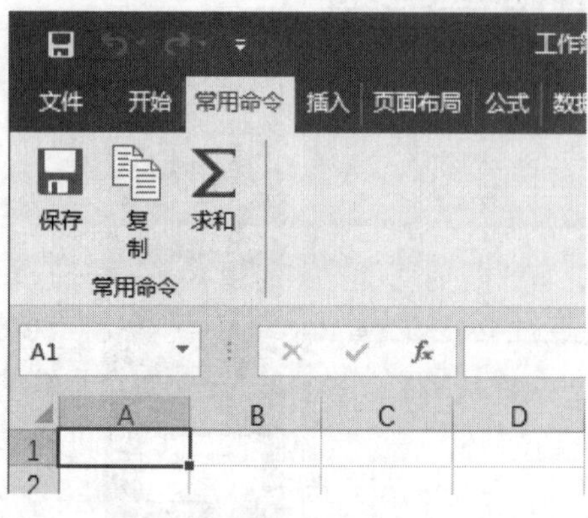

图 8-55

8.6.3 添加表格边框

在 Excel 2016 工作表中，可以根据需要设置表格的边框，下面详细介绍设置表格边框的操作方法。

素材保存路径：配套素材\第 8 章

素材文件名称：员工档案表.xlsx、效果-员工档案表.xlsx

第 1 步　打开表格，选中单元格区域，**1.** 在【开始】选项卡中单击【单元格】下拉按钮，**2.** 在弹出的菜单中单击【格式】下拉按钮，**3.** 在弹出的子菜单中选择【设置单元格格式】菜单项，如图 8-56 所示。

第 2 步　弹出【设置单元格格式】对话框，**1.** 在【边框】选项卡的【预置】区域中单击【外边框】和【内部】按钮，**2.** 在【样式】区域中选择边框线样式，**3.** 选择一种颜色，**4.** 单击【确定】按钮，如图 8-57 所示。

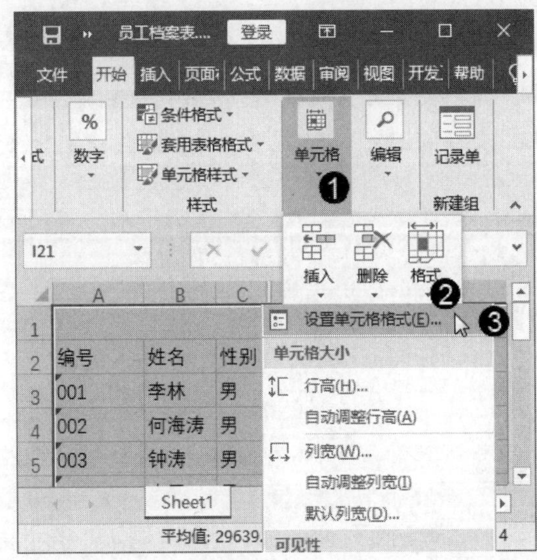

图 8-56

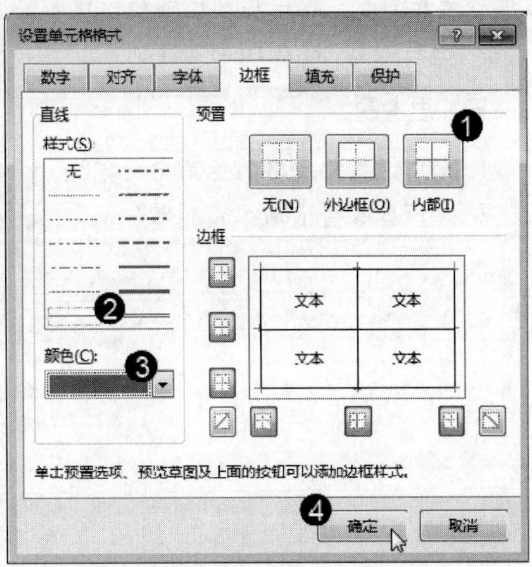

图 8-57

第 3 步　通过以上步骤即可完成设置表格边框的操作，如图 8-58 所示。

	A	B	C	E	F	G	I	J
1	峰尚有限公司员工档案表							
2	编号	姓名	性别	是否毕业	毕业院校	现住地址	联系电话	
3	001	李林	男	✓	四川师范大学	成都府河路23号	13652416780	
4	002	何海涛	男	✓	成都理工大学	成都锦江区莲花路25号	13658452045	
5	003	钟涛	男	✓	西南交通大学	成都太平村108号	13788544515	
6	004	李勇	男	✓	电子科技大学	成都青羊区抚琴路281号	13956482500	
7	005	刘林	女	✓	四川大学	成都市武侯区簇桥中街82号	13524152160	
8	006	刘梅	女	✓	四川师范大学	成都八宝街23号	13682458120	
9	007	朱大鹏	男	✓	成都理工大学	成都羊市街235号	13649526585	
11	008	陈明明	女	✓	西南交通大学	成都府青立交	13152495575	
12	009	蔡琪	女	✓	电子科技大学	成都二仙桥北二路8号	13322884058	
13	010	李春华	女	✓	四川传媒大学	成都商业街30号	13781254562	
14	011	杜江	男	✓	四川大学	成都锦江区莲花路25号	18752247920	
15	012	杜娟	女	✓	四川音乐学院	成都青羊区抚琴路281号	18985751486	
16	013	吴丽	女	✓	四川工商学院	成都羊市街235号	18352489521	

图 8-58

8.7　思考与练习

一、填空题

1. 制作电子表格时，需要选择工作表中的行与列进行相应的操作，选择行和列包括__________、选择相邻连续的多行或多列，以及__________。

2. __________是一种通过特殊效果使文字突出显示的字体形式，而__________是一种可移动、可调大小的文字或图形容器。

二、判断题

1. 冻结工作表可以方便同一表格的某一块和另一块的对比；拆分工作表是指用户为了方便查看和浏览，把一些单元格和标题固定住。 ( )

2. 刚启动 Excel 2016 时，工作表中的第一个单元格是处于选中状态的。 ( )

三、思考题

1. 如何设置单元格的行高与列宽？

2. 如何在表格中插入文本框？

第 9 章

公式与函数

本章要点

- 引用单元格
- 认识与使用公式
- 认识与输入函数
- 常见函数应用

本章主要内容

本章主要介绍了引用单元格、认识与使用公式、认识与输入函数方面的知识与技巧，同时还讲解了常见函数的应用，在本章的最后还针对实际的工作需求，讲解了定义公式名称、锁定公式、查看公式求值和追踪引用单元格的方法。通过本章的学习，读者可以掌握 Excel 2016 公式与函数方面的知识，为深入学习 Office 2016 知识奠定基础。

9.1 引用单元格

单元格的引用是指在 Excel 公式中使用单元格的地址来代替单元格及其数据。本节主要介绍单元格引用样式、相对引用、绝对引用和混合引用的相关知识，以及在同一工作簿中引用单元格的方法和跨工作簿引用单元格的方法。

↑ 扫码看视频

9.1.1 A1 引用样式和 R1C1 引用样式

根据表示方法的不同，单元格引用可以分为 A1 引用样式和 R1C1 引用样式。

1. R1C1 引用样式

在 R1C1 引用样式中，Excel 的行号和列标都将用数字来表示。比如选择第 2 行第 3 列交叉处位置，Excel 名称框中显示“R2C3”，其中字母“R”是行的英文首字母(Row)，字母“C”是列的英文首字母(Column)。

要启用 R1C1 引用样式，方法为：切换到【文件】选项卡，选择【选项】选项，打开【Excel 选项】对话框，在【公式】选项设置界面的【使用公式】栏中勾选【R1C1 引用样式】复选框，单击【确定】按钮即可，如图 9-1 所示。

图 9-1

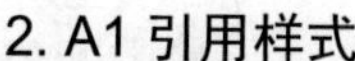

2. A1 引用样式

在默认情况下，Excel 使用 A1 引用样式，即使用字母 A～XFD 表示列标，用数字 1～1048576 表示行号，单元格的地址由列标和行号组成。例如，位于第 C 列和第 7 行交叉处的单元格，其单元格地址为“C7”。

在引用单元格区域时，使用引用运算符“：”(冒号)表示左上角单元格和右下角单元格的坐标相连。比如引用第 B 列第 5 行至第 F 列第 9 行之间的所有单元格组成的矩形区域，单元格地址为“B5:F9”。

9.1.2　相对引用、绝对引用和混合引用

单元格引用的作用是标识工作表上的单元格或单元格区域，并指明公式中所引用的数据在工作表中的位置。单元格的引用通常分为相对引用、绝对引用和混合引用。默认情况下，Excel 2016 使用的是相对引用。

1. 相对引用

使用相对引用，单元格引用会随公式所在单元格的位置变更而改变。如在相对引用中复制公式时，公式中引用的单元格地址将被更新，指向与当前公式位置相对应的单元格。

例如：将 I3 单元格中的公式“=SUM(D3:H3)”通过 Ctrl+C 和 Ctrl+V 组合键复制到 I4 单元格中，可以看到复制到 I4 单元格中的公式更新为“=SUM(D4:H4)”，其引用指向了与当前公式位置相对应的单元格，如图 9-2 所示。

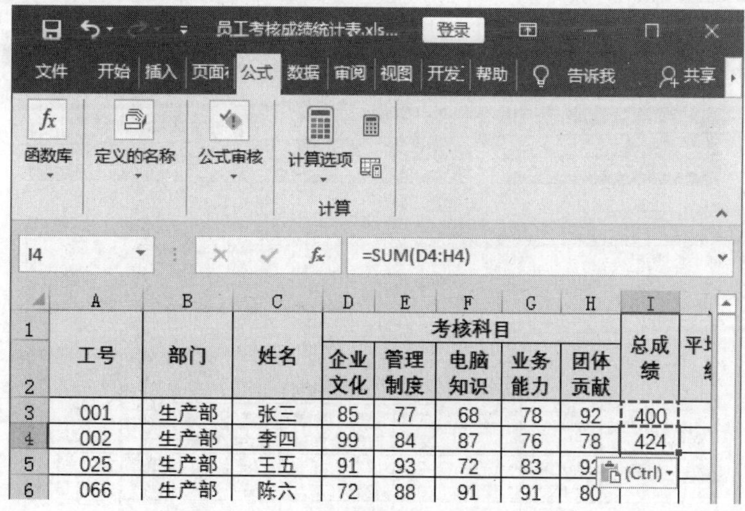

图 9-2

2. 绝对引用

对于使用了绝对引用的公式，被复制或移动到新位置后，公式中引用的单元格地址保持不变。需要注意的是，在使用绝对引用时，应在被引用单元格的行号和列标之前分别添加符号“$”。

例如：在 I3 单元格中输入公式“=SUM($D$3:$H$3)”，此时再将 I3 单元格中的公式复制到 I4 单元格中，可以发现两个单元格中的公式一致，并未发生任何改变，如图 9-3 所示。

员工考核成绩统计表.xls...
登录
文件
开始
插入
公式
数据
审阅
视图
帮助
告诉我
共享
函数库
定义的名称
公式审核
计算选项
计算
I4
=SUM($D$3:$H$3)
考核科目
工号
部门
姓名
企业文化
管理制度
电脑知识
业务能力
团体贡献
总成绩
001 生产部 张三 85 77 68 78 92 400
002 生产部 李四 99 84 87 76 78 400
025 生产部 王五 91 93 72 83 92
(Ctrl)

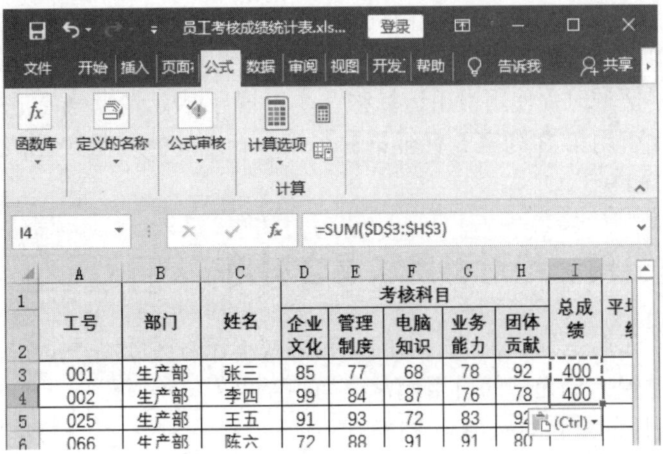

图 9-3

3. 混合引用

混合引用是指相对引用与绝对引用同时存在于一个单元格的地址引用中。如果公式所在单元格的位置改变，相对引用部分会改变，而绝对引用部分不变。混合引用的使用方法与绝对引用的方法相似，通过在行号和列标前加入符号“$”来实现。

例如：在 I3 单元格中输入公式“=SUM($D3:$H3)”，此时再将 I3 单元格中的公式复制到 J4 单元格中，可以发现两个公式中使用了相对引用的单元格地址改变了，而使用绝对引用的单元格地址不变，如图 9-4 所示。

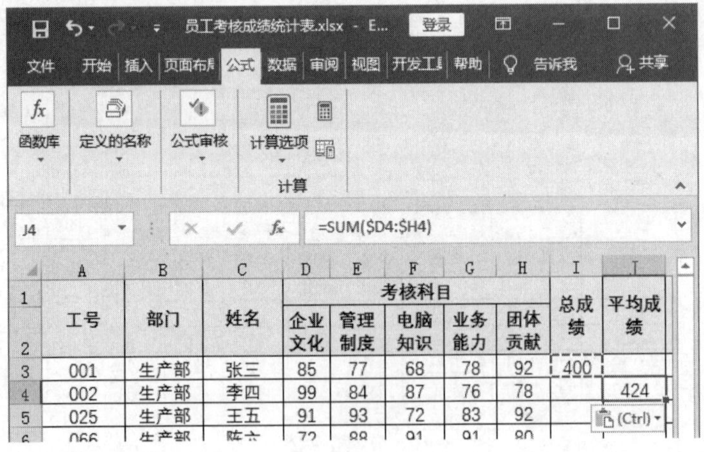

员工考核成绩统计表.xlsx - E...
登录
文件
开始
插入
公式
数据
审阅
视图
帮助
告诉我
共享
函数库
定义的名称
公式审核
计算选项
计算
J4
=SUM($D4:$H4)
考核科目
工号
部门
姓名
企业文化
管理制度
电脑知识
业务能力
团体贡献
总成绩
平均成绩
001 生产部 张三 85 77 68 78 92 400
002 生产部 李四 99 84 87 76 78 424
025 生产部 王五 91 93 72 83 92
(Ctrl)

图 9-4

9.1.3 同一工作簿中的单元格引用

Excel 不仅可以在同一张工作表中引用单元格或单元格区域中的数据，还可以引用同一

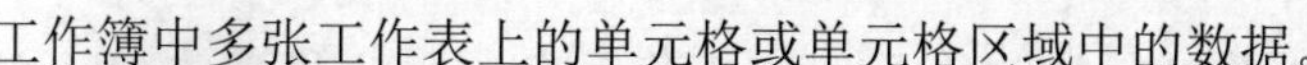

工作簿中多张工作表上的单元格或单元格区域中的数据。

第 1 步 打开工作簿，在目标单元格如 Sheet2 工作表的单元格中输入“=”，如图 9-5 所示。

第 2 步 切换到引用单元格所在的工作表，如 Sheet1 工作表，选中要引用的单元格，如 I3 单元格，如图 9-6 所示。

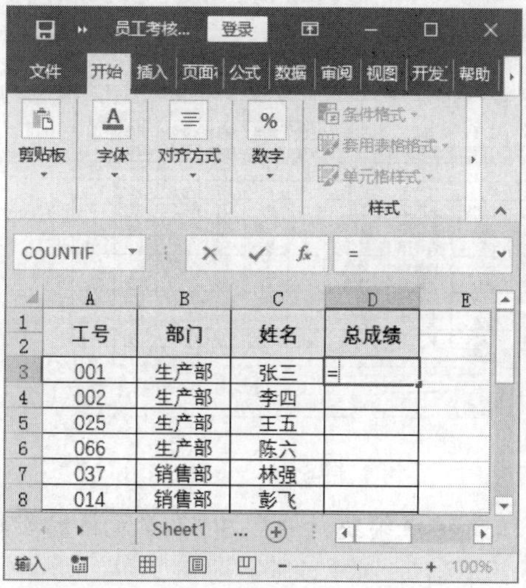

图 9-5

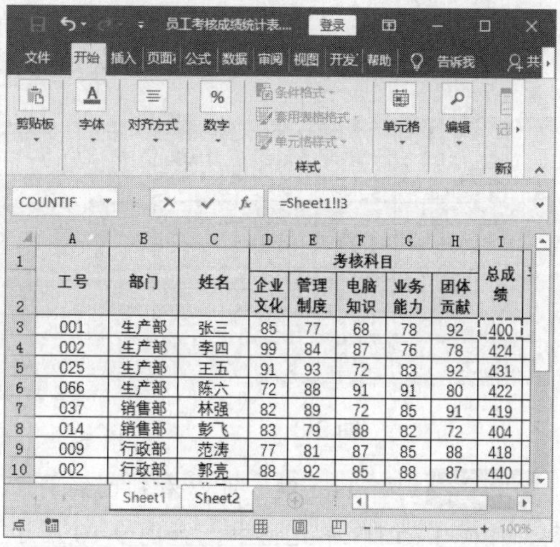

图 9-6

第 3 步 按 Enter 键，可以看到已经将 Sheet1 工作表 I3 单元格的数据引用到 Sheet2 工作表的 D3 单元格中，通过以上步骤即可完成同一工作簿中单元格引用的操作，如图 9-7 所示。

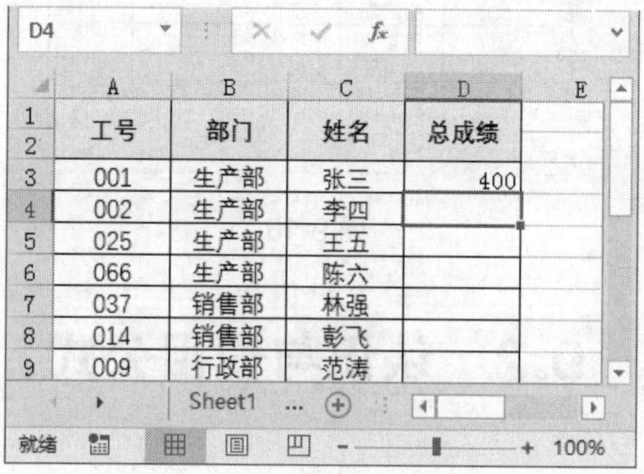

图 9-7

9.1.4 跨工作簿的单元格引用

跨工作簿引用数据，即引用其他工作簿中工作表的单元格数据的方法，与引用同一工作簿不同工作表的单元格数据的方法类似。

第 1 步 同时打开“员工考核成绩统计表”和“工作簿 1”，在工作簿 1 的 Sheet1 表中选中 D3 单元格，输入“=”，如图 9-8 所示。

第 2 步 切换到“员工考核成绩统计表”的 Sheet1 工作表中，选中 I3 单元格，如图 9-9 所示。

图 9-8

图 9-9

第 3 步 按 Enter 键，可以看到已经将“员工考核成绩统计表”中 I3 单元格的数据引用到工作簿 1 的 D3 单元格中，如图 9-10 所示。

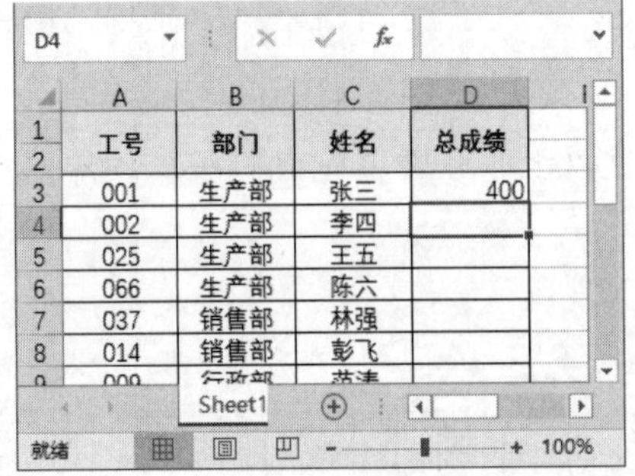

图 9-10

9.2 认识与使用公式

↑扫码看视频

公式由一系列单元格的引用、函数以及运算符等组成，是对数据进行计算和分析的等式。在 Excel 中利用公式可以对表格中的各种数据进行快速计算。本节主要介绍运算符，以及公式的输入、复制和删除方法。

9.2.1　公式的概念

公式是对工作表中的数值执行计算的等式，公式以“=”开头。通常情况下，公式由函数、参数、常量和运算符组成，下面分别介绍公式的组成部分。

- 函数：是指 Excel 中包含的许多预定义公式，可以对一个或多个数据执行运算，并返回一个或多个值。函数可以简化或缩短工作表中的公式。
- 参数：函数中用来执行操作或计算单元格和单元格区域的数值。
- 常量：是指在公式中直接输入的数字或文本值，并且不参与运算且不发生改变的数值。
- 运算符：用来连接公式中准备进行计算的符号或标记，运算符可以表达公式内执行计算的类型，有数学、比较、逻辑和引用运算符。

9.2.2　公式中的运算符

公式中用于连接各种数据的符号或标记被称为运算符，可以指定要对公式中的元素执行的计算类型，运算符可以分为算术运算符、文本运算符、比较运算符以及引用运算符共 4 种。

1. 算术运算符

算术运算符用来完成基本的数学运算，如“加、减、乘、除”等运算，算术运算符的基本含义如表 9-1 所示。

表 9-1　算术运算符

算术运算符	含　义	示　例
+(加号)	加法	9+6
-(减号)	减法或负号	9-6；-5
*(星号)	乘法	3*9
/(正斜号)	除法	6/3
%(百分号)	百分比	69%
^(脱字号)	乘方	5^2
！(阶乘)	连续乘法	3！=3*2*1

2. 文本连接运算符

文本连接运算符是可以将一个或多个文本连接为一个组合文本的一种运算符号，文本连接运算符使用和号“&”连接一个或多个文本字符串，从而产生新的文本字符串，文本连接运算符的基本含义如表 9-2 所示。

表 9-2　文本连接运算符

文本连接运算符	含　义	示　例
&(和号)	将两个文本连接起来产生一个连续的文本值	“漂”&“亮”得到漂亮

3. 比较运算符

比较运算符用于比较两个数值间的大小关系，并产生逻辑值 TRUE(真)或 FALSE(假)，比较运算符的基本含义如表 9-3 所示。

表 9-3　比较运算符

比较运算符	含　义	示　例
=(等号)	等于	A1=B1
>(大于号)	大于	A1>B1
<(小于号)	小于	A1<B1
>=(大于等于号)	大于或等于	A1>=B1
<=(小于等于号)	小于或等于	A1<=B1
< >(不等号)	不等于	A1< >B1

4. 引用运算符

引用运算符是指对多个单元格区域进行合并计算的运算符号，引用运算符的基本含义如表 9-4 所示。

表 9-4　引用运算符

引用运算符	含　义	示　例
:(冒号)	区域运算符，生成对两个引用之间所有单元格的引用	A1:A2
,(逗号)	联合运算符，用于将多个引用合并为一个引用	SUM(A1:A2,A3:A4)
(空格)	交集运算符，生成在两个引用中共有的单元格引用	SUM(A1:A6 B1:B6)

9.2.3　运算符优先级

运算符优先级是指一个公式中含有多个运算符的情况下 Excel 的运算顺序。如果一个公式中的若干运算符都具有相同的优先顺序，那么 Excel 2016 将按照从左到右的顺序依次进行计算。

如果不希望 Excel 从左到右依次进行计算，那么需更改求值的顺序，如“7+8+6+3*2”，Excel 2013 将先进行乘法运算，然后进行加法运算，如果使用括号将公式更改为“(7+8+6+3)*2”，那么 Excel 2016 将先计算括号里的数值。下面介绍运算符的优先级，如表 9-5 所示。

表 9-5　运算符优先级

优 先 级	运算符类型	说　明
1	引用运算符	：(冒号)
2		(空格)
3		,(逗号)
4	算术运算符	-(负数)
5		%(百分比)
6		^(乘方)
7		*和/(乘和除)
8		+和－(加和减)
9	文本连接运算符	&(连接两个文本字符串)
10	比较运算符	=
11		< 、>
12		<=
13		>=
14		<>

9.2.4　公式的输入、编辑与删除

使用公式前，学习公式的输入、编辑与删除可以使用户在使用公式时更加得心应手。

1. 公式的输入

除了格式设置为文本的单元格之外，在单元格中输入等号(=)的时候，Excel 将自动变为输入公式的状态。如果在单元格中输入加号(+)、减号(-)等时，系统会自动在前面加上等号，变为输入公式状态。

手动输入和使用鼠标辅助输入为输入公式的两种常用方法。在公式并不复杂的情况下，可以手动输入。在引用单元格较多的情况下，比起手动输入公式，有些用户更习惯于使用鼠标辅助输入公式。

2. 公式的编辑

如果输入的公式需要进行修改，可以通过以下 3 种方法进入单元格编辑状态。

- 选中公式所在的单元格，并按 F2 键。
- 双击公式所在的单元格。
- 选中公式所在的单元格，然后将光标定位到列标上方的编辑栏中。

3. 公式的删除

如果要删除公式，可通过以下方法来操作。

- 选中公式所在的单元格，按 Delete 键即可清除单元格中的全部内容。

- 进入单元格编辑状态后，将光标放置在某个位置，按 Delete 键删除光标后面的公式，或按 Backspace 键删除光标前面的公式部分内容。
- 如果需要删除多个单元格数组公式，需要选中其所在的全部单元格，再按 Delete 键。

9.3 认识与输入函数

在 Excel 中将一组特定功能的公式组合在一起，就形成了函数。利用公式可以计算一些简单的数据，而利用函数则可以很容易地完成各种复杂数据的处理工作，并简化公式的使用。本节将介绍函数的相关知识。

↑扫码看视频

9.3.1 函数的概念与分类

Excel 的工作表函数(Worksheet Functions)通常简称为 Excel 函数，它是由 Excel 内部预先定义并按照特定的顺序、结构来执行计算、分析等数据处理任务的功能模块。所以，Excel 函数也常被称为“特殊公式”。与公式一样，Excel 的最终返回结果为值。

Excel 函数只有唯一的名称，且名称不区分大小写，每个函数都有特定的功能和用途。

在 Excel 2016 中，为了方便不同的计算，系统提供了非常丰富的函数，一共有 300 多个，下面介绍主要的函数分类，如表 9-6 所示。

表 9-6　函数的分类

分　类	功　能
信息函数	返回单元格中的数据类型，并对数据类型进行判断
财务函数	对财务进行分析和计算
自定义函数	使用 VBA 进行编写并完成特定功能
逻辑函数	用于进行数据逻辑方面的运算
查找与引用函数	用于查找数据或单元格引用
文本和数据函数	用于处理公式中的字符、文本或对数据进行计算分析
统计函数	对数据进行统计分析
日期与时间函数	用于分析和处理时间和日期值
数学与三角函数	用于进行数学计算

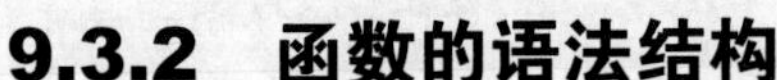

9.3.2　函数的语法结构

函数是 Excel 2016 中预定义的公式，函数使用一些称为参数的特定数值来完成特定的顺序或结构并执行计算。多数情况下，函数的计算结构是数值，同时也可以返回到文本、数组或逻辑值等信息。与公式相比较，函数可用于执行复杂的计算。在 Excel 2016 中，调用函数时需要遵守 Excel 对于函数所制定的语法结构，否则将会产生语法错误。函数的语法结构由等号、函数名称、括号、参数组成，下面详细介绍其组成部分，如图 9-11 所示。

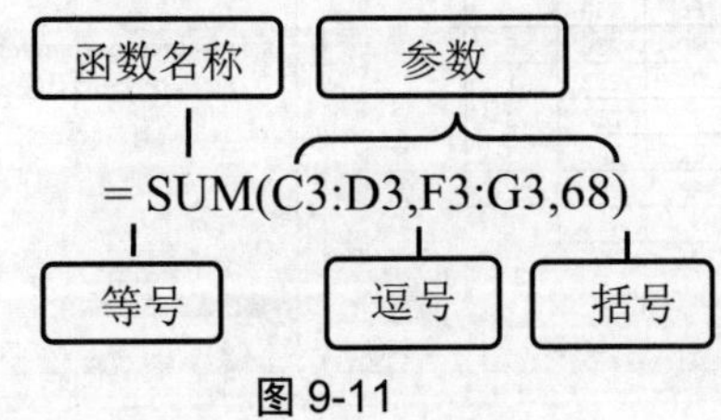

图 9-11

- ➢ 等号：函数一般以公式的形式出现，必须在函数名称前面输入"="号。
- ➢ 函数名称：用来标识调用功能函数的名称。
- ➢ 参数：参数可以是数字、文本、逻辑值和单元格引用，也可以是公式或其他函数。
- ➢ 括号：用来输入函数参数，各参数之间需用括号隔开(必须是半角状态下的括号)。
- ➢ 逗号：各参数之间用来表示间隔的符号。

9.3.3　函数参数的类型

函数的参数既可以是常量或公式，也可以为其他函数。常见的函数参数类型如下。

- ➢ 常量函数：主要包括文本、数值以及日期等内容。
- ➢ 逻辑值参数：主要包括逻辑真、逻辑假以及逻辑判断表达式等。
- ➢ 单元格引用参数：主要包括引用单个单元格和引用单元格区域等。
- ➢ 函数式：在 Excel 中可以使用一个函数式的返回结果作为另外一个函数式的参数，这种方式称为函数嵌套。
- ➢ 数组参数：函数参数既可以是一组常量，也可以为单元格区域的引用。

当一个函数式中有多个参数时，需要用英文状态的逗号将其隔开。

9.3.4　输入函数

使用 Excel 2016 中的【插入函数】按钮，可以将列表中的函数插入单元格中。下面以计算最大值为例，详细介绍使用插入函数功能输入函数的操作方法。

第 1 步 选中要插入函数的单元格，***1.*** 在【公式】选项卡中单击【函数库】下拉按钮，***2.*** 在弹出的菜单中单击【插入函数】按钮，如图 9-12 所示。

第 2 步 弹出【插入函数】对话框，***1.*** 在【或选择类别】下拉列表框中选择【常用函数】选项，***2.*** 在【选择函数】列表框中选择 MAX 选项，***3.*** 单击【确定】按钮，如图 9-13 所示。

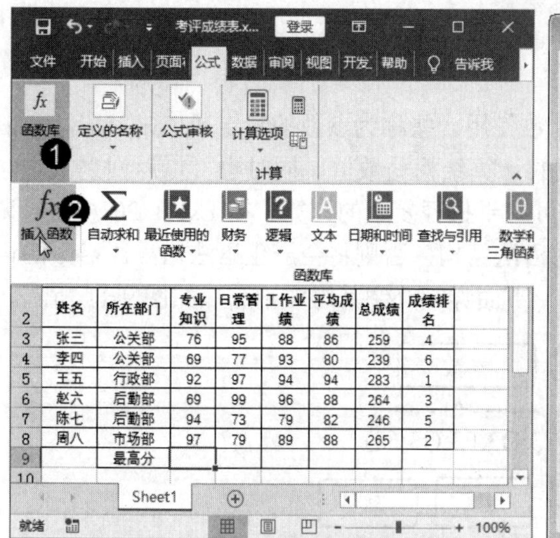

图 9-12

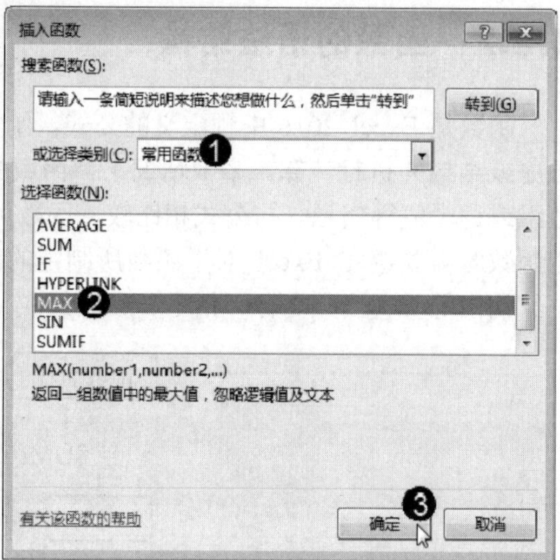

图 9-13

第 3 步 弹出【函数参数】对话框，单击【确定】按钮，如图 9-14 所示。

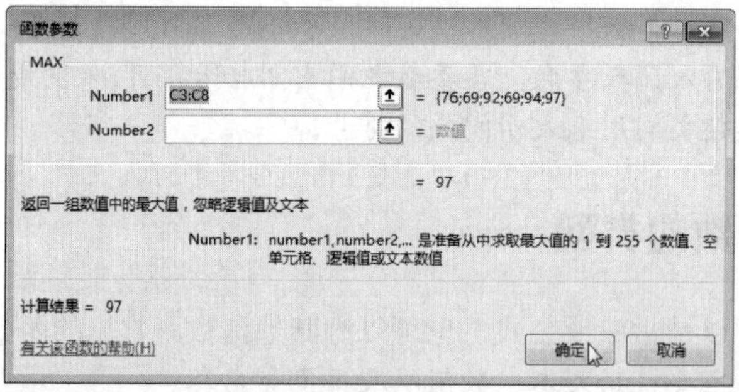

函数参数

MAX

Number1 C3:C8 = {76;69;92;69;94;97}

Number2 = 数值

= 97

返回一组数值中的最大值，忽略逻辑值及文本

Number1: number1,number2,... 是准备从中求取最大值的 1 到 255 个数值、空单元格、逻辑值或文本数值

计算结果 = 97

有关该函数的帮助(H) 确定 取消

图 9-14

第 4 步 返回到表格中，可以看到已经计算出"专业知识"这一项成绩的最高分，通过以上步骤即可完成使用插入函数功能输入函数的操作，如图 9-15 所示。

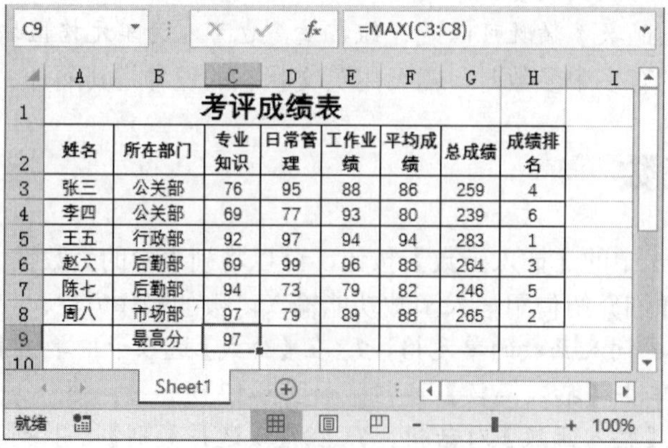

C9 =MAX(C3:C8)

考评成绩表

姓名	所在部门	专业知识	日常管理	工作业绩	平均成绩	总成绩	成绩排名
张三	公关部	76	95	88	86	259	4
李四	公关部	69	77	93	80	239	6
王五	行政部	92	97	94	94	283	1
赵六	后勤部	69	99	96	88	264	3
陈七	后勤部	94	73	79	82	246	5
周八	市场部	97	79	89	88	265	2
	最高分	97					

Sheet1 就绪 100%

图 9-15

9.3.5 使用嵌套函数

函数的嵌套是指在一个函数中使用另一函数的值作为参数。公式中最多可以包含 7 级嵌套函数，当函数 B 作为函数 A 的参数时，函数 B 称为第二级函数，如果函数 C 又是函数 B 的参数，则函数 C 称为第三级函数，依次类推。下面将详细介绍使用嵌套函数的操作方法。

第 1 步 选中 C1 单元格，***1.*** 输入函数式 “=IF(AVERAGE(A1:A3) >20，SUM(B1:B3)，0)”，***2.*** 单击【输入】按钮，如图 9-16 所示。

第 2 步 在 C1 单元格中显示计算结果，如图 9-17 所示。

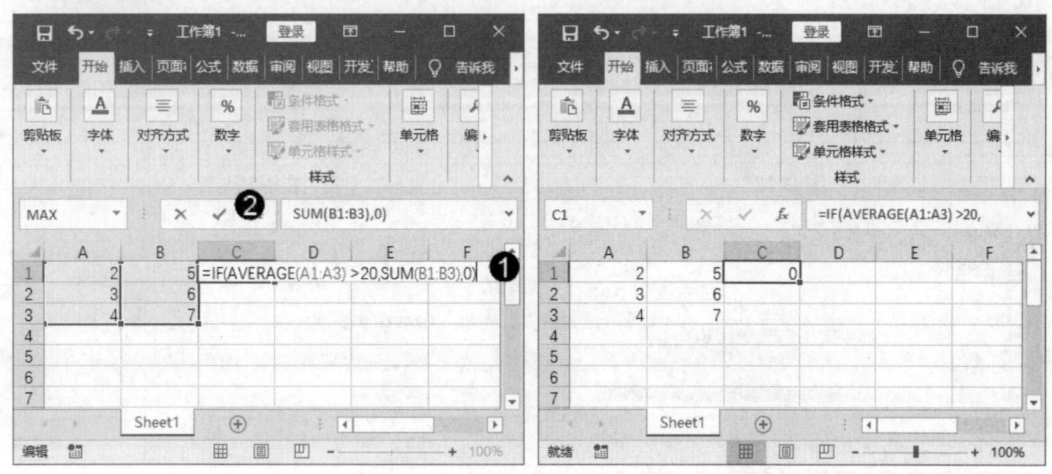

图 9-16　　　　图 9-17

上述步骤中函数表达式的意义为：在 A1:A3 单元格区域中数字的平均值大于 20 时，返回单元格区域 B1:B3 的求和结果，否则将返回 0。嵌套函数一般通过手动输入，输入时可以利用鼠标辅助引用单元格。

9.3.6 查询函数

只知道某个函数的类别或者功能，不知道函数名，可以通过【插入函数】对话框快速查找函数。切换到【公式】选项卡，在【函数库】组中单击【插入函数】按钮，就会弹出【插入函数】对话框，在其中查找函数的方法主要有两种。

- 在【或选择类别】下拉列表框中按照类别查找，如图 9-18 所示。
- 在【搜索函数】文本框中输入需要函数的函数功能，然后单击【转到】按钮，在【选择函数】列表框中就会出现系统推荐的函数，如图 9-19 所示。

如果说明栏的函数信息不够详细、难以理解，在电脑连接 Internet 网络的情况下，用户可以利用帮助功能。在【选择函数】列表框中选中某个函数后，单击左下角【有关该函数的帮助】链接，打开【Excel 帮助】页面，其中对函数进行了详细的介绍并提供了示例，足以满足大部分人的需求，如图 9-20 和图 9-21 所示。

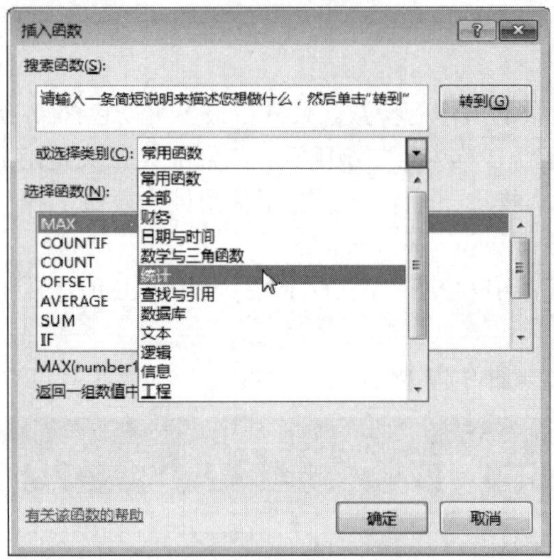

图 9-18

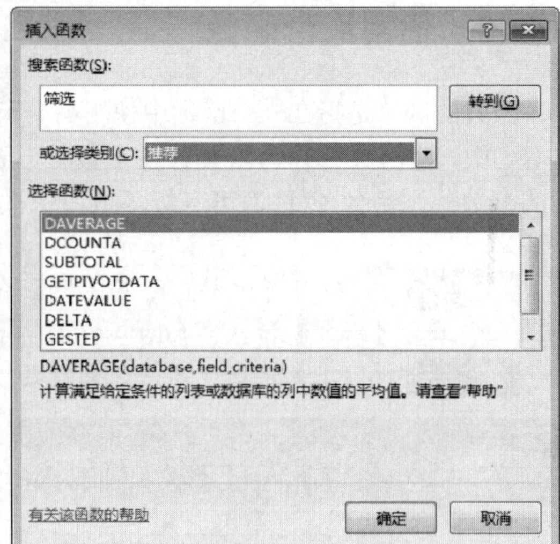

图 9-19

图 9-20

图 9-21

9.4 常见函数应用

在 Excel 2016 中常用的函数分为逻辑函数、数学和三角函数、文本函数、财务函数、日期和时间函数。本节将详细介绍关于常用函数的知识。

↑扫码看视频

9.4.1 逻辑函数

在 Excel 2016 中提供了 7 种逻辑函数，其主要功能如表 9-7 所示。

表 9-7　统计函数

函　数	说　明
AND	如果该函数的所有参数均为 TRUE，则返回逻辑值 TRUE
FALSE	返回逻辑值 FALSE
IF	用于指定需要执行的逻辑检测
IFERROR	如果公式计算出错误值，则返回指定的值；否则返回公式的计算结果
NOT	对其参数的逻辑值求反
OR	如果该函数的任一参数为 TRUE，则返回逻辑值 TRUE
TRUE	返回逻辑值 TRUE

9.4.2　数学与三角函数

Excel 2016 中提供大量的数学和三角函数，如取整函数、绝对值函数和正切函数等，从而方便进行数学和三角函数的计算，如表 9-8 所示显示了全部数学和三角函数名称及其功能。

表 9-8　数学与三角函数

函　数	说　明
ABS	返回数字的绝对值
ACOS	返回数字的反余弦值
ACOSH	返回数字的反双曲余弦值
ASIN	返回数字的反正弦值
ASINH	返回数字的反双曲正弦值
ATAN	返回数字的反正切值
ATAN2	返回 X 和 Y 坐标的反正切值
ATANH	返回数字的反双曲正切值
CEILNG	将数字舍入为最接近的整数或最接近的指定基数的倍数
COMBN	返回给定数目对象的组合数
COS	返回数字的双曲余弦值
DEGREES	将弧度转换为度
EVEN	将数字向上舍入到最接近的偶数
EXP	返回 e 的 n 次方
FACT	返回数字的阶乘
FACTDOUBLE	返回数字的双倍阶乘
FLOOR	向绝对值减小的方向舍入数字
GCD	返回最大公约数
INT	将数字向下舍入到最接近的整数
LCM	返回最小公倍数

续表

函　数	说　明
LN	返回数字的自然对数
LOG	返回数字的以指定底为底的对数
LOG10	返回数字的以 10 为底的对数
MDETERM	返回数组的矩阵行列式的值
MINVERSE	返回数组的逆矩阵
MMULT	返回两个数组的矩阵乘积
MOD	返回除法的余数
MROUND	返回一个舍入到所需倍数的数字
MULTINOMIAL	返回一组数字的多项式
ODD	将数字向上舍入为最接近的奇数
PI	返回 pi 的值
POWER	返回数的乘幂
PRODUCT	将其参数相乘
QUOTIENT	返回除法的整数部分
ADIANS	将度转换为弧度
RAND	返回 0 和 1 之间的一个随机数
RANDBETWEEN	返回位于两个指定数之间的一个随机数
ROMAN	将阿拉伯数字转换为文本式罗马数字
ROUND	将数字按指定位数舍入
RIUNDUP	向绝对值减小的方向舍入数字
SERIESSUM	返回基于公式的幂级数的和
SIGN	返回数字的符号
SIN	返回给定角度的正弦值
SINH	返回给定数字的双曲正弦值
SQRT	返回正平方根
SQRTPI	返回某数与 pi 的乘积的平方根
SUBTOTAL	返回列表或数据库中的分类汇总
SUM	求参数的和
SUMIF	按给定条件对指定单元格求和
SUNIFS	在区域中添加满足多个条件的单元格
SUMPRODUCT	返回对应的数组元素的乘积和
SUMSQ	返回参数的平方和
SUMX2MY2	返回两数组中对应值平方差之和
SUNMX2PY2	返回两数组中对应值的平方和之和

续表

函　数	说　明
SUMXMY2	返回两个数组中对应值差的平方和
TAN	返回数字的正切值
TANH	返回数字的双曲正切值
TRUNC	将数字截尾取整

9.4.3　文本函数

文本函数可以分为两类，即文本转换函数和文本处理函数。使用文本转换函数可以对字母的大小写、数字的类型和全角/半角等进行转换，而文本处理函数则用于提取文本中的字符、删除文本中的空格、合并文本和重复输入文本等操作，如表 9-9 所示为文本函数的名称和功能。

表 9-9　文本函数

函　数	说　明
ASC	将字符串中的全角(双字节)英文字母转换为半角(单字节)字符
BAHTTEXT	使用β(泰铢)货币格式将数字转换为文本
CHAR	返回由代码数字指定的字符
CLEAN	删除文本中的所有非打印字符
CODE	返回文本字符串中第一个字符的数字代码
CONCATENATE	将几个文本项合并为一个文本项
DOLLAR	使用＄(美元)货币格式将数字转换为文本
EXACT	检查两个文本值是否相同
FIND、FINDB	在区分大小写的状态下，在一个文本值中查找另一个文本值
FIXED	将数字格式设置为带有固定小数位数的文本
JIS	将字符串中的半角(单字节)英文字母转换为全角(双字节)字符
LEFT、LEFTB	返回文本值中最左边的字符
LEN、LENB	返回文本字符串中的字符个数
LOWER	将文本转换为小写
PHONETIC	提取文本字符串中的拼音(汉字注音)字符
PROPER	将文本值的每个字的首字母大写
REPLACE、REPLACEB	替换文本中的字符
REPT	按给定次数重复文本
RIGHT、REPLACEB	返回文本值中最右边的字符
SEARCH、SEARCHB	在一个文本值中查找另一个文本值(不区分大小写)
SUBSTITUTE	在文本字符串中用新文本替换旧文本

续表

函　数	说　明
T	将参数转换为文本
TEXT	设置数字格式并将其转换为文本
TRIM	删除文本中的空格
UPPER	将文本转换为大写形式
VALUE	将文本参数转换为数字

9.4.4 财务函数

使用财务函数可以进行一般的财务计算，从而方便对个人或企业的财务状况进行管理，如表 9-10 所示为可常用的财务函数名称及功能。

表 9-10 财务函数

函　数	说　明
ACCRINT	返回定期支付利息的债券的应计利息
ACCRINTM	返回在到期日支付利息的债券的应计利息
AMORDEGRC	返回每个记账期的折旧值
AMORLINC	返回每个记账期的折旧值
COUPDAYBS	返回从付息期开始到成交日之间的天数
COUPDAYS	返回包含成交日的付息天数
COUPDAYSNC	返回从成交日到下一付息日之间的天数
COUPNCD	返回成交日之后的下一个付息日
COUPNUM	返回成交日和到期日之间的应付利息次数
CUMIPMT	返回两个付款期之间累积支付的利息
COUPPCD	返回成交日之前的上一付息日
DISC	返回债券的贴现率
DOLLARDE	将以分数表示的价格转换为以小数表示的价格
DB	使用固定余额递减法，返回一笔资产在给定期间的折旧值
DDB	使用双倍余额递减法，返回一笔资产在给定期间的折旧值
DOLLARFR	将以小数表示的价格转换为以分数表示的价格
DURATION	返回定期支付利息的债券的每年期限
EFFECT	返回年有效利息
FV	返回一笔投资的未来值
FVSCHEDULE	返回应用一系列复利率计算的初始本金的未来值
INTRATE	返回完全投资型债券的利率
IPMT	返回一笔投资在给定期间内支付的利息

续表

函 数	说 明
IRR	返回一系列现金流的内部收益率
ISPMT	计算特定投资期内要支付的利息
MDURATION	返回假设面值为¥100 的有价证券的 Macauley 修正期限
MIRR	返回正和负现金流以不同利率进行计算的内部收益率
NOMINAL	返回年度的名义利率
NPER	返回投资的期数
NPV	返回基于一系列定期的现金流和贴现率计算的投资的净现值
ODDFPRICE	返回每张票面¥100 且第一期为奇数的债券的现价
ODDFYIELD	返回第一期为奇数的债券的收益
ODDLPRICE	返回每张票面为¥100 且最后一期为奇数的债券的现价
ODDLYIELD	返回最后一期为奇数的债券的收益
PMT	返回年金的定期支付金额
PPMT	返回一笔投资在给定期间内偿还的本金
PRICE	返回每张票面为¥100 且定期支付利息的债券的现价
PRICEDISC	返回每张票面¥100 的已贴现债券的现价
PRICEMAT	返回每张票面¥100 且在到期日支付利息的债券的现价
PV	返回投资的现值
RATE	返回年金的各期利率
RECEIVED	返回完全投资型债券在到期日收回的金额
SLN	返回固定资产的每期线性折旧费
SYD	返回某项固定资产按年限总和折旧法计算的每期折旧金额
TBILLEQ	返回面值¥100 的国库券的价格
TBILLYIELD	返回国库券的收益率
VDB	使用余额递减法，返回一笔资产在给定期间或部分期间内的折旧值
XIRR	返回一组现金流的内部收益率，这些现金流不一定定期发生
XNPV	返回一组现金流的净现值，这些现金流不一定定期发生
YIELD	返回定期支付利息的债券的收益
YIELDDISC	返回已贴现债券的年收益，例如，短期国库券
YIELDMAT	返回在到期日支付利息的债券的年收益

9.4.5 日期和时间函数

Excel 2016 中的数据包括 3 类，分别是数值、文本和公式，而且日期和时间则是数值中的一种，因此可以对日期和时间进行处理，下面详细介绍日期和时间函数的基本概念。

1. 日期序列号与时间序列号

Excel 2016 支持的日期范围是从 1900-1-1 至 9999-12-31，日期序列号则指将 1900 年 1 月 1 日定义为“1”，将 1990 年 1 月 2 日定义为“2”，将 9999 年 12 月 31 日定义为“n”产生的数值序列。因此，对日期的计算和处理实质上是对日期序列号的计算和处理。

如果将日期序列号扩展到小数就是时间序列号，如一天包括 24 个小时，那么 1 小时则表示为 1/24，即 0.0416，第 2 个小时则表示为 2/24，即 0.083…第 24 个小时则表示为 24/24，即 1，所以对时间的计算和处理也是对时间序列号的计算和处理。

2. 常见的日期与时间函数

在 Excel 2016 中日期与时间函数有很多种，常见的日期与时间函数如表 9-11 所示。

表 9-11 日期与时间函数

函 数	功 能
DATE	返回特定日期的序列号
DATEVALUE	将文本格式的日期转换为序列号
DAY	将序列号转换为月份日期
DAYS360	以一年 360 天为基准计算两个日期的天数
HOUR	将序列号转换为小时
MINUTE	将序列号转换为分钟
EDATE	返回用于表示开始日期之前或之后月数的日期的序列号
EOMONTH	返回指定月数之前或之后的月份的最后一天的序列号
MONTH	将序列号转换为月
NETWORKDAYS	返回两个日期间的全部工作日数
NOW	返回当前的日期和时间的序列号
SECOND	将序列号转换为秒
TIME	返回特定时间的序列号
TIMEVALUE	将文本格式的时间转换为序列号
TODAY	返回今天日期的序列号
YEAR	将序列号转换为年

9.5 实践案例与上机指导

↑扫码看视频

通过本章的学习，读者基本可以掌握 Office 2016 的基本知识以及一些常见的操作方法，下面通过练习操作，以达到巩固学习、拓展提高的目的。

9.5.1　定义公式名称

经常使用某单元格的公式时，可以为该单元格定义一个名称，以后直接用定义的名称代表该单元格的公式即可。下面介绍定义公式名称的方法。

素材保存路径：配套素材\第 9 章

素材文件名称：考评成绩表.xlsx、效果-考评成绩表.xlsx

第 1 步　打开表格，选中公式所在单元格 C9，***1.*** 在【公式】选项卡中单击【定义的名称】下拉按钮，***2.*** 在弹出的菜单中单击【定义名称】按钮，如图 9-22 所示。

第 2 步　弹出【新建名称】对话框，***1.*** 在【名称】文本框中输入名称，***2.*** 单击【确定】按钮，如图 9-23 所示。

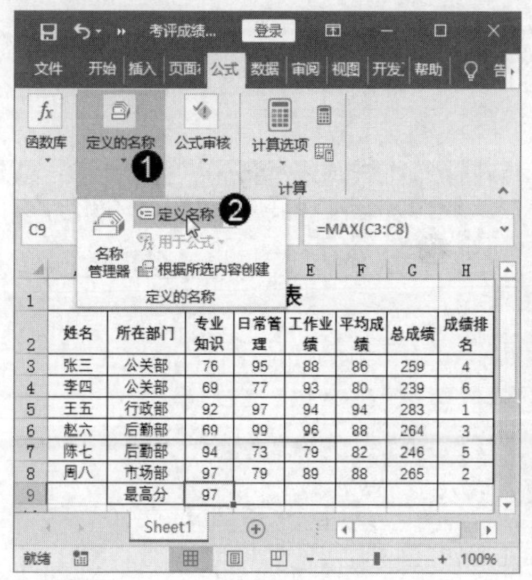

图 9-22

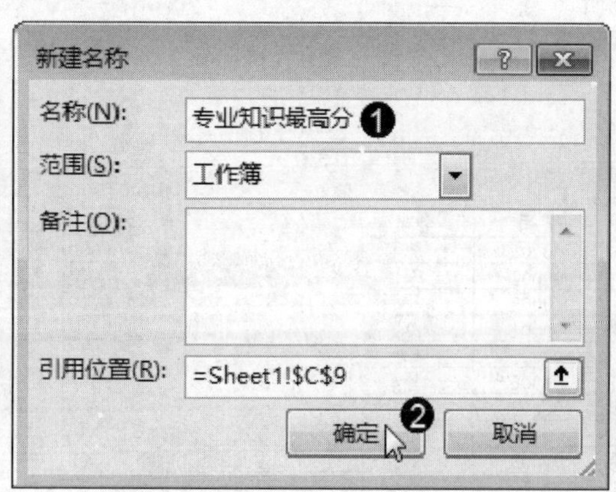

图 9-23

第 3 步　返回到表格中，可以看到在名称框中显示刚刚设置的 C9 单元格的公式名称，如图 9-24 所示。

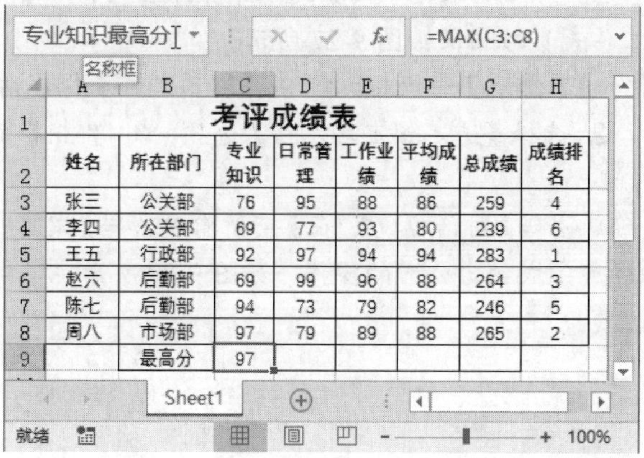

专业知识最高分　名称框　=MAX(C3:C8)

	A	B	C	D	E	F	G	H
1	考评成绩表							
2	姓名	所在部门	专业知识	日常管理	工作业绩	平均成绩	总成绩	成绩排名
3	张三	公关部	76	95	88	86	259	4
4	李四	公关部	69	77	93	80	239	6
5	王五	行政部	92	97	94	94	283	1
6	赵六	后勤部	69	99	96	88	264	3
7	陈七	后勤部	94	73	79	82	246	5
8	周八	市场部	97	79	89	88	265	2
9		最高分	97					

Sheet1　就绪　100%

图 9-24

9.5.2 锁定公式

在制作 Excel 表格时，经常通过输入公式的方法来编辑数据，如果不希望别人更改你设置的公式，可以通过锁定公式所在单元格，然后执行【保护工作表】命令来保护公式。

素材保存路径：配套素材\第 9 章

素材文件名称：销售提成计算表.xlsx、效果-销售提成计算表.xlsx

第 1 步 选中公式所在单元格区域 D2:D10，鼠标右键单击该区域，在弹出的快捷菜单中选择【设置单元格格式】菜单项，如图 9-25 所示。

第 2 步 弹出【设置单元格格式】对话框，***1.*** 选择【保护】选项卡，***2.*** 勾选【锁定】和【隐藏】复选框，***3.*** 单击【确定】按钮，如图 9-26 所示。

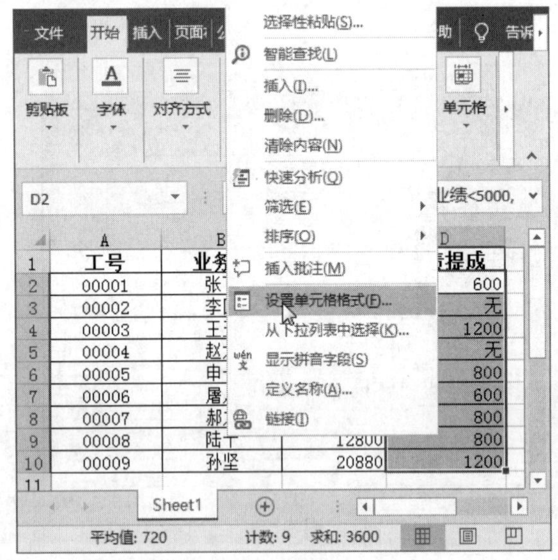

图 9-25

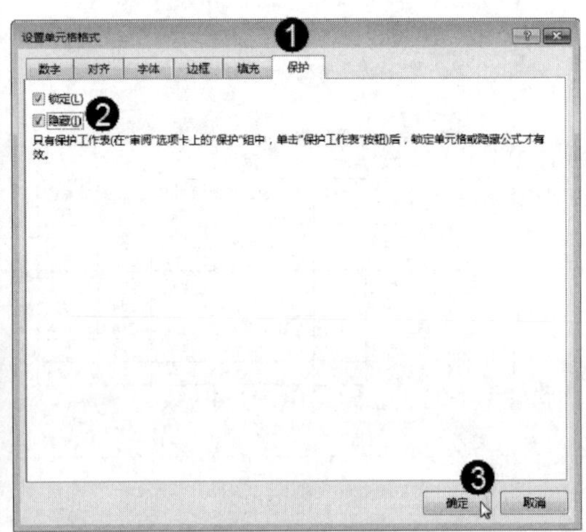

图 9-26

第 3 步 返回到表格中，***1.*** 在【审阅】选项卡中单击【保护】下拉按钮，***2.*** 在弹出的菜单中单击【保护工作表】按钮，如图 9-27 所示。

第 4 步 弹出【保护工作表】对话框，***1.*** 在【取消工作表保护时使用的密码】文本框中输入密码如“123”，***2.*** 选择【选定锁定单元格】选项，***3.*** 单击【确定】按钮，如图 9-28 所示。

第 5 步 弹出【确认密码】对话框，***1.*** 在【重新输入密码】文本框中输入密码“123”，***2.*** 单击【确定】按钮即可完成锁定公式的操作，如图 9-29 所示。

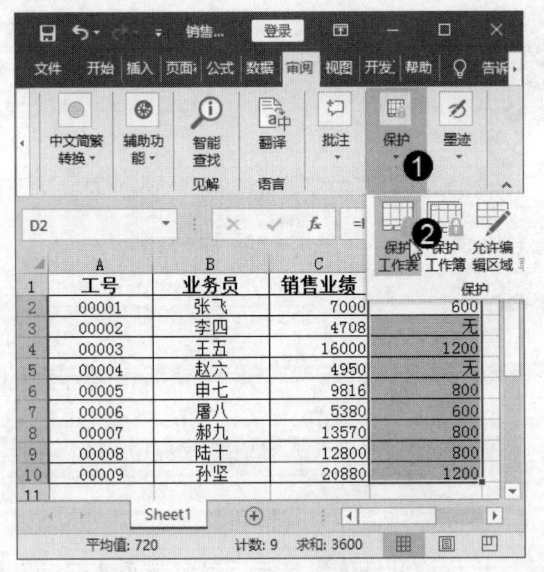

图 9-27

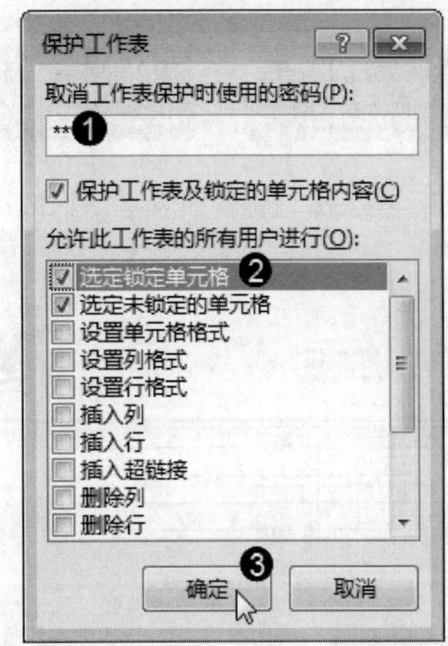

图 9-28

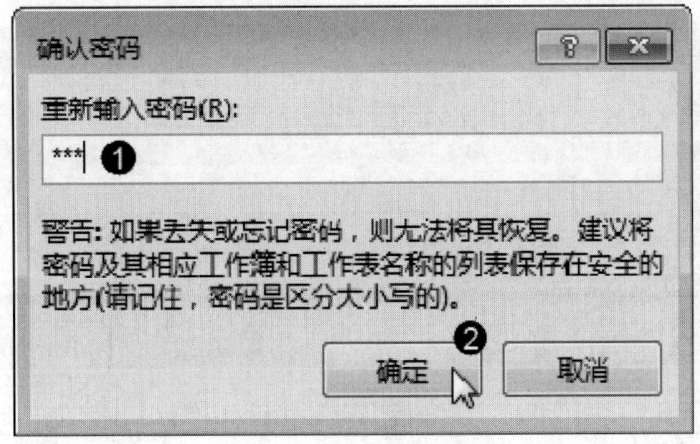

图 9-29

9.5.3　查看公式求值

Excel 2016 提供了“公式求值”功能，可以帮助用户查看复杂公式，了解公式的计算顺序和每一步的计算结果，下面具体介绍查看公式求值的方法。

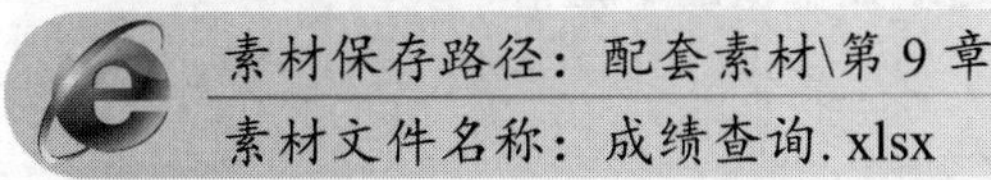

素材保存路径：配套素材\第 9 章

素材文件名称：成绩查询. xlsx

第 1 步　打开表格，选中含有公式的单元格 B3，***1.*** 在【公式】选项卡中单击【公式审核】下拉按钮，***2.*** 在弹出的菜单中单击【公式求值】按钮，如图 9-30 所示。

第 2 步　弹出【公式求值】对话框，在【求值】文本框中显示当前单元格中的公式，公式中的下画线表示出当前的引用，单击【求值】按钮，如图 9-31 所示。

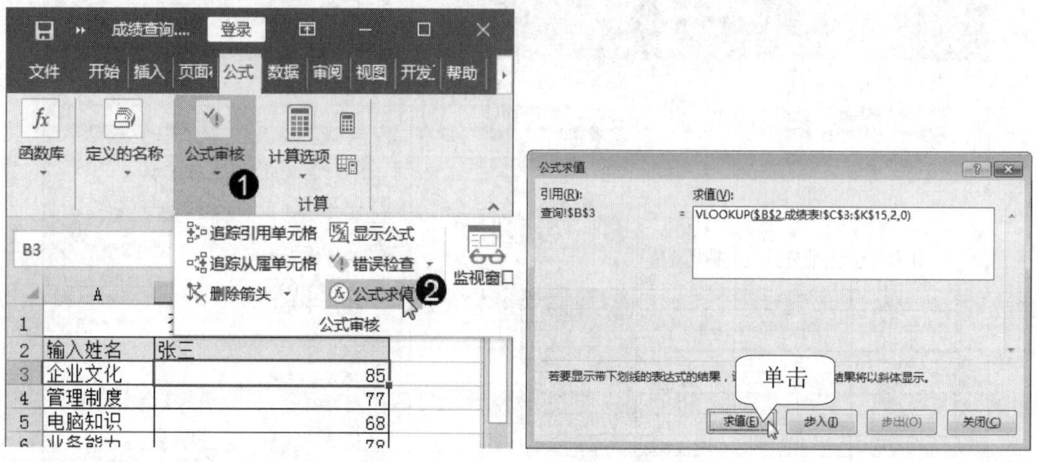

图 9-30　　　　图 9-31

第 3 步 此时即可验证当前引用的值，此值将以斜体字显示，同时下画线移动至整个公式底部，查看完毕，单击【关闭】按钮即可，如图 9-32 所示。

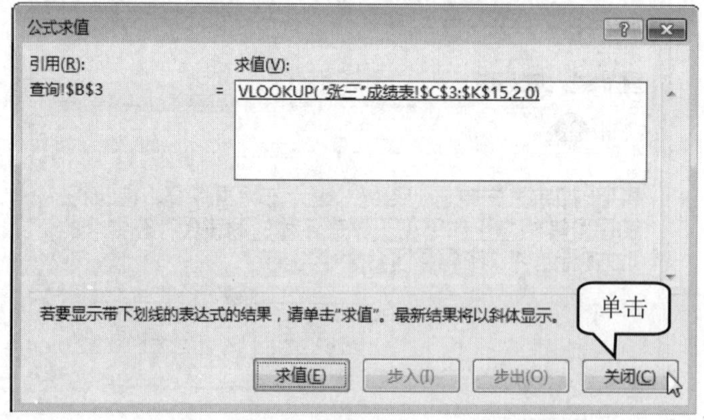

图 9-32

9.5.4 追踪引用单元格

在 Excel 中，追踪引用单元格能够添加箭头分别指向每个直接引用单元格，甚至能够指向更多层次的引用单元格，用于指示影响当前所选单元格值的单元格。

素材保存路径：配套素材\第 9 章
素材文件名称：销售数据统计表.xlsx

第 1 步 选中含有公式的单元格 F2，*1.* 在【公式】选项卡中单击【公式审核】下拉按钮，*2.* 在弹出的菜单中单击【追踪引用单元格】按钮，如图 9-33 所示。

第 2 步 此时即可追踪到单元格 F2 中公式引用的单元格，并显示引用指示箭头，如图 9-34 所示。

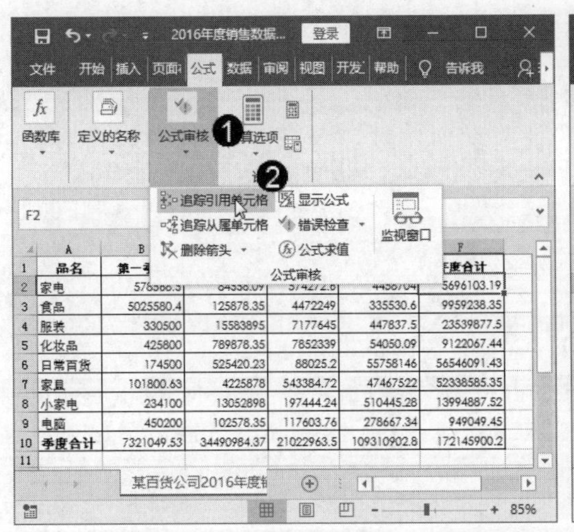

图 9-33

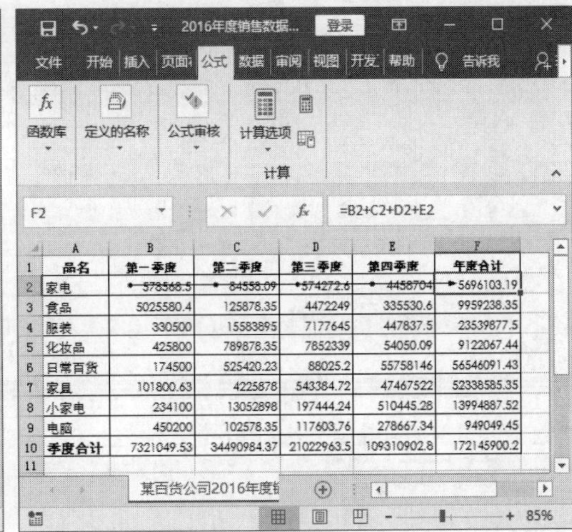

图 9-34

9.6　思考与练习

一、填空题

1. 单元格引用的作用是标识工作表上的单元格或单元格区域，并指明公式中所引用的数据在工作表中的位置。单元格的引用通常分为__________、绝对引用和__________。

2. 公式是对工作表中的数值执行计算的等式，公式以“=”开头。通常情况下，公式由__________、参数、__________和运算符组成。

二、判断题

1. 对于使用了相对引用的公式，被复制或移动到新位置后，公式中引用的单元格地址保持不变。（　　）

2. 混合引用是指相对引用与绝对引用同时存在于一个单元格的地址引用中。如果公式所在单元格的位置改变，相对引用部分会改变，而绝对引用部分不变。（　　）

三、思考题

1. 如何定义公式名称？

2. 如何查看公式求值？

第 10 章

数据分析与图表

本章要点

- 数据排序
- 数据筛选
- 分类汇总
- 创建数据透视表与透视图
- 认识与使用图表

本章主要内容

本章主要介绍了数据排序、数据筛选、分类汇总和创建数据透视表与透视图方面的知识与技巧，同时还讲解了认识与使用图表，在本章的最后还针对实际的工作需求，讲解了设置图表网格线、设置图表的坐标轴标题和设计图表样式的方法。通过本章的学习，读者可以掌握数据分析与图表方面的知识，为深入学习 Office 2016 知识奠定基础。

10.1 数据排序

数据排序是指按一定规则对数据进行整理、排列的操作。在 Excel 2016 工作表中，数据排序的方法有很多，如单条件排序以及多条件复杂排序等。本节将详细介绍数据排序常用的几种方法。

↑ 扫码看视频

10.1.1 单条件排序

在 Excel 中，单条件排序是指以满足一个条件为依据进行排序。下面介绍在 Excel 2016 中如何对数据进行单条件排列。

第 1 步 打开表格，***1.*** 在【数据】选项卡中单击【排序和筛选】下拉按钮，***2.*** 在弹出的菜单中单击【排序】按钮，如图 10-1 所示。

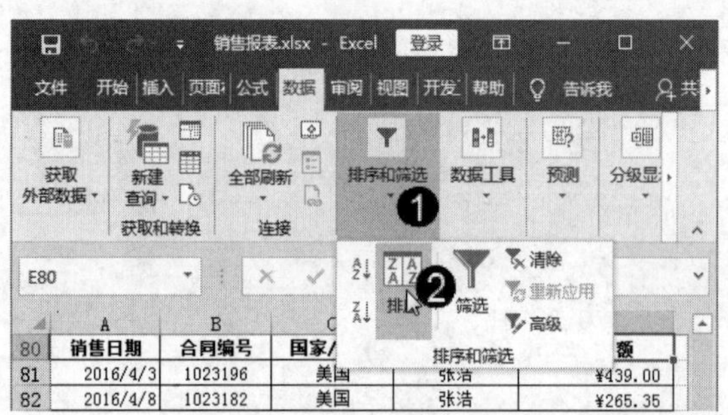

图 10-1

第 2 步 弹出【排序】对话框，***1.*** 在【主要关键字】下拉列表框中选择【销售日期】选项，***2.*** 在【排序依据】下拉列表框中选择【单元格值】选项，***3.*** 在【次序】下拉列表框中选择【升序】选项，***4.*** 单击【确定】按钮，如图 10-2 所示。

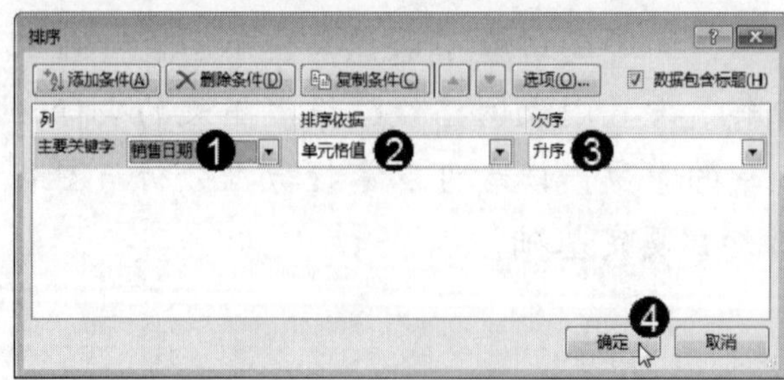

图 10-2

第 3 步 通过以上操作即可完成对数据进行单条件排序的操作，如图 10-3 所示。

	A	B	C	D	E
80	销售日期	合同编号	国家/地区	销售人员	销售金额
81	2016/4/8	1023182	美国	张浩	¥265.35
82	2016/4/20	1023226	欧洲	张浩	¥295.38
83	2016/4/8	1023225	美国	张浩	¥326.00
84	2016/4/15	1023228	美国	张浩	¥329.69
85	2016/4/3	1023196	美国	张浩	¥439.00
86	2016/4/13	1023232	欧洲	张浩	¥933.50
87					

Sheet1　"筛选"模式　100%

图 10-3

10.1.2　多关键字复杂排序

在实际操作过程中，有时需要同时满足多个条件来对数据进行排序，这里要用到 Excel 2016 中的多关键字复杂排序功能。下面介绍多关键字复杂排序的操作方法。

第 1 步 打开表格，***1.*** 在【数据】选项卡中单击【排序和筛选】下拉按钮，***2.*** 在弹出的菜单中单击【排序】按钮，如图 10-4 所示。

图 10-4

第 2 步 弹出【排序】对话框，***1.*** 在【主要关键字】下拉列表框中选择【销售日期】选项，***2.*** 在【排序依据】下拉列表框中选择【单元格值】选项，***3.*** 在【次序】下拉列表框中选择【升序】选项，如图 10-5 所示。

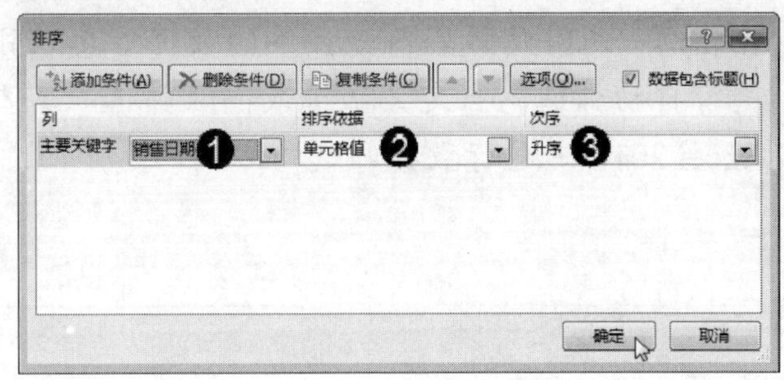

图 10-5

第 3 步 ***1.*** 在【主要关键字】下拉列表框中选择【销售金额】选项，***2.*** 在【排序依据】下拉列表框中选择【单元格值】选项，***3.*** 在【次序】下拉列表框中选择【升序】选项，***4.*** 单击【确定】按钮，如图 10-6 所示。

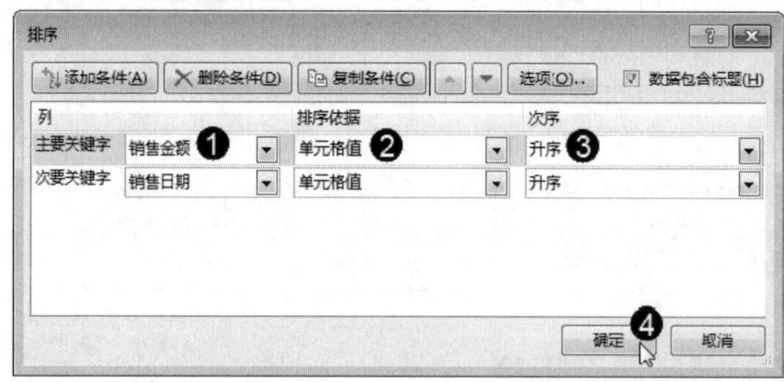

图 10-6

第 4 步 在工作表中显示按多条件排序的数据结果，通过以上步骤即可完成按多条件排序的操作，如图 10-7 所示。

	A	B	C	D	E
80	销售日期	合同编号	国家/地区	销售人员	销售金额
81	2016/4/8	1023182	美国	张浩	¥265.35
82	2016/4/20	1023226	欧洲	张浩	¥295.38
83	2016/4/8	1023225	美国	张浩	¥326.00
84	2016/4/15	1023228	美国	张浩	¥329.69
85	2016/4/3	1023196	美国	张浩	¥439.00
86	2016/4/13	1023232	欧洲	张浩	¥933.50
87					

Sheet1

"筛选"模式 100%

图 10-7

10.2 数据筛选

在 Excel 中，数据筛选是指只显示符合用户设置条件的数据信息，同时隐藏不符合条件的数据信息。用户根据实际需要进行自动筛选、自定义筛选或高级筛选等。本节主要介绍在 Excel 2016 中进行数据筛选的方法。

↑扫码看视频

10.2.1 自动筛选

自动筛选一般用于简单的条件筛选，原理是将不满足条件的数据暂时隐藏起来，只显示符合条件的数据。下面详细介绍自动筛选的操作方法。

第 1 步 打开工作表，*1.* 在【数据】选项卡中单击【排序和筛选】下拉按钮，*2.* 在弹出的菜单中单击【筛选】按钮，如图 10-8 所示。

第 2 步 系统自动对行标题一行添加下拉按钮，*1.* 单击【国家/地区】下拉按钮，*2.* 在弹出的下拉列表中勾选准备筛选的选项，如“美国”，*3.* 单击【确定】按钮，如图 10-9 所示。

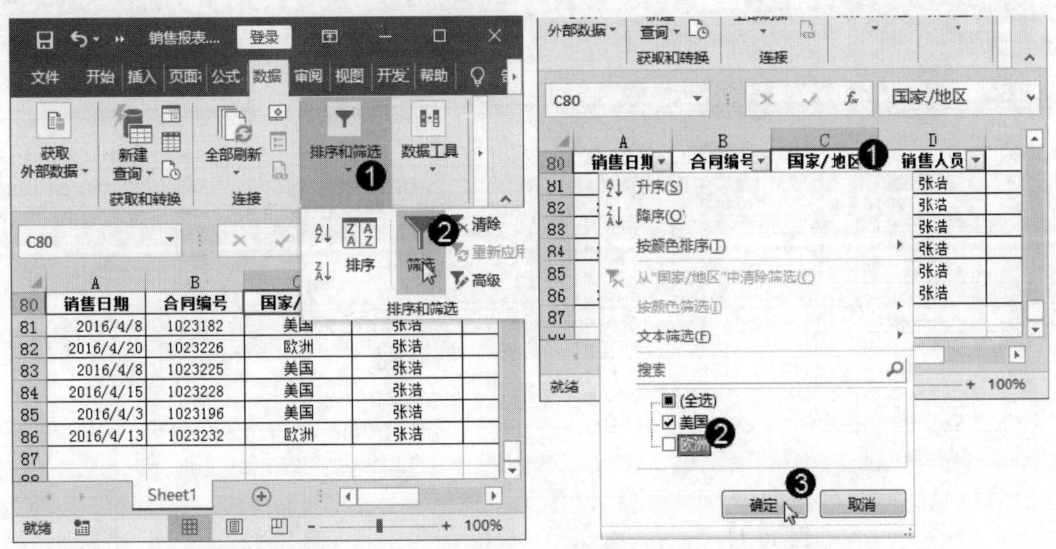

图 10-8　　　　图 10-9

第 3 步 完成建立空白文档的操作，如图 10-10 所示。

	A	B	C	D
80	销售日期	合同编号	国家/地区	销售人员
81	2016/4/8	1023182	美国	张浩
83	2016/4/8	1023225	美国	张浩
84	2016/4/15	1023228	美国	张浩
85	2016/4/3	1023196	美国	张浩
87				
88				
89				

图 10-10

10.2.2　对指定数据的筛选

通过 Excel 的自动筛选功能，还可以快速对指定数据进行筛选，下面详细介绍对指定数据进行筛选的方法。

第 1 步 打开工作表，**1.** 在【数据】选项卡中单击【排序和筛选】下拉按钮，**2.** 在弹出的选项中单击【筛选】按钮，如图 10-11 所示。

第 2 步 系统自动对行标题一行添加下拉按钮，**1.** 单击【一季度】下拉按钮，**2.** 在弹出的下拉菜单中选择【数字筛选】选项，**3.** 在弹出的子菜单中选择【高于平均值】选项，如图 10-12 所示。

图 10-11　　　　图 10-12

第 3 步 通过以上步骤即可完成对指定数据进行筛选的操作，如图 10-13 所示。

	A	B	C	D	E
1	2016年员工销售业绩统计				
2	员工姓名	一季度	二季度	三季度	四季度
4	李四	40615.00	26002.00	32006.00	2411904.00
5	王五	49521.00	39668.00	47317.00	2077605.00
7	陈七	46145.00	24163.00	36385.00	550680.00
10	葛凡	47946.00	42689.00	20537.00	353920.00
11					
12					

混合引用　同一工作簿...
在 8 条记录中找到 4 个　100%

图 10-13

10.2.3 高级筛选

高级筛选可以同时满足多个条件进行筛选，而且还可以把筛选的结果复制到指定的地方，更方便进行对比。下面将介绍如何使用 Excel 2016 的高级筛选功能。

第 1 步 打开要进行筛选的工作表，在表格的空白区域输入需要满足高级筛选的条件，**1.** 在【数据】选项卡中单击【排序和筛选】下拉按钮，**2.** 在弹出的菜单中单击【高级】按钮，如图 10-14 所示。

第 2 步 弹出【高级筛选】对话框，**1.** 设置【列表区域】为整个数据区域，**2.**【条件区域】为设置的条件区域，**3.** 单击【确定】按钮，如图 10-15 所示。

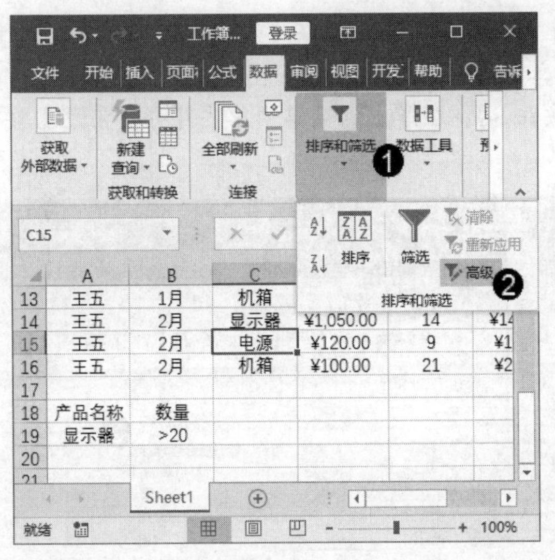

图 10-14

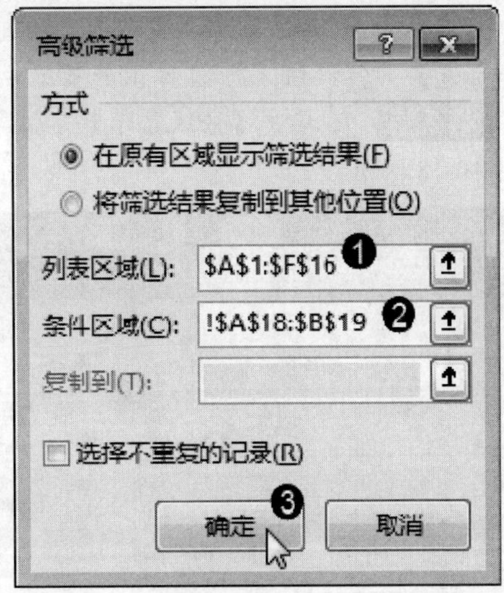

图 10-15

第 3 步 通过以上步骤即可完成对指定数据进行筛选的操作，如图 10-16 所示。

	A	B	C	D	E	F
1	姓名	时间	产品名称	单价	数量	销售额
8	李四	1月	显示器	¥1,050.00	32	¥33,600.00
11	李四	2月	显示器	¥1,050.00	32	¥33,600.00
17						
18	产品名称	数量				
19	显示器	>20				
20						

Sheet1

在 15 条记录中找到 2 个　100%

图 10-16

10.3　分 类 汇 总

利用 Excel 提供的分类汇总功能，用户可以将表格中的数据进行分类，然后把性质相同的数据汇总到一起，使其结构更清晰，便于查找数据信息。本节将详细介绍有关分类汇总方面的知识与操作。

↑扫码看视频

10.3.1　简单分类汇总

简单分类汇总用于对数据清单中的某一列排序，然后进行分类汇总，下面详细介绍进行简单分类汇总的方法。

第 1 步 打开工作簿，将光标定位到“时间”列中，*1.* 在【数据】选项卡中单击【排序和筛选】下拉按钮，*2.* 在弹出的菜单中单击【升序】按钮，如图 10-17 所示。

第 2 步 *1.* 单击【分级显示】下拉按钮，*2.* 在弹出的菜单中单击【分类汇总】按钮，如图 10-18 所示。

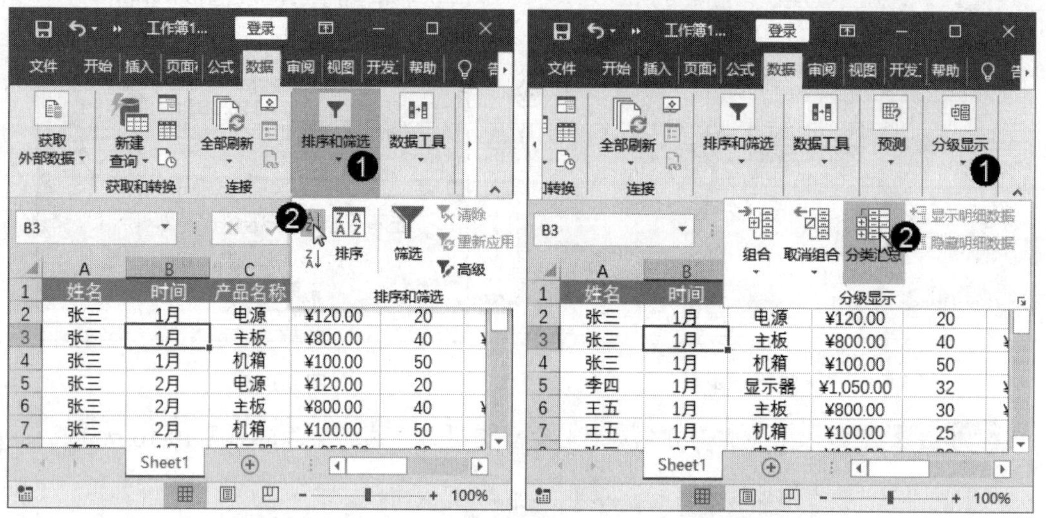

图 10-17　　图 10-18

第 3 步 弹出【分类汇总】对话框，*1.* 在【分类字段】下拉列表框中选择【时间】选项，*2.* 在【汇总方式】下拉列表框中选择【求和】选项，*3.* 勾选【销售额】复选框，*4.* 单击【确定】按钮，如图 10-19 所示。

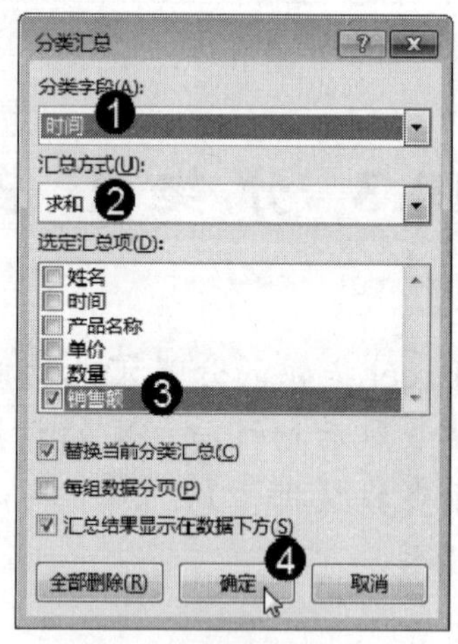

图 10-19

第 4 步 通过以上步骤即可完成进行简单分类汇总的操作，如图 10-20 所示。

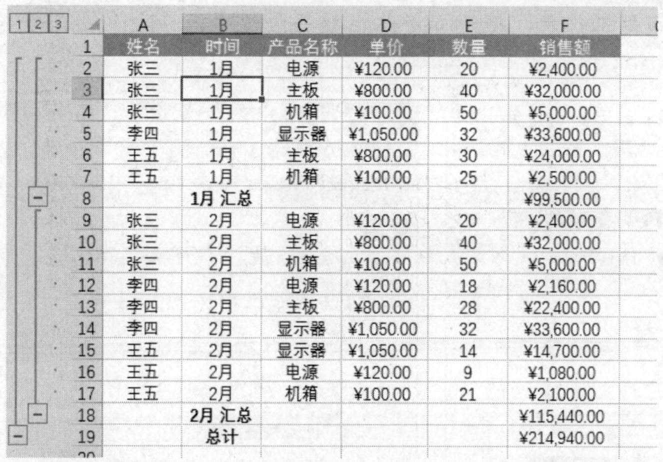

	A	B	C	D	E	F
1	姓名	时间	产品名称	单价	数量	销售额
2	张三	1月	电源	¥120.00	20	¥2,400.00
3	张三	1月	主板	¥800.00	40	¥32,000.00
4	张三	1月	机箱	¥100.00	50	¥5,000.00
5	李四	1月	显示器	¥1,050.00	32	¥33,600.00
6	王五	1月	主板	¥800.00	30	¥24,000.00
7	王五	1月	机箱	¥100.00	25	¥2,500.00
8		1月 汇总				¥99,500.00
9	张三	2月	电源	¥120.00	20	¥2,400.00
10	张三	2月	主板	¥800.00	40	¥32,000.00
11	张三	2月	机箱	¥100.00	50	¥5,000.00
12	李四	2月	电源	¥120.00	18	¥2,160.00
13	李四	2月	主板	¥800.00	28	¥22,400.00
14	李四	2月	显示器	¥1,050.00	32	¥33,600.00
15	王五	2月	显示器	¥1,050.00	14	¥14,700.00
16	王五	2月	电源	¥120.00	9	¥1,080.00
17	王五	2月	机箱	¥100.00	21	¥2,100.00
18		2月 汇总				¥115,440.00
19		总计				¥214,940.00

图 10-20

10.3.2　高级分类汇总

高级分类汇总主要用于对数据清单中的某一列进行两种方式的汇总。相对于简单分类汇总而言，其汇总的结果更加清晰，更便于用户分析数据信息。

第 1 步　打开工作簿，将光标定位到“时间”列中，***1.*** 在【数据】选项卡中单击【排序和筛选】下拉按钮，***2.*** 在弹出的菜单中单击【升序】按钮，如图 10-21 所示。

第 2 步　***1.*** 单击【分级显示】下拉按钮，***2.*** 在弹出的菜单中单击【分类汇总】按钮，如图 10-22 所示。

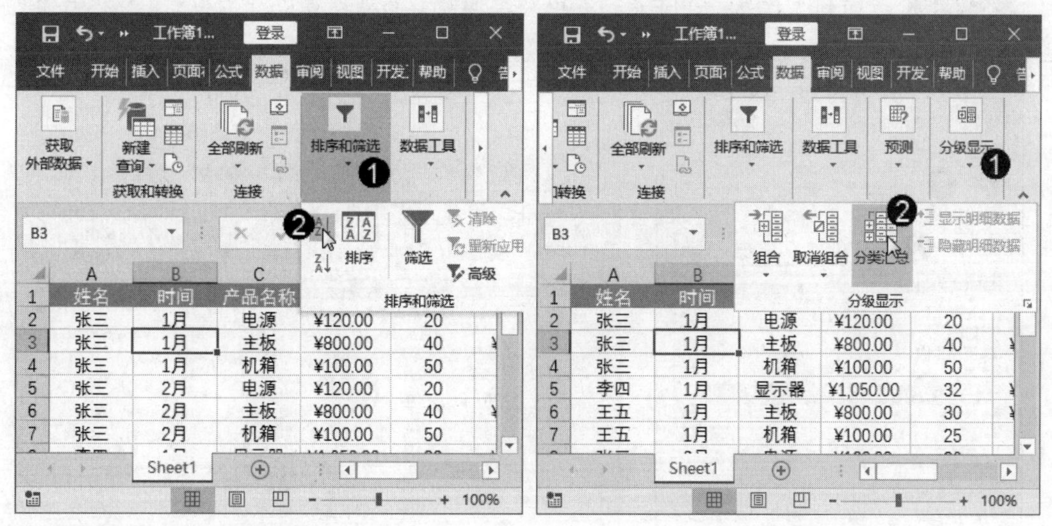

图 10-21　　图 10-22

第 3 步　弹出【分类汇总】对话框，***1.*** 在【分类字段】下拉列表框中选择【时间】选项，***2.*** 在【汇总方式】下拉列表框中选择【求和】选项，***3.*** 勾选【销售额】复选框，***4.*** 单击【确定】按钮，如图 10-23 所示。

第 4 步 返回到工作表，将光标定位在数据区域中，再次单击【分类汇总】按钮，如图 10-24 所示。

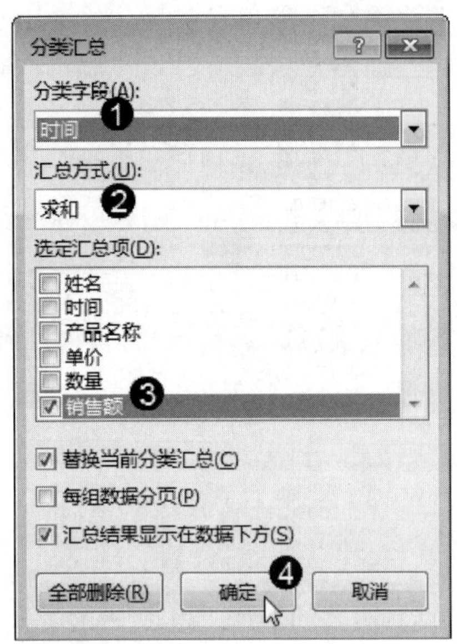

图 10-23

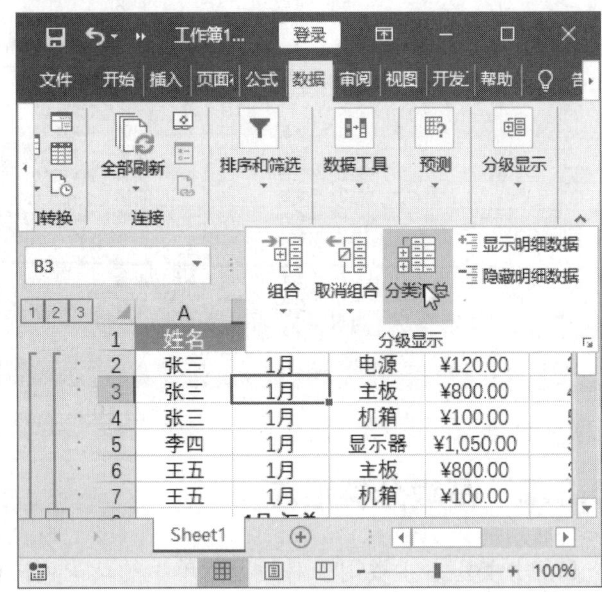

图 10-24

第 5 步 弹出【分类汇总】对话框，***1.*** 在【分类字段】下拉列表框中选择【时间】选项，***2.*** 在【汇总方式】下拉列表框中选择【最大值】选项，***3.*** 勾选【数量】复选框，取消勾选【替换当前分类汇总】复选框，***4.*** 单击【确定】按钮，如图 10-25 所示。

第 6 步 返回到工作表，即可看到表中数据按照前面的设置进行了分类汇总，并分组显示出分类汇总的数据信息，如图 10-26 所示。

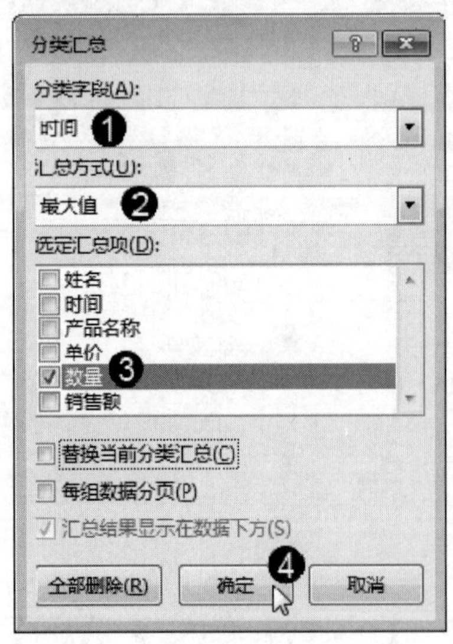

图 10-25

	A	B	C	D	E	F
1	姓名	时间	产品名称	单价	数量	销售额
2	张三	1月	电源	¥120.00	20	¥2,400.00
3	张三	1月	主板	¥800.00	40	¥32,000.00
4	张三	1月	机箱	¥100.00	50	¥5,000.00
5	李四	1月	显示器	¥1,050.00	32	¥33,600.00
6	王五	1月	主板	¥800.00	30	¥24,000.00
7	王五	1月	机箱	¥100.00	25	¥2,500.00
8		1月 最大值			50	
9		1月 汇总				¥99,500.00
10	张三	2月	电源	¥120.00	20	¥2,400.00
11	张三	2月	主板	¥800.00	40	¥32,000.00
12	张三	2月	机箱	¥100.00	50	¥5,000.00
13	李四	2月	电源	¥120.00	18	¥2,160.00
14	李四	2月	主板	¥800.00	28	¥22,400.00
15	李四	2月	显示器	¥1,050.00	32	¥33,600.00
16	王五	2月	显示器	¥1,050.00	14	¥14,700.00
17	王五	2月	电源	¥120.00	9	¥1,080.00
18	王五	2月	机箱	¥100.00	21	¥2,100.00
19		2月 最大值			50	
20		2月 汇总				¥115,440.00
21		总计最大值			50	
22		总计				¥214,940.00

图 10-26

10.3.3　分级查看数据

对数据进行分类汇总后，工作表左侧将出现一个分级显示栏，通过分级显示栏中的分级显示符号可分级查看表格数据。单击分级显示栏上方的数字按钮，可显示分类汇总和总计的汇总；单击【显示】按钮➕或【隐藏】按钮➖，可显示或隐藏单个分类汇总的明细行，如图 10-27 所示。

	A	B	C	D	E	F
1	姓名	时间	产品名称	单价	数量	销售额
8		1月 最大值			50	
9		1月 汇总				¥99,500.00
10	张三	2月	电源	¥120.00	20	¥2,400.00
11	张三	2月	主板	¥800.00	40	¥32,000.00
12	张三	2月	机箱	¥100.00	50	¥5,000.00
13	李四	2月	电源	¥120.00	18	¥2,160.00
14	李四	2月	主板	¥800.00	28	¥22,400.00
15	李四	2月	显示器	¥1,050.00	32	¥33,600.00
16	王五	2月	显示器	¥1,050.00	14	¥14,700.00
17	王五	2月	电源	¥120.00	9	¥1,080.00
18	王五	2月	机箱	¥100.00	21	¥2,100.00
19		2月 最大值			50	
20		2月 汇总				¥115,440.00
21		总计最大值			50	
22		总计				¥214,940.00

图 10-27

10.4　创建数据透视表与透视图

在 Excel 中，图表不仅能增强视觉效果、起到美化表格的作用，还能更直观、形象地显示出表格中各个数据之间的复杂关系，更易于理解和交流。本节将详细介绍创建与编辑数据透视表、透视图的方法。

↑扫码看视频

10.4.1　创建数据透视表

在创建数据透视表之前，首先需将数据组织好，确保数据中的第一行包含列标签，然后必须确保表格中含有数字的文本，下面介绍创建数据透视表的操作方法。

第 1 步　打开要创建透视表的表格，***1.*** 在【插入】选项卡中单击【表格】下拉按钮，***2.*** 在弹出的菜单中单击【数据透视表】按钮，如图 10-28 所示。

第 2 步　打开【数据透视表字段】窗格，***1.*** 在列表框中勾选【姓名】和【专业知识】复选框，***2.*** 将这两项分别放置到下方的【行】和【值】列表框中，如图 10-29 所示。

图 10-28

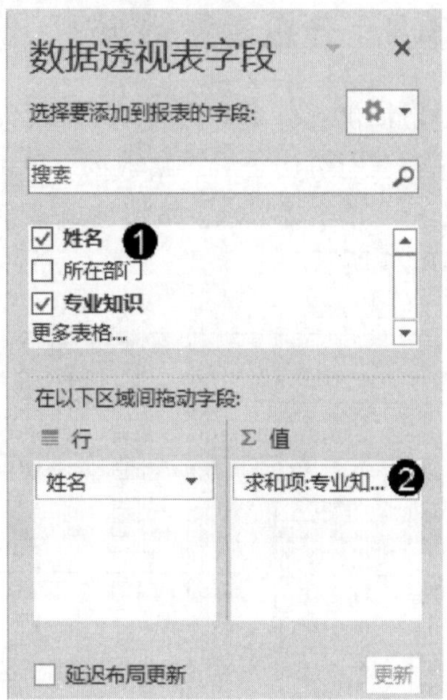

图 10-29

第 3 步 在表格中即可显示对应的数据透视表，如图 10-30 所示。

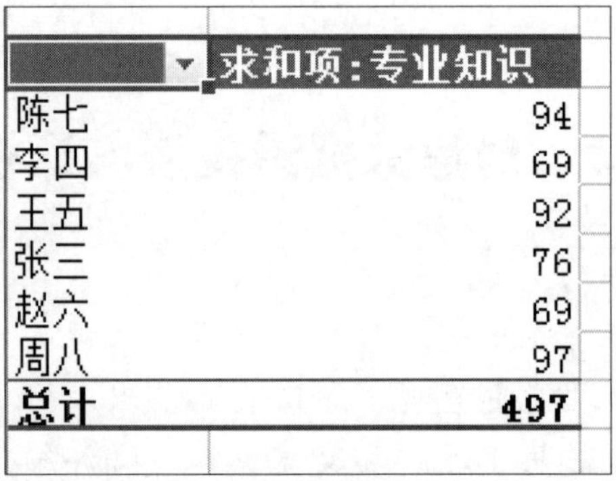

	求和项:专业知识
陈七	94
李四	69
王五	92
张三	76
赵六	69
周八	97
总计	**497**

图 10-30

10.4.2 在数据透视表中筛选数据

如果在筛选器中设置了字段，就可以根据设置的筛选字段快速筛选数据，下面详细介绍在数据透视表中筛选数据的方法。

第 1 步 打开表格，***1.*** 单击筛选字段所在的单元格 B1 右侧的下拉按钮，***2.*** 在弹出的列表中勾选【王欢】复选框，***3.*** 单击【确定】按钮，如图 10-31 所示。

第 2 步 此时即可筛选出销售人员王欢经手订单的汇总数据，并在单元格 B1 的右侧出现一个筛选按钮，如图 10-32 所示。

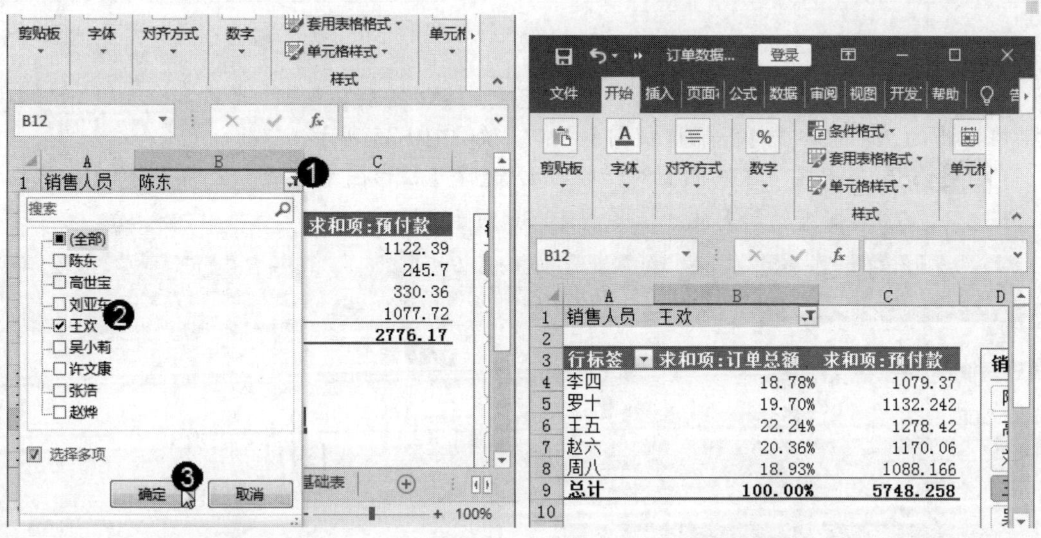

图 10-31　　　　图 10-32

10.4.3　对透视表中的数据进行排序

如果需要对数据透视表中的数据进行排序，可以使用下面的方法。

第 1 步　打开表格，***1.*** 单击“行标签”右侧的下拉按钮，**2.** 在弹出的菜单中选择【降序】菜单项，如图 10-33 所示。

第 2 步　此时即可看到以降序顺序显示的数据，如图 10-34 所示。

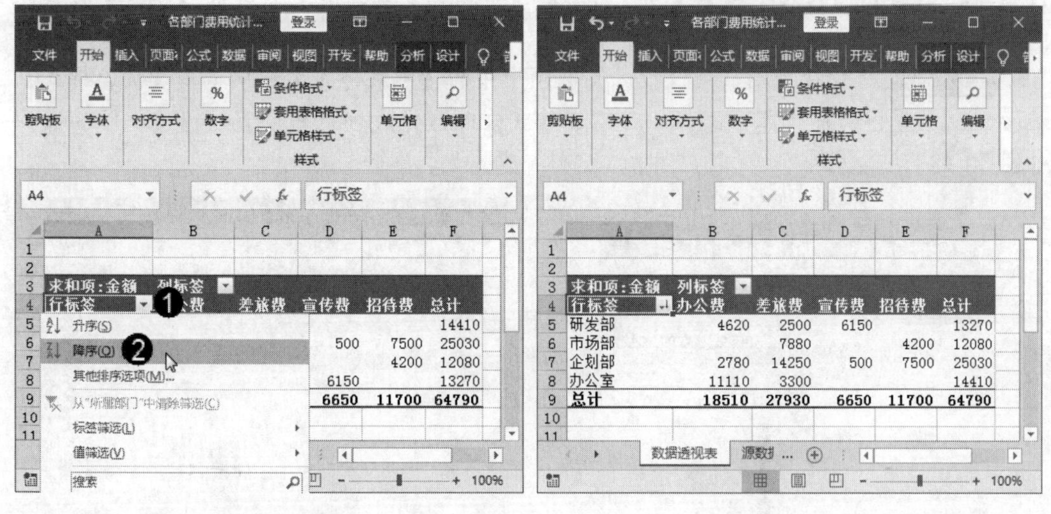

图 10-33　　　　图 10-34

10.4.4　创建与设置数据透视图

数据透视图是以图形形式表示的数据透视表，在数据透视图中，除具有标准图表的系列、分类、数据标记和坐标轴之外，还有一些特殊元素，如报表筛选字段、值字段、系列字段、项和分类字段等。

第 1 步 选中透视表中的任意单元格，*1.* 在【分析】选项卡中单击【工具】下拉按钮，*2.* 在弹出的菜单中单击【数据透视图】按钮，如图 10-35 所示。

第 2 步 弹出【插入图表】对话框，*1.* 选择【柱形图】选项，*2.* 再选择【簇状柱形图】选项，*3.* 单击【确定】按钮，如图 10-36 所示。

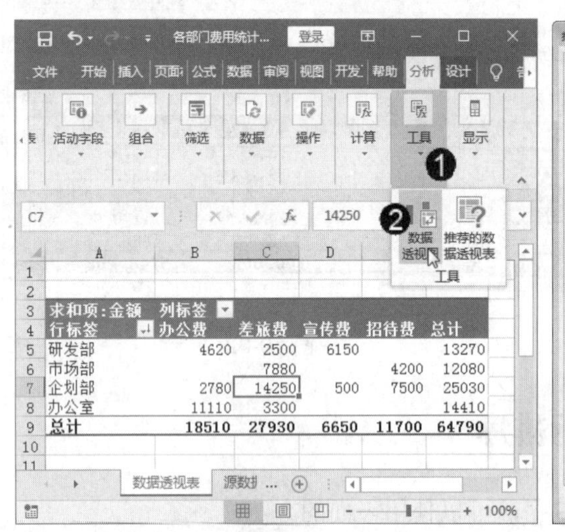

图 10-35

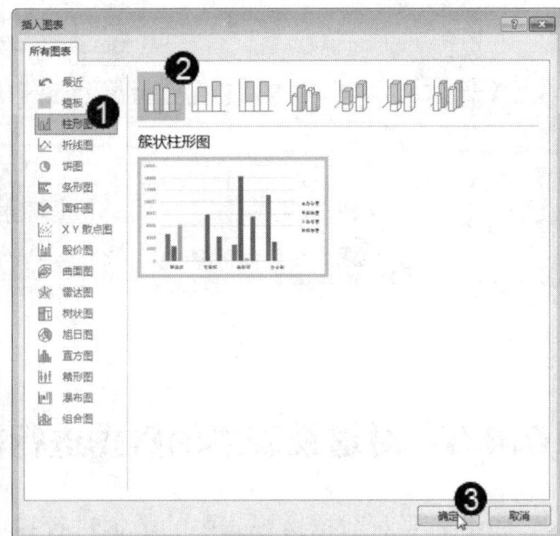

图 10-36

第 3 步 为了仅显示“研发部”和“市场部”的数据，*1.* 在“行标签”右侧单击下拉按钮，*2.* 在弹出的列表中勾选【研发部】和【市场部】复选框，*3.* 单击【确定】按钮，如图 10-37 所示。

第 4 步 选中透视图，在【设计】选项卡中的【图表样式】组中单击【快速样式】下拉按钮，在弹出的样式库中选择一种图表样式，即可完成创建与设置数据透视图的操作，如图 10-38 所示。

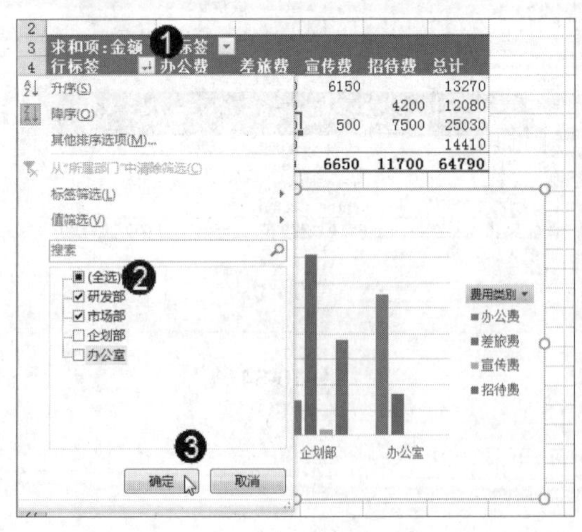

图 10-37

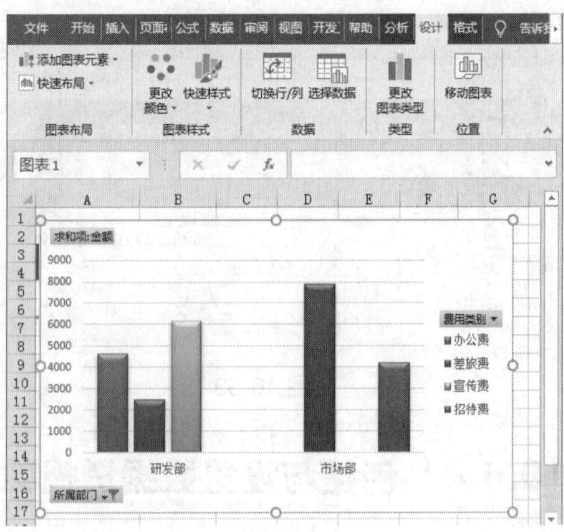

图 10-38

10.4.5　筛选数据透视图中的数据

在【数据透视图字段】窗格中使用【筛选】功能，可以筛选数据透视图中的数据，下面详细介绍筛选数据透视图中的数据的方法。

第 1 步　选中透视图，***1.*** 在【分析】选项卡中单击【显示/隐藏】下拉按钮，***2.*** 在弹出的菜单中单击【字段列表】按钮，如图 10-39 所示。

第 2 步　弹出【数据透视图字段】窗格，将【产品名称】复选框拖动到【筛选】列表框中，如图 10-40 所示。

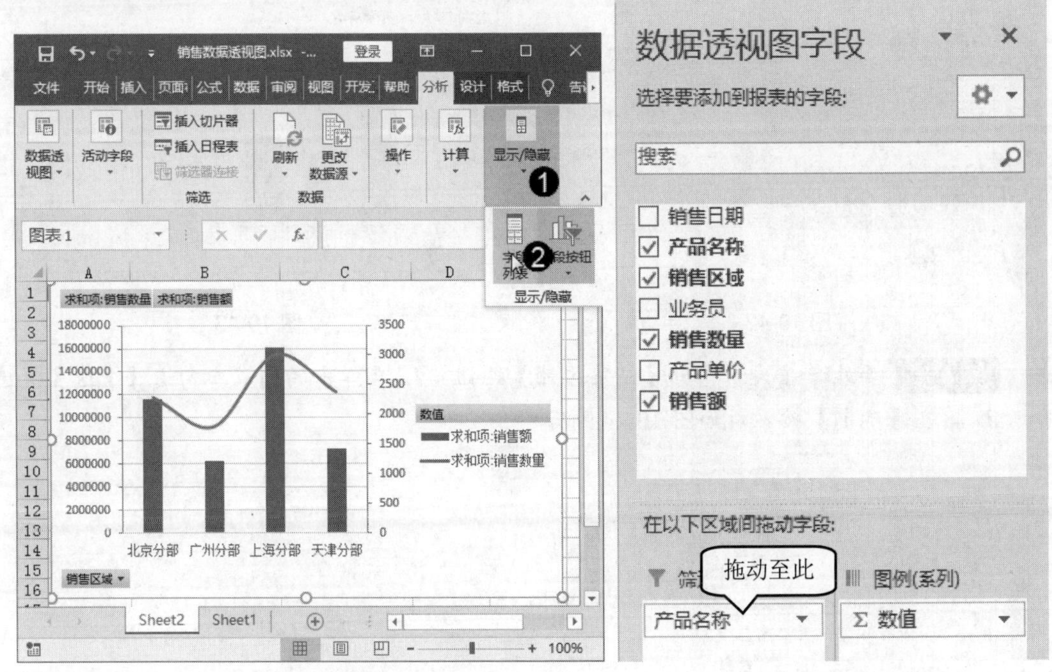

图 10-39　　　　　　　　　　　　　　图 10-40

第 3 步　此时即可在图表的左上方生成一个名为“产品名称”的筛选按钮，如图 10-41 所示。

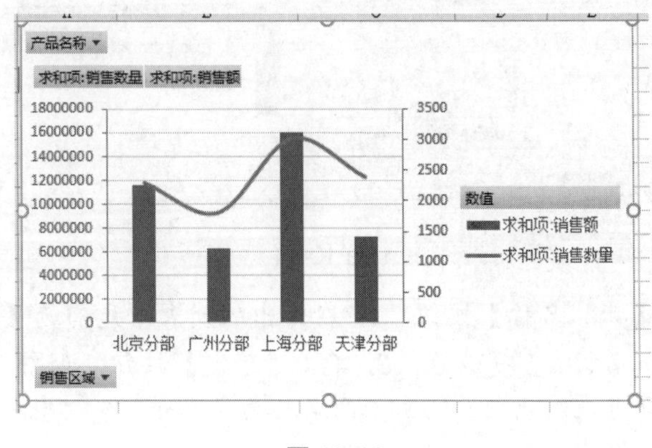

图 10-41

第 4 步 ***1.*** 单击左下角的【销售区域】按钮，***2.*** 在弹出的列表中勾选【北京分部】和【广州分部】复选框，***3.*** 单击【确定】按钮，如图 10-42 所示。

第 5 步 此时即可在图表中筛选出【北京分部】和【广州分部】两个销售区域所有产品的销售情况，如图 10-43 所示。

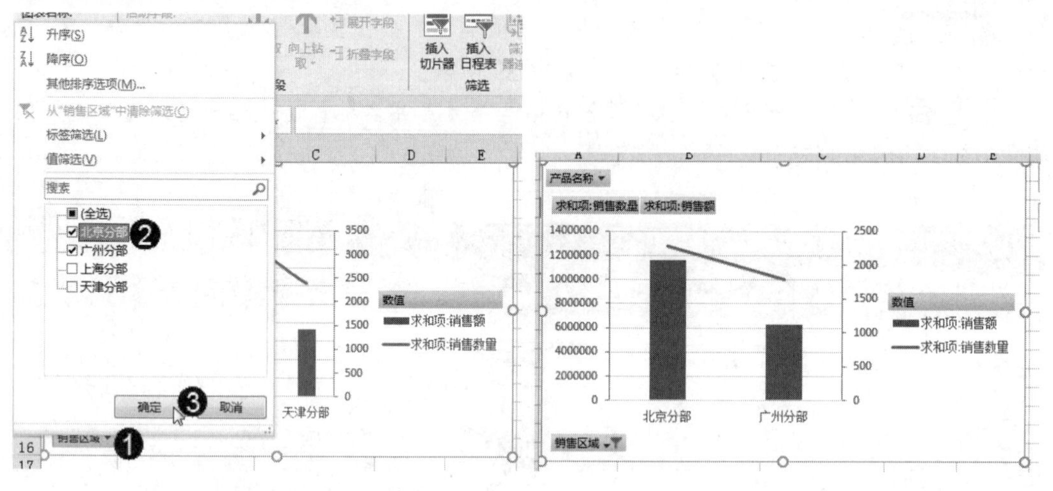

图 10-42　　　　图 10-43

第 6 步 再次单击左下角的【销售区域】按钮，***1.*** 在弹出的列表中勾选【全选】复选框，***2.*** 单击【确定】按钮，如图 10-44 所示。

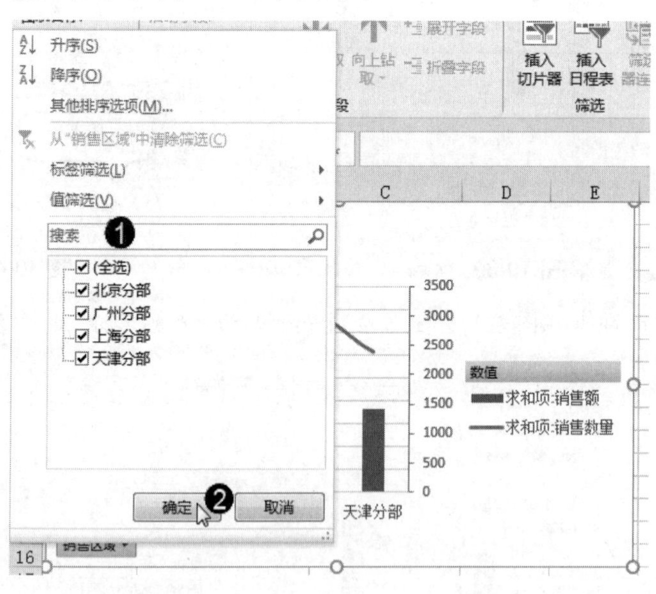

图 10-44

第 7 步 单击【产品名称】按钮，***1.*** 在弹出的列表中先勾选【选择多项】复选框，***2.*** 再勾选【冰箱】和【电脑】复选框，***3.*** 单击【确定】按钮，如图 10-45 所示。

第 8 步 此时即可在图表中筛选出产品名称为“冰箱”和“电脑”两种产品的销售情况，如图 10-46 所示。

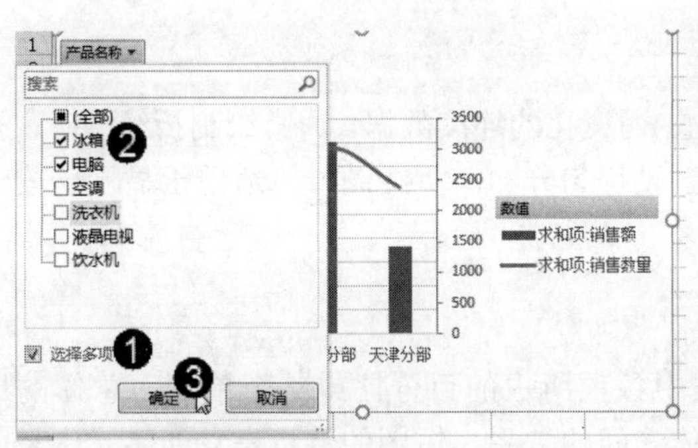

图 10-45

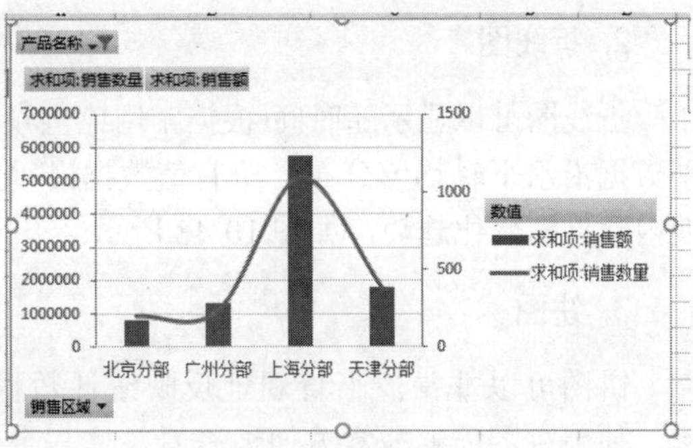

图 10-46

10.5　认识与使用图表

Excel 2016 提供了许多内置的图表，这些图表的样式和布局都已经设计好，可以直接将工作表中的数据绘制在图表中。图表具有直观形象的优点，能一目了然地反映数据的特点和内在规律，在较小的空间里承载较多的信息，本节将详细介绍认识与使用图表的相关知识。

↑扫码看视频

10.5.1　图表的类型

图表有 4 种基本常用类型，分别是柱形图、折线图、饼图和条形图，按照 Microsoft Excel 2016 的分类方法，还包括面积图、散点图、股价图、气泡图、雷达图、圆环图等 12 种类型。

1. 柱形图

柱形图是 Excel 默认的图表类型，主要用于数据的统计与分析，用于显示一段时间内数据变化或各项数据之间的比较情况。柱形的水平轴表示组织类型，垂直轴则表示数值。比较或显示数据之间差异时适合使用柱形图，如图 10-47 所示。

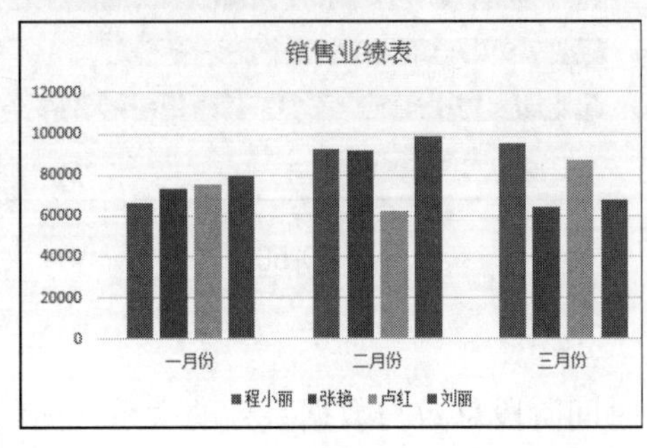

图 10-47

2. 折线图

折线图可以显示随时间(根据常用比例设置)而变化的连续数据。通常绘制折线图时，类别数据沿水平轴均匀分布，所有值数据沿垂直轴均匀分布。折线图一般适用于显示一段时期内数据的变化趋势，如图 10-48 所示。

3. 饼图

饼图可以非常清晰直观地反映统计数据中各项所占的百分比或某个单项占总体的比例，使用饼图能够非常方便地查看整体与个体之间的关系。饼图的特点是只能将工作表中的一列或一行绘制到饼图中，适合显示某一数据值占总数据的比例，如图 10-49 所示。

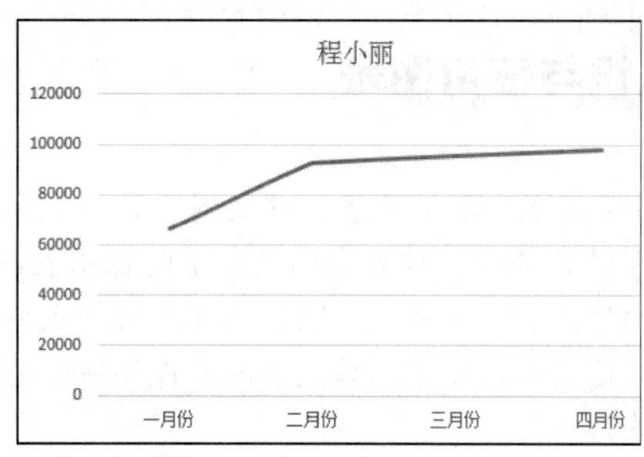

图 10-48

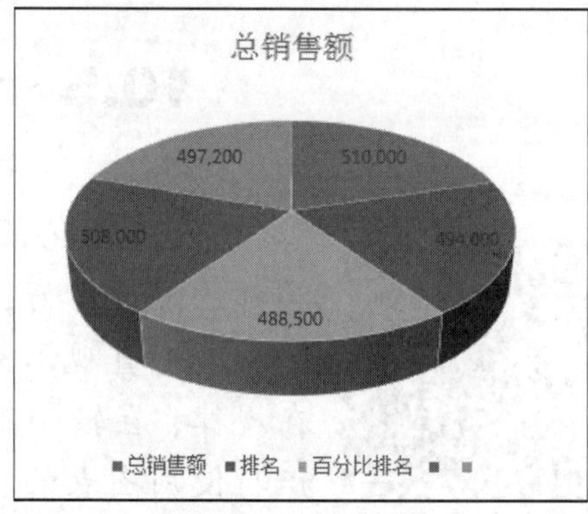

图 10-49

4. 条形图

条形图是用来描绘各个项目之间数据差别情况的一种图表。重点强调的是在特定时间点上，分类轴和数值之间的比较。条形图主要包括簇状条形图、堆积条形图、百分比堆积条形图、三维簇状条形图、三维堆积条形图和三维百分比堆积条形图，如图 10-50 所示。

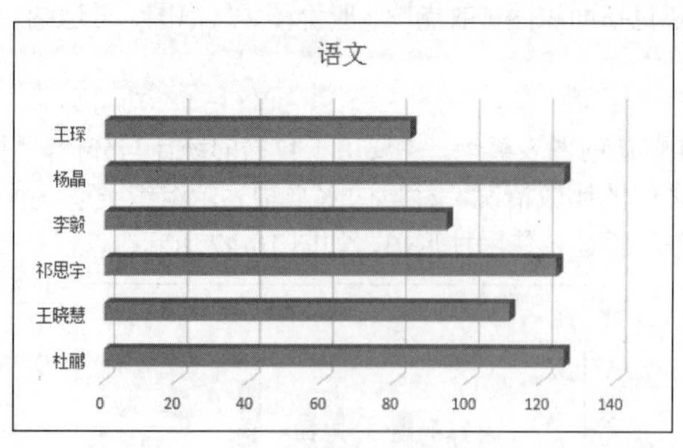

图 10-50

5. 面积图

面积图用于显示某个时间阶段总数与数据系列的关系，面积图强调数量随时间而变化的程度，还可以使观看图表的人更加注意总值趋势的变化。面积图可以利用直线将每个数据系列连接起来，主要适用于显示数量随时间变化的效果，如图 10-51 所示。

6. 散点图

散点图又称为 XY 散点图，散点图用于显示若干数据系列中各数值之间的关系，利用散点图可以绘制函数曲线。散点图通常用于显示和比较数值，如科学数据、统计数据或工程数据等。XY 散点图中包括 5 种类型，即带数据标记的散点图、带平滑线和数据标记的散点图、带平滑线的散点图、带直线和数据标记的散点图、带直线的散点图，如图 10-52 所示。

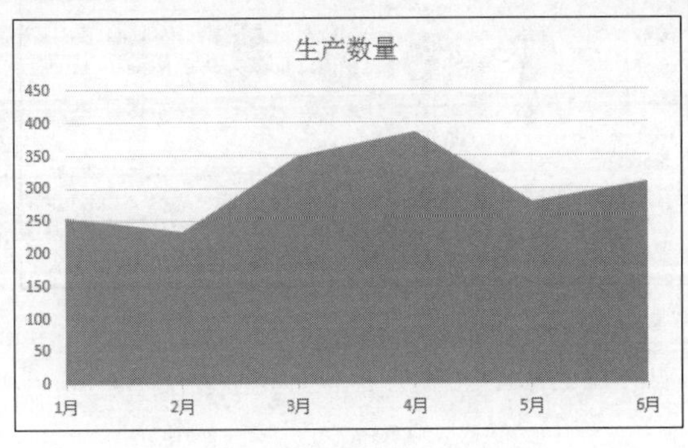

图 10-51

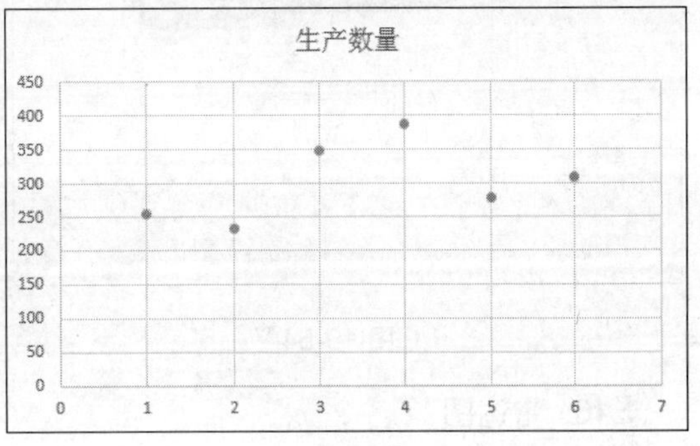

图 10-52

7. 股价图

顾名思义，股价图是经常用来分析显示股价的波动和走势的图表。在实际工作中，股价图也可以用于计算和分析科学数据。需注意的是，用户必须按正确的顺序组织数据才能创建股价图，股价图分为盘高-盘底-收盘图、开盘-盘高-盘底-收盘图、成交量-盘高-盘底-收盘图和成交量-开盘-盘高-盘底-收盘图 4 个子类型，如图 10-53 所示。

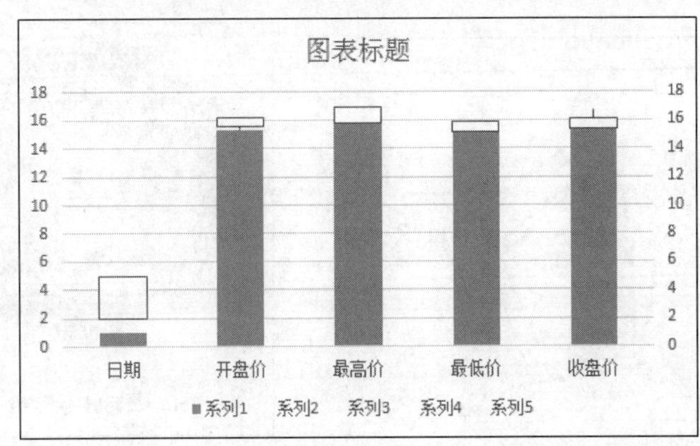

图 10-53

8. 曲面图

曲面图主要用于寻找两组数据之间的最佳组合，如果 Excel 工作表中数据较多，而用户又要找到两组数据之间的最佳组合时，可以使用曲面图。曲面图主要包含 4 种子类型，分别为曲面图、曲面图(俯视框架)、三维曲面图和三维曲面图(框架图)，如图 10-54 所示。

9. 气泡图

气泡图与 XY 散点图的作用类似，用于显示变量之间的关系，但是气泡图可以对成组的 3 个数值进行比较。气泡图包括气泡图和三维气泡图两组子类型，如图 10-55 所示。

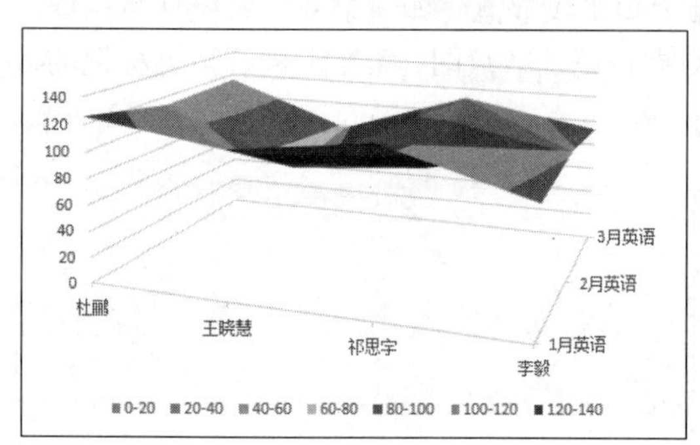

图 10-54

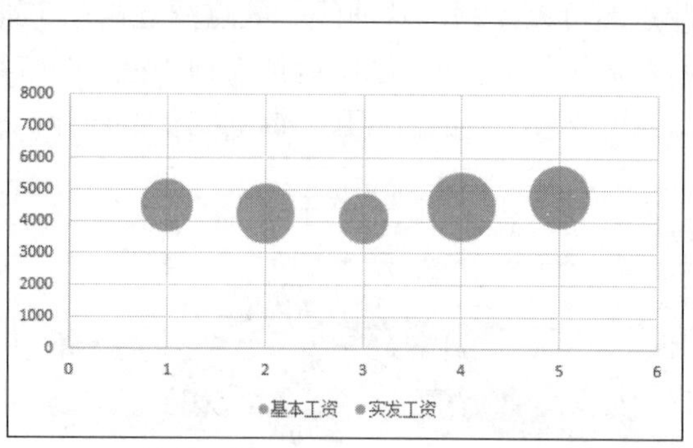

图 10-55

10. 雷达图

雷达图用于显示数据中心点以及数据类别之间的变化趋势，也可以将覆盖的数据系列用不同的演示显示出来。雷达图主要包括雷达图、带数据标记的雷达图和填充雷达图三种电子图表类型，如图 10-56 所示。

11. 圆环图

圆环图同饼图类似，同样是用来表示各个数据间整体与部分的比例关系，但圆环图可以包含多个数据系列，每一环代表一个数据系列，如图 10-57 所示。

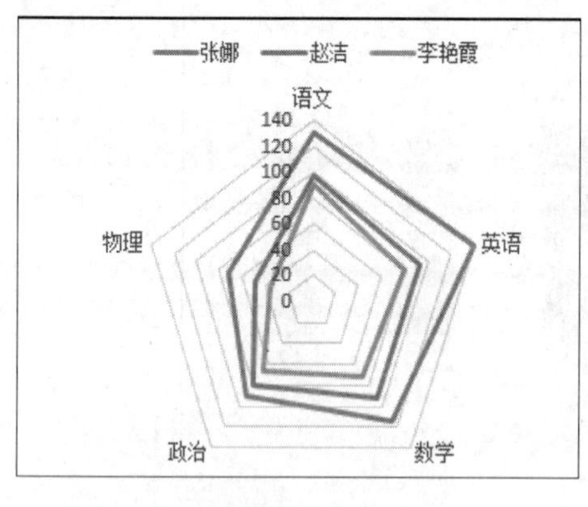

图 10-56

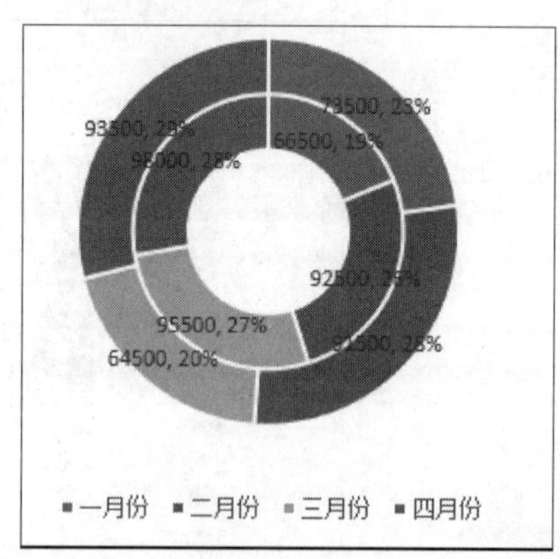

图 10-57

12. 组合图

组合图是 Excel 2016 新增加的一款图表功能，组合图是将不同类型的图表进行组合，以满足需要的图表。一般情况下，创建图表都是基于一种图表进行显示，当对一些数据进行特殊分析，一种图表类型将无法达到分析数据的要求与目的时，可以通过图表类型之间的相互配合，将数据更全面、直观地展现出来，如图 10-58 所示。

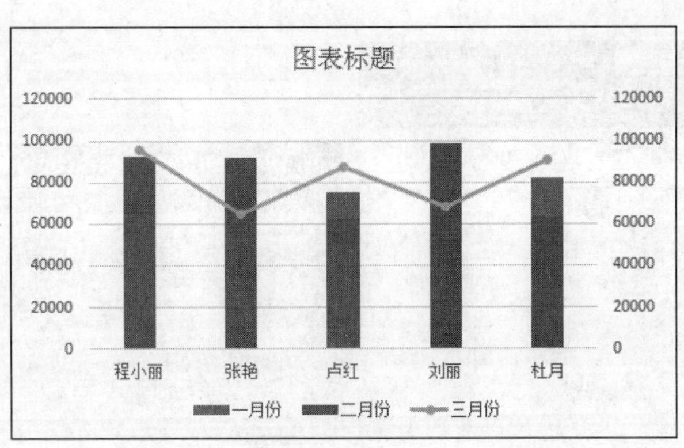

图 10-58

10.5.2　图表的组成

在 Excel 2016 中，图表由图表区、绘图区、图表标题、数据系列、图例项和坐标轴等部分组成，不同的元素构成不同的图表，如图 10-59 所示。

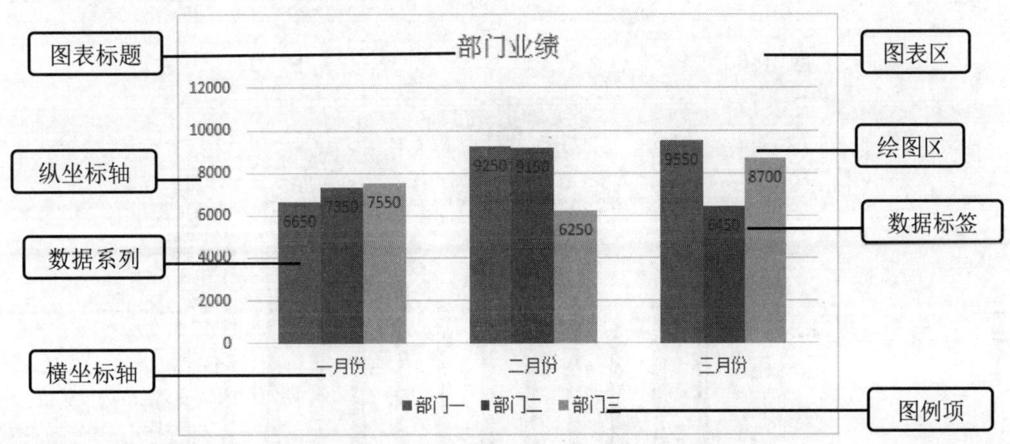

图 10-59

10.5.3　根据现有数据创建图表

在 Excel 2016 中创建图表的方法非常简单，因为系统自带了很多图表类型，用户可根据实际需要进行选择，并插入图表即可。

第 1 步　打开数据表，***1.*** 选择【插入】选项卡，***2.*** 在【图表】组中单击【柱形图】下拉按钮，***3.*** 在弹出的列表中选择【簇状柱形图】选项，如图 10-60 所示。

第 2 步　图表已经插入到表格中，选中图表标题，输入新名称，如图 10-61 所示。

第 3 步　通过上述步骤即可完成创建图表的操作，如图 10-62 所示。

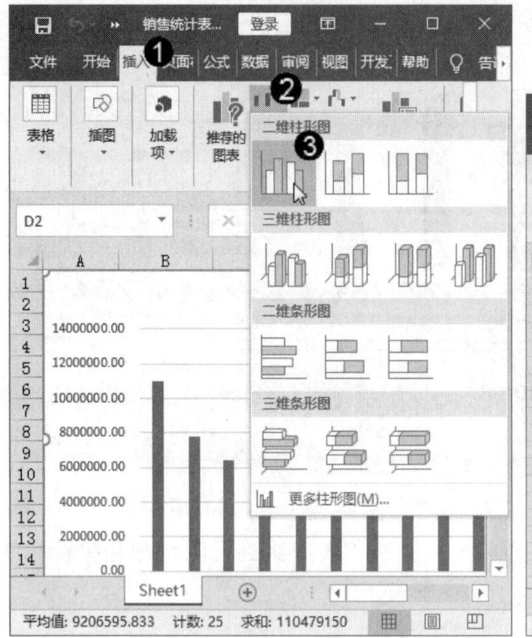

图 10-60

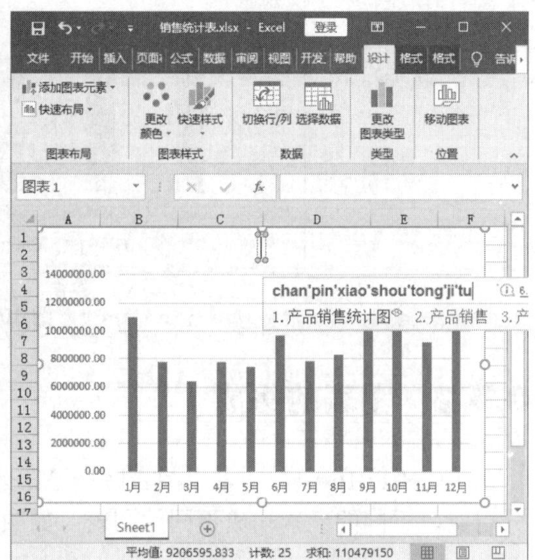

图 10-61

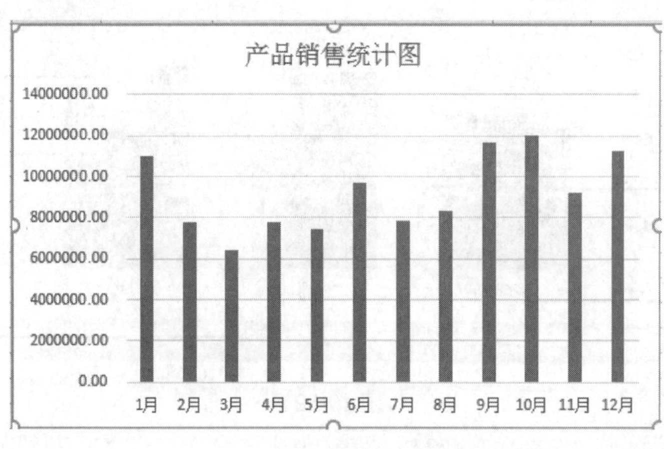

图 10-62

10.5.4 调整图表的大小和位置

在图表的四周分布着 8 个控制柄，使用鼠标，拖动这 8 个控制柄中的任意一个，就可以改变图表的大小；选中图表，按住鼠标左键进行拖动即可改变图表的位置。

第 1 步 选中图表，将鼠标指针移动到图标上，此时鼠标指针变成十字箭头，按住鼠标左键并向右下方拖动，如图 10-63 所示。

第 2 步 到适当位置释放鼠标左键，可以看到图表的位置已经发生改变，通过以上步骤即可完成调整图表位置的操作，如图 10-64 所示。

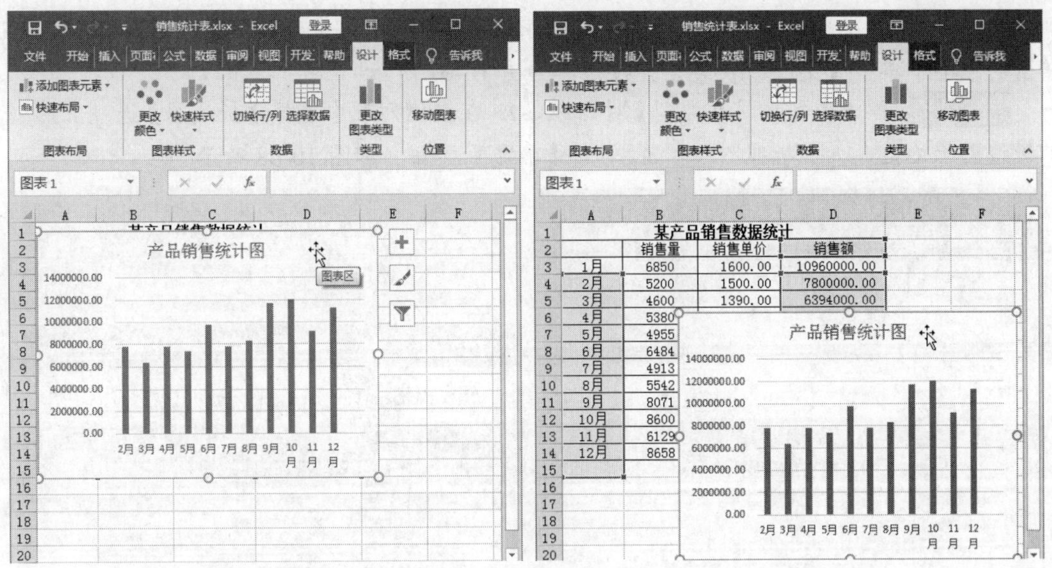

图 10-63　　　　图 10-64

第 3 步 选中图表，将鼠标指针移动至图表右下角的控制柄上，此时鼠标指针变成双箭头，按住鼠标左键向左上方拖动，如图 10-65 所示。

第 4 步 至适当位置释放鼠标，可以看到图表已经变小，通过以上步骤即可完成调整图表大小的操作，如图 10-66 所示。

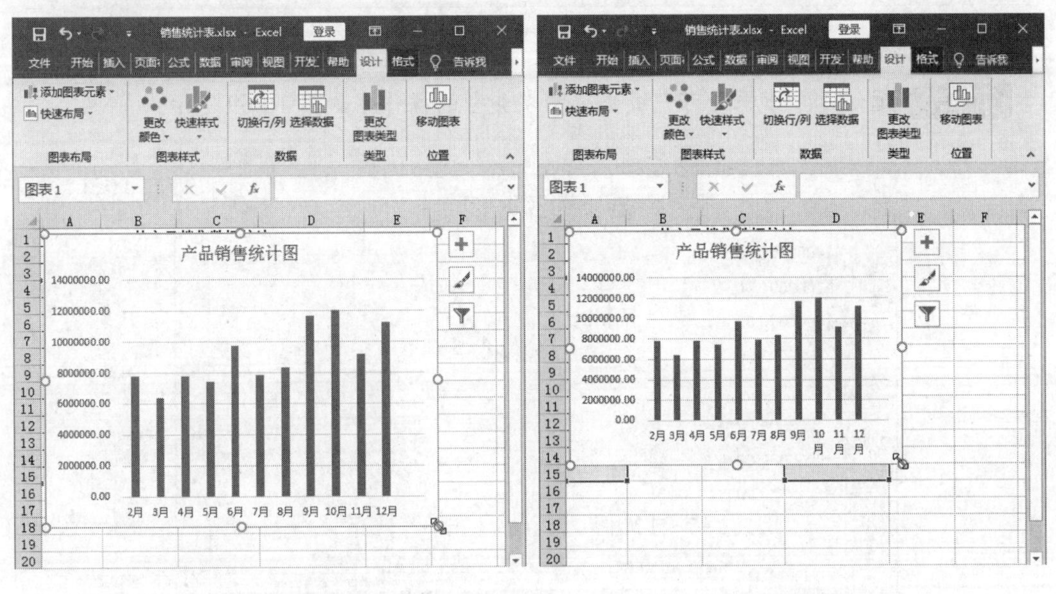

图 10-65　　　　图 10-66

10.5.5　更改图表类型

在 Excel 2016 工作表中，如果选择的图表类型不能完整地表达出数据信息，用户可以更改图表类型进行重新选择，下面详细介绍更改图表类型的操作方法。

第 1 步 选中已创建的图表，**1.** 在【设计】选项卡中单击【类型】下拉按钮，**2.** 在弹出的菜单中单击【更改图表类型】按钮，如图 10-67 所示。

第 2 步 弹出【更改图表类型】对话框，**1.** 在左侧列表中选择【折线图】选项，**2.** 选择折线图子类型，如“折线图”，**3.** 单击【确定】按钮，如图 10-68 所示。

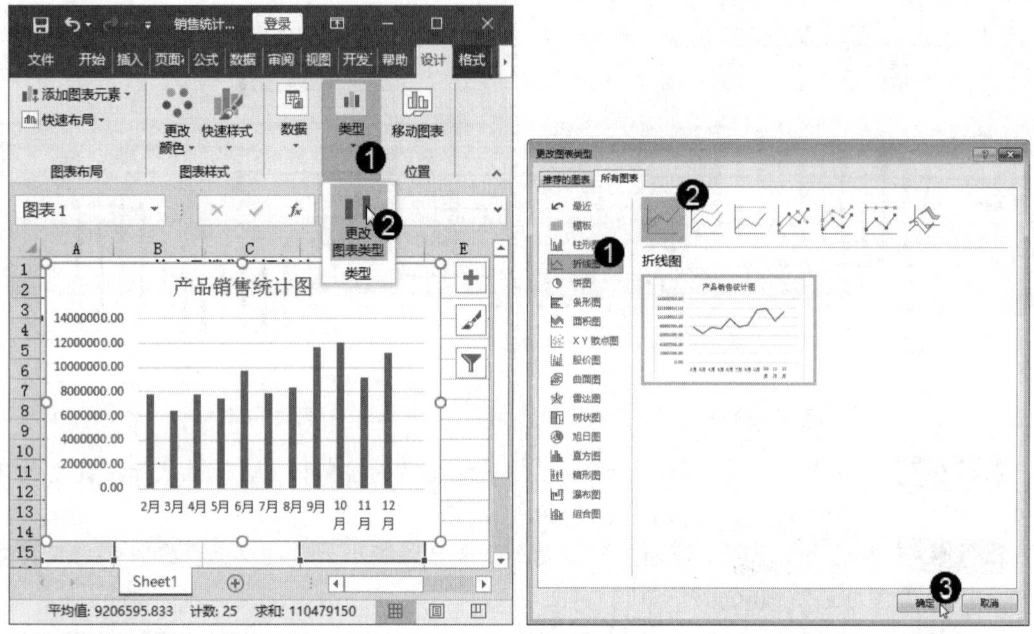

图 10-67　　　　图 10-68

第 3 步 通过以上步骤即可完成更改图表类型的操作，如图 10-69 所示。

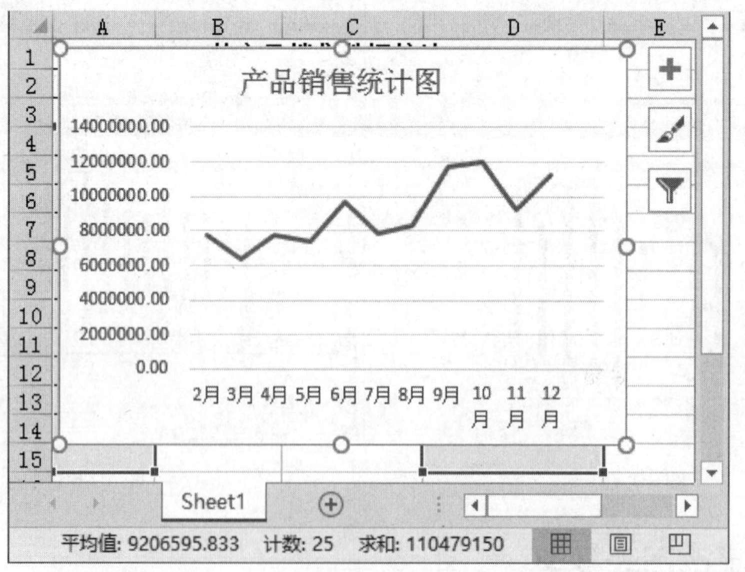

图 10-69

10.6　实践案例与上机指导

通过本章的学习，读者基本可以掌握数据分析与图表的基本知识以及一些常见的操作方法，下面通过练习操作，以达到巩固学习、拓展提高的目的。

↑扫码看视频

10.6.1　设置图表网格线

在 Excel 中网格线是用来对齐图表中图像或文本的线条，用于查看和计算数据，是坐标轴上刻度线的延伸，并且穿过绘图区。下面介绍在 Excel 2016 中设置图表网格线的操作方法。

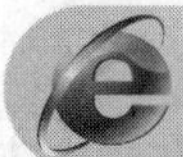

素材保存路径：配套素材\第 10 章

素材文件名称：销售统计表.xlsx、效果-销售统计表.xlsx

第 1 步　选中图表，***1.*** 在【设计】选项卡的【图表布局】组中单击【添加图表元素】按钮，***2.*** 在弹出的菜单中选择【网格线】菜单项，***3.*** 在弹出的子菜单中选择【主轴主要水平网格线】菜单项，如图 10-70 所示。

第 2 步　***1.*** 再次单击【添加图表元素】按钮，***2.*** 在弹出的菜单中选择【网格线】菜单项，***3.*** 在弹出的子菜单中选择【主轴主要垂直网格线】菜单项，如图 10-71 所示。

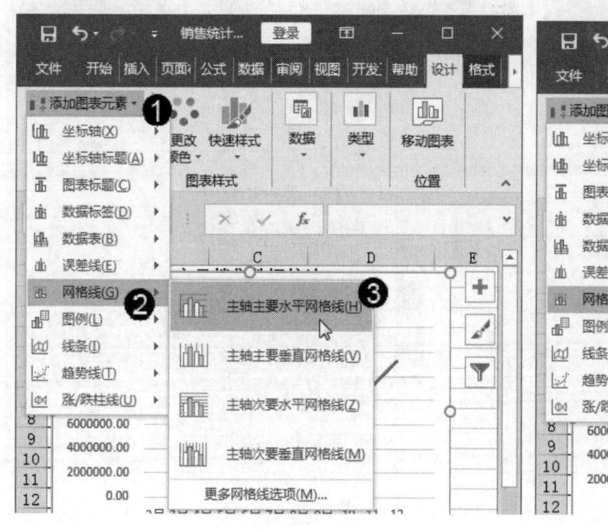

图 10-70

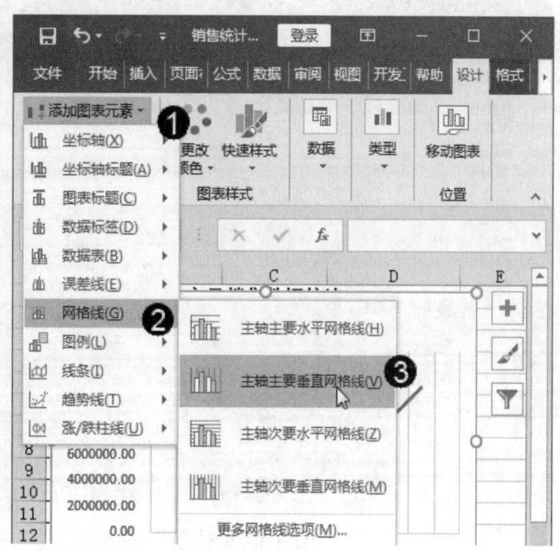

图 10-71

第 3 步 通过上述步骤即可完成设置图表网格线的操作，如图 10-72 所示。

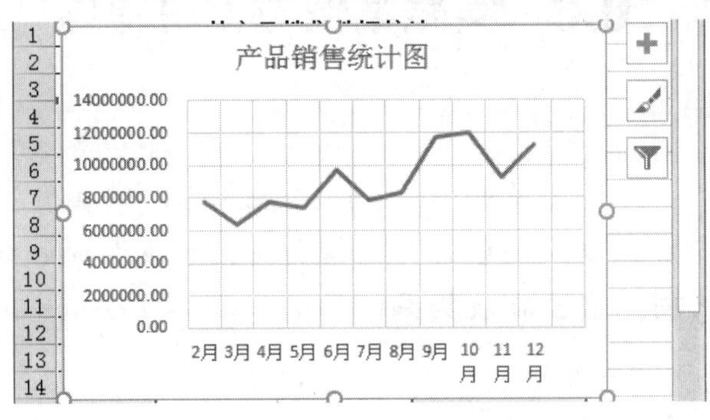

图 10-72

10.6.2 设置图表的坐标轴标题

在 Excel 2016 工作表中，为了更明确地展示图表中数据代表的意义，用户可以对已经创建的图表进行坐标轴标题设置。下面详细介绍设置坐标轴标题的方法。

素材保存路径：配套素材\第 10 章

素材文件名称：员工年龄结构分布图.xlsx、效果-员工年龄结构分布图.xlsx

第 1 步 选中图表，***1.*** 在【设计】选项卡的【图表布局】组中单击【添加图表元素】按钮，***2.*** 在弹出的菜单中选择【坐标轴标题】菜单项，***3.*** 在弹出的子菜单中选择【主要横坐标轴】菜单项，如图 10-73 所示。

第 2 步 图表中已经添加了一个标题文本框，使用输入法输入标题名称，如图 10-74 所示。

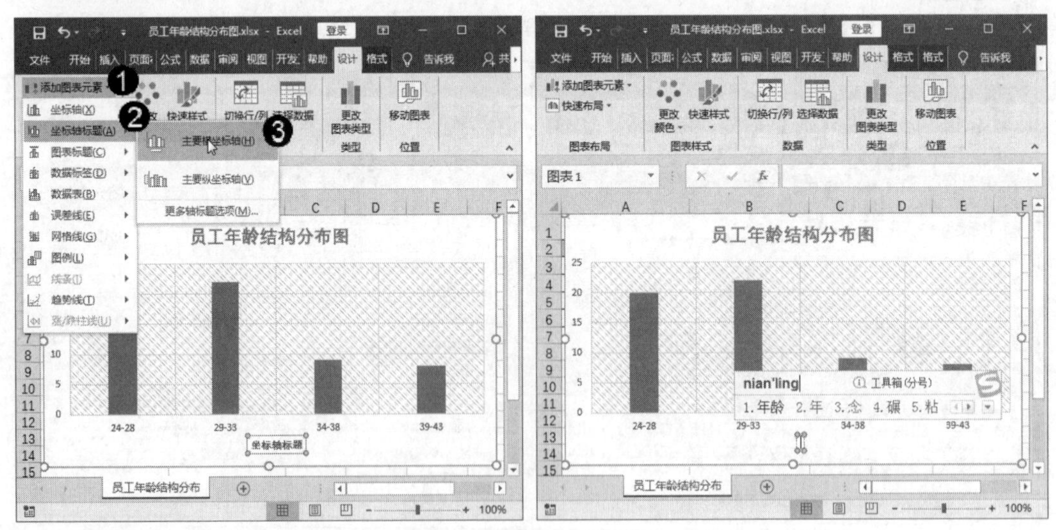

图 10-73　　图 10-74

第 3 步 通过上述步骤即可完成设置图表坐标轴标题的操作，如图 10-75 所示。

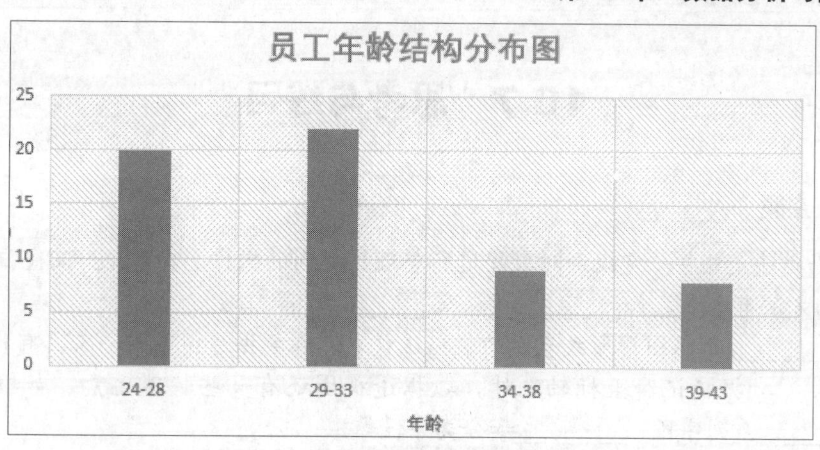

图 10-75

10.6.3　设计图表样式

设置图表样式的方法非常简单，用户可以在快速样式库中设置图表的样式，下面介绍设计图表样式的操作方法。

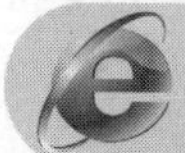

素材保存路径：配套素材\第 10 章

素材文件名称：客户订单统计图.xlsx、效果-客户订单统计图.xlsx

第 1 步 选中图表，***1.*** 在【设计】选项卡的【图表样式】组中单击【快速样式】下拉按钮，***2.*** 在弹出的样式库中选择一种样式，如图 10-76 所示。

第 2 步 通过以上步骤即可完成设计图表样式的操作，如图 10-77 所示。

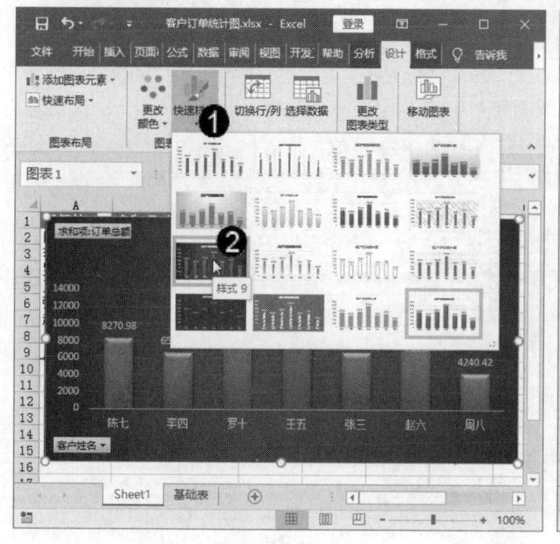

图 10-76

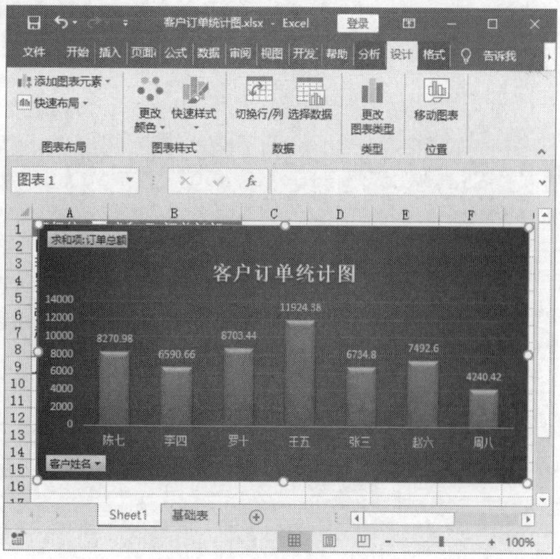

图 10-77

10.7 思考与练习

一、填空题

1. 数据排序是指按一定规则对数据进行整理、排列的操作。在 Excel 2016 工作表中，数据排序的方法有很多，如__________以及__________等。

2. __________是以图形形式表示的数据透视表，在数据透视图中，除具有标准图表的系列、分类、数据标记和坐标轴之外，数据透视图还有一些特殊元素，如报表筛选字段、________、系列字段、________和分类字段等。

二、判断题

1. 在 Excel 中，数据筛选是指只显示符合用户设置条件的数据信息，同时隐藏不符合条件的数据信息。 (　　)

2. 高级筛选一般用于简单的条件筛选，原理是将不满足条件的数据暂时隐藏起来，只显示符合条件的数据。 (　　)

三、思考题

1. 如何对透视表中的数据进行排序？

2. 如何对表格数据进行高级分类汇总？

第 11 章

PowerPoint 2016 演示文稿基本操作

本章要点

- 认识 PowerPoint 2016 工作界面
- 演示文稿的基本操作
- 幻灯片的基本操作
- 输入与编辑文字格式

本章主要内容

本章主要介绍了认识 PowerPoint 2016 工作界面、演示文稿的基本操作和幻灯片的基本操作方面的知识与技巧，同时还讲解了如何输入与编辑文字格式，在本章的最后还针对实际的工作需求，讲解了设置文字方向、设置分栏显示的方法。通过本章的学习，读者可以掌握 PowerPoint 2016 演示文稿基础操作方面的知识，为深入学习 Office 2016 知识奠定基础。

11.1 认识 PowerPoint 2016 工作界面

PowerPoint 2016 用于设计和制作各类演示文稿，如总结报告、培训课件等幻灯片，且演示文稿可通过计算机屏幕或投影机进行播放。

↑ 扫码看视频

启动 PowerPoint 2016 程序后，即可进入 PowerPoint 2016 的工作界面，如图 11-1 所示。

PowerPoint 2016 工作界面主要由标题栏、快速访问工具栏、功能区、大纲区、工作区、备注区和状态栏等部分组成。

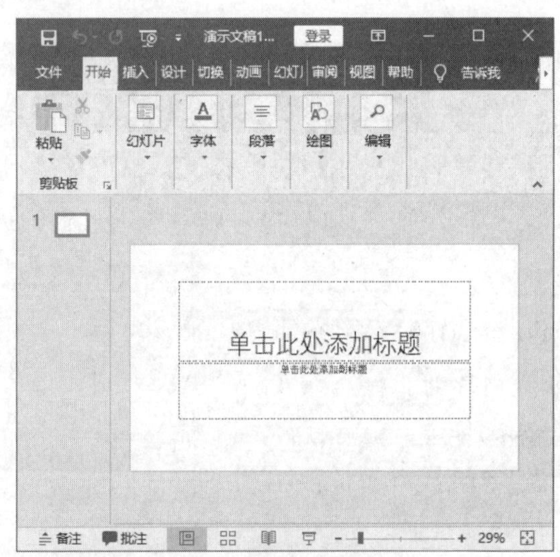

图 11-1

1. 标题栏

标题栏位于 PowerPoint 2016 工作界面的最上方，用于显示文档和程序名称。在标题栏的最右侧，包括【登录】按钮 登录 、【功能区显示选项】按钮、【最小化】按钮、【最大化】按钮和【关闭】按钮，用于执行窗口的最小化、最大化、向下还原和关闭等操作，如图 11-2 所示。

图 11-2

2. 快速访问工具栏

快速访问工具栏位于 PowerPoint 2016 工作界面的左上方，用于快速执行一些特定操作。在 PowerPoint 2016 的使用过程中，可以根据使用需要，添加或删除快速访问工具栏中的命令选项，如图 11-3 所示。

图 11-3

3. 功能区

功能区位于标题栏的下方，默认情况下由 10 个选项卡组成，分别为【文件】、【开始】、【插入】、【设计】、【切换】、【动画】、【幻灯片放映】、【审阅】、【视图】和【帮助】。为了使用方便，将功能相似的命令分类于选项卡下的不同组中，如图 11-4 所示。

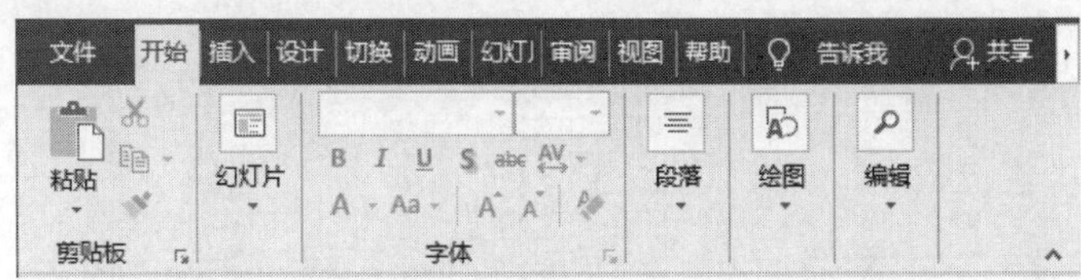

图 11-4

4. Backstage 视图

在功能区选择【文件】选项卡，可以打开 Backstage 视图，在该视图中可以管理演示文稿和有关演示文稿的相关数据，如创建、保存和发送演示文稿，检查演示文稿中是否包含隐藏的元数据或个人信息，设置打开或关闭“记忆式键入”之类的选项等，如图 11-5 所示。

5. 大纲区

大纲区位于 PowerPoint 2016 工作界面左侧，可以显示每张幻灯片中标题和主要内容，如图 11-6 所示。

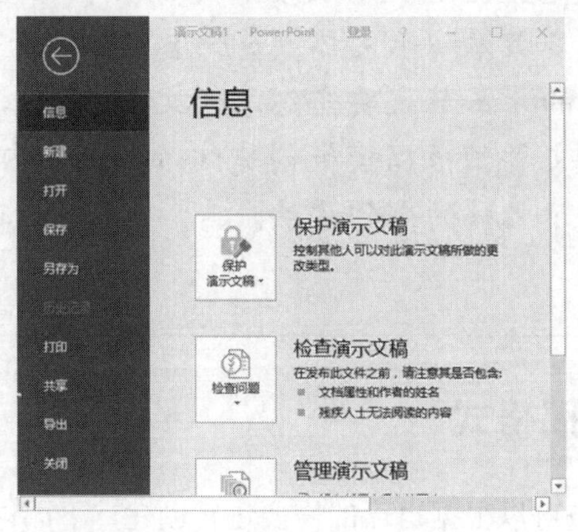

图 11-5

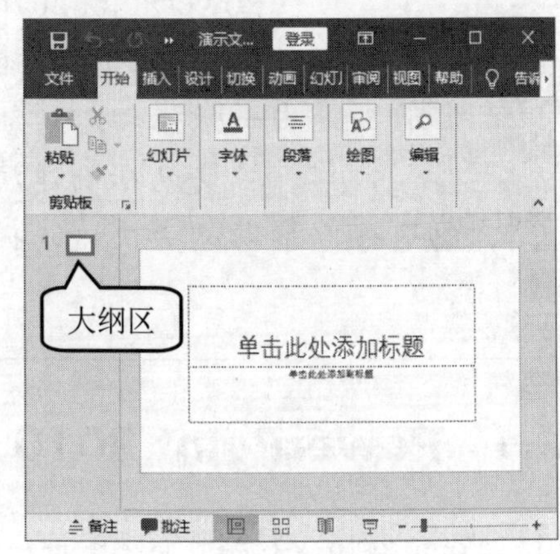

图 11-6

6. 工作区

在 PowerPoint 2016 中，幻灯片的编辑工作主要在工作区中进行，文本、图片、视频和音乐等文件的添加操作主要在该区域进行，每张声色俱佳的演示文稿均在工作区中显示，如图 11-7 所示。

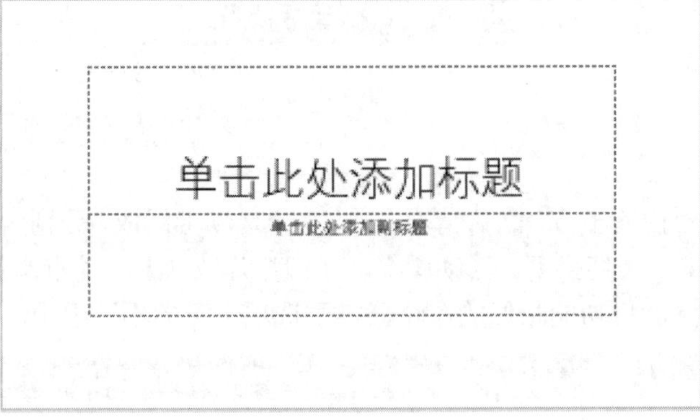

图 11-7

7. 状态栏

状态栏位于 PowerPoint 2016 工作界面的最下方，用于查看页面信息、切换视图模式和调节显示比例等操作，如图 11-8 所示。

图 11-8

11.2 演示文稿的基本操作

PowerPoint 2016 是 Office 系列办公软件中的另一个重要组件，用于制作和播放多媒体演示文稿，页脚 PPT。演示文稿是由一张张幻灯片组成的。本节主要介绍演示文稿的基本操作，主要包括创建演示文稿、根据模板创建演示文稿等内容，以帮助读者快速掌握演示文稿的制作方法。

↑扫码看视频

11.2.1 PowerPoint 2016 文稿格式

PowerPoint 2016 文稿格式有很多种，用户可以根据自己的需要进行创建，下面详细介绍 PowerPoint 2016 的文稿格式，如表 11-1 所示。

表 11-1　PowerPoint 2016 中的文件类型与其对应的扩展名

PowerPoint 2016 的文件类型	扩 展 名
PowerPoint 演示文稿	.pptx
启用宏的 PowerPoint 演示文稿	.pptm
PowerPoint 97-2003 演示文稿	.ppt
PowerPoint 模板	.potx
PowerPoint 启用宏的模板	.potm
PowerPoint 97-2003 模板	.pot
PowerPoint 放映	.ppsx
启用宏的 PowerPoint 放映	.ppsm
PowerPoint 97-2003 放映	.pps
PowerPoint 加载项	.ppam
PowerPoint 97-2003 加载项	.ppa

11.2.2　创建空白演示文稿

启动 PowerPoint 2016 程序后，就可以创建空白演示文稿，创建空白演示文稿的方法很简单，下面介绍创建空白演示文稿的操作方法。

第 1 步　在 Windows 7 操作系统桌面上，***1.*** 单击【开始】按钮，***2.*** 在弹出的开始菜单中单击【所有程序】按钮，如图 11-9 所示。

第 2 步　弹出所有程序菜单，从中选择 PowerPoint 程序，如图 11-10 所示。

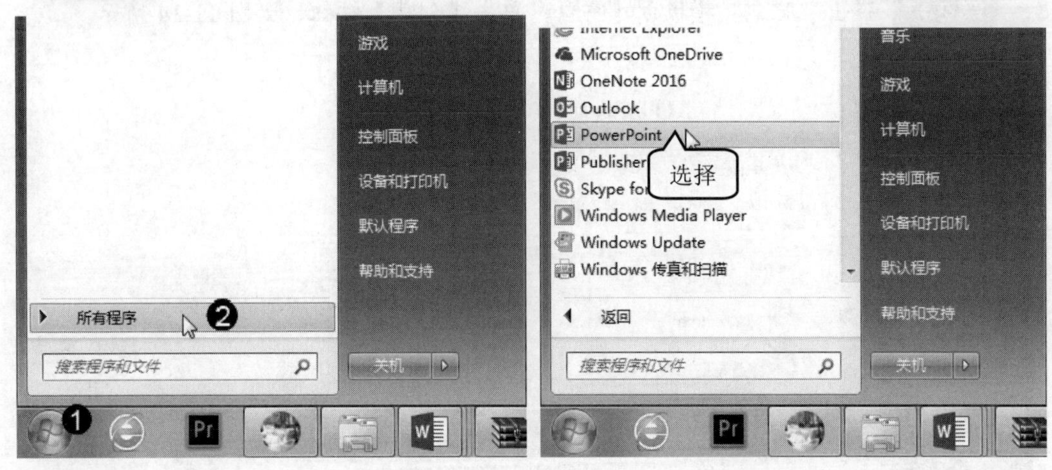

图 11-9　　　　图 11-10

第 3 步　进入 PowerPoint 2016 的选择模板界面，单击【空白演示文稿】模板，如图 11-11 所示。

第 4 步　通过以上步骤即可完成建立空白演示文稿的操作，如图 11-12 所示。

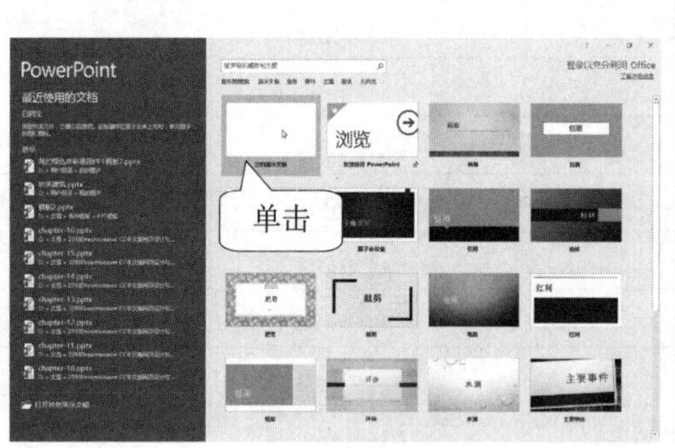

图 11-11

图 11-12

11.2.3 根据模板创建演示文稿

在 PowerPoint 选择模板界面中，用户除了可以选择空白模板之外，还可以根据自身需要选择其他模板，例如肥皂、环保、离子、积分引用、平面、切片、天体、视图、视差、丝状、离子会议室等模板，同时用户还可以根据演示文稿的显示比例进行模板选择，还可以根据幻灯片的内容来选择模板，下面具体介绍根据模板创建演示文稿的操作方法。

第 1 步 进入 PowerPoint 2016 的选择模板界面，单击要应用的模板类型如“肥皂”，如图 11-13 所示。

第 2 步 弹出“肥皂”模板创建窗口，单击【创建】按钮，如图 11-14 所示。

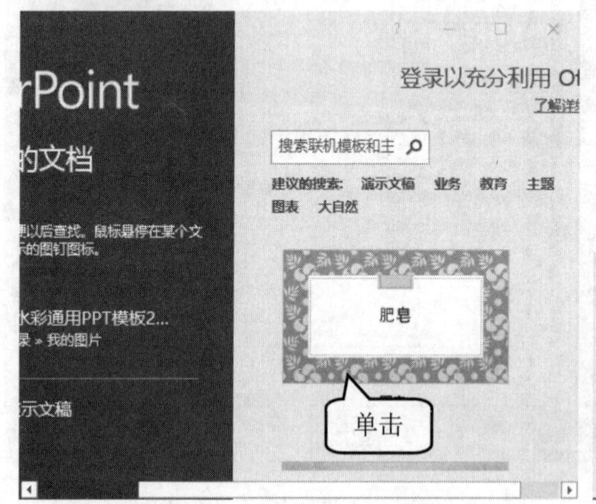

图 11-13

图 11-14

第 3 步 可以看到已经创建了一个“肥皂”版式的演示文稿，通过以上步骤即可完成通过模板创建演示文稿的操作，如图 11-15 所示。

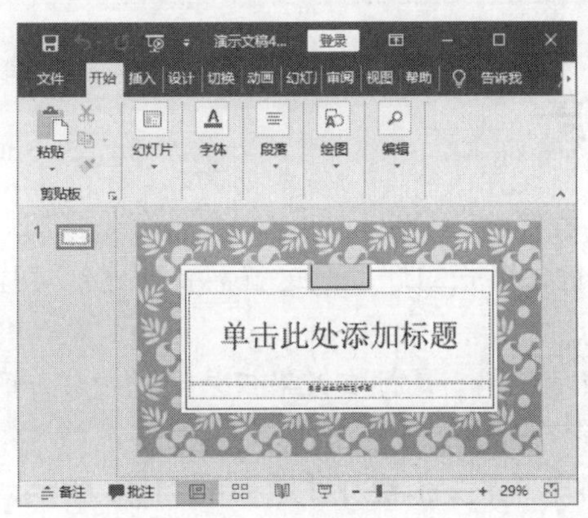

图 11-15

11.3　幻灯片的基本操作

如果准备在 PowerPoint 2016 中制作幻灯片，首先需要了解操作幻灯片的方法，例如选择幻灯片、新建幻灯片、删除幻灯片以及移动与复制幻灯片等操作，为幻灯片的使用打下基础。

↑扫码看视频

11.3.1　选择幻灯片

在 PowerPoint 中进行幻灯片的编辑操作时，首先需要选择幻灯片，在大纲区单击要选择的幻灯片缩略图选项即可选择幻灯片，如图 11-16 所示。

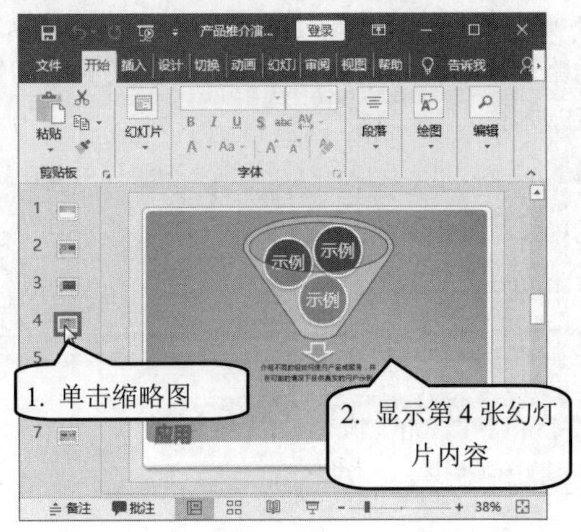

图 11-16

11.3.2 新建幻灯片

启动 PowerPoint 2016 程序后，会自动创建一个只有一张幻灯片的演示文稿，但在实际工作中，一个演示文稿要包含多张幻灯片，这就需要新建幻灯片，下面介绍新建幻灯片的操作方法。

第 1 步 创建空白演示文稿，鼠标右键单击第一张幻灯片的缩略图，在弹出的快捷菜单中选择【新建幻灯片】命令，如图 11-17 所示。

第 2 步 演示文稿创建了第 2 张幻灯片，如图 11-18 所示。

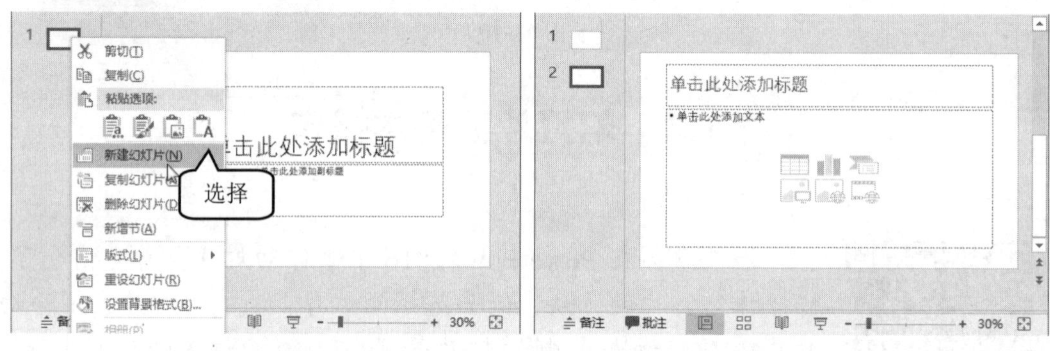

图 11-17　　　　图 11-18

智慧锦囊

选中幻灯片缩略图，按 Enter 键也可以在选中幻灯片之后插入一张幻灯片；或者在【开始】选项卡的【幻灯片】组中单击【新建幻灯片】按钮也可以新建幻灯片。

11.3.3 删除幻灯片

在 PowerPoint 2016 中，如果有多余或不需要的幻灯片，可以对其进行删除。鼠标右键单击要删除的幻灯片缩略图，在弹出的快捷菜单中选择【删除幻灯片】命令，即可删除选中的幻灯片，如图 11-19 所示。

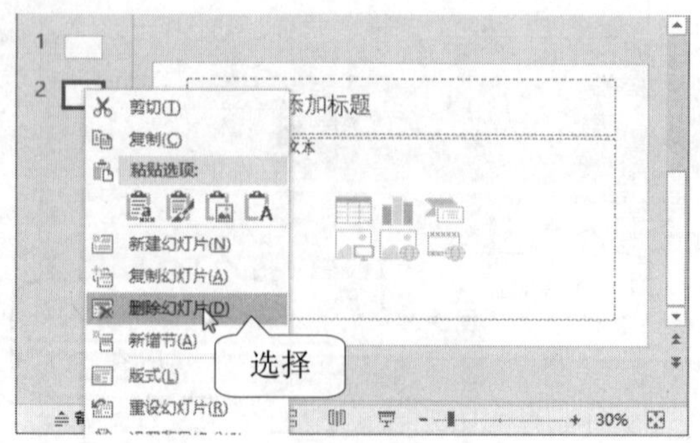

图 11-19

11.3.4 移动和复制幻灯片

在 PowerPoint 2016 中，用户可以将选中的幻灯片移动到指定位置，还可以为选中的幻灯片创建副本，下面介绍移动和复制幻灯片的操作方法。

第 1 步 在大纲区选中要移动的幻灯片缩略图，在【开始】选项卡的【剪贴板】组中单击【剪切】按钮，如图 11-20 所示。

第 2 步 可以看到缩略图由四张变为三张，选中第 3 张幻灯片缩略图，在【剪贴板】组中单击【粘贴】按钮，如图 11-21 所示。

图 11-20

图 11-21

第 3 步 可以看到带有“壹”的幻灯片从第 1 张的位置移动到第 4 张的位置，通过以上步骤即可完成移动幻灯片的操作，如图 11-22 所示。

第 4 步 在大纲区选中要移动的幻灯片缩略图，在【开始】选项卡的【剪贴板】组中单击【复制】按钮，如图 11-23 所示。

图 11-22

图 11-23

第 5 步 在【开始】选项卡的【剪贴板】组中单击【粘贴】按钮，如图 11-24 所示。

第 6 步 可以看到新增加了一张幻灯片缩略图，通过以上步骤即可完成复制幻灯片的操作，如图 11-25 所示。

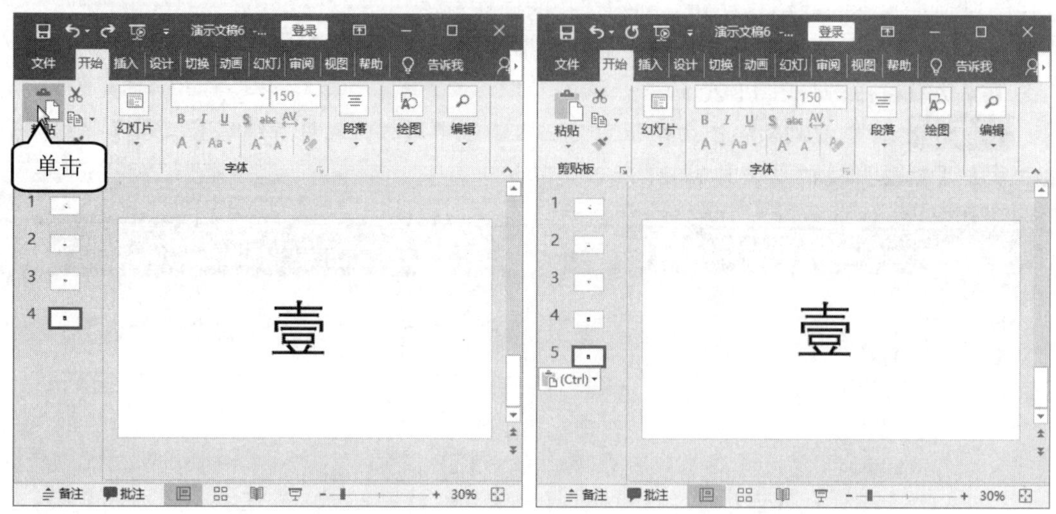

图 11-24　　　　图 11-25

11.4　输入与编辑文字格式

在 PowerPoint 2016 中进行演示文稿的创建后，需要在幻灯片中输入文本，并对文本格式和段落格式等进行设置，从而达到使演示文稿风格独特、样式美观的目的。本节将介绍输入与编辑文字格式的操作方法。

↑扫码看视频

11.4.1　认识占位符

占位符，顾名思义，就是先占住版面中一个固定的位置，供用户向其中添加内容。在 PowerPoint 2016 中，占位符显示为一个带有虚线边框的方框，所有的幻灯片版式中都包含有占位符，在这些方框内可以放置标题及正文，或者放置 SmartArt 图形、表格和图片之类的对象。占位符内部往往有“单击此处添加文本”之类的提示语，一旦鼠标单击之后，提示语会自动消失。当用户需要创建模板时，占位符能起到规划幻灯片结构的作用，调节幻灯片版面中各部分的位置和所占面积的大小。

11.4.2　在演示文稿中添加文本

在 PowerPoint 2016 中，单击虚线边框标识占位符中的任意位置即可输入文字，下面详细介绍其操作步骤。

第 1 步 启动 PowerPoint 2016 程序，单击要输入文本的占位符，将光标定位在占位符中，如图 11-26 所示。

第 2 步 选择合适的输入法输入文本内容，如图 11-27 所示。

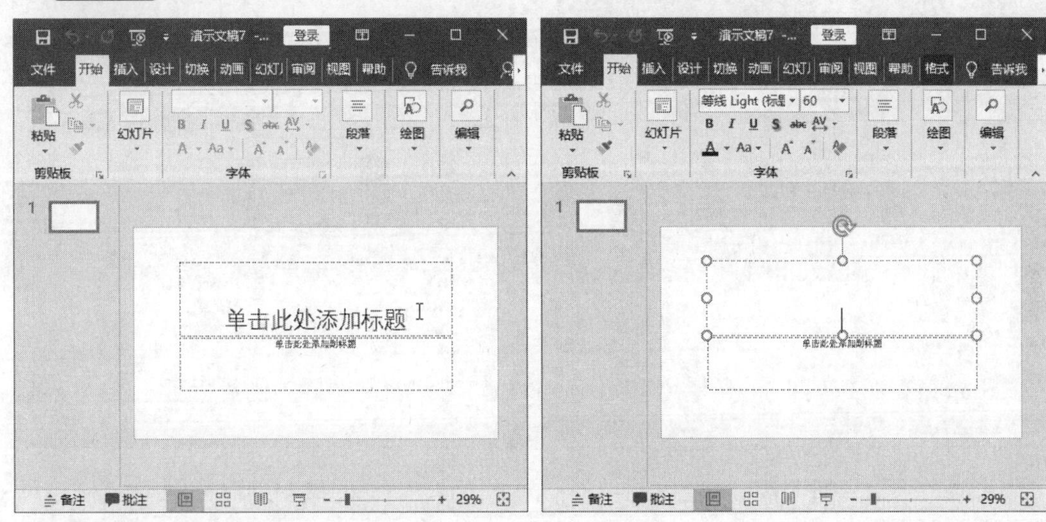

图 11-26　　　　图 11-27

第 3 步 通过以上步骤即可完成在演示文稿中添加文本的操作，如图 11-28 所示。

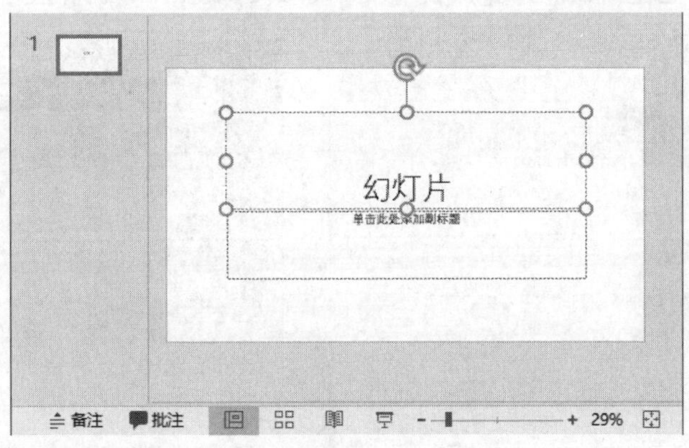

图 11-28

11.4.3　设置文本格式

用户可以根据演示文稿所要表达的内容，将文稿中的文本设置为符合要求的格式，如字体、字号、字体样式等，从而使演示文稿更加美观，使宣传、讲演等工作可以更好地被观众所接受，下面介绍设置文本格式的相关操作方法。

第 1 步 选中要设置文本格式的文本内容，*1.* 在【开始】选项卡中单击【字体】下拉按钮，*2.* 在弹出的菜单中单击【启动器】按钮，如图 11-29 所示。

第 2 步 弹出【字体】对话框，*1.* 在【字体】选项卡的【中文字体】下拉列表框中选择【宋体】，*2.* 在【字体样式】下拉列表框中选择【加粗 倾斜】，*3.* 在【大小】下拉列表框中选择 80，如图 11-30 所示。

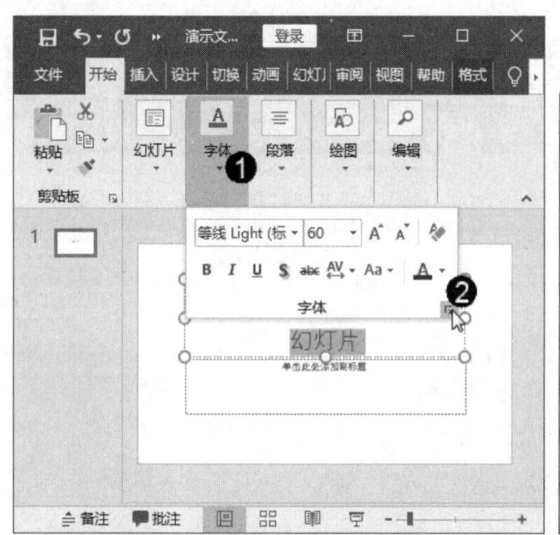

图 11-29

图 11-30

第 3 步 选择【字符间距】选项卡，*1.* 在【间距】下拉列表框中选择【加宽】选项，*2.* 在【度量值】微调框中输入 5，*3.* 单击【确定】按钮，如图 11-31 所示。

第 4 步 通过上述步骤即可完成设置文本格式的操作，如图 11-32 所示。

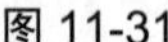

图 11-31

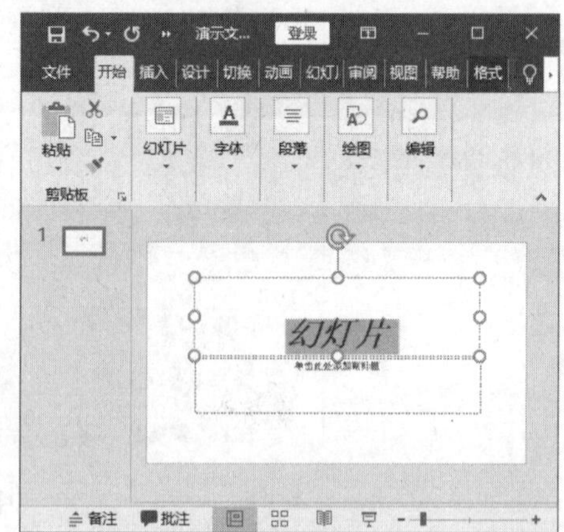

图 11-32

11.4.4 设置段落格式

在 PowerPoint 2016 中，用户不仅可以将文本的格式自定义设置，还可以根据具体的目标或要求，对幻灯片的段落格式进行设置，下面介绍设置段落格式的操作方法。

第 1 步 选中要设置段落格式的文本内容，*1.* 在【开始】选项卡中单击【段落】下拉按钮，*2.* 在弹出的菜单中单击【启动器】按钮，如图 11-33 所示。

第 2 步 弹出【段落】对话框，*1.* 在【缩进和间距】选项卡的【缩进】区域中设置【特殊】和【度量值】选项，*2.* 在【间距】区域中设置【行距】和【设置值】，*3.* 单击【确定】按钮，如图 11-34 所示。

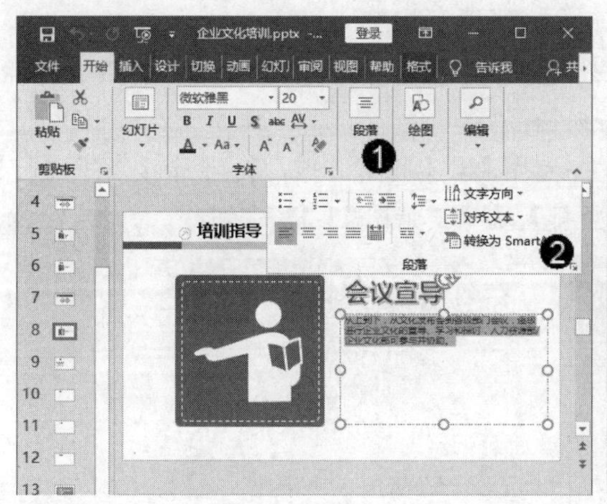

图 11-33

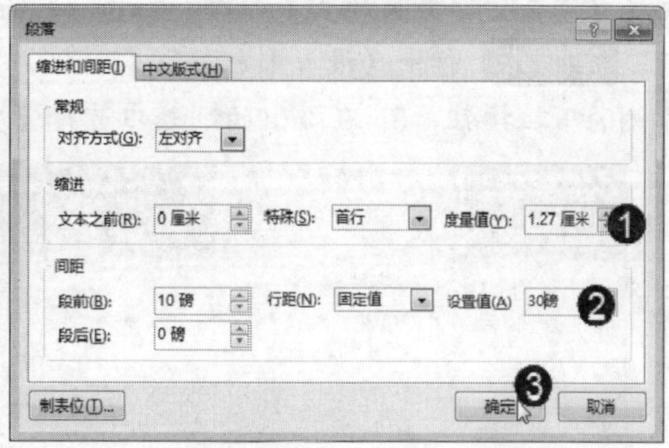

图 11-34

第 3 步 通过上述步骤即可完成设置段落格式的操作，如图 11-35 所示。

图 11-35

11.5　实践案例与上机指导

通过本章的学习，读者基本可以掌握 PowerPoint 2016 演示文稿的基本知识以及一些常见的操作方法，下面通过练习操作，以达到巩固学习、拓展提高的目的。

↑扫码看视频

11.5.1 设置文字方向

在 PowerPoint 2016 中，用户还可以根据版式的要求设置文字显示的方向，下面介绍设置文字方向的相关操作方法。

素材保存路径：配套素材\第 11 章

素材文件名称：企业文化培训.pptx、效果-企业文化培训.pptx

第 1 步 打开演示文稿，选中文本框中的文本，单击鼠标右键，在弹出的快捷菜单中选择【设置文字效果格式】命令，如图 11-36 所示。

第 2 步 弹出【设置形状格式】窗格，***1.*** 选择【文本框】选项，***2.*** 单击【文字方向】右侧的下拉按钮，***3.*** 在弹出的列表中选择【竖排】选项，如图 11-37 所示。

图 11-36

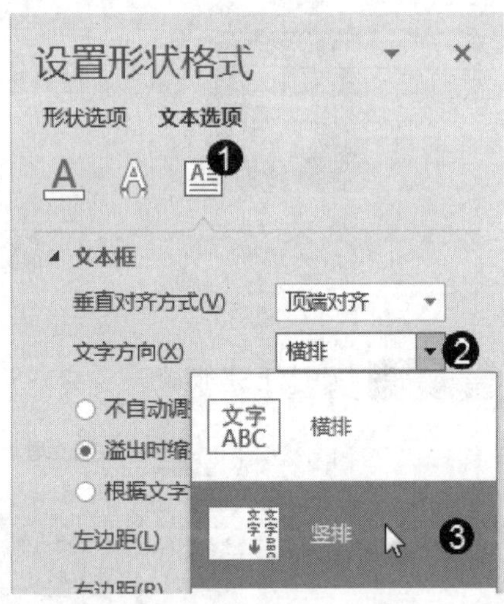

图 11-37

第 3 步 通过上述步骤即可完成设置文字方向的操作，如图 11-38 所示。

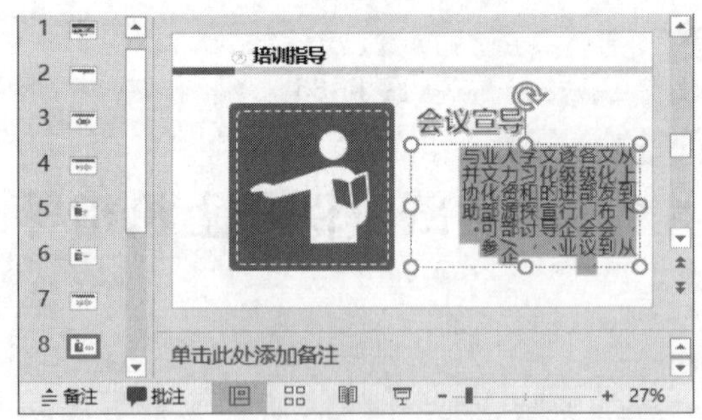

图 11-38

11.5.2 设置分栏显示

在 PowerPoint 2016 中，用户还可以根据版式的要求将文字设置为分栏显示，下面介绍设置文本分栏显示的相关操作方法。

素材保存路径：配套素材\第 11 章

素材文件名称：环保宣传片.pptx、效果-环保宣传片.pptx

第 1 步 选中要进行分栏的文本，单击鼠标右键，在弹出的快捷菜单中选择【设置文字效果格式】命令，如图 11-39 所示。

第 2 步 弹出【设置形状格式】窗格，***1.*** 选择【形状选项】选项卡，***2.*** 单击【大小与属性】按钮，***3.*** 在【文本框】区域中单击【分栏】按钮，如图 11-40 所示。

图 11-39

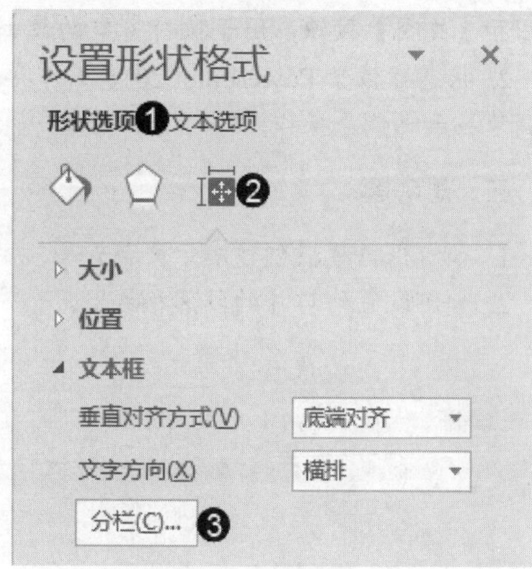

图 11-40

第 3 步 弹出【栏】对话框，***1.*** 在【数量】微调框中输入 2，***2.*** 在【间距】微调框中输入 1.5 厘米，***3.*** 单击【确定】按钮，如图 11-41 所示。

第 4 步 通过上述步骤即可完成设置分栏的操作，如图 11-42 所示。

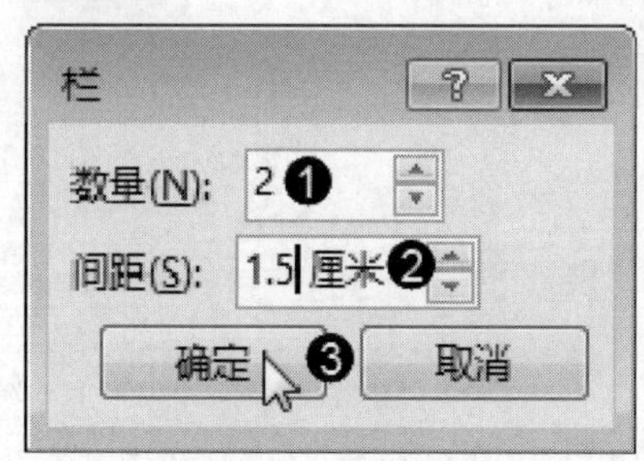

图 11-41

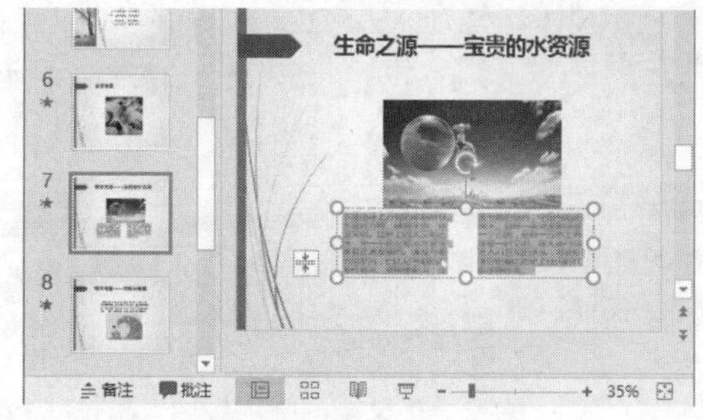

图 11-42

11.6 思考与练习

一、填空题

1. PowerPoint 2016 工作界面主要由__________、快速访问工具栏、功能区、大纲区、________、备注区和__________等部分组成。

2. 功能区位于标题栏的下方，默认情况下由 10 个选项卡组成，分别为【文件】、________、【插入】、________、【切换】、________、【幻灯片放映】、【审阅】、【视图】和【帮助】。

二、判断题

1. 标题栏位于 PowerPoint 2016 工作界面的最上方，用于显示文档和程序名称。在标题栏的最右侧，包括【登录】按钮、【功能区显示选项】按钮、【最小化】按钮、【最大化】按钮和【关闭】按钮，用于执行窗口的最小化、最大化、向下还原和关闭等操作。 (   )

2. 状态栏位于 PowerPoint 2016 工作界面的最上方，用于查看页面信息、切换视图模式和调节显示比例等操作。 (   )

三、思考题

1. 如何根据模板创建演示文稿?

2. 如何设置幻灯片的段落格式?

第 12 章

美化演示文稿

本章要点

- 插入图形与图片
- 使用艺术字与文本框
- 母版的设计与使用
- 插入视频与声音文件

本章主要内容

本章主要介绍了插入图形与图片、使用艺术字与文本框、母版的设计与使用方面的知识与技巧，同时还讲解了如何插入视频与声音文件，在本章的最后还针对实际的工作需求，讲解了应用默认主题、快速制作相册式演示文稿的方法。通过本章的学习，读者可以掌握美化演示文稿方面的知识，为深入学习 Office 2016 知识奠定基础。

12.1 插入图形与图片

Power Point 2016 提供了非常强大的绘图工具，包括线条、几何形状、箭头形状、公式、流程图形状、星、旗帜、标注以及按钮等。用户可以在文稿中插入图形和图片，从而增强幻灯片的艺术效果。本节将介绍在 PowerPoint 2016 中插入图形与图片的操作方法。

↑ 扫码看视频

12.1.1 绘制图形

在 PowerPoint 2016 演示文稿的幻灯片中可以非常方便地绘制各种形状的图形，下面介绍在演示文稿中绘制图形的操作方法。

第 1 步 启动 PowerPoint 2016 程序，***1.*** 在【插入】选项卡中单击【插图】下拉按钮，***2.*** 在弹出的菜单中单击【形状】下拉按钮，***3.*** 在形状库中选择要绘制的图形，如图 12-1 所示。

第 2 步 鼠标指针变为十字形状，在要绘制图形的区域拖动鼠标，确认无误后释放鼠标左键，通过以上步骤即可完成绘制图形的操作，如图 12-2 所示。

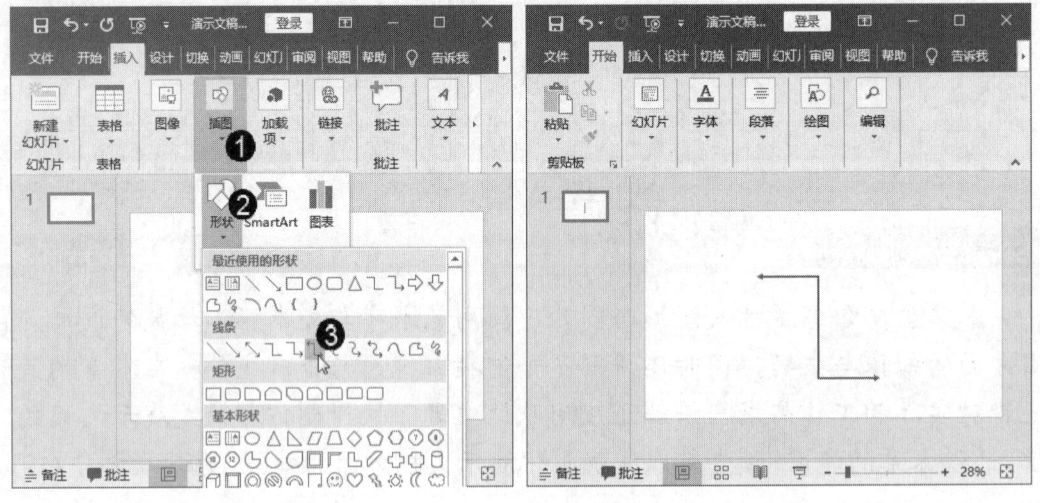

图 12-1　　　　图 12-2

12.1.2 插入图片

用户可以将自己喜欢的图片保存在电脑中，然后在编辑排版时将这些图片插入

PowerPoint 2016 演示文稿中，下面介绍相关操作方法。

第 1 步 启动 PowerPoint 2016 程序，**1.** 在【插入】选项卡中单击【图像】下拉按钮，**2.** 在弹出的菜单中单击【图片】按钮，如图 12-3 所示。

第 2 步 弹出【插入图片】对话框，**1.** 选择要插入图片的所在位置，**2.** 选中要插入的图片，**3.** 单击【插入】按钮，如图 12-4 所示。

图 12-3

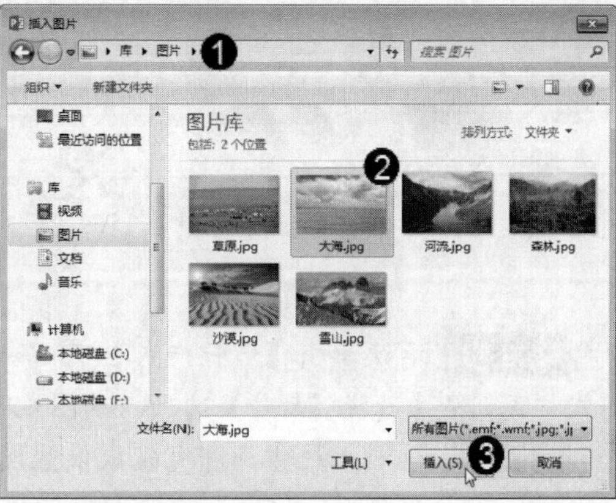

图 12-4

第 3 步 通过上述步骤即可完成插入图片的操作，如图 12-5 所示。

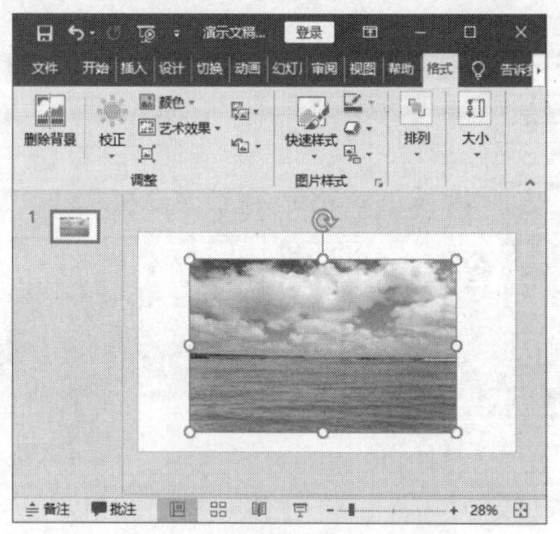

图 12-5

12.1.3　设置图形样式和效果

在幻灯片中插入图形后，可以根据需要设置图形样式和效果，下面详细介绍设置图形样式和效果的操作方法。

第 1 步 选中幻灯片中的图形，**1.** 在【格式】选项卡中单击【形状样式】下拉按钮，**2.** 单击样式库下拉按钮，**3.** 在弹出的样式库中选择一种样式，如图 12-6 所示。

第 2 步 再次单击【形状样式】下拉按钮，**1.** 在弹出的菜单中选择【箭头】菜单项，**2.** 在样式库中选择一种箭头样式，如图 12-7 所示。

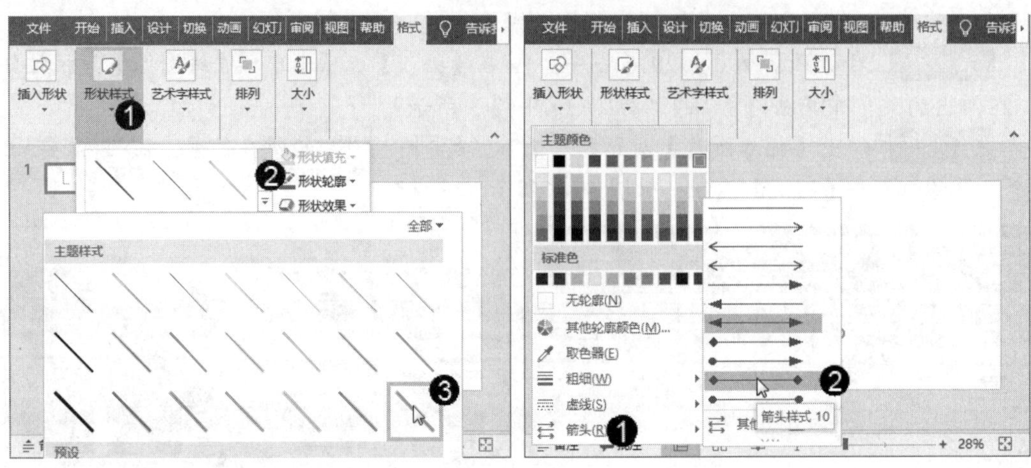

图 12-6　　　　图 12-7

第 3 步 再次单击【形状样式】下拉按钮，***1.*** 在弹出的菜单中选择【粗细】菜单项，***2.*** 在样式列表中选择【6 磅】选项，如图 12-8 所示。

第 4 步 通过上述步骤即可完成设置图形样式和效果的操作，如图 12-9 所示。

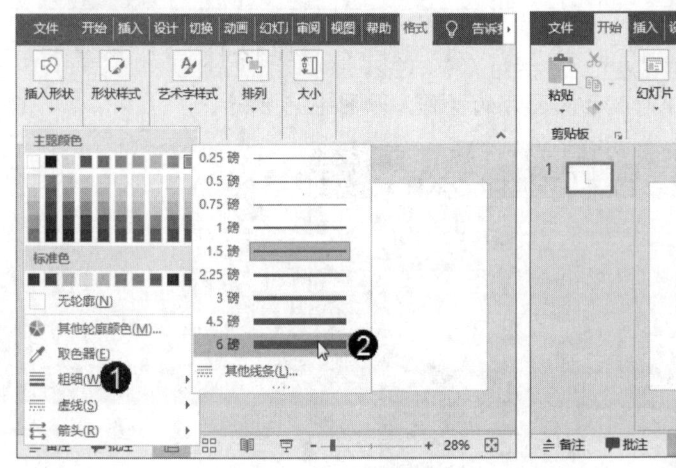

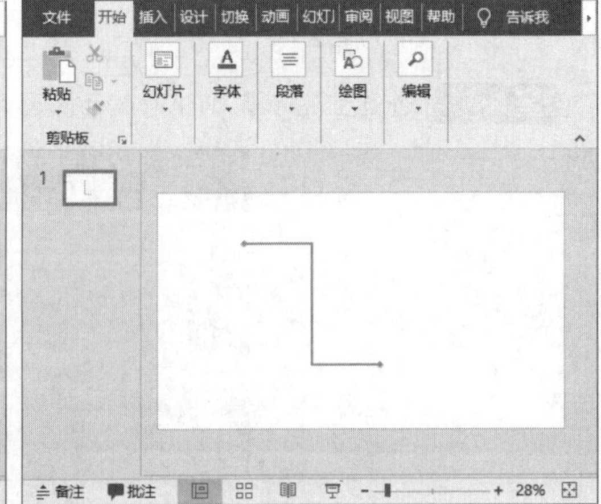

图 12-8　　　　图 12-9

12.2 使用艺术字与文本框

使用 PowerPoint 2016 制作演示文稿时，为了使某些标题或内容更加醒目，经常会在幻灯片中插入艺术字和文本框，艺术字通常用于制作幻灯片的标题。本节将介绍在幻灯片中使用艺术字和文本框的相关操作方法。

↑扫码看视频

12.2.1　插入艺术字

在 PowerPoint 2016 中插入艺术字可以美化幻灯片的页面，使幻灯片看起来更加吸引人，下面介绍在演示文稿中插入艺术字的操作方法。

第 1 步　启动 PowerPoint 2016 程序，***1.*** 在【插入】选项卡中单击【文本】下拉按钮，***2.*** 在弹出的菜单中单击【艺术字】下拉按钮，***3.*** 在艺术字库中选择要使用的艺术字，如图 12-10 所示。

第 2 步　插入默认文字内容为“请在此放置您的文字”的艺术字，如图 12-11 所示。

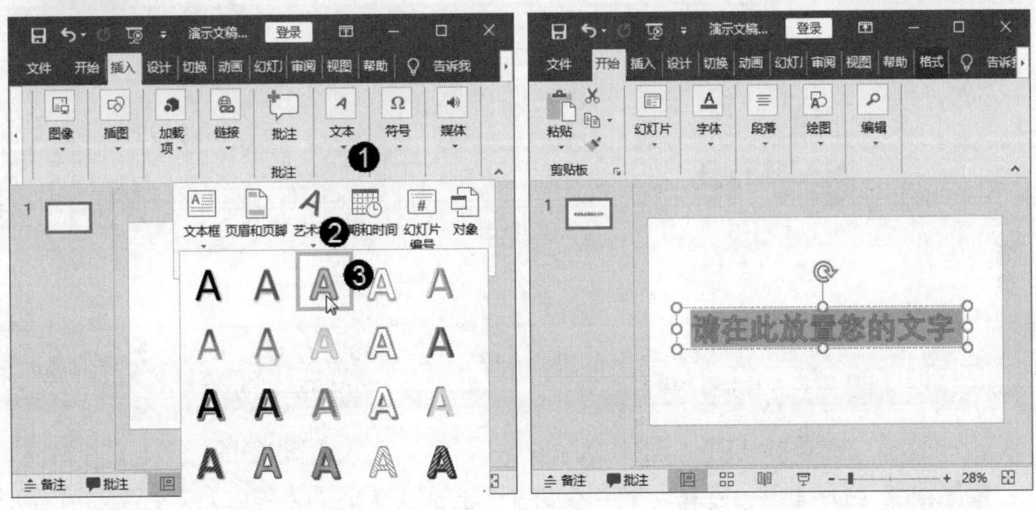

图 12-10　　　　图 12-11

第 3 步　使用输入法输入内容，通过以上步骤即可完成插入艺术字的操作，如图 12-12 所示。

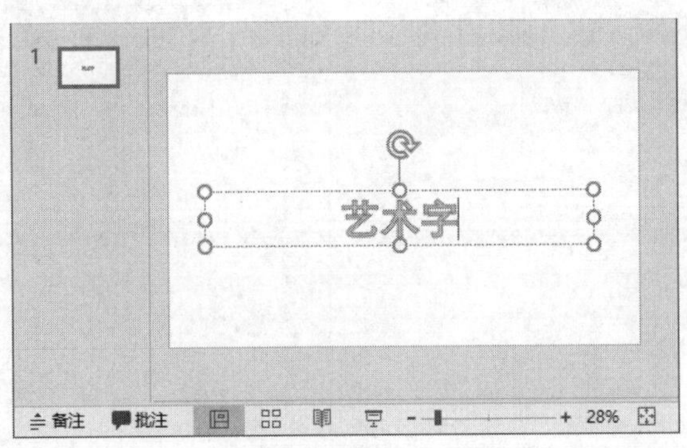

图 12-12

12.2.2　插入文本框

在编排演示文稿的实际工作中，有时需要将文字放置到幻灯片页面的特定位置上，此时可以通过向幻灯片中插入文本框来实现这一排版要求，在幻灯片中插入文本框的操作非常简单，下面介绍相关操作方法。

第 1 步 启动 PowerPoint 2016 程序，***1.*** 在【插入】选项卡中单击【文本】下拉按钮，***2.*** 在弹出的菜单中单击【文本框】下拉按钮，***3.*** 在弹出的子菜单中选择【绘制横排文本框】菜单项，如图 12-13 所示。

第 2 步 鼠标指针变为十字形状，在要绘制文本框的区域拖动鼠标，确认无误后释放鼠标左键，如图 12-14 所示。

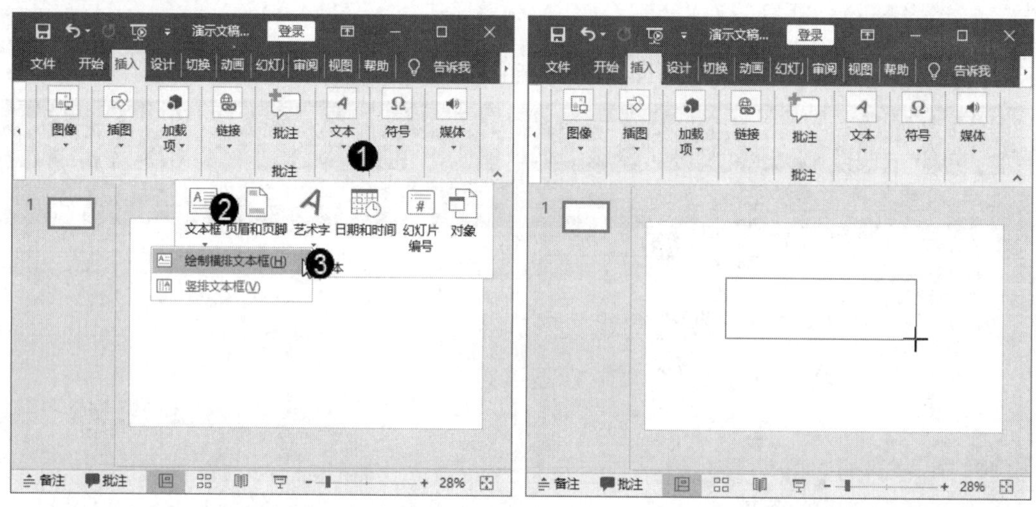

图 12-13　　图 12-14

第 3 步 幻灯片中已经插入了一个空白文本框，使用输入法输入内容，如图 12-15 所示。

第 4 步 通过以上步骤即可完成插入文本框的操作，如图 12-16 所示。

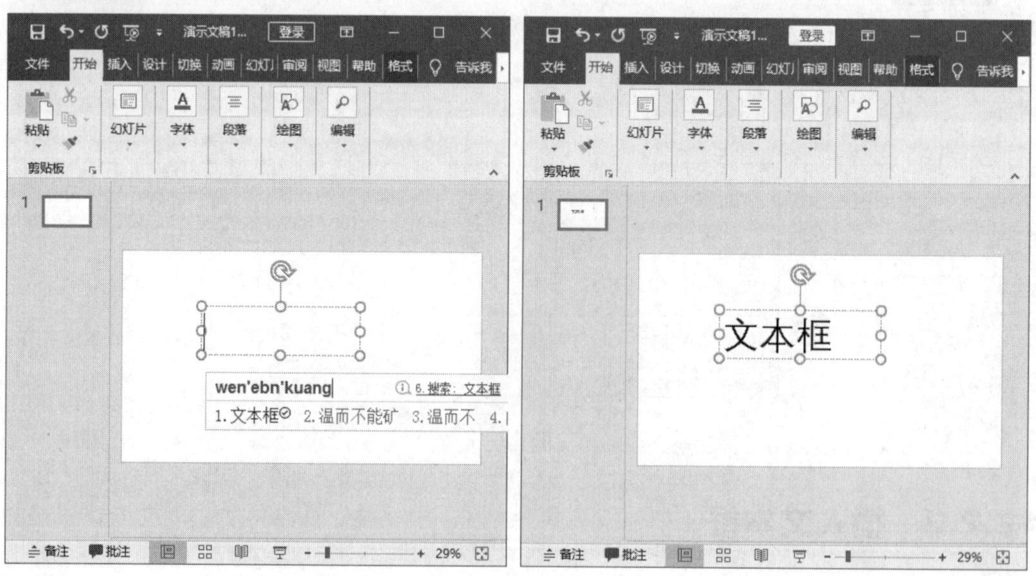

图 12-15　　图 12-16

12.3　母版的设计与使用

母版是定义演示文稿中所有幻灯片或页面格式的幻灯片视图或页面。每个演示文稿的每个关键组件都有一个母版，使用母版可以方便统一幻灯片的风格。本节将介绍母版的设计与使用。

↑扫码看视频

12.3.1　打开和关闭母版视图

使用母版视图首先应熟悉对于母版视图的基础操作，包括打开和关闭母版视图，下面介绍相关操作方法。

第 1 步 打开演示文稿，***1.*** 在【视图】选项卡中单击【母版视图】下拉按钮，***2.*** 在弹出的菜单中单击【幻灯片母版】按钮，如图 12-17 所示。

第 2 步 通过以上步骤即可完成打开母版视图的操作，如图 12-18 所示。

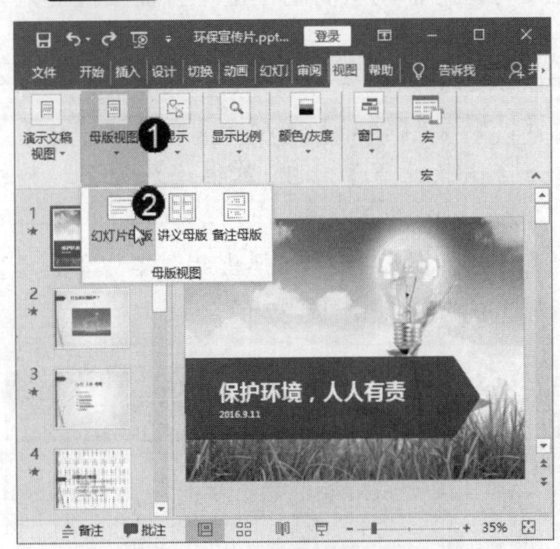

图 12-17

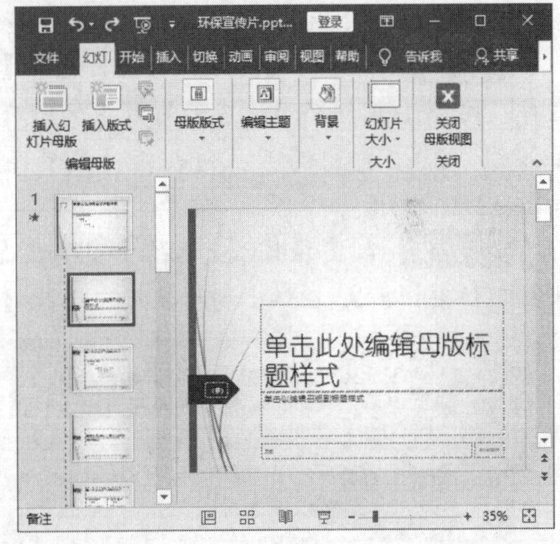

图 12-18

第 3 步 在【幻灯片母版】选项卡中单击【关闭母版视图】按钮，如图 12-19 所示。

图 12-19

第 4 步 通过以上步骤即可完成关闭母版视图的操作，如图 12-20 所示。

图 12-20

12.3.2 编辑母版内容

打开母版视图后，用户可以在其中自定义布局和内容，从而制作出符合需要的幻灯片演示文稿，下面介绍编辑母版内容的相关操作方法。

第 1 步 打开幻灯片母版功能，选中【Office 主题 幻灯片母版：由幻灯片 1 使用】幻灯片，按 Ctrl+A 组合键选中幻灯片中的所有元素，***1.*** 在【开始】选项卡中单击【字体】下拉按钮，***2.*** 在弹出的下拉列表框中设置字体为【微软雅黑】，***3.*** 单击【加粗】按钮，如图 12-21 所示。

第 2 步 ***1.*** 在【插入】选项卡中单击【插图】下拉按钮，***2.*** 在弹出的菜单中单击【形状】下拉按钮，***3.*** 在弹出的形状库中选择【矩形】选项，如图 12-22 所示。

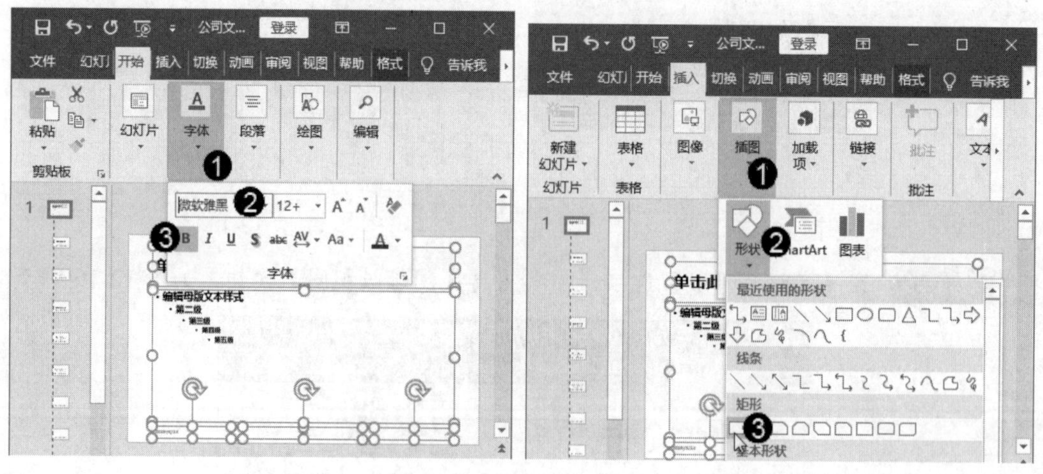

图 12-21　　图 12-22

第 3 步 鼠标指针变为十字形状，拖动鼠标指针绘制一个矩形，如图 12-23 所示。

第 4 步 选中矩形，***1.*** 在【格式】选项卡下的【形状样式】组中单击下拉按钮，***2.*** 在弹出的样式库中选择一种样式，如图 12-24 所示。

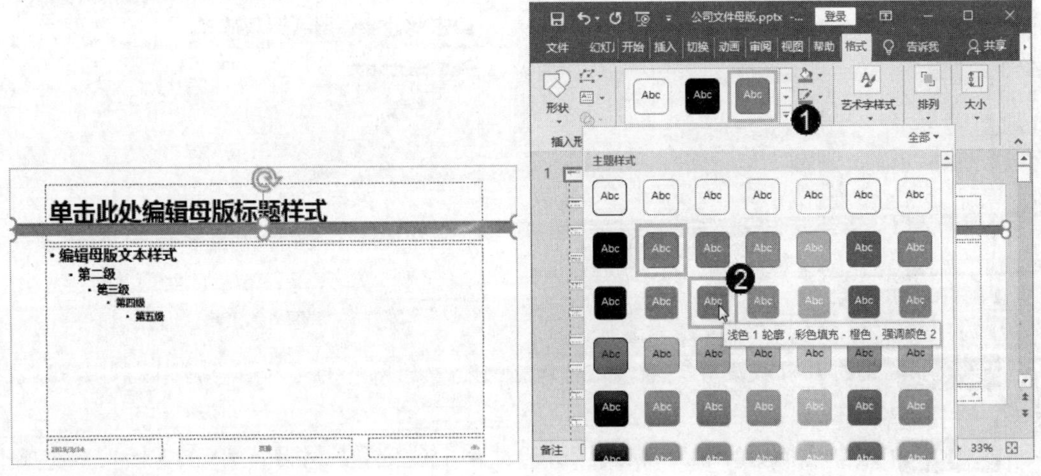

图 12-23　　图 12-24

第 5 步 此时绘制的矩形就会应用选中的形状样式，如图 12-25 所示。

第 6 步 ***1.*** 在【插入】选项卡中单击【图像】下拉按钮，***2.*** 在弹出的菜单中单击【图片】按钮，如图 12-26 所示。

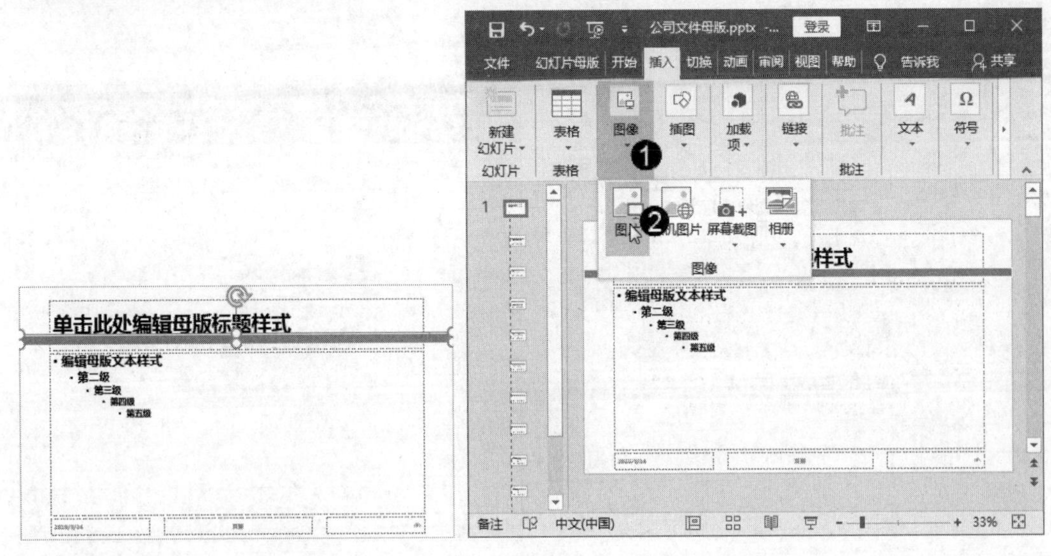

图 12-25　　图 12-26

第 7 步 弹出【插入图片】对话框，***1.*** 选择图片所在位置，***2.*** 选中图片，***3.*** 单击【插入】按钮，如图 12-27 所示。

第 8 步 幻灯片中已经插入了图片，拖动鼠标指针调整图片大小和位置，将图片置于幻灯片的右上角，如图 12-28 所示。

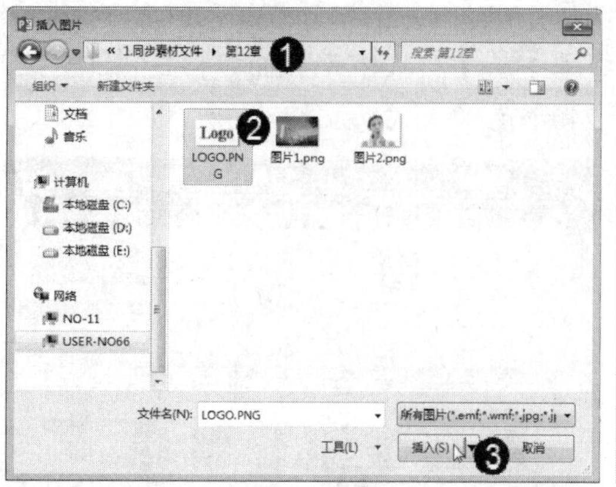

图 12-27

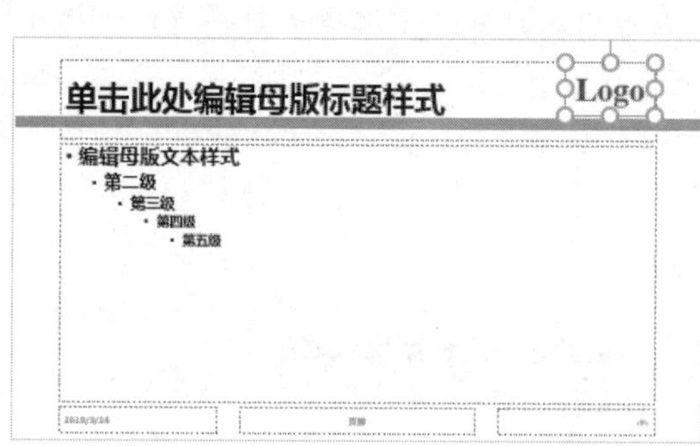

图 12-28

第 9 步 幻灯片母版设置完毕，此时演示文稿中的所有幻灯片都会应用幻灯片母版的版式，如图 12-29 所示。

第 10 步 选中【标题幻灯片 版式：由幻灯片 1 使用】幻灯片，**1.** 在【插入】选项卡中单击【图像】下拉按钮，**2.** 在弹出的菜单中单击【图片】按钮，如图 12-30 所示。

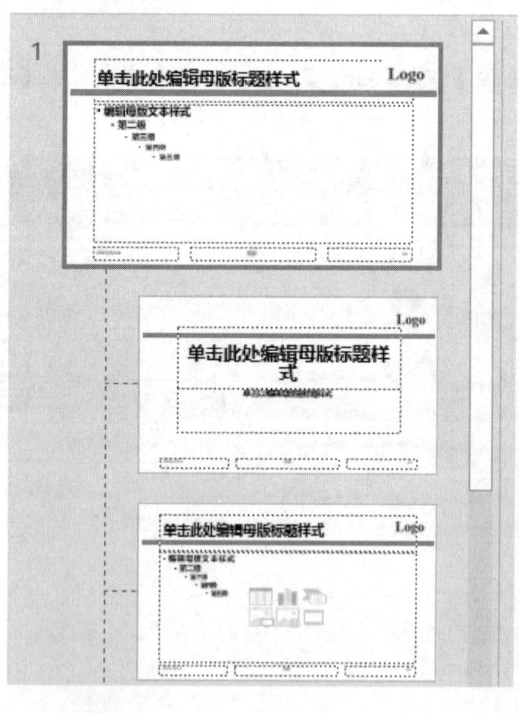

图 12-29

图 12-30

第 11 步 弹出【插入图片】对话框，**1.** 选择图片所在位置，**2.** 选中图片，**3.** 单击【插入】按钮，如图 12-31 所示。

第 12 步 此时幻灯片中已经插入了图片，拖动图片四周的控制点，调整图片的大小，使其覆盖整张幻灯片，如图 12-32 所示。

第 13 步 **1.** 在【插入】选项卡中单击【插图】下拉按钮，**2.** 在弹出的菜单中单击【形状】按钮，**3.** 在弹出的形状库中选择一种形状，如图 12-33 所示。

第 14 步 拖动鼠标在幻灯片中绘制一个图形，如图 12-34 所示。

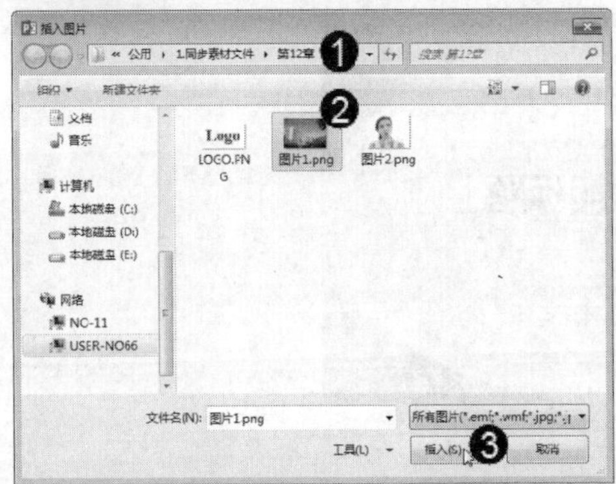

图 12-31

图 12-32

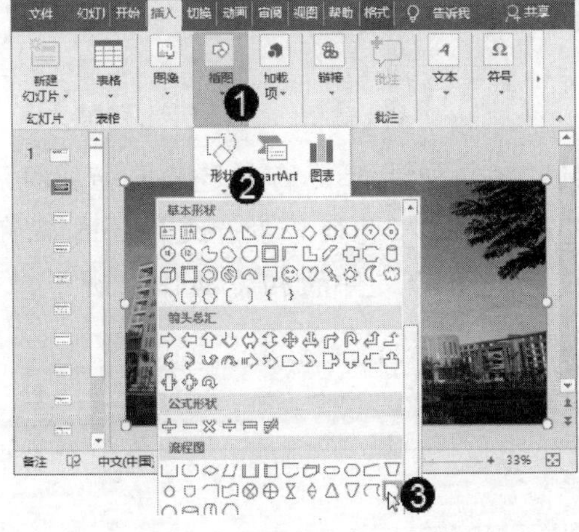

图 12-33

图 12-34

第 15 步 选中图形，**1.** 在【格式】选项卡的【形状样式】组中单击下拉按钮，**2.** 在弹出的样式库中选择一种样式，如图 12-35 所示。

第 16 步 此时绘制的图形就会应用选中的形状颜色，如图 12-36 所示。

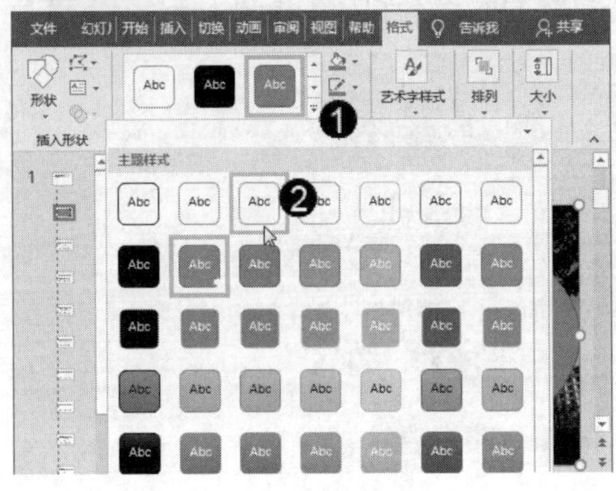

图 12-35

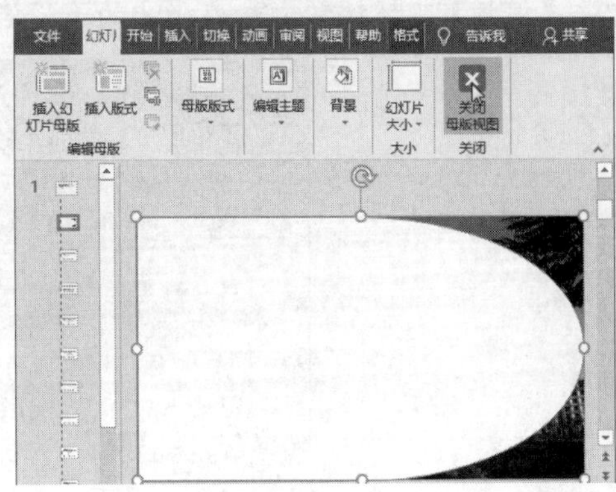

图 12-36

第 17 步 设置完毕，在【关闭】组中单击【关闭母版视图】按钮即可，标题幻灯片版式的设置效果如图 12-37 所示。

图 12-37

12.4 插入视频与声音文件

为了丰富演示文稿的内容，使演示文稿看起来更加美观漂亮，用户可以在 PowerPoint 中插入视频与声音文件。本节将介绍在演示文稿中插入视频与声音文件的相关操作方法。

↑扫码看视频

12.4.1 插入视频

在 PowerPoint 2016 程序中，用户在编辑演示文稿时，可以将视频插入到幻灯片中，使版面更加美观漂亮，下面介绍在演示文稿中插入视频的相关操作方法。

第 1 步 选中幻灯片，***1.*** 在【插入】选项卡中单击【媒体】下拉按钮，***2.*** 在弹出的菜单中单击【视频】下拉按钮，***3.*** 在弹出的子菜单中选择【PC 上的视频】选项，如图 12-38 所示。

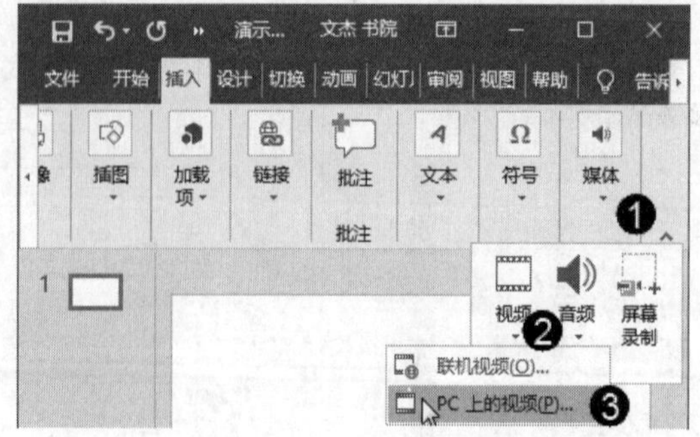

图 12-38

第 2 步 弹出【插入视频文件】对话框，*1.* 选择视频文件所在的位置，*2.* 选中要插入的视频，*3.* 单击【插入】按钮，如图 12-39 所示。

第 3 步 通过上述方法即可完成在演示文稿中插入视频的操作，如图 12-40 所示。

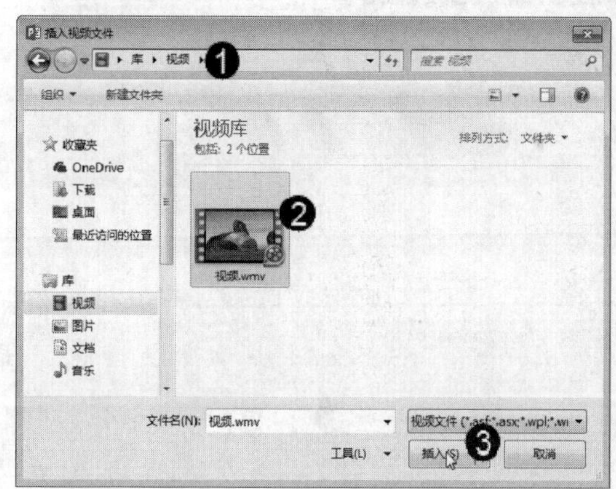

图 12-39

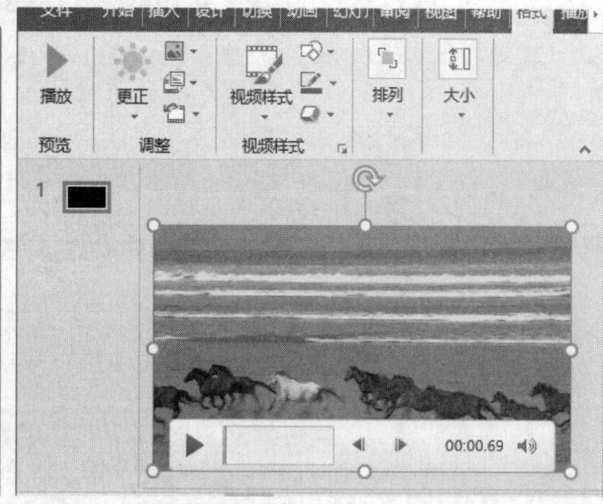

图 12-40

12.4.2　插入声音文件

在演示文稿中，用户可以根据不同的具体需要，将电脑中的音频文件插入演示文稿中，下面介绍相关操作方法。

第 1 步 选中幻灯片，*1.* 在【插入】选项卡中单击【媒体】下拉按钮，*2.* 在弹出的菜单中单击【音频】下拉按钮，*3.* 在弹出的子菜单中选择【PC 上的音频】菜单项，如图 12-41 所示。

第 2 步 弹出【插入音频】对话框，*1.* 选择音频文件所在的位置，*2.* 选中要插入的音频，*3.* 单击【插入】按钮，如图 12-42 所示。

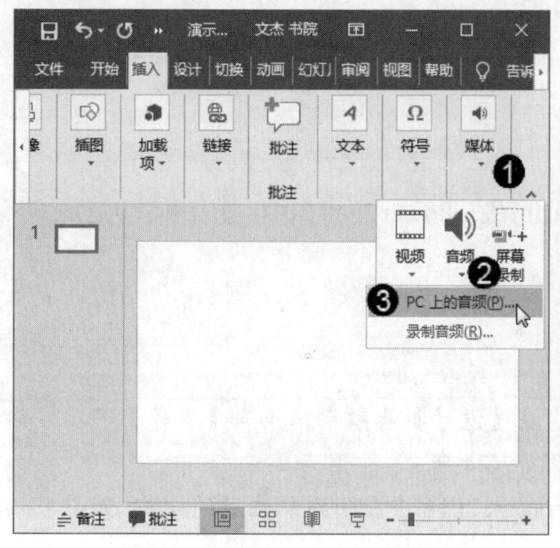

图 12-41

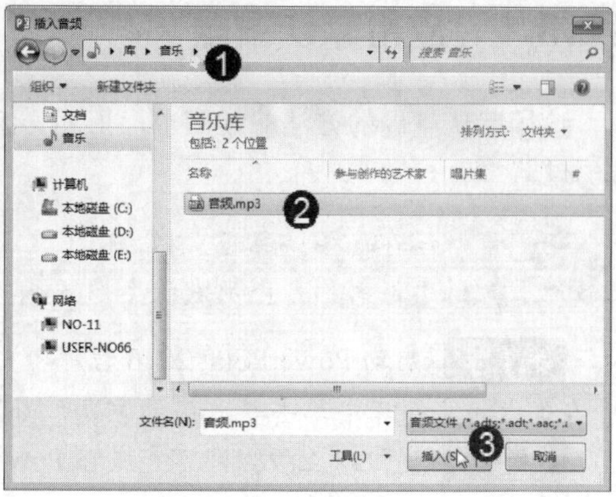

图 12-42

第 3 步 通过上述方法即可完成在演示文稿中插入音频的操作，如图 12-43 所示。

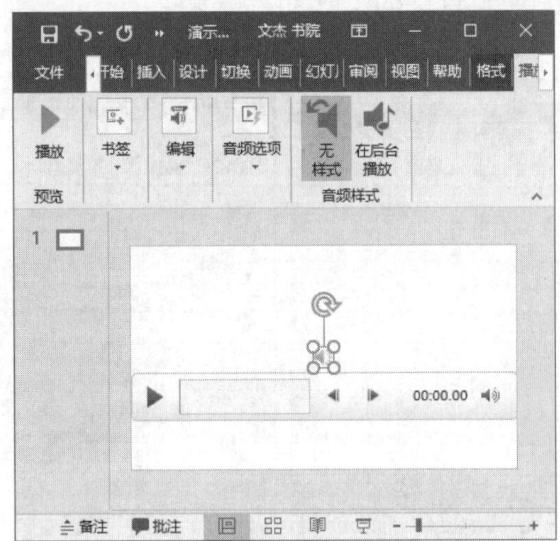

图 12-43

12.5 实践案例与上机指导

通过本章的学习，读者基本可以掌握美化演示文稿的基本知识以及一些常见的操作方法，下面通过练习操作，以达到巩固学习、拓展提高的目的。

↑扫码看视频

12.5.1 应用默认主题

应用默认主题的方法非常简单，下面详细介绍在 PowerPoint 2016 中应用默认主题的操作方法。

素材保存路径：配套素材\第 12 章

素材文件名称：应用默认主题.pptx

第 1 步 启动 PowerPoint 2016 程序，***1.*** 在【设计】选项卡中单击【主题】下拉按钮，***2.*** 在弹出的主题库中单击要应用的主题，如图 12-44 所示。

第 2 步 通过以上步骤即可完成在 PowerPoint 2016 中应用默认主题的操作，如图 12-45 所示。

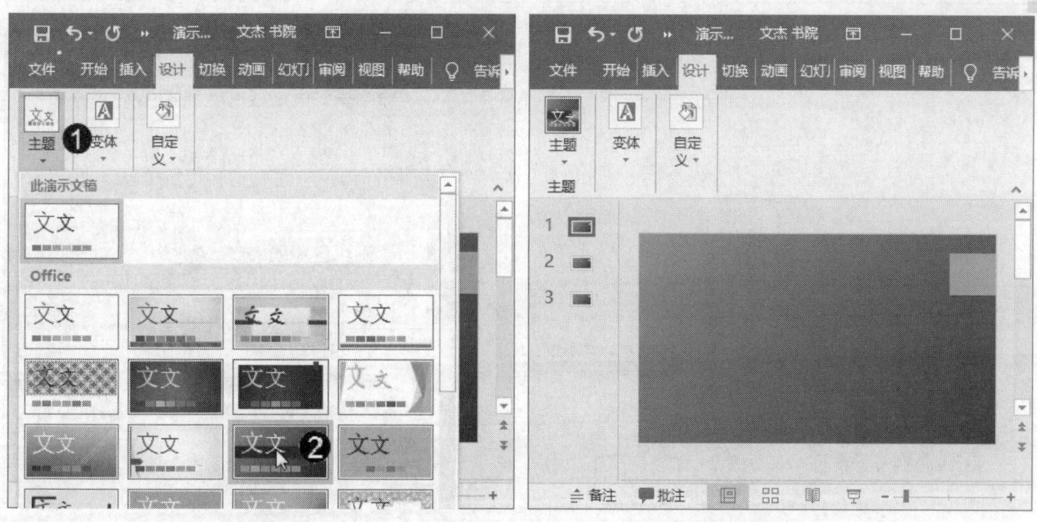

图 12-44　　　　　　　　　　　　　　　图 12-45

12.5.2　快速制作相册式演示文稿

PowerPoint 2016 为用户提供了各式各样的演示文稿模板，供用户进行选择，其中包括相册、营销、业务、教育、行业等。下面详细介绍快速制作相册式演示文稿的方法。

素材保存路径：配套素材\第 12 章

素材文件名称：相册式演示文稿.pptx

第 1 步 启动 PowerPoint 2016 程序，***1.*** 在创建界面中的搜索框中输入“相册”，***2.*** 单击开始搜索按钮，如图 12-46 所示。

第 2 步 在搜索到的模板中选择一个，如图 12-47 所示。

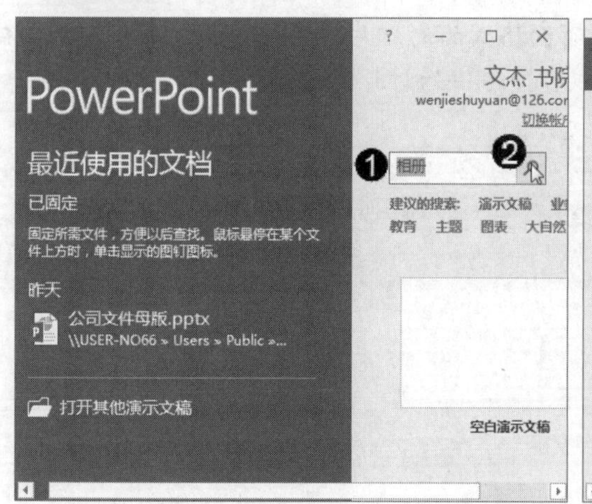

图 12-46

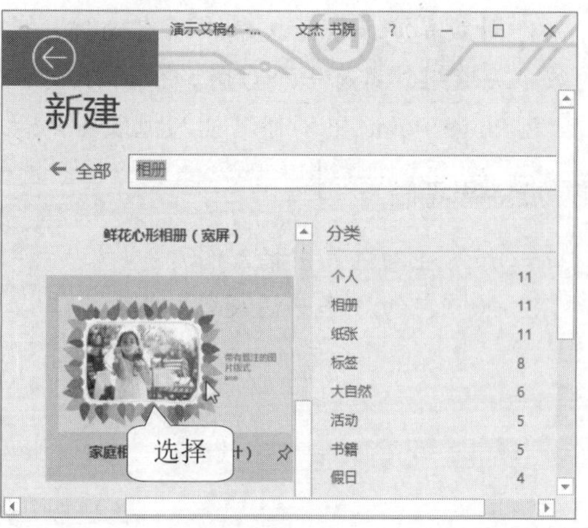

图 12-47

第 3 步 弹出创建窗口，单击【创建】按钮，如图 12-48 所示。

第 4 步 通过上述方法即可完成快速制作相册式演示文稿的操作，如图 12-49 所示。

图 12-48

图 12-49

12.6 思考与练习

一、填空题

1. PowerPoint 2016 提供了非常强大的绘图工具，包括__________、几何形状、__________、公式、流程图形状、星、__________、标注以及按钮等。

2. PowerPoint 2016 为用户提供了各式各样的演示文稿模板，供用户进行选择，其中包括相册、__________、业务、__________、行业等。

二、判断题

1. 母版是定义演示文稿中所有幻灯片或页面格式的幻灯片视图或页面。每个演示文稿的每个关键组件都有一个母版，使用母版可以方便统一幻灯片的风格。 ( )

2. PowerPoint 中不可以插入视频与声音文件。 ( )

三、思考题

1. 如何在幻灯片中插入图片？

2. 如何在幻灯片中插入文本框？

第 13 章

设计与制作幻灯片动画

本章要点

- 幻灯片切换效果
- 自定义动画
- 应用超链接

本章主要内容

本章主要介绍了幻灯片切换效果和自定义动画方面的知识与技巧，同时还讲解了如何应用超链接，在本章的最后还针对实际的工作需求，讲解了创建路径动画、删除超链接和自定义路径动画的方法。通过本章的学习，读者可以掌握设计与制作幻灯片动画方面的知识，为深入学习 Office 2016 知识奠定基础。

13.1　幻灯片切换效果

幻灯片的切换效果是指在放映演示文稿的过程中，切换两张幻灯片时所具有的动画效果。在 PowerPoint 2016 中可以为演示文稿设置不同的切换方式，以增强幻灯片的效果，本节将详细介绍幻灯片切换效果的知识。

↑ 扫码看视频

13.1.1　使用幻灯片切换效果

在 PowerPoint 2016 中预设了细微型、华丽型、动态内容 3 种类型，包括切入、淡出、推进、擦除等 34 种切换方式，下面详细介绍添加幻灯片切换效果的操作方法。

第 1 步 打开演示文稿，***1.*** 在【切换】选项卡的【切换到此幻灯片】组中单击【切换效果】下拉按钮，***2.*** 在弹出的切换效果库中选择要添加的切换方案，如图 13-1 所示。

第 2 步 可以预览到刚刚设置的幻灯片切换效果，通过以上步骤即可完成添加幻灯片切换效果的操作，如图 13-2 所示。

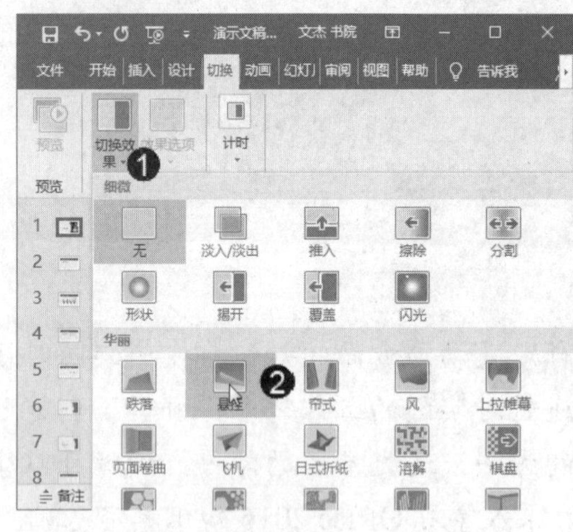

图 13-1

图 13-2

13.1.2　设置幻灯片切换声音效果

在幻灯片切换的过程中，还可以通过添加声音效果使幻灯片内容更加丰富，同时可以让切换的动画效果更加生动，下面介绍设置幻灯片切换声音效果的操作方法。

第 1 步 打开演示文稿，***1.*** 在【切换】选项卡中单击【计时】下拉按钮，***2.*** 在弹出的菜单中单击【声音】下拉按钮，*3.* 在弹出的声音效果列表中选择要添加的声音效果，如选择“鼓声”效果，如图 13-3 所示。

第 2 步 在【持续时间】微调框中设置声音的持续时间，通过以上步骤即可完成添加幻灯片切换声音效果的操作，如图 13-4 所示。

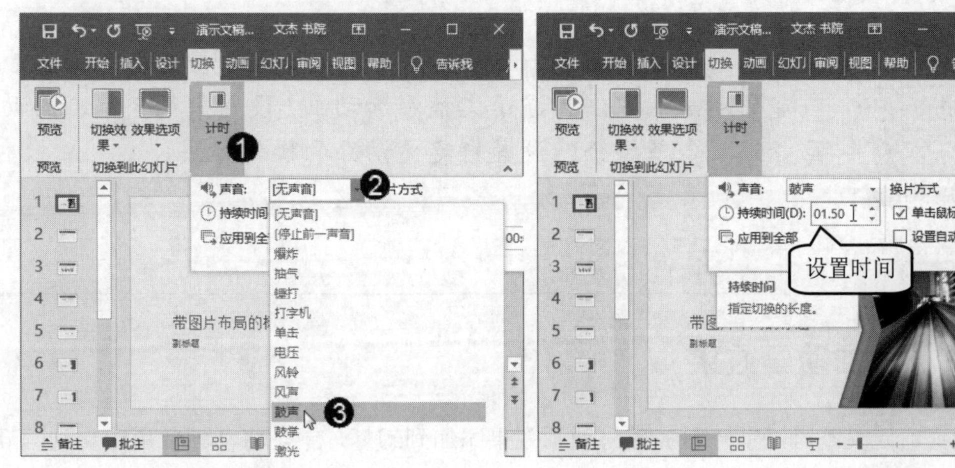

图 13-3　　　　图 13-4

13.1.3　删除幻灯片切换效果

在 PowerPoint 2016 中，如果对设置的幻灯片切换效果不满意，或该演示文稿并不需要设置幻灯片切换效果，可以将其删除，下面介绍删除幻灯片切换效果的操作方法。

第 1 步 打开演示文稿，*1.* 在【切换】选项卡的【切换到此幻灯片】组中单击【切换效果】下拉按钮，*2.* 在弹出的切换效果库中选择【无】选项，如图 13-5 所示。

第 2 步 单击【计时】下拉按钮，*1.* 在弹出的菜单中单击【声音】下拉按钮，*2.* 在弹出的声音效果列表中选择【[无声音]】选项，即可完成删除幻灯片切换效果的操作，如图 13-6 所示。

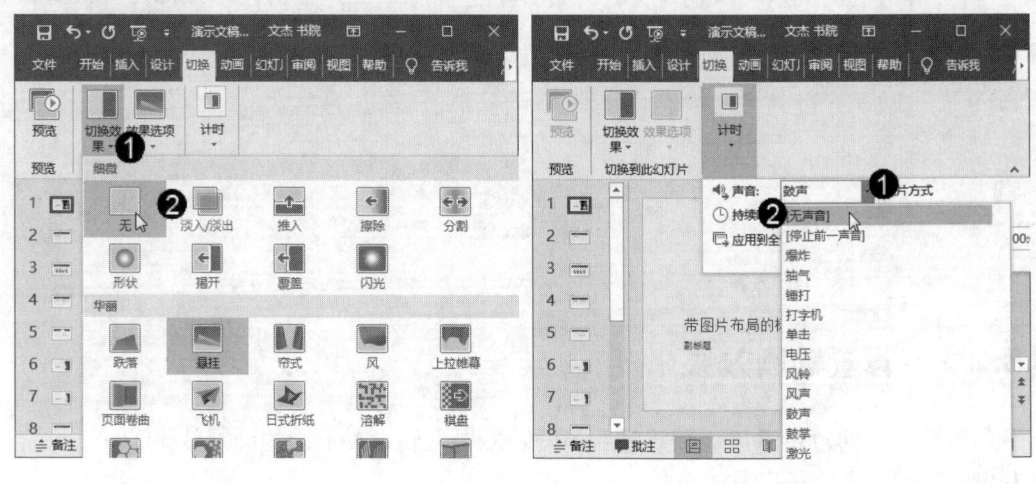

图 13-5　　　　图 13-6

13.2　自定义动画

在 PowerPoint 2016 中，用户可以根据实际的需求，通过自定义动画的方法为演示文稿添加动画，设置出符合需求的动画效果。本节将介绍设置自定义动画的操作方法。

↑扫码看视频

13.2.1　添加动画效果

在设置自定义动画之前，首先应将动画效果添加到幻灯片中。将动画效果添加到幻灯片中的方法非常简单，下面介绍添加动画效果的操作方法。

第 1 步 选中要设置自定义动画的文本框，***1.*** 在【动画】选项卡的【高级动画】组中单击【添加动画】下拉按钮，***2.*** 在弹出的动画样式库中选择要使用的动画样式，如图 13-7 所示。

第 2 步 文本框旁边出现一个数字 1，说明动画已经添加到幻灯片中，通过以上步骤即可完成添加动画效果的操作，如图 13-8 所示。

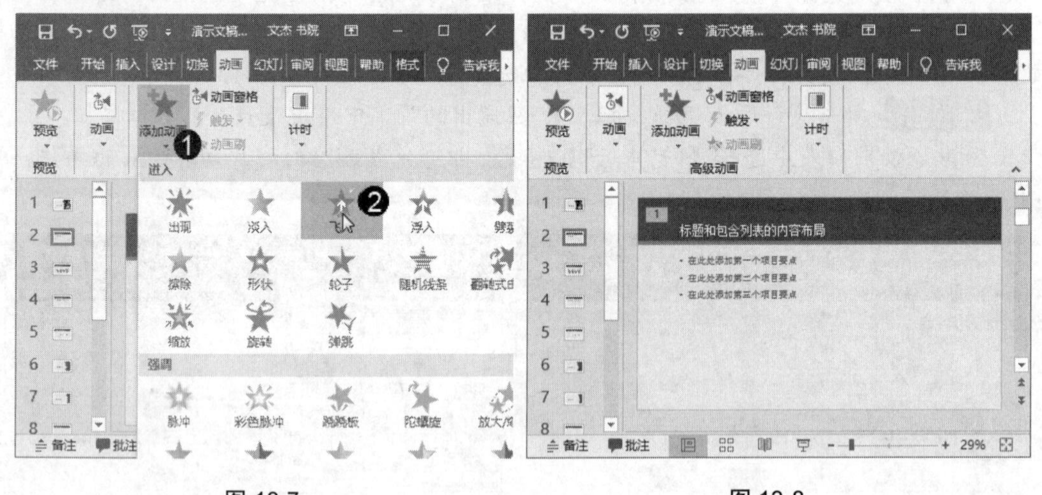

图 13-7　　　　图 13-8

13.2.2　设置动画效果

为幻灯片中的对象添加动画效果后，可以根据需要设置不同的动画效果了，下面详细介绍设置动画效果的操作方法。

第 1 步 选中文本框，在【动画】选项卡的【高级动画】组中单击【动画窗格】按钮，如图 13-9 所示。

第 2 步 弹出【动画窗格】窗格，*1.* 单击【标题 1】右侧的下拉按钮，*2.* 在弹出的菜单中选择【效果选项】菜单项，如图 13-10 所示。

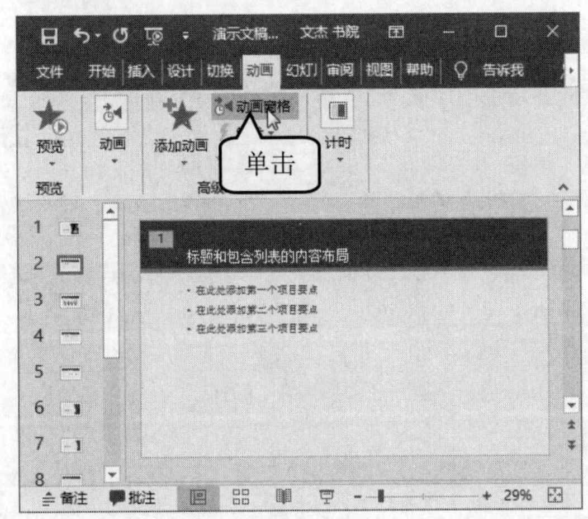

图 13-9

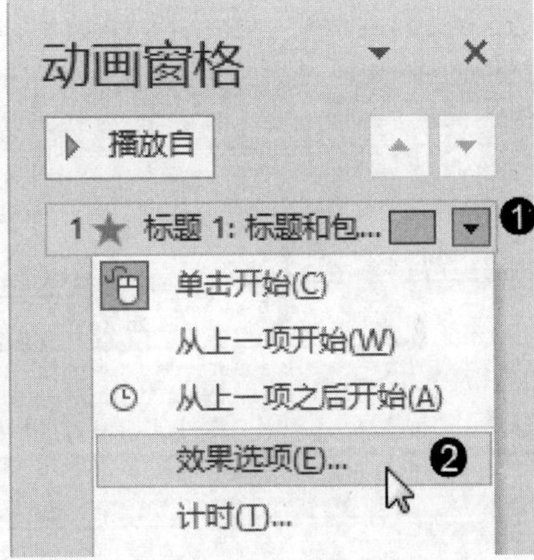

图 13-10

第 3 步 弹出【飞入】对话框，在【效果】选项卡中设置【声音】为【打字机】选项，如图 13-11 所示。

第 4 步 选择【计时】选项卡，*1.* 设置【期间】为【快速(1 秒)】选项，*2.* 单击【确定】按钮即可完成设置动画效果的操作，如图 13-12 所示。

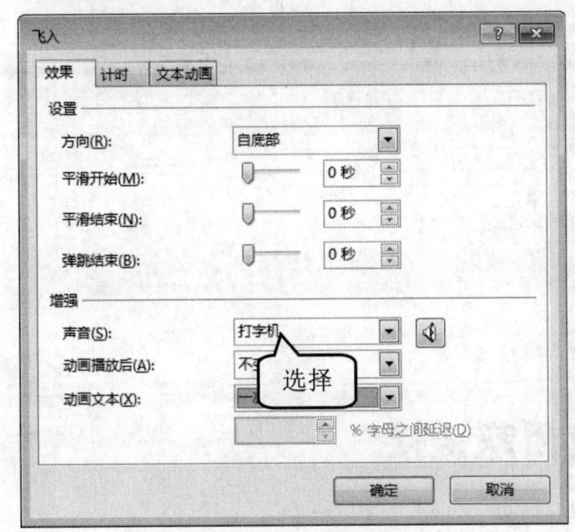

图 13-11

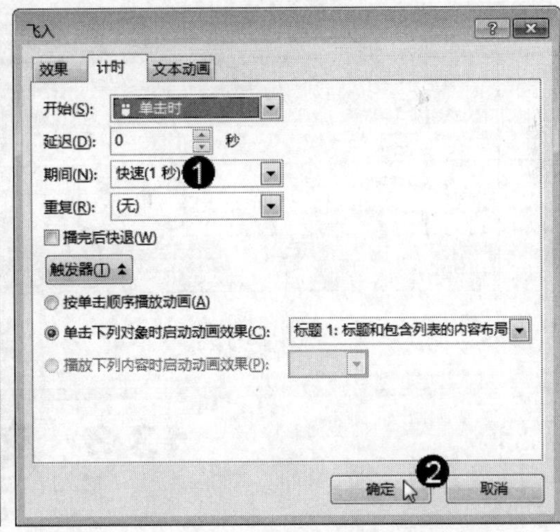

图 13-12

13.2.3　插入动作按钮

在播放演示文稿时，为了更加方便地控制幻灯片的播放，可以在演示文稿中插入动作按钮。通过单击动作按钮，可以实现在播放幻灯片时切换到其他幻灯片、返回目录幻灯片或是直接退出演示文稿播放状态等操作。下面介绍在幻灯片中插入动作按钮的操作方法。

第 1 步 选中幻灯片，*1.* 在【插入】选项卡中单击【插图】下拉按钮，*2.* 在弹出的菜单中单击【形状】下拉按钮，*3.* 在弹出的形状库中选择动作，如图 13-13 所示。

第 2 步 当鼠标指针变为十字形状时，单击并拖动鼠标左键在页面中绘制按钮，至合适位置释放鼠标左键，如图 13-14 所示。

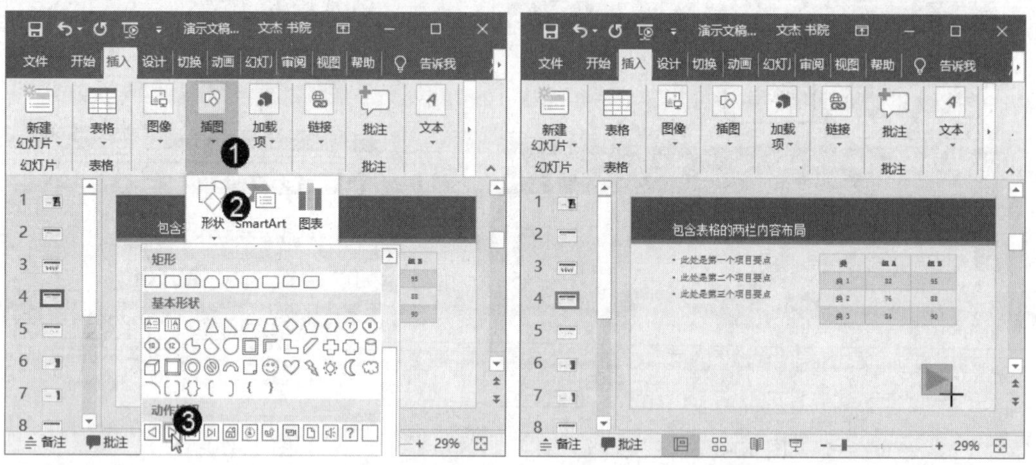

图 13-13　　图 13-14

第 3 步 弹出【操作设置】对话框，单击【确定】按钮，如图 13-15 所示。

第 4 步 幻灯片中已经插入了一个动作按钮，单击该按钮即可切换到下一张幻灯片，如图 13-16 所示。

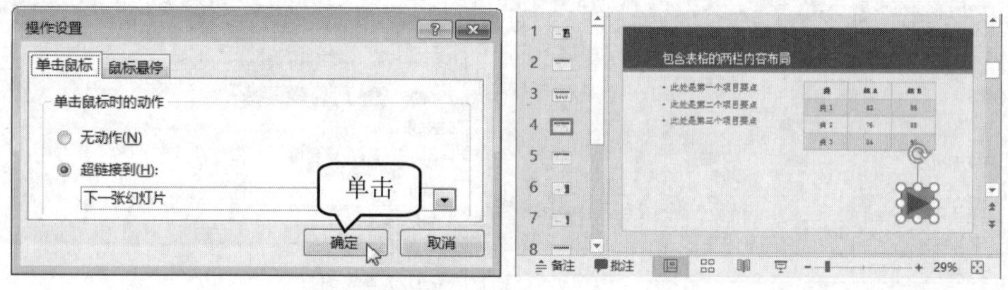

图 13-15　　图 13-16

13.3 应用超链接

幻灯片之间的交互动画，主要是通过交互式动作按钮改变幻灯片原有的放映顺序，如让一张幻灯片链接到另一张幻灯片、将幻灯片链接到其他文件等。本节将详细介绍在幻灯片中使用超链接的方法。

↑扫码看视频

13.3.1 链接到同一演示文稿的其他幻灯片

在 PowerPoint 2016 中，用户单击设置的超链接对象时，即可切换到设置好的指定幻灯片中，下面介绍链接到同一演示文稿的其他幻灯片的操作方法。

第 1 步 选中需要设置链接的对象，*1.* 在【插入】选项卡中单击【链接】下拉按钮，*2.* 在弹出的菜单中单击【链接】按钮，如图 13-17 所示。

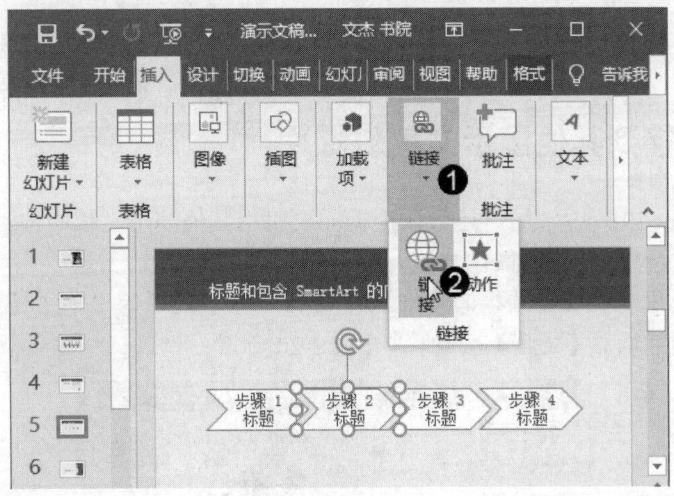

图 13-17

第 2 步 弹出【插入超链接】对话框，*1.* 选择【本文档中的位置】选项，*2.* 在【请选择文档中的位置】列表框中选择要链接到的位置，*3.* 单击【确定】按钮，如图 13-18 所示。

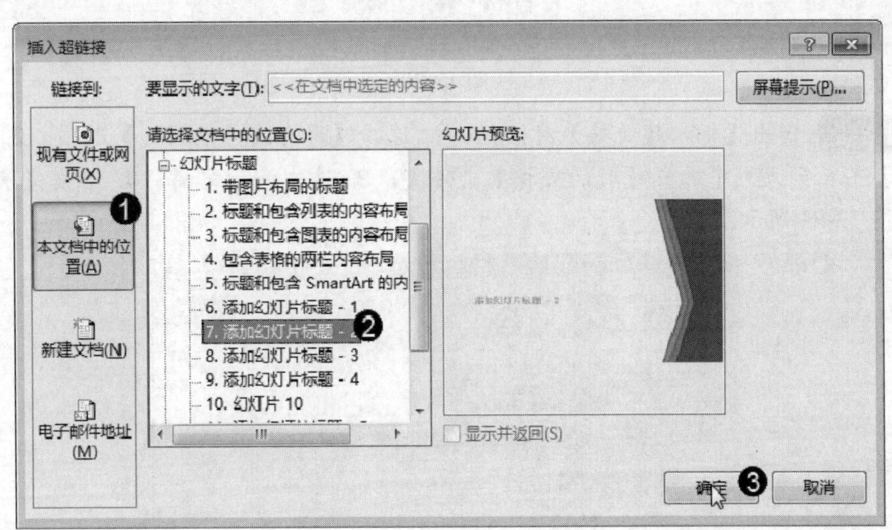

图 13-18

第 3 步 返回到幻灯片，将鼠标指针移至设置了链接的对象上，会有提示框出现，通过以上步骤即可完成链接到同一演示文稿的其他幻灯片的操作，如图 13-19 所示。

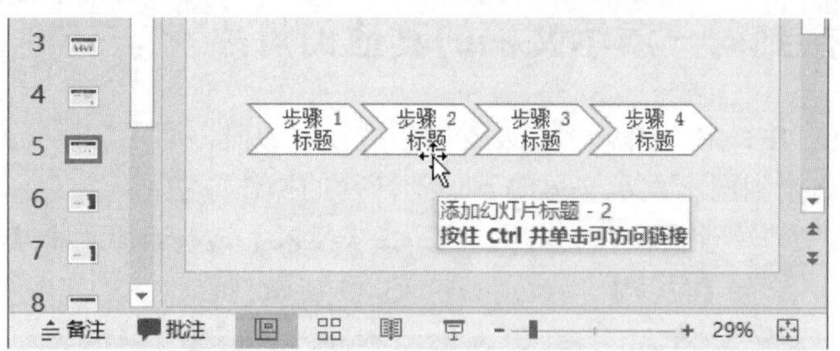

图 13-19

13.3.2 链接到其他演示文稿幻灯片

在 PowerPoint 2016 中，用户还可以根据需要引用其他演示文稿中的幻灯片，下面介绍链接到其他演示文稿幻灯片的操作方法。

第 1 步 选中需要设置链接的对象，***1.*** 在【插入】选项卡中单击【链接】下拉按钮，***2.*** 在弹出的菜单中单击【链接】按钮，如图 13-20 所示。

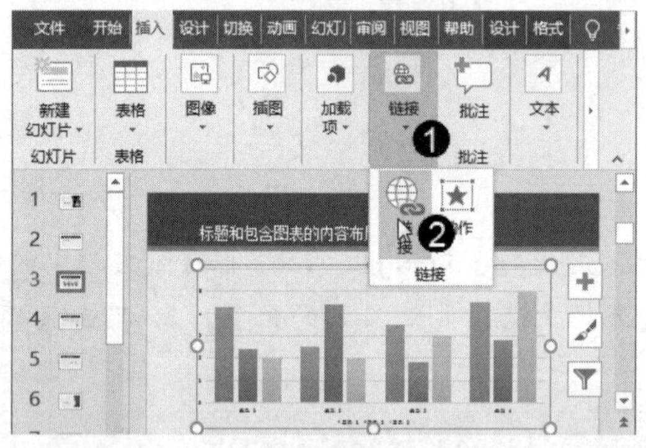

图 13-20

第 2 步 弹出【插入超链接】对话框，***1.*** 选择【现有文件或网页】选项，***2.*** 在【查找范围】下拉列表框中选择【我的文档】文件夹，***3.*** 选中演示文稿，***4.*** 单击【确定】按钮，如图 13-21 所示。

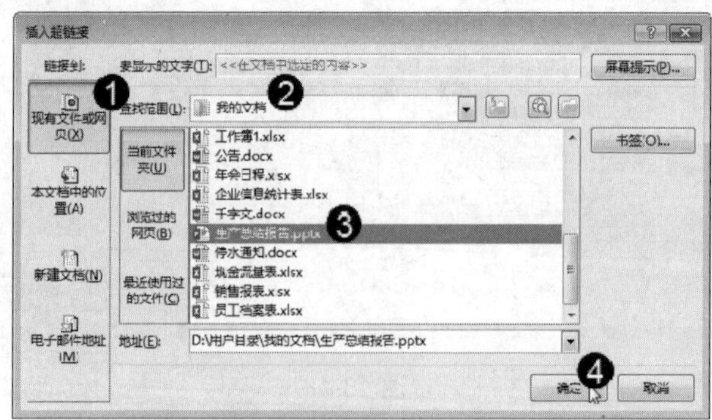

图 13-21

第 3 步 返回到幻灯片，将鼠标指针移至设置了链接的对象上，会有提示框出现，通过以上步骤即可完成链接到其他演示文稿幻灯片的操作，如图 13-22 所示。

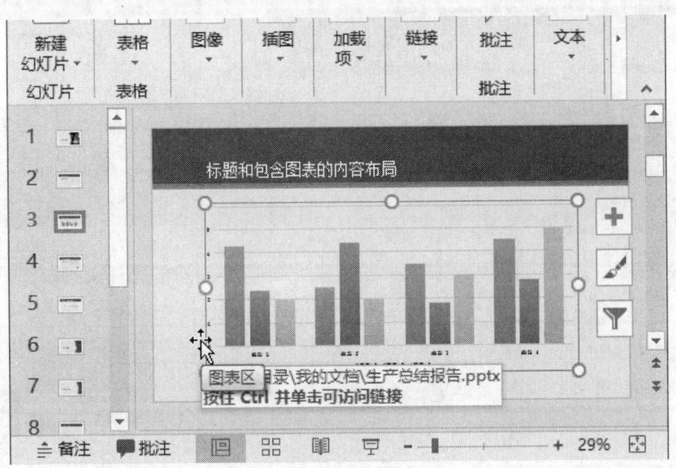

图 13-22

13.4　实践案例与上机指导

通过本章的学习，读者基本可以掌握设计与制作幻灯片动画的基本知识以及一些常见的操作方法，下面通过练习操作，以达到巩固学习、拓展提高的目的。

↑扫码看视频

13.4.1　创建路径动画

动作路径用于自定义动画运动的路线及方向，设置动作路径时，可使用程序中预设的路径，也可以自定义设置路径，下面详细介绍使用动作路径的操作方法。

素材保存路径：配套素材\第 13 章

素材文件名称：楼盘简介.pptx、效果-楼盘简介.pptx

第 1 步 选中要使用动作路径的文本框，***1.*** 在【动画】选项卡的【高级动画】组中单击【添加动画】下拉按钮，***2.*** 在弹出的动画效果库中选择【其他动作路径】选项，如图 13-23 所示。

第 2 步 弹出【添加动作路径】对话框，***1.*** 在【基本】区域中选择【向左】动作路径，***2.*** 单击【确定】按钮即可完成使用动作路径的操作，如图 13-24 所示。

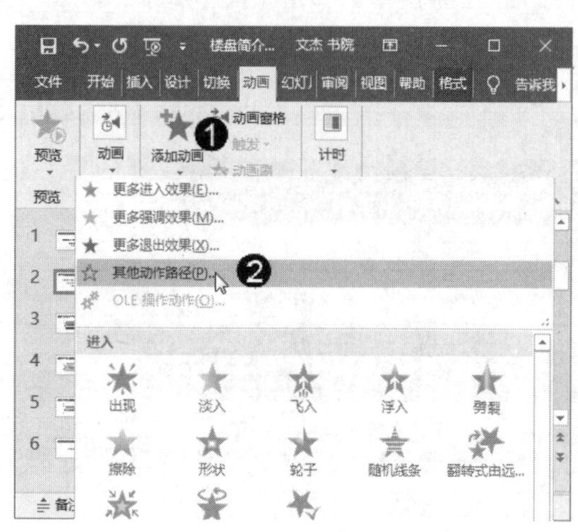

图 13-23

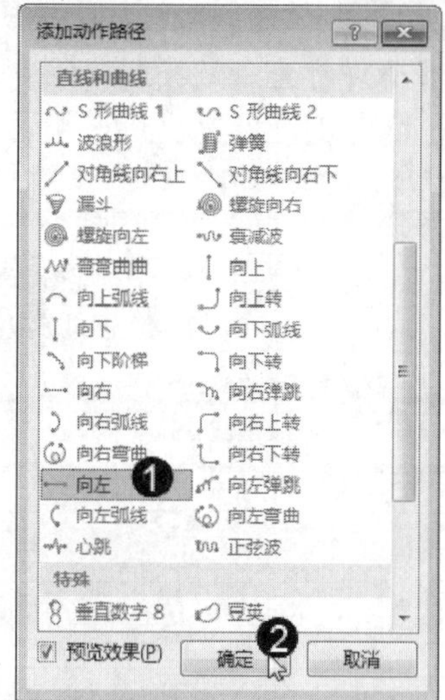

图 13-24

第 3 步 返回到幻灯片中，可以看到对象已经添加了路径动画，如图 2-40 所示。

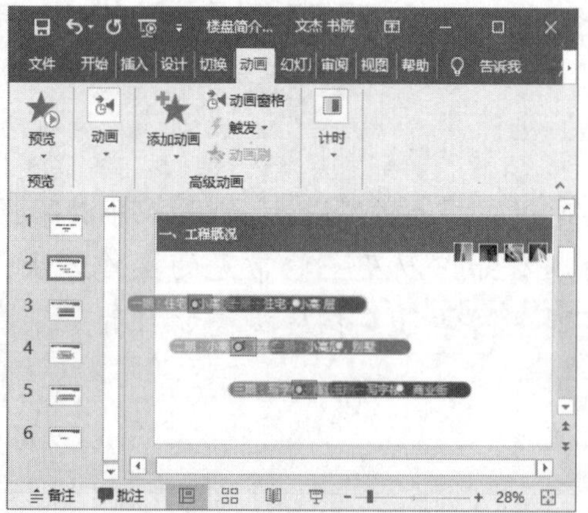

图 13-25

13.4.2 删除超链接

如果对设置的超链接不满意，或是该演示文稿并不需要为文本对象设置超链接，可以将超链接进行删除，下面详细介绍删除超链接的操作方法。

素材保存路径：配套素材\第 13 章

素材文件名称：会议议程.pptx、效果-会议议程.pptx

第 1 步 选中带有超链接的文字，用鼠标右键单击超链接项，在弹出的快捷菜单中选择【删除链接】菜单项，如图 13-26 所示。

第 2 步 该文字原有的下画线消失，通过以上步骤即可完成删除超链接的操作，如图 13-27 所示。

图 13-26　　图 13-27

13.4.3　自定义路径动画

在 PowerPoint 2016 中，如果用户对演示文稿中内置的路径动画不满意，可以进行自定义路径动画，下面详细介绍添加自定义路径动画的操作方法。

素材保存路径：配套素材\第 13 章

素材文件名称：企业文化宣传.pptx、效果-企业文化宣传.pptx

第 1 步 选中要设置自定义动画的文本框，***1.*** 在【动画】选项卡的【高级动画】组中单击【添加动画】下拉按钮，***2.*** 在弹出的动画样式库中选择【自定义路径】选项，如图 13-28 所示。

第 2 步 拖动鼠标即可在幻灯片中绘制自己想要的动作路径，绘制完成后按 Enter 键，如图 13-29 所示。

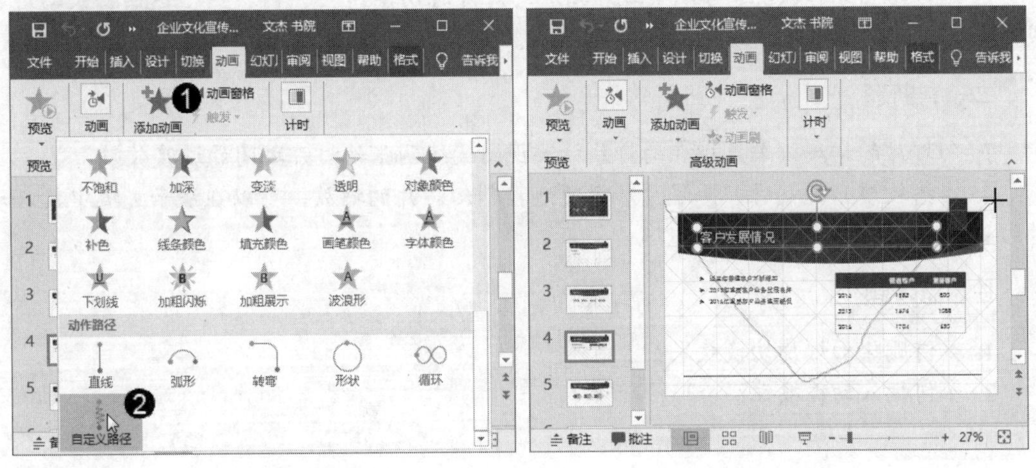

图 13-28　　图 13-29

第 3 步 文本框旁边显示数字 1，表示已经添加了动画，可以单击【预览】按钮进行动画预览，通过以上步骤即可完成自定义路径动画的操作，如图 13-30 所示。

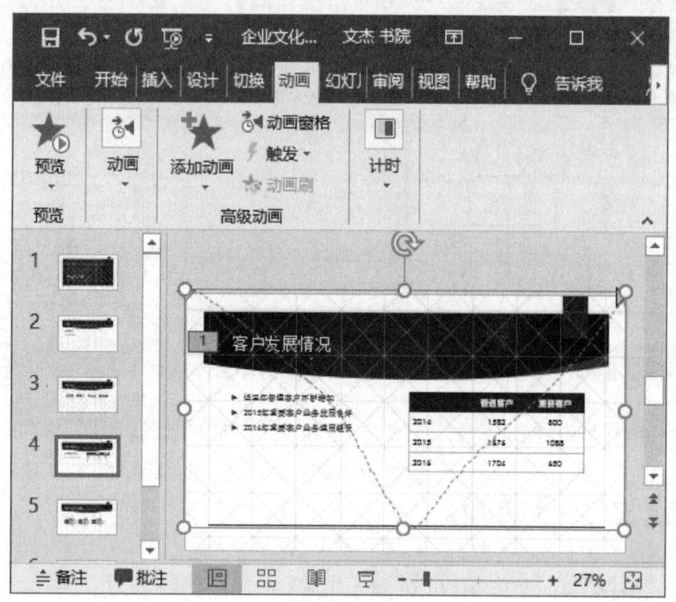

图 13-30

13.5　思考与练习

一、填空题

1. 在 PowerPoint 2016 中预设了细微型、__________、动态内容 3 种类型，包括切入、淡出、__________、擦除等 34 种切换方式。

2. 通过单击动作按钮，可以实现在播放幻灯片时切换到__________、返回目录幻灯片或是__________等操作。

二、判断题

1. 幻灯片的切换效果是指在幻灯片放映视图连续两张幻灯片之间的过渡效果。　(　　)

2. 在播放演示文稿时，为了更加方便地控制幻灯片的播放，可以在演示文稿中插入动作按钮。　(　　)

三、思考题

1. 如何删除幻灯片切换效果？

2. 如何插入动作按钮？

第 14 章

放映与打包演示文稿

本章要点

- 设置演示文稿的放映
- 放映幻灯片
- 打包演示文稿

本章主要内容

本章主要介绍了设置演示文稿的放映和放映幻灯片方面的知识与技巧，同时还讲解了如何打包演示文稿，在本章的最后还针对实际的工作需求，讲解了隐藏或显示鼠标指针、设置黑屏或白屏和显示演示者视图的方法。通过本章的学习，读者可以掌握放映与打包演示文稿方面的知识，为深入学习 Office 2016 知识奠定基础。

14.1 设置演示文稿的放映

使用 PowerPoint 2016 将演示文稿的内容编辑完成后，就可以将其放映出来供观众欣赏了，为了能够达到良好的效果，在放映前还需要在电脑中对演示文稿进行一些设置，如对幻灯片的放映方式和时间进行设置等，本节将介绍设置演示文稿放映的相关知识。

↑ 扫码看视频

14.1.1 设置放映方式

演示文稿的放映类型主要有演讲者放映、观众自行浏览和展台浏览 3 种。下面详细介绍设置放映方式的方法。

第 1 步 打开演示文稿，在【幻灯片放映】选项卡的【设置】组中单击【设置幻灯片放映】按钮，如图 14-1 所示。

第 2 步 弹出【设置放映方式】对话框，***1.*** 在【放映类型】区域中选中【观众自行浏览(窗口)】单选按钮，***2.*** 在【放映幻灯片】区域中选中【全部】单选按钮，***3.*** 在【推进幻灯片】区域中选中【如果出现计时，则使用它】单选按钮，***4.*** 单击【确定】按钮即可完成设置放映方式的操作，如图 14-2 所示。

图 14-1

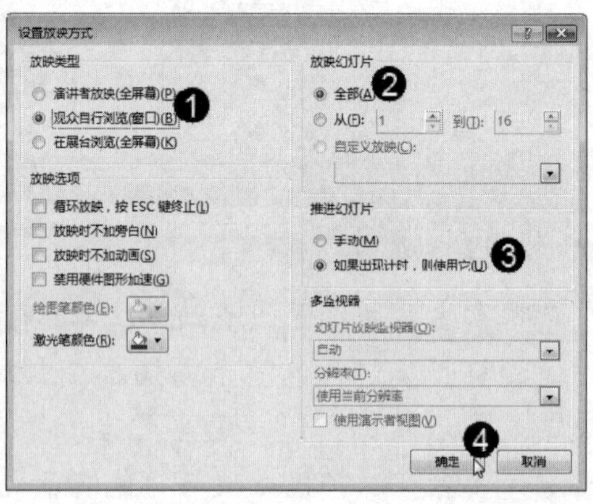

图 14-2

智慧锦囊

如果电脑中安装了多个显示器的投影设备，用户可以在【设置放映方式】对话框中将【多监视器】选项组中的选项设置为有效状态，并进行设置，设置好后，就可以同时在多个显示器中放映幻灯片。

14.1.2　放映指定的幻灯片

在放映幻灯片前，用户可以根据需要设置放映幻灯片的数量，如放映全部幻灯片、放映连续几张幻灯片，或者自定义放映指定的任意几张幻灯片。

第 1 步　在【放映幻灯片】区域中默认选中【全部】单选按钮，在放映演示文稿时即可放映全部幻灯片，如图 14-3 所示。

第 2 步　***1.*** 如果在【放映幻灯片】区域中选中【从】单选按钮，***2.*** 将幻灯片数量设置为“从 1 到 10”，***3.*** 设置完毕后，单击【确定】按钮，放映演示文稿时就会放映指定的 1～10 张幻灯片，如图 14-4 所示。

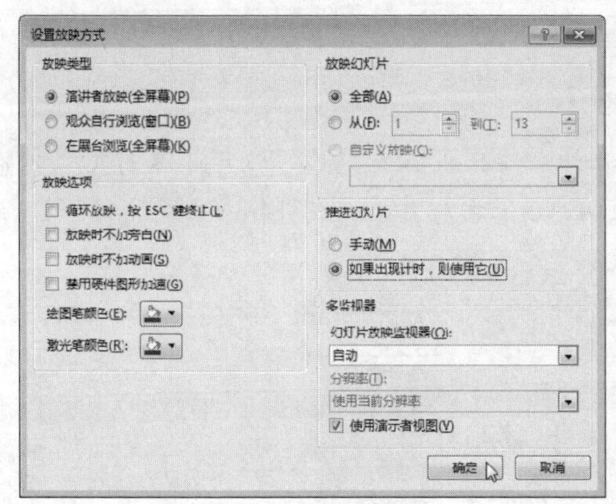

图 14-3

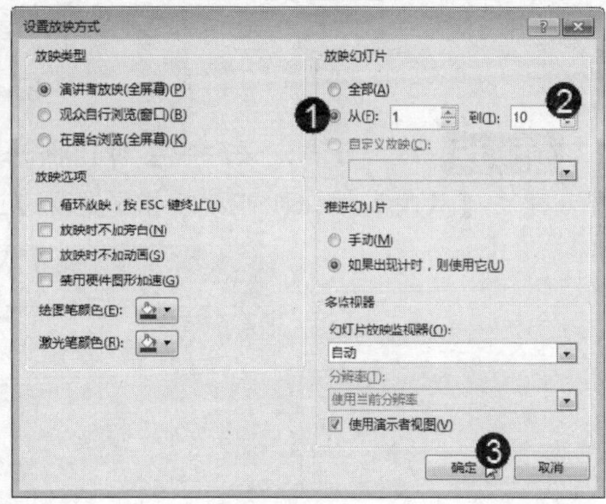

图 14-4

第 3 步　如果要设置自定义放映，***1.*** 在【幻灯片放映】选项卡的【开始放映幻灯片】组中单击【自定义幻灯片放映】下拉按钮，***2.*** 在弹出的菜单中选择【自定义放映】菜单项，如图 14-5 所示。

第 4 步　弹出【自定义放映】对话框，单击【新建】按钮，如图 14-6 所示。

图 14-5

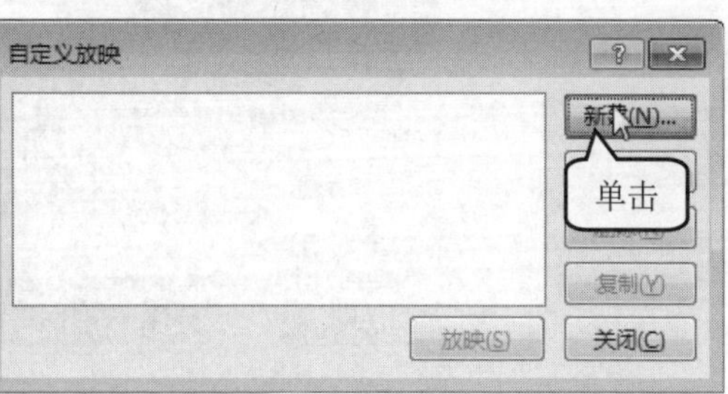

图 14-6

第 5 步 弹出【定义自定义放映】对话框，***1.*** 在左侧列表框中勾选第 2、4、6 张幻灯片的复选框，***2.*** 单击【添加】按钮，***3.*** 第 2、4、6 张幻灯片即可添加到右侧的列表中，***4.*** 单击【确定】按钮，如图 14-7 所示。

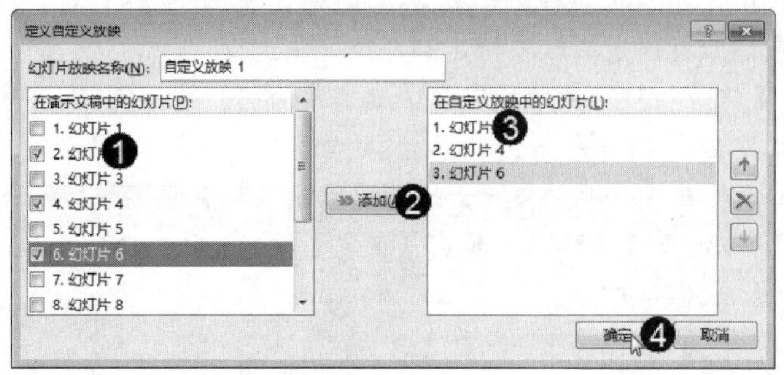

图 14-7

第 6 步 返回【自定义放映】对话框，在列表框中可以看到已经创建了【自定义放映 1】，单击【放映】按钮即可放映指定的第 2、4、6 张幻灯片，如图 14-8 所示。

图 14-8

14.1.3 使用排练计时

用户还可以为演示文稿添加排练计时，排练计时可以统计播放一遍演示文稿需要的时间。下面详细介绍为演示文稿添加排练计时的操作方法。

第 1 步 打开演示文稿，在【幻灯片放映】选项卡的【设置】组中单击【排练计时】按钮，如图 14-9 所示。

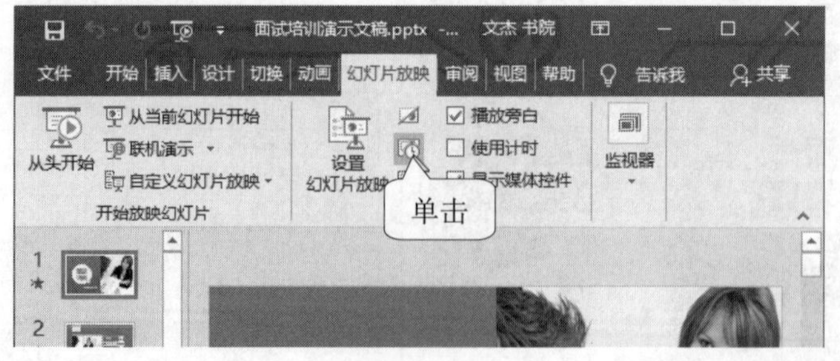

图 14-9

第 2 步 此时进入幻灯片放映模式，在窗口左上角弹出【录制】对话框来记录播放幻灯片需要的时间，如图 14-10 所示。

第 3 步 幻灯片播放完毕后，弹出 Microsoft PowerPoint 对话框，提示“幻灯片放映共需 0:00:52。是否保留新的幻灯片计时？”信息，单击【是】按钮即可完成使用排练计时的操作，如图 14-11 所示。

图 14-10

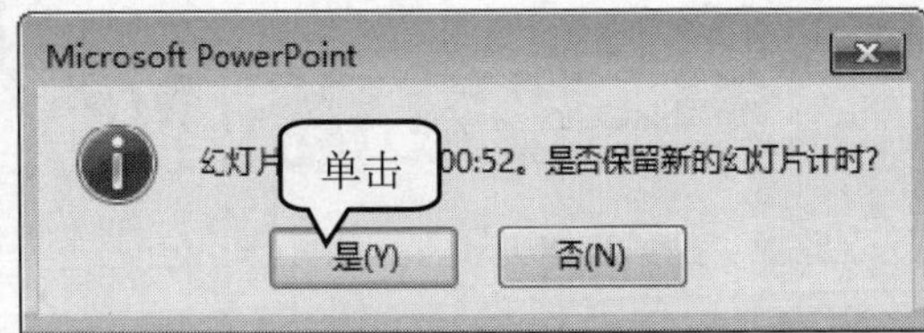

图 14-11

14.1.4 录制旁白

如果要使用演示文稿创建更加生动的视频效果，那么为幻灯片录制旁白是一种非常好的选择。

第 1 步 打开演示文稿，***1.*** 在【幻灯片放映】选项卡的【设置】组中单击【录制幻灯片演示】下拉按钮，***2.*** 从弹出的菜单中选择【从当前幻灯片开始录制】菜单项，如图 14-12 所示。

第 2 步 弹出【录制幻灯片演示】对话框，***1.*** 勾选【旁白、墨迹和激光笔】复选框，***2.*** 单击【开始录制】按钮，如图 14-13 所示。

图 14-12

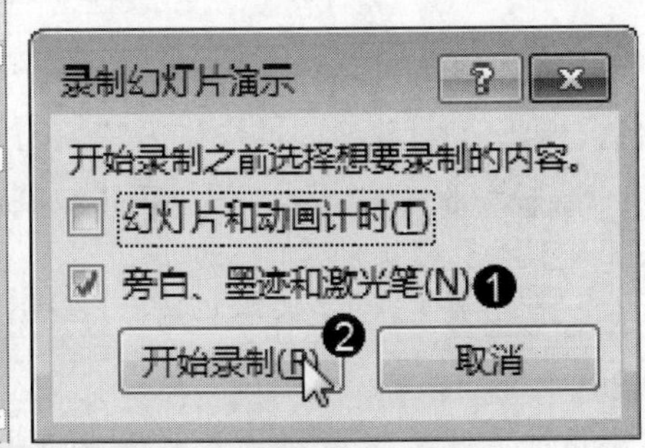

图 14-13

第 3 步 此时进入幻灯片放映模式，在窗口左上角弹出【录制】对话框来记录旁白的时间，通过单击鼠标切换到下一张幻灯片或退出录制，录制好旁白后，不会弹出提示对话框，询问用户是否保存，如图 14-14 所示。

第 4 步 返回普通视图状态后，录制了旁白的幻灯片中将会出现声音文件图标，选中该图标，将显示【播放】工具条，在其中单击【播放】按钮即可收听录制的旁白，如图 14-15 所示。

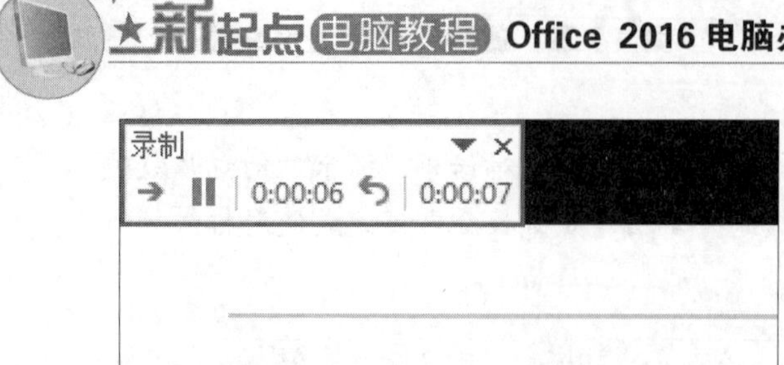

图 14-14

图 14-15

14.2 放映幻灯片

将幻灯片的放映方式设置完成后，就可以放映幻灯片了，完美地放映幻灯片可以让用户在演示时即兴发挥，以达到理想的演示效果，本节将讲解启动与退出幻灯片放映、控制幻灯片的放映和添加墨迹注释等操作方法，下面介绍相关知识。

↑扫码看视频

14.2.1 启动与退出幻灯片放映

如果准备观看幻灯片，首先用户应掌握启动与退出幻灯片放映的方法，下面分别介绍启动与退出幻灯片放映的操作方法。

第 1 步 打开演示文稿，在【幻灯片放映】选项卡的【开始放映幻灯片】组中单击【从头开始】按钮，如图 14-16 所示。

第 2 步 幻灯片从头开始进行播放，这样即可完成启动幻灯片放映的操作，如图 14-17 所示。

图 14-16

图 14-17

第 3 步 用鼠标右键单击正在放映中的幻灯片页面，在弹出的快捷菜单中选择【结束放映】菜单项，如图 14-18 所示。

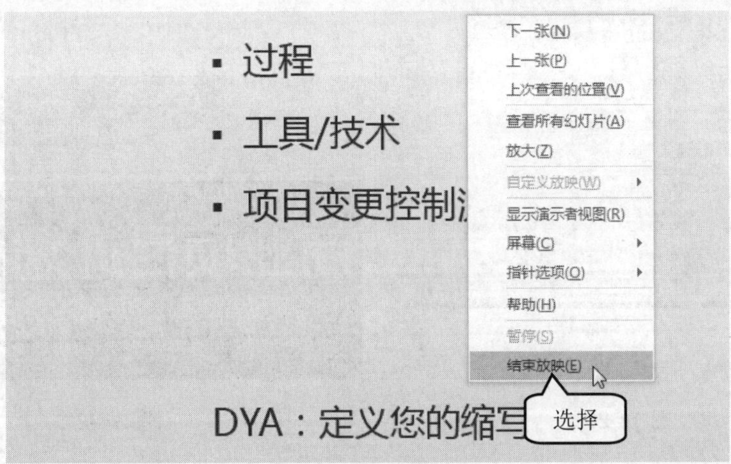

图 14-18

第 4 步 放映中的幻灯片已退出并返回到演示文稿，这样即可退出幻灯片的放映，如图 14-19 所示。

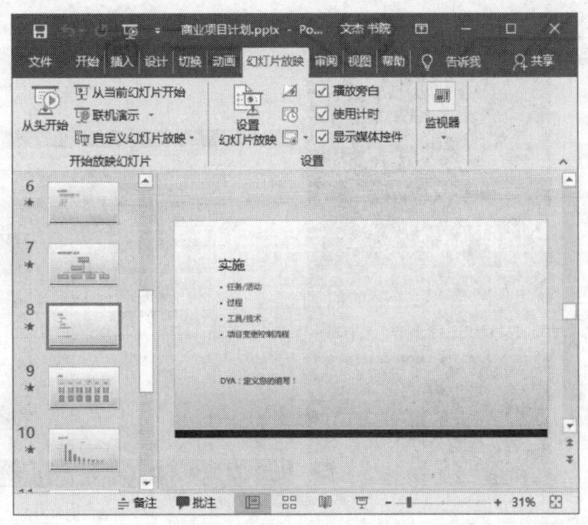

图 14-19

14.2.2 控制放映幻灯片

在播放演示文稿时，可以根据具体情境的不同，对幻灯片的放映进行控制，如播放上一张或下一张幻灯片、直接定位要播放的幻灯片、暂停或继续播放幻灯片等操作，下面介绍控制幻灯片放映的具体操作方法。

第 1 步 打开演示文稿，在【幻灯片放映】选项卡的【开始放映幻灯片】组中单击【从头开始】按钮，如图 14-20 所示。

第 2 步 幻灯片从头开始进行播放，用鼠标右键单击幻灯片，在弹出的快捷菜单中选择【下一张】菜单项，如图 14-21 所示。

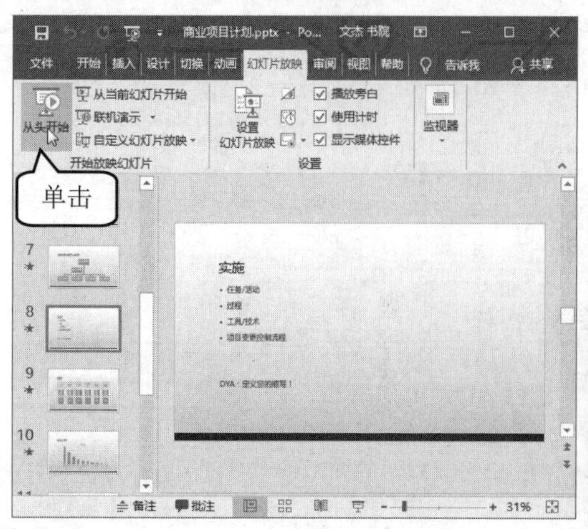

图 14-20

图 14-21

第 3 步 幻灯片跳转至下一张，如果之前已经设置了自定义放映，用鼠标右键单击任意区域，***1.*** 在弹出的快捷菜单中选择【自定义放映】菜单项，***2.*** 在弹出的子菜单中选择【自定义放映 1】菜单项，如图 14-22 所示。

第 4 步 演示文稿直接播放选定的幻灯片，通过以上步骤即可完成控制播放幻灯片的操作，如图 14-23 所示。

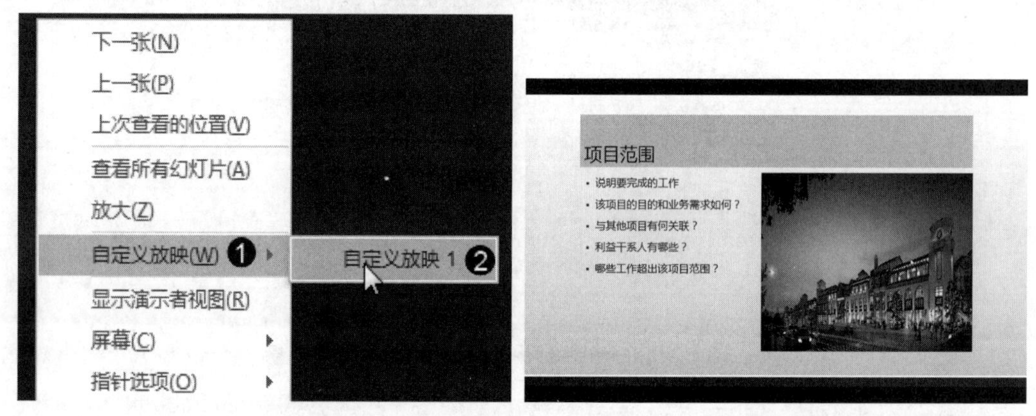

图 14-22　　图 14-23

14.2.3　添加墨迹注释

放映演示文稿时，如果需要对幻灯片进行讲解或标注，可以直接在幻灯片中添加墨迹注释，如圆圈、下画线、箭头或说明的文字等，用以强调要点或阐明关系，下面介绍添加墨迹注释的相关操作方法。

第 1 步 全屏放映演示文稿，***1.*** 在幻灯片放映页面左下角单击【指针工具】图标，***2.*** 在弹出的菜单中选择【荧光笔】菜单项，如图 14-24 所示。

第 2 步 在幻灯片页面使用荧光笔涂抹文本内容，可以看到幻灯片页面上已经被添加了墨迹注释，如图 14-25 所示。

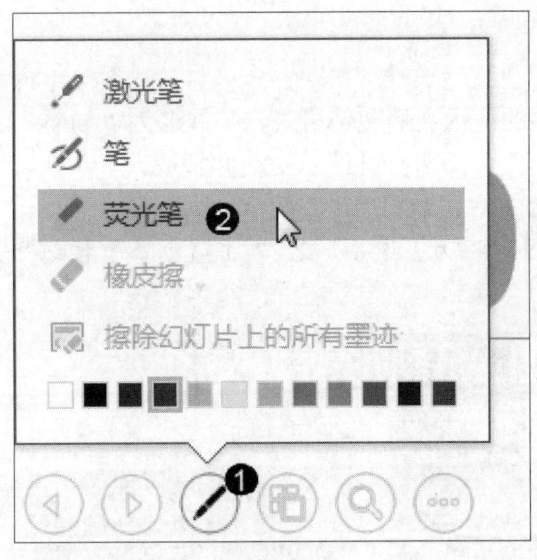

图 14-24

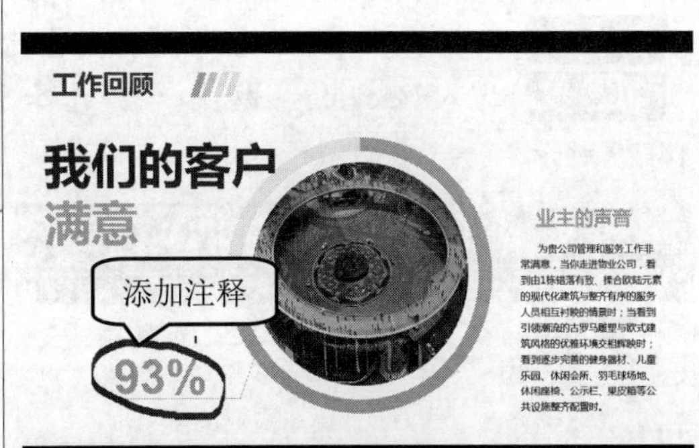

图 14-25

第 3 步 添加完墨迹注释后，按 Esc 键退出放映模式，弹出 Microsoft PowerPoint 对话框，询问用户“是否保留墨迹注释？”，如果准备保留墨迹注释可以单击【保留】按钮，如图 14-26 所示。

第 4 步 返回到普通视图中，可以看到添加墨迹注释后的标记效果，如图 14-27 所示。

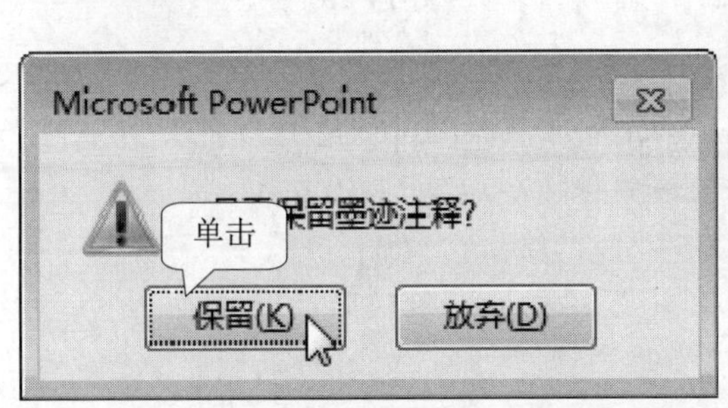

图 14-26

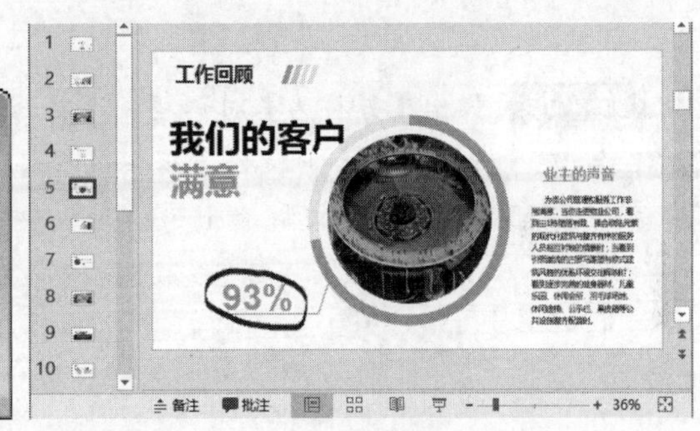

图 14-27

14.3 打包演示文稿

在实际工作中经常需要将制作的演示文稿放到他人的计算机中放映，如果要使用的电脑中没有安装 PowerPoint 2016，则需要在制作演示文稿的计算机中将幻灯片打包，要播放时，将压缩包解压后即可正常播放。本节将介绍打包演示文稿的相关操作方法。

↑扫码看视频

14.3.1 输出为自动放映文件

PowerPoint 2016 提供了一种可以自动放映的演示文稿文件格式，扩展名为“.ppsx”。将演示文稿保存为该格式的文件后，双击.ppsx 文件即可打开演示文稿并播放。

第 1 步 打开演示文稿，选择【文件】选项卡，如图 14-28 所示。

第 2 步 进入 Backstage 视图，*1.* 选择【另存为】选项，*2.* 单击【浏览】按钮，如图 14-29 所示。

图 14-28　　　　图 14-29

第 3 步 弹出【另存为】对话框，选择保存位置，*1.* 在【文件名】下拉列表框中输入名称，*2.* 在【保存类型】下拉列表框中选择【PowerPoint 放映(*.ppsx)】选项，*3.* 单击【保存】按钮即可完成将演示文稿输出为自动放映文件的操作，如图 14-30 所示。

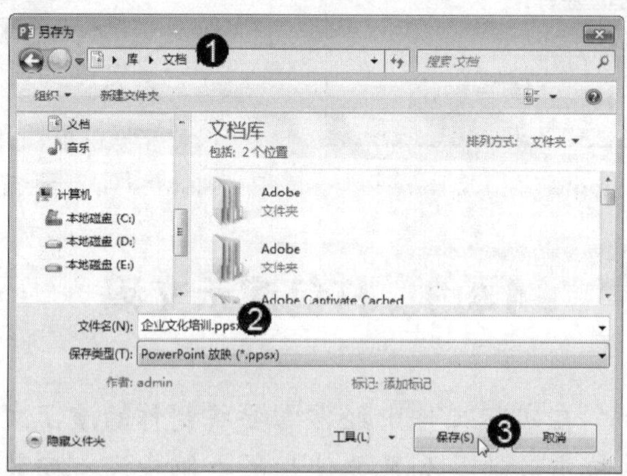

图 14-30

14.3.2 打包演示文稿

将演示文稿打包，可以避免由于要放映的计算机中没有安装 PowerPoint 2016 软件而造成的麻烦。下面介绍将演示文稿打包的操作方法。

第 1 步 打开演示文稿，选择【文件】选项卡，如图 14-31 所示。

第 2 步 进入 Backstage 视图，*1.* 选择【导出】选项，*2.* 单击【将演示文稿打包成 CD】按钮，*3.* 单击右侧的【打包成 CD】按钮，如图 14-32 所示。

图 14-31　　　　图 14-32

第 3 步 弹出【打包成 CD】对话框，*1.* 在列表框中选中文件，*2.* 单击【复制到文件夹】按钮，如图 14-33 所示。

第 4 步 弹出【复制到文件夹】对话框，*1.* 在【位置】文本框中输入文件夹所在位置的路径，*2.* 单击【确定】按钮，如图 14-34 所示。

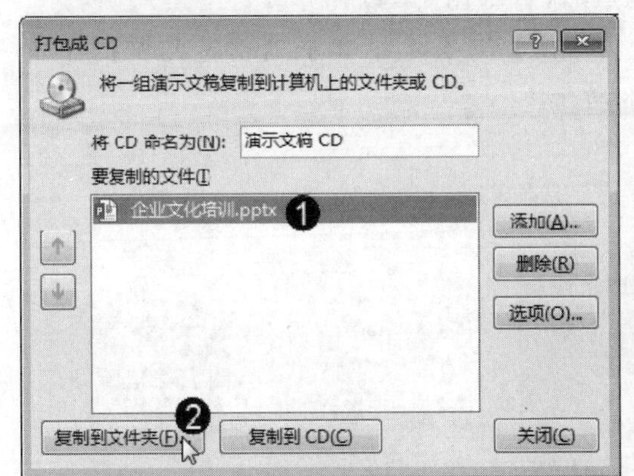

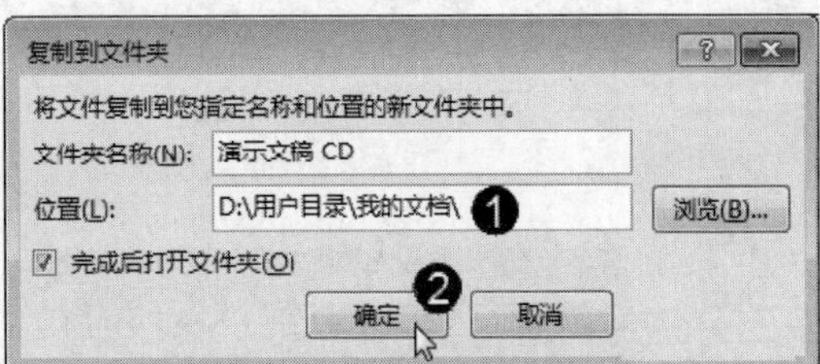

图 14-33　　　　图 14-34

第 5 步 弹出提示窗口，需要等待一段时间，如图 14-35 所示。

图 14-35

第 6 步 复制完成后自动打开演示文稿打包到的文件夹，可以看到打包好的 CD 文件，如图 14-36 所示。

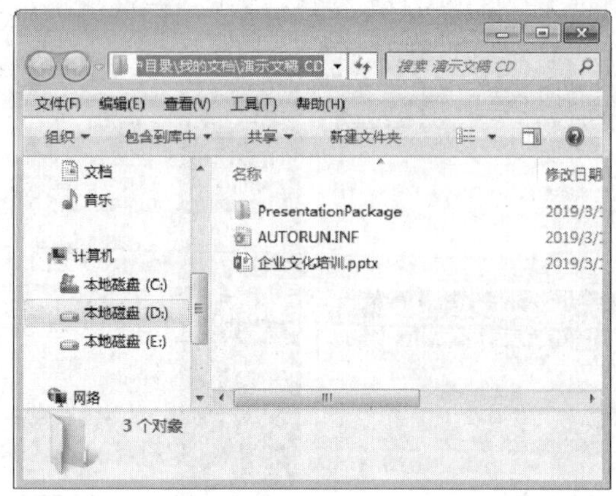

图 14-36

14.3.3 创建演示文稿视频

使用 PowerPoint 2016，用户可以将演示文稿创建为一个视频文件，从而通过光盘、网络和电子邮件分发。下面介绍创建演示文稿视频的操作方法。

第 1 步 打开演示文稿，选择【文件】选项卡，如图 14-37 所示。

第 2 步 进入 Backstage 视图，***1.*** 选择【导出】选项，***2.*** 单击【创建视频】按钮，***3.*** 单击右侧的【创建视频】按钮，如图 14-38 所示。

图 14-37　　图 14-38

第 3 步 弹出【另存为】对话框，***1.*** 选择保存位置，***2.*** 在【保存类型】下拉列表框中选择文件类型，***3.*** 单击【保存】按钮，如图 14-39 所示。

第 4 步 打开视频保存到的文件夹，即可查看演示文稿视频，如图 14-40 所示。

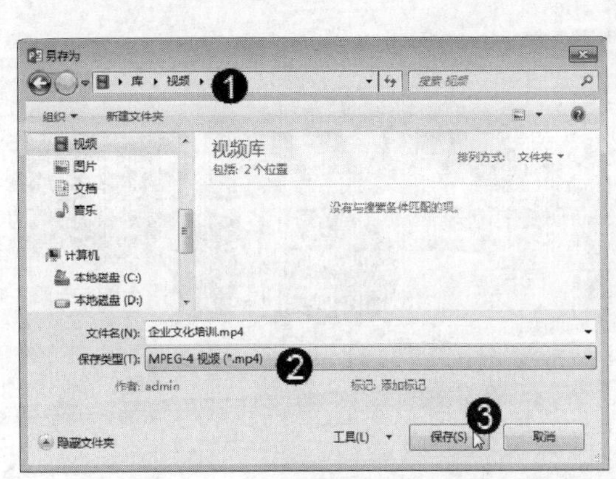

图 14-39

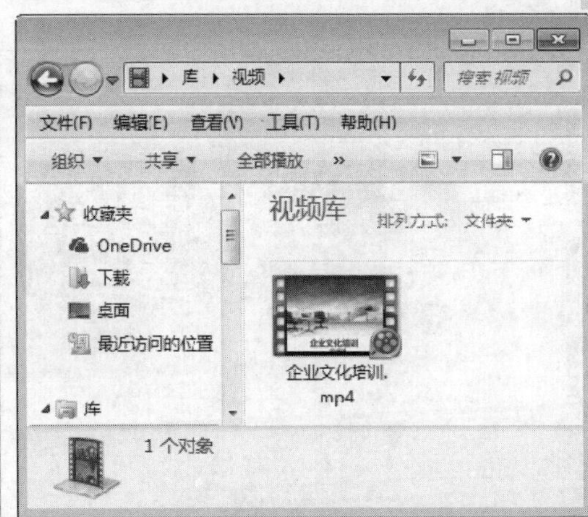

图 14-40

14.4　实践案例与上机指导

通过本章的学习，读者基本可以掌握放映与打包演示文稿的基本知识以及一些常见的操作方法。下面通过练习操作，以达到巩固学习、拓展提高的目的。

↑扫码看视频

14.4.1　隐藏或显示鼠标指针

在播放演示文稿时，如果觉得鼠标指针出现在屏幕上会干扰幻灯片的放映效果，可以将鼠标指针隐藏；如果有需要时，可以通过设置再次将鼠标指针显示。下面介绍隐藏或显示鼠标指针的操作方法。

素材保存路径：配套素材\第 14 章

素材文件名称：企业文化培训.pptx

第 1 步 进入幻灯片放映模式，在任意位置单击鼠标右键，***1.*** 在弹出的快捷菜单中选择【指针选项】菜单项，***2.*** 选择【箭头选项】菜单项，***3.*** 选择【永远隐藏】菜单项，通过以上步骤即可隐藏鼠标指针，如图 14-41 所示。

第 2 步 如果要重新显示鼠标指针，在任意位置单击鼠标右键，***1.*** 在弹出的快捷菜单中选择【指针选项】菜单项，***2.*** 选择【箭头选项】菜单项，***3.*** 选择【可见】菜单项，通过以上步骤即可显示鼠标指针，如图 14-42 所示。

图 14-41

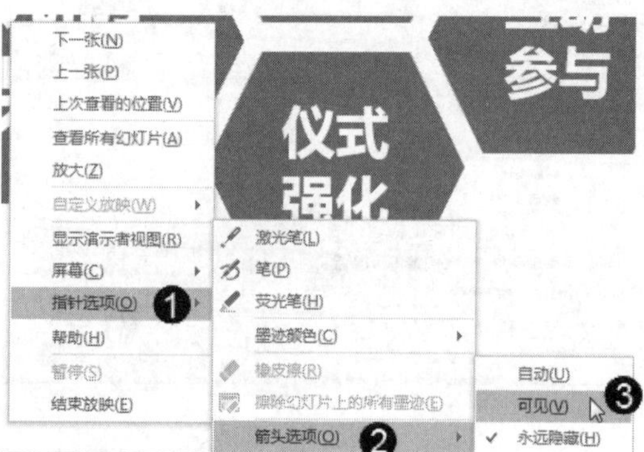

图 14-42

14.4.2 设置黑屏或白屏

为了方便在幻灯片的播放期间进行讲解，在播放演示文稿时，可以将幻灯片切换为黑屏或白屏，以转移观众注意力便于讲解说明。下面具体介绍相关操作方法。

素材保存路径：配套素材\第 14 章

素材文件名称：企业文化宣传.pptx

第 1 步 打开幻灯片放映视图，用鼠标右键单击任意位置，***1.*** 在弹出的快捷菜单中选择【屏幕】菜单项，***2.*** 选择【黑屏】菜单项，如图 14-43 所示。

第 2 步 可以看到整个屏幕以黑屏显示，通过以上步骤即可完成设置黑屏的操作，如图 14-44 所示。

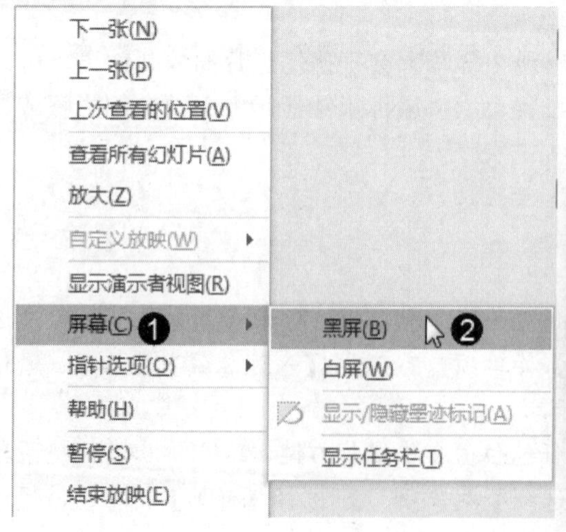

图 14-43

图 14-44

第 3 步　用鼠标右键单击任意位置，***1.*** 在弹出的快捷菜单中选择【屏幕】菜单项，***2.*** 选择【白屏】菜单项，如图 14-45 所示。

第 4 步　可以看到整个屏幕以白屏显示，通过以上步骤即可完成设置白屏的操作，如图 14-46 所示。

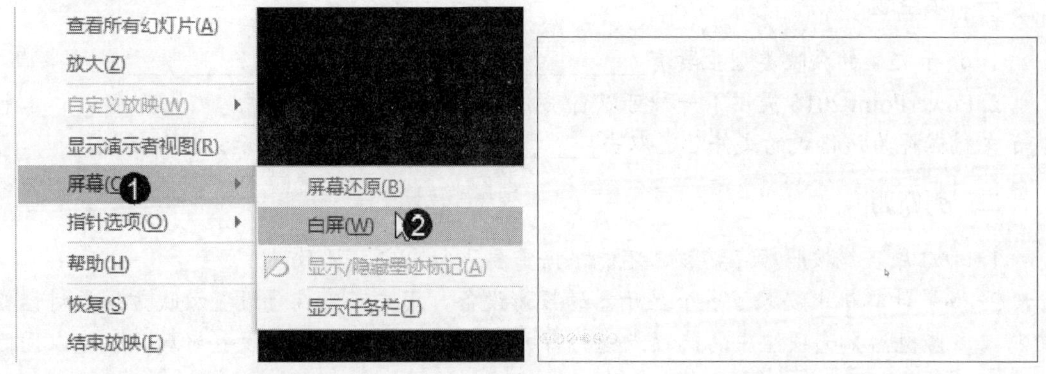

图 14-45　　　　图 14-46

14.4.3　显示演示者视图

当演示文稿需要演示时，用户可以选择演示者视图对演示文稿进行更方便的操作，下面详细介绍显示演示者视图的操作方法。

素材保存路径：配套素材\第 14 章
素材文件名称：销售培训课件.pptx

第 1 步　进入幻灯片放映模式，用鼠标右键单击任意位置，在弹出的快捷菜单中选择【显示演示者视图】菜单项，如图 14-47 所示。

第 2 步　通过以上步骤即可显示演示者视图，如图 14-48 所示。

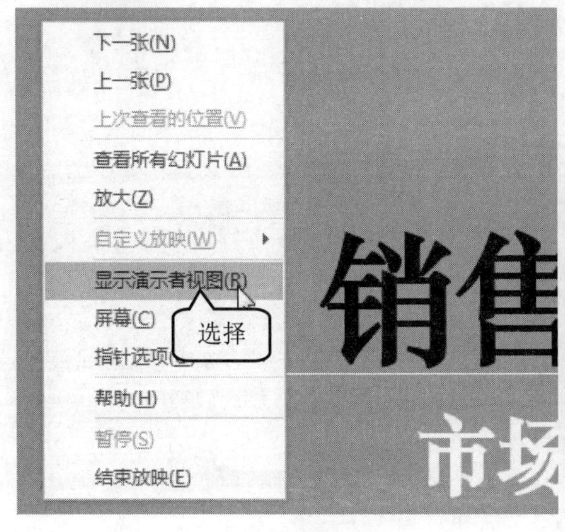

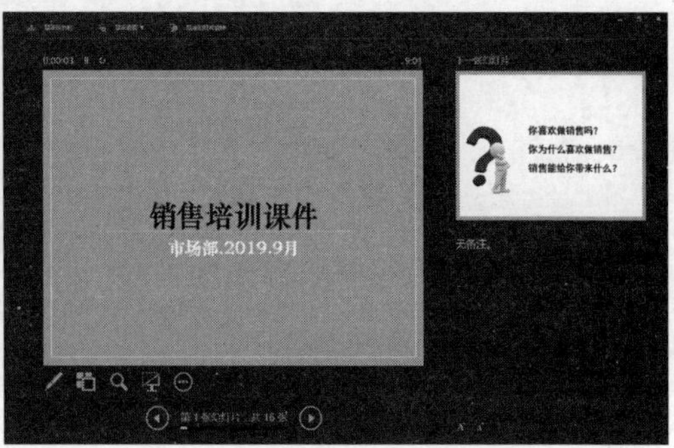

图 14-47　　　　图 14-48

14.5 思考与练习

一、填空题

1. 演示文稿的放映类型主要有___________、观众自行浏览和___________ 3 种。

2. PowerPoint 2016 提供了一种可以自动放映的演示文稿文件格式，扩展名为_____。将演示文稿保存为该格式的文件后，双击___________文件即可打开演示文稿并播放。

二、判断题

1. 幻灯片只能按照顺序播放，不能根据需要进行自定义播放。 (   )

2. 如果计算机中安装了多个显示器的投影设备，用户可以在【设置放映方式】对话框中将【多监视器】选项组中的选项点选为有效状态，并进行设置，设置好后，就可以同时在多个显示器中放映幻灯片。 (   )

三、思考题

1. 在演示文稿放映中如何录制旁白？

2. 在演示文稿放映中如何添加墨迹注释？

第 15 章

使用 Outlook 处理办公事务

本章要点

- 管理电子邮件
- 处理日常办公事务

本章主要内容

本章主要介绍了管理电子邮件和处理日常办公事务方面的知识与技巧，在本章的最后还针对实际的工作需求，讲解了创建规则和设立外出时的自动回复的方法。通过本章的学习，读者可以掌握使用 Outlook 处理办公事务方面的知识，为深入学习 Office 2016 知识奠定基础。

15.1　管理电子邮件

Outlook 是 Office 办公软件套装中的组件之一，它除了和普通的电子邮箱软件一样，能够收发电子邮件之外，还可以管理联系人和日常事务，包括记日记、安排日程、分配任务等。Outlook 的功能强大，而且方便易学。

↑ 扫码看视频

15.1.1　配置 Outlook 邮箱账户

使用 Outlook 发送和接收电子邮件之前，首先需要向其中添加电子邮件账户，这里的账户就是指个人申请的电子邮箱，申请好电子邮箱后还需要在 Outlook 中进行配置，才能正常使用。

第 1 步 在 Windows 7 系统中，***1.*** 单击【开始】按钮，***2.*** 在【开始】菜单中选择 Outlook 菜单项，如图 15-1 所示。

第 2 步 打开 Outlook 程序，选择【文件】选项卡，如图 15-2 所示。

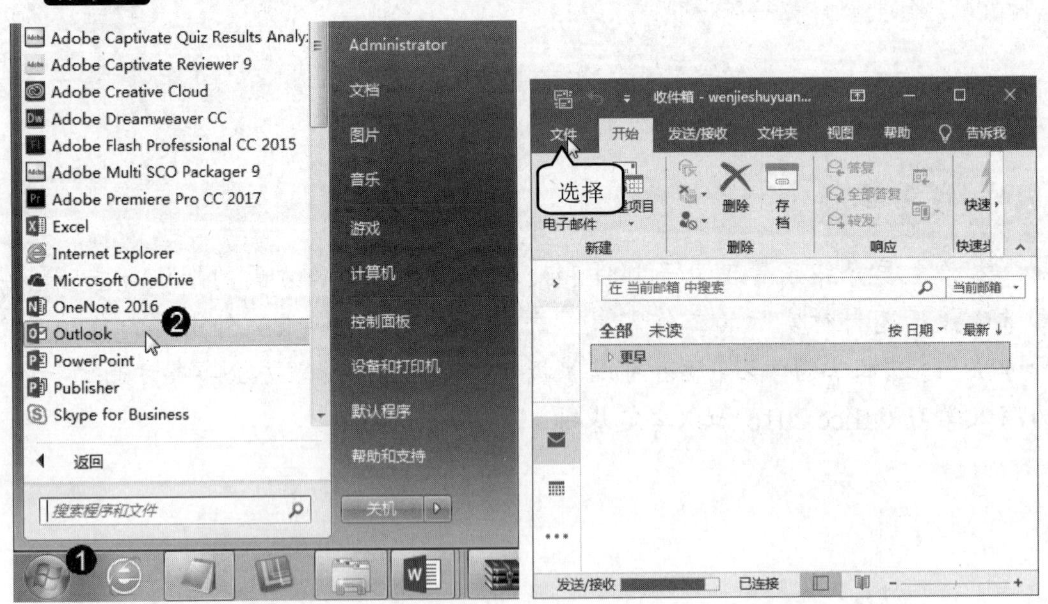

图 15-1　　　　图 15-2

第 3 步 进入 Backstage 视图，选择【信息】选项，单击【添加账户】按钮，如图 15-3 所示。

第 4 步 弹出注册对话框，***1.*** 输入新的邮箱，***2.*** 单击【连接】按钮，如图 15-4 所示。

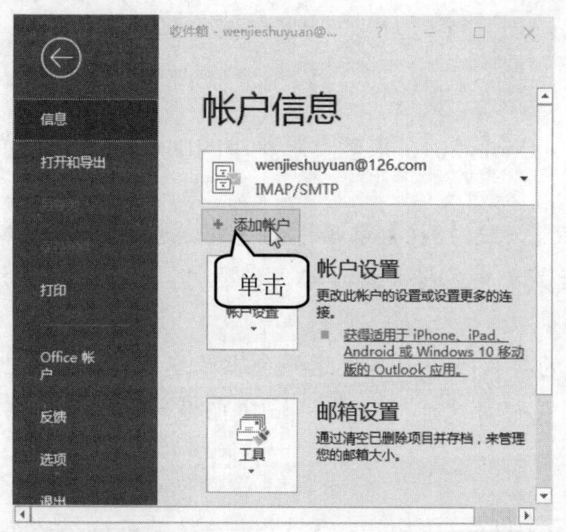

图 15-3

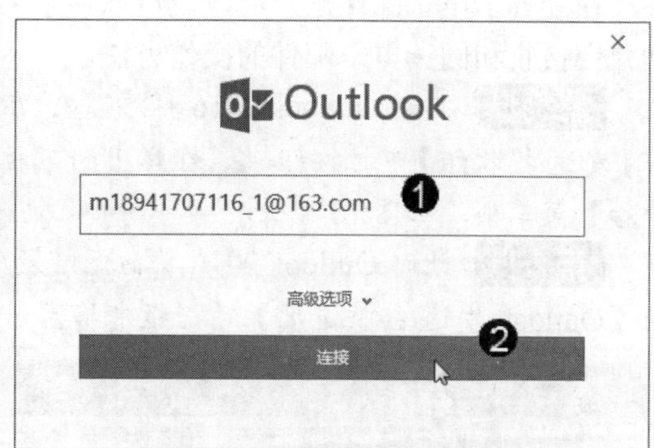

图 15-4

第 5 步 进入【IMAP 账户设置】界面，***1.*** 在【密码】文本框中输入新邮箱的登录密码，***2.*** 单击【连接】按钮，如图 15-5 所示。

第 6 步 进入【已成功添加账户】界面，单击【已完成】按钮，如图 15-6 所示。

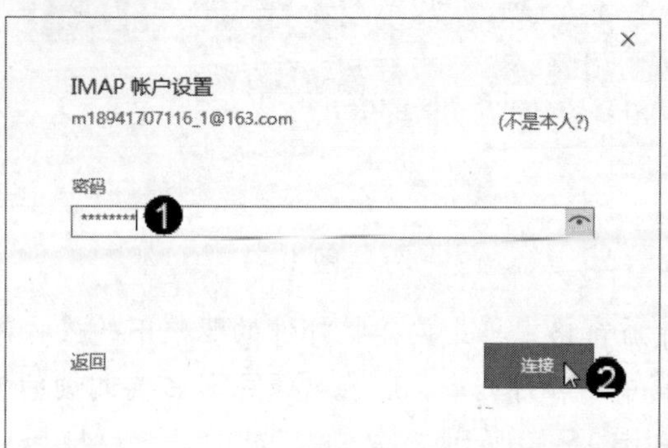

图 15-5

图 15-6

第 7 步 此时即可在 Outlook 界面的标题栏中显示邮箱账户，如图 15-7 所示。

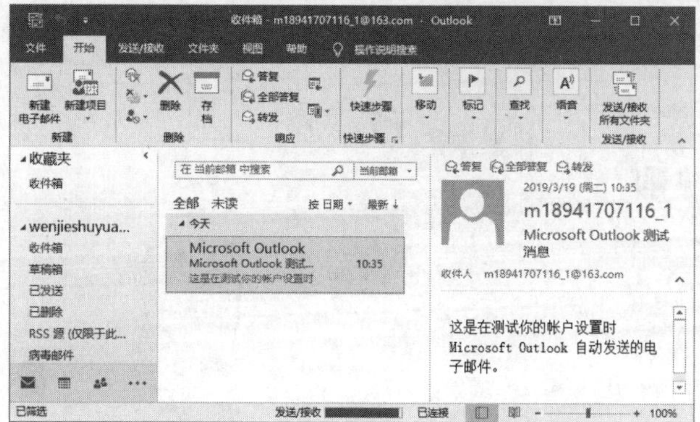

图 15-7

15.1.2　接收和阅读电子邮件

在配置了电子邮件账户后，就可以使用 Outlook 2016 来接收邮箱中的邮件了。下面详细介绍接收和阅读电子邮件的操作方法。

第 1 步 启动 Outlook 2016 程序，*1.* 在【发送/接收】选项卡的【发送/接收】组中单击【发送/接收组】下拉按钮，*2.* 在弹出的下拉菜单中选择要接收邮件的账户，然后选择【收件箱】菜单项，如图 15-8 所示。

第 2 步 此时 Outlook 2016 将访问邮箱的接收服务器和发送服务器收发邮件，在弹出的【Outlook 发送/接收进度】对话框中将显示出任务完成的进度，如图 15-9 所示。

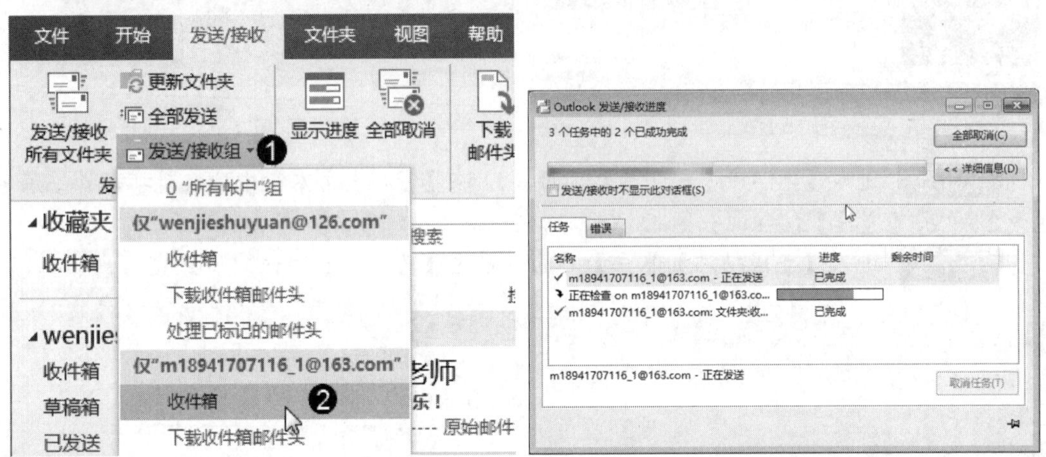

图 15-8　　　　图 15-9

第 3 步 完成邮件的收发后，*1.* 在导航窗格中单击要接收邮件的账户下的【收件箱】选项，*2.* 在中间的窗格中将显示出该收件箱中的邮件列表，*3.* 在列表中单击要阅读的邮件，即可在右侧的窗格中查看到邮件的内容，如图 15-10 所示。

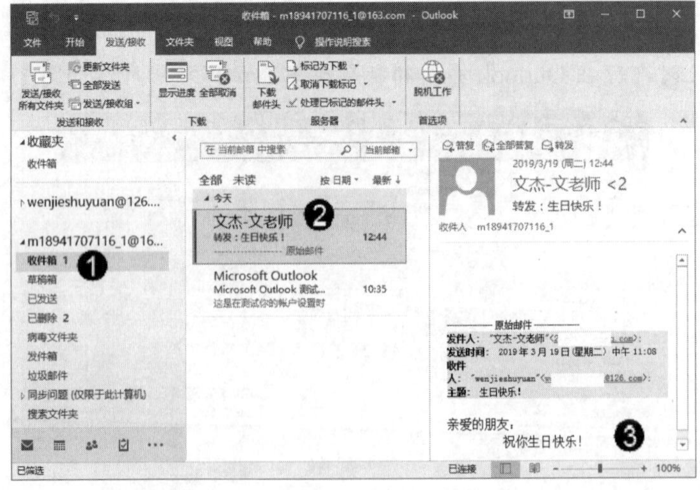

图 15-10

15.1.3　回复电子邮件

在收到邮件之后，可以在 Outlook 2016 中对邮件进行回复了。

第 1 步 在中间窗格的列表中选择要回复的邮件，在【开始】选项卡的【响应】组中单击【答复】按钮，如图 15-11 所示。

第 2 步 此时在右侧窗格中将打开答复邮件窗口，在其中可以答复邮件，单击【弹出】按钮，如图 15-12 所示。

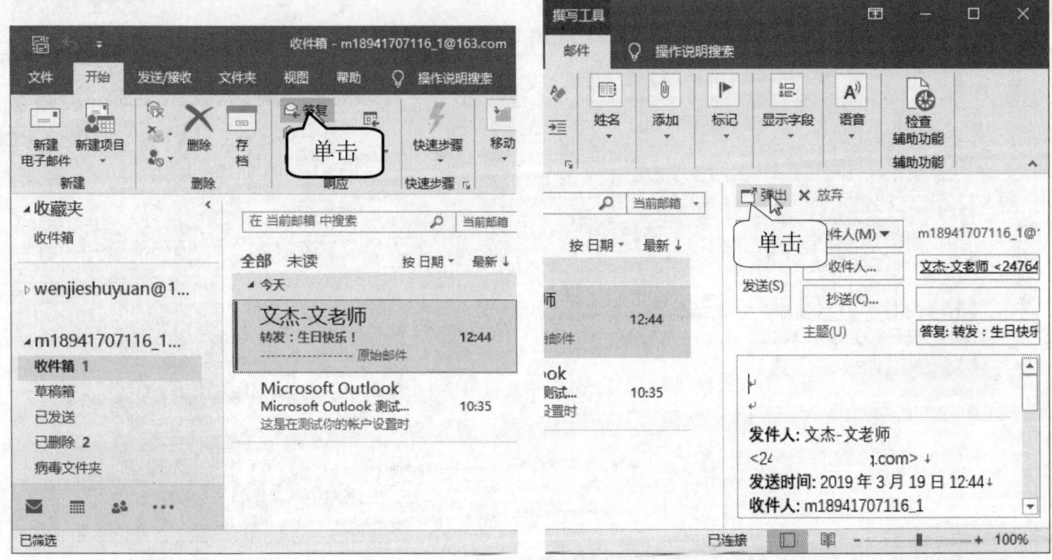

图 15-11　　　　图 15-12

第 3 步 弹出一个单独的答复邮件窗口，方便进行操作。在回复邮件时，Outlook 2016 将自动添加“收件人”和“主题”信息，**1.** 在对话框中输入回复的邮件内容后，**2.** 单击【发送】按钮即可发送邮件并关闭答复邮件窗口，如图 15-13 所示。

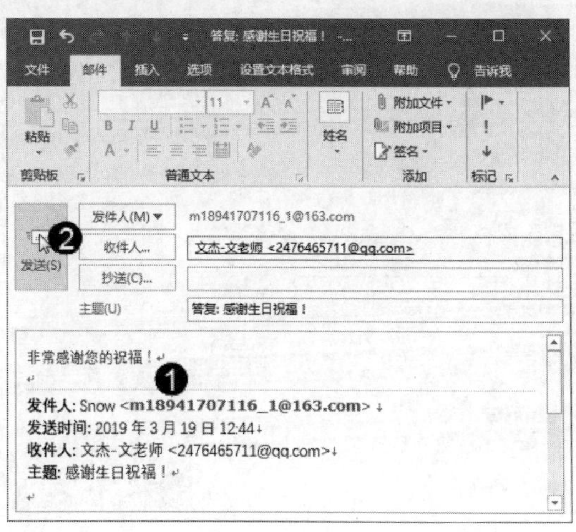

图 15-13

15.1.4　将邮件发件人添加为联系人

除了手动输入联系人，当在 Outlook 中接收到新邮件时，还可以把发件人地址添加到联系人列表中，将邮件发件人添加为联系人。

第 1 步 在中间窗格的列表中双击要添加为联系人的邮件，如图 15-14 所示。

第 2 步 打开邮件阅读窗口，使用鼠标右键单击发件人地址，在弹出的快捷菜单中选择【添加到 Outlook 联系人】菜单项，如图 15-15 所示。

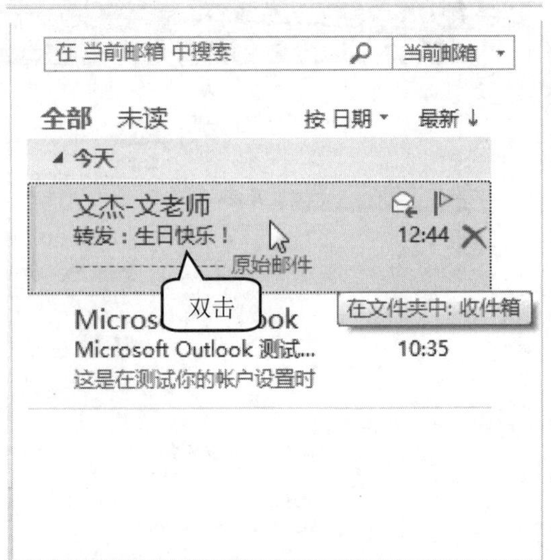

图 15-14

图 15-15

第 3 步 在打开的对话框中设置联系人的基本信息，设置完成后单击【保存】按钮即可完成将邮件发件人添加为联系人的操作，如图 15-16 所示。

图 15-16

15.2　处理日常办公事务

安排日程是 Outlook 2016 中的另一个重要的功能，无论是在家里还是在办公室，用户都可以通过信息网络使用 Outlook 2016 来有效地跟踪和管理会议、约会或协调时间。本节将介绍使用 Outlook 2016 处理日常事务的方法。

↑扫码看视频

15.2.1　创建约会

约会就是人们在日历中安排的一项活动，工作和生活中的每一件事都可以看作是一个约会。

第 1 步 在 Outlook 窗口左侧的【收藏夹】窗格中单击【日历】按钮，如图 15-17 所示。

第 2 步 进入日历界面，在【开始】选项卡的【新建】组中单击【新建约会】按钮，如图 15-18 所示。

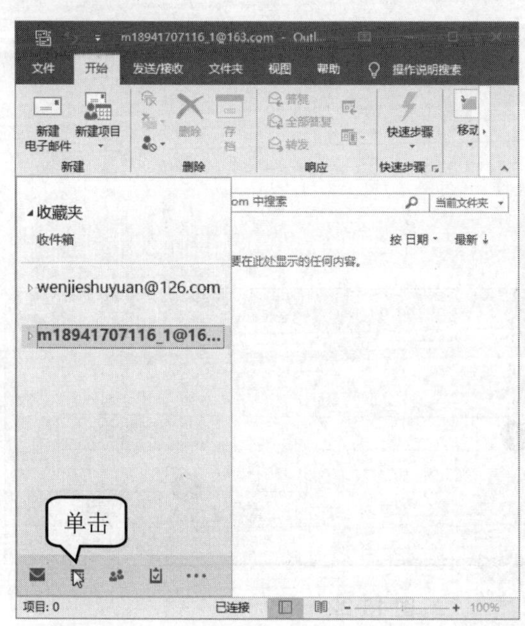

图 15-17

图 15-18

第 3 步 弹出一个名为【未命名-约会】窗口，***1.*** 在【主题】文本框和【地点】下拉列表框中输入内容，***2.*** 设置【开始时间】和【结束时间】，如图 15-19 所示。

第 4 步 在【约会】选项卡中单击【选项】下拉按钮，在弹出的列表框中设置提醒选项，如图 15-20 所示。

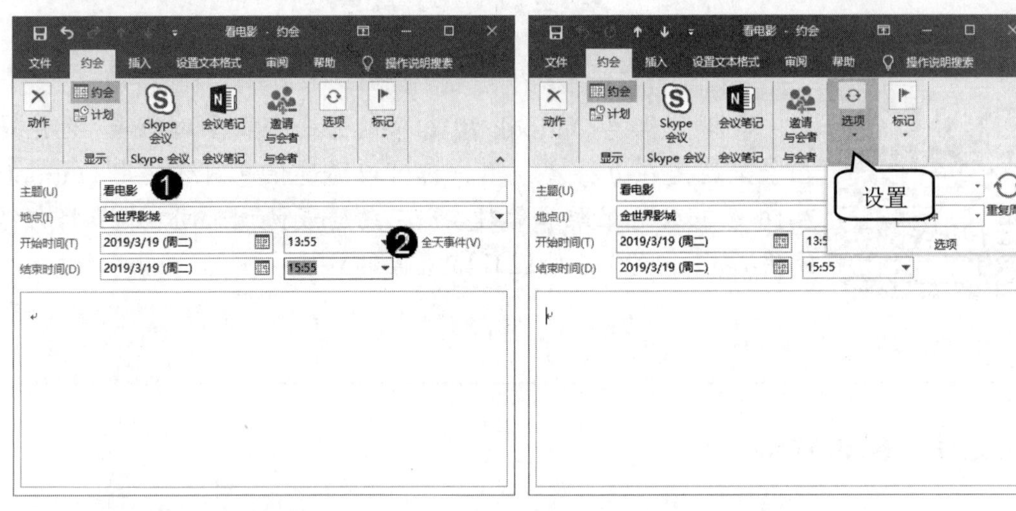

图 15-19　　图 15-20

第 5 步 在【选项】组中的【提醒】下拉列表中选择【声音】选项，如图 15-21 所示。

第 6 步 弹出【提醒声音】对话框，***1.*** 在计算机中选择音频作为提醒声音，***2.*** 单击【确定】按钮，如图 15-22 所示。

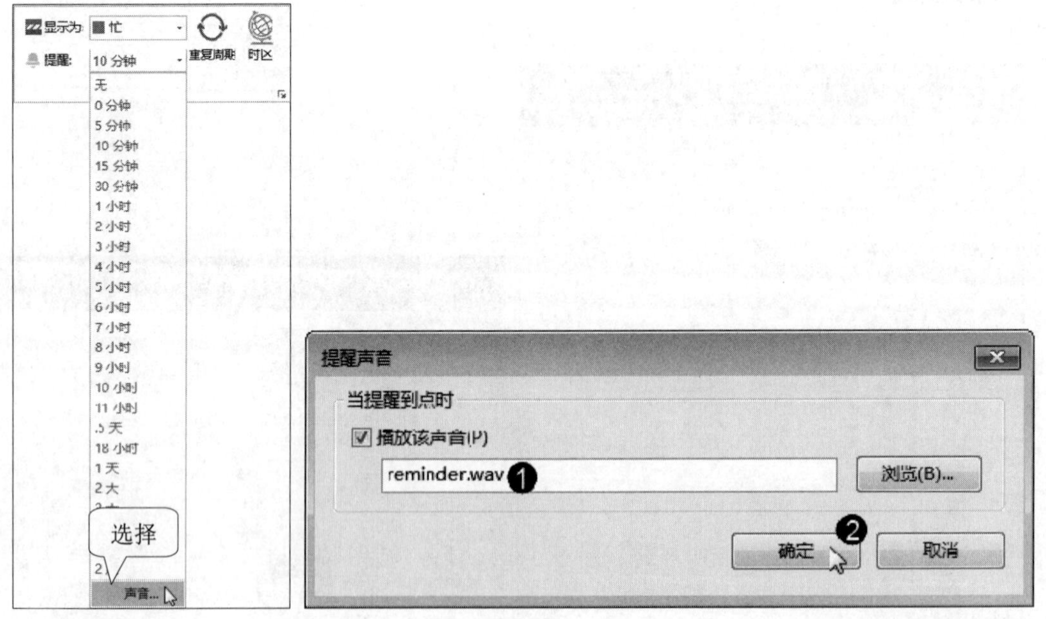

图 15-21　　图 15-22

第 7 步 约会编辑完毕，***1.*** 单击【动作】下拉按钮，***2.*** 在弹出的菜单中单击【保存并关闭】按钮，如图 15-23 所示。

第 8 步 返回日历界面，在该日期中会显示约会链接，双击约会链接即可打开约会进行查看，如图 15-24 所示。

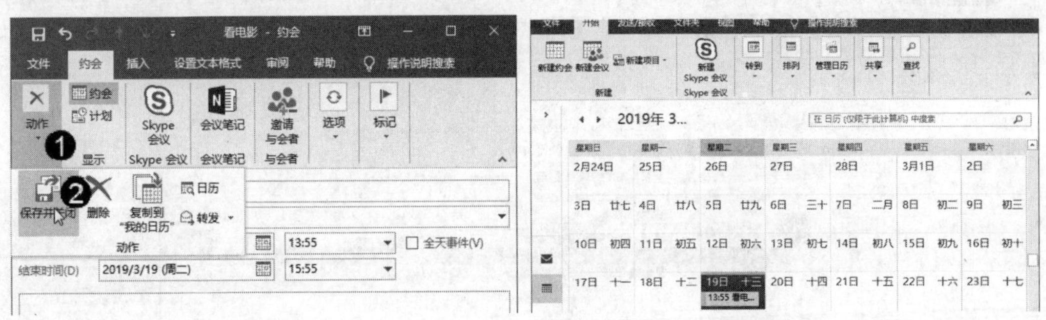

图 15-23　　　　图 15-24

第 9 步 根据设定的提醒时间，系统会提前 10 分钟发出提醒，如图 15-25 所示。

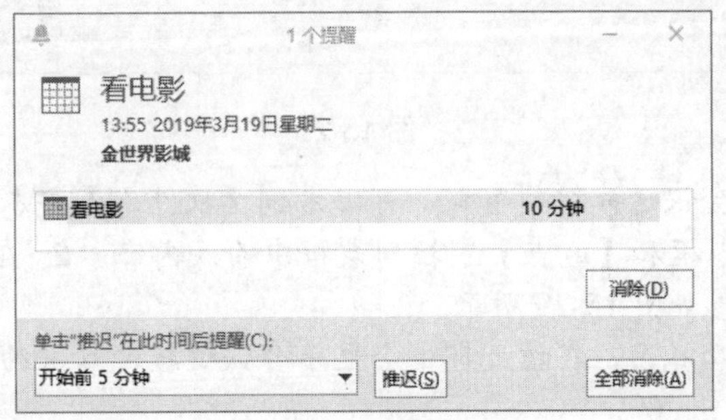

图 15-25

15.2.2　安排会议

Outlook 日历中的一个重要功能就是创建“会议要求”，用户不仅可以定义会议的时间和相关信息，还能邀请相关同事参加此会议。

第 1 步 进入日历界面，在【开始】选项卡的【新建】组中单击【新建会议】按钮，如图 15-26 所示。

第 2 步 弹出一个名为【未命名-会议】窗口，***1.*** 设置【开始时间】和【结束时间】，***2.*** 单击【收件人】按钮，如图 15-27 所示。

图 15-26　　　　图 15-27

第 3 步 弹出【选择与会者及资源：联系人】对话框，*1.* 在列表框中选择【鸣涧】选项，*2.* 单击【必选】按钮，*3.* 再选择【文杰-文老师】选项，*4.* 单击【可选】按钮，如图 15-28 所示。

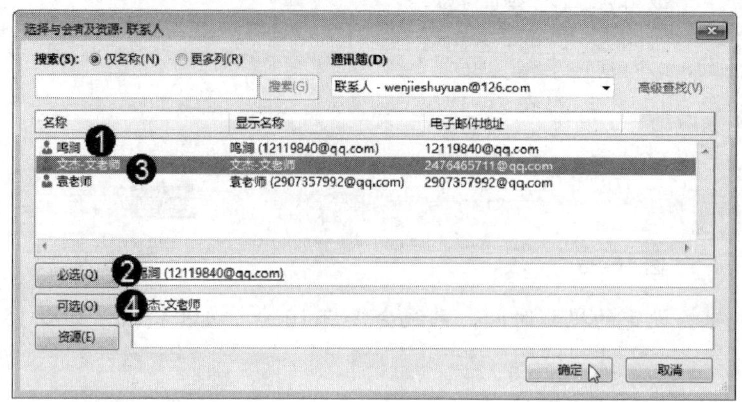

图 15-28

第 4 步 返回到会议通知编辑窗口，可以看到【收件人】文本框中已经添加了邮件地址，*1.* 在【主题】文本框和【地点】下拉列表框中输入内容，*2.* 在正文编写处输入正文，*3.* 单击【发送】按钮，如图 15-29 所示。

第 5 步 返回日历界面，在该日期中会显示会议链接，双击约会链接即可打开会议进行查看，如图 15-30 所示。

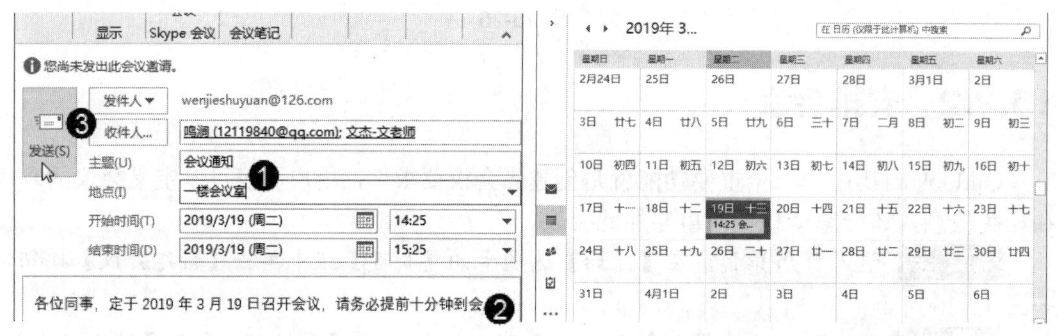

图 15-29　　　　图 15-30

15.3 实践案例与上机指导

通过本章的学习，读者基本可以掌握使用 Outlook 处理办公事务的基本知识以及一些常见的操作方法，下面通过练习操作，以达到巩固学习、拓展提高的目的。

↑扫码看视频

15.3.1　创建规则

用户可以对接收的邮件进行一定的规则设置，这样以便于对邮件的日后管理，下面详细介绍创建规则的方法。

素材保存路径：无

素材文件名称：无

第 1 步　在 Outlook 中选中一封邮件，***1.*** 在【开始】选项卡中单击【移动】下拉按钮，***2.*** 在弹出的菜单中单击【规则】下拉按钮，***3.*** 在弹出的子菜单中选择【创建规则】菜单项，如图 15-31 所示。

第 2 步　弹出【创建规则】对话框，***1.*** 勾选【主题包含】复选框，在文本框中输入主题，***2.*** 勾选【收件人】复选框，在后面的下拉列表框中选择【只是我】选项，***3.*** 勾选【在新邮件通知窗口中显示】和【播放所选择的声音】复选框，***4.*** 单击【确定】按钮，如图 15-32 所示。

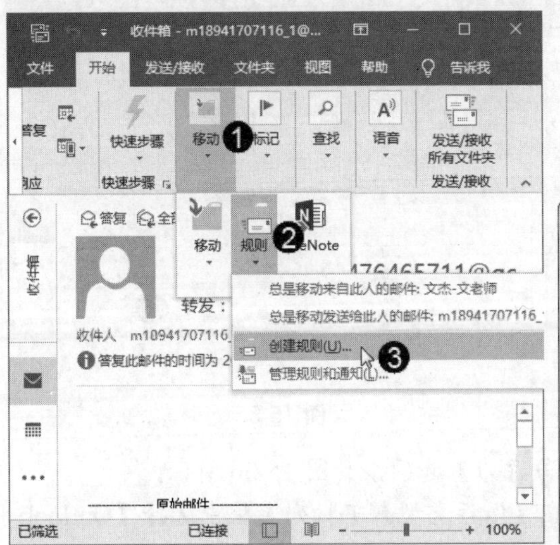

图 15-31

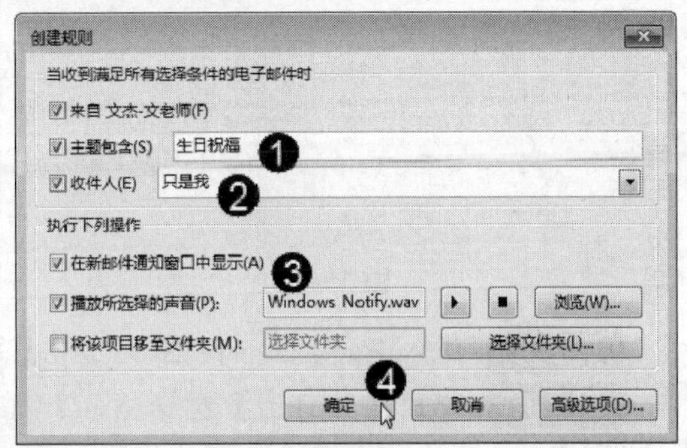

图 15-32

第 3 步　弹出【成功】对话框，单击【确定】按钮即可完成操作，如图 15-33 所示。

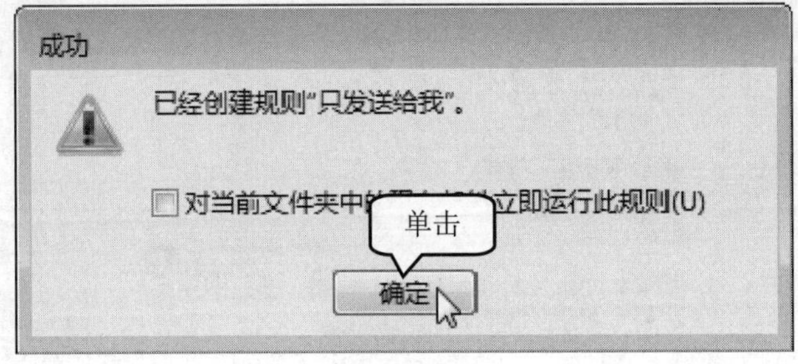

图 15-33

15.3.2 设立外出时的自动回复

人们通常会使用 Outlook 电子邮件与客户进行沟通，收到信息后第一时间回复会让对方感觉到亲切和真挚。Outlook 提供了外出时的助理程序，用户出差时，可以通过设置 Outlook 模板和“临时外出”规则，来实现自动回复信息。

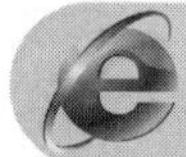

素材保存路径：无

素材文件名称：无

第 1 步 启动 Outlook 2016 程序，在【开始】选项卡的【新建】组中单击【新建电子邮件】按钮，如图 15-34 所示。

第 2 步 弹出【新建邮件】窗口，***1.*** 在【主题】文本框中输入主题，***2.*** 在【内容】文本框中输入邮件正文，***3.*** 选择【文件】选项卡，如图 15-35 所示。

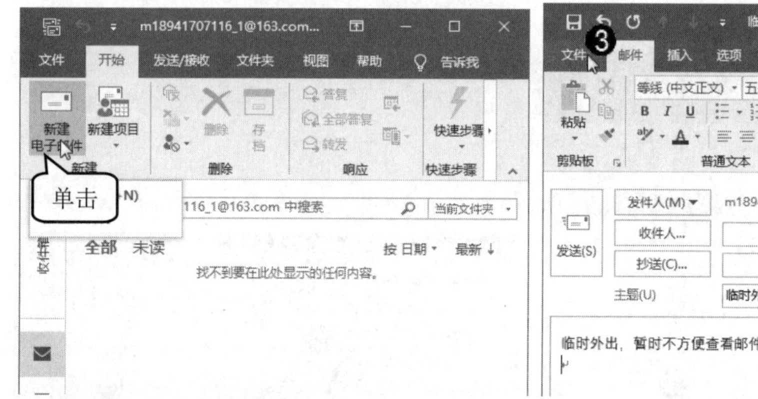

图 15-34

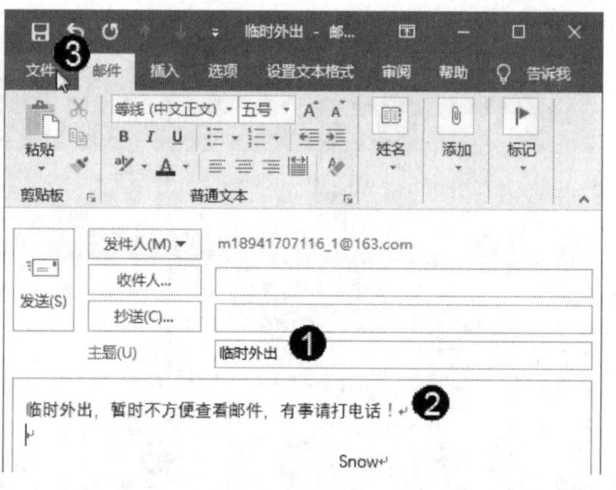

图 15-35

第 3 步 进入 Backstage 视图，选择【另存为】选项，如图 15-36 所示。

第 4 步 弹出【另存为】对话框，***1.*** 在【保存类型】下拉列表框中选择【Outlook 模板(*.oft)】选项，***2.*** 单击【保存】按钮，如图 15-37 所示。

图 15-36

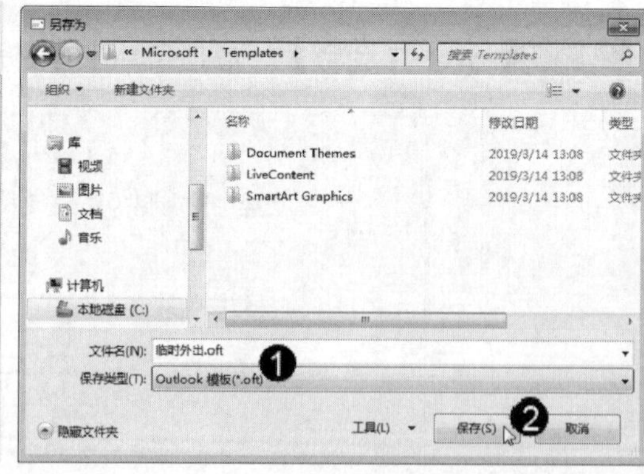

图 15-37

第 5 步 返回 Outlook 主界面，***1.*** 在【开始】选项卡中单击【移动】下拉按钮，***2.*** 在弹出的菜单中单击【规则】下拉按钮，***3.*** 在弹出的子菜单中选择【管理规则和通知】选项，如图 15-38 所示。

第 6 步 弹出【规则和通知】对话框，单击【新建规则】按钮，如图 15-39 所示。

图 15-38

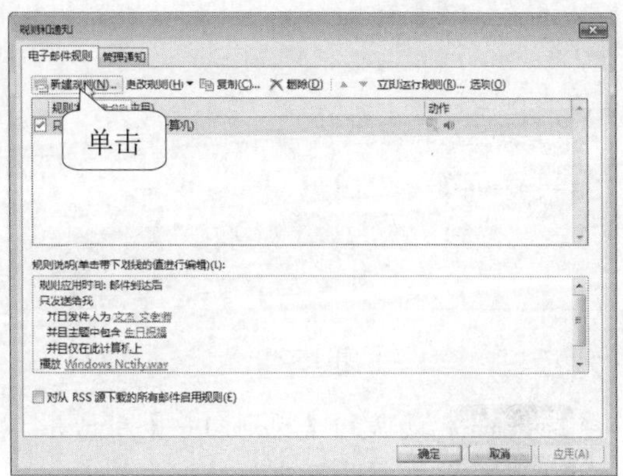

图 15-39

第 7 步 弹出【规则向导】对话框，***1.*** 在【从空白规则开始】区域中选择【对我接收的邮件应用规则】选项，***2.*** 单击【下一步】按钮，如图 15-40 所示。

第 8 步 进入下一页面，***1.*** 在【步骤 1：选择条件】列表框中勾选【只发送给我】复选框，***2.*** 单击【下一步】按钮，如图 15-41 所示。

图 15-40

图 15-41

第 9 步 进入下一页面，***1.*** 在【步骤 1：选择操作】列表框中勾选【用 特定模板 答复】复选框，***2.*** 在【步骤 2：编辑规则说明(单击带下划线的值)】列表框中单击【特定模板】链接，如图 15-42 所示。

第 10 步 弹出【选择答复模板】对话框，***1.*** 在【查找范围】下拉列表框中选择【文件系统中的用户模板】选项，***2.*** 在列表框中选中【临时外出】文件，***3.*** 单击【打开】按钮，如图 15-43 所示。

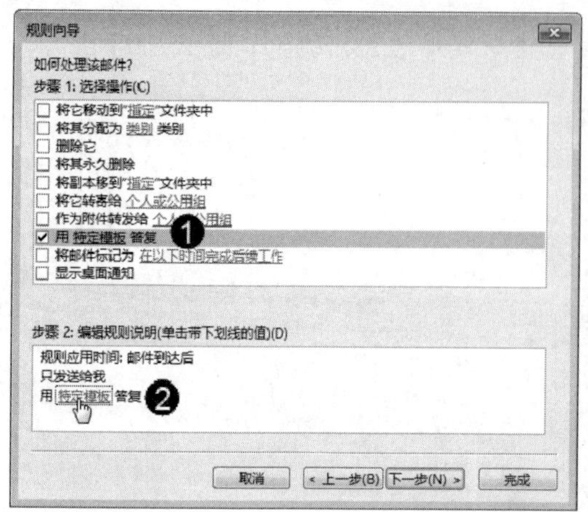

图 15-42

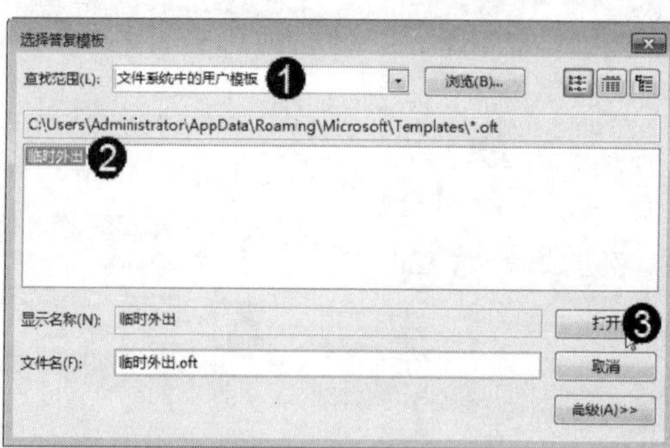

图 15-43

第 11 步 返回到【规则向导】对话框，单击【下一步】按钮，如图 15-44 所示。

第 12 步 在【是否有例外？】界面，直接单击【下一步】按钮，如图 15-45 所示。

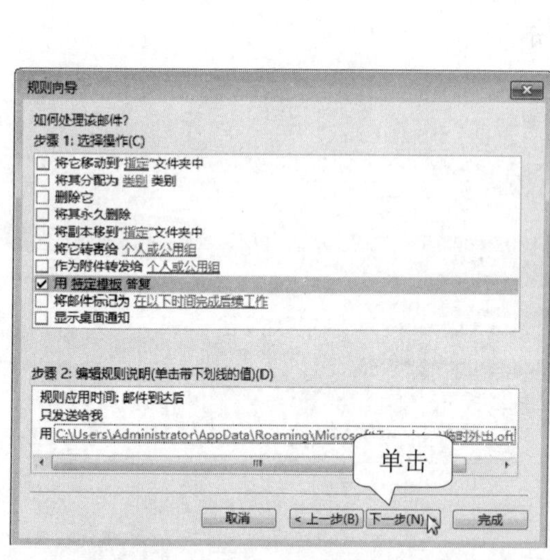

图 15-44

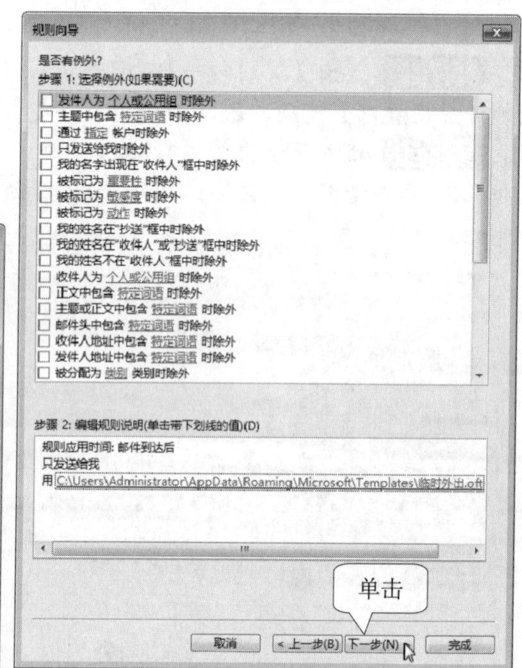

图 15-45

第 13 步 进入【完成规则设置】界面，***1.*** 在【步骤 1：指定规则的名称】文本框中输入名称，***2.*** 单击【完成】按钮，如图 15-46 所示。

第 14 步 返回【规则和通知】对话框，单击【确定】按钮即可完成设立外出时的自动回复的操作，如图 15-47 所示。

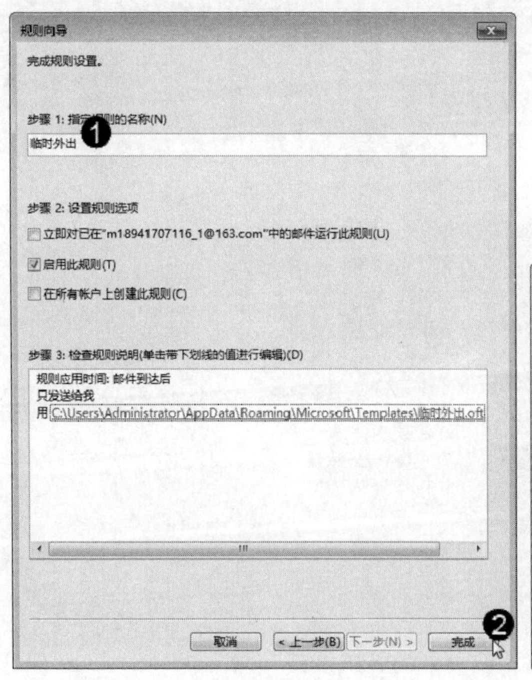

图 15-46

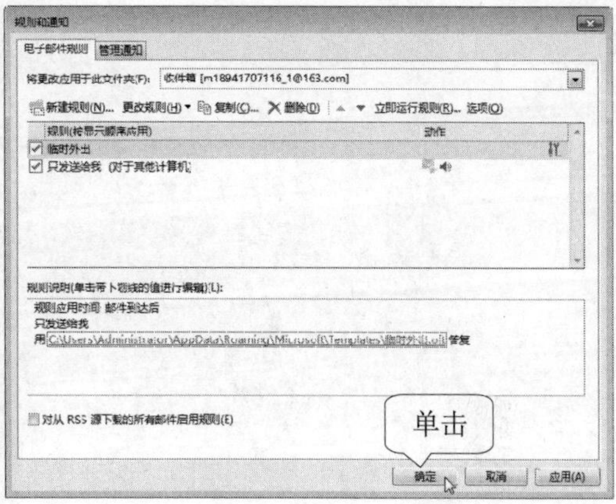

图 15-47

15.4　思考与练习

一、填空题

1. Outlook 是 Office 办公软件套装中的组件之一，它除了和普通的电子邮箱软件一样，能够收发电子邮件之外，还可以管理联系人和日常事务，包括＿＿＿＿＿＿、安排日程、＿＿＿＿＿等。

2. 安排日程是 Outlook 2016 中的另一个重要的功能，无论是在家里还是在办公室，用户都可以通过信息网络使用 Outlook 2016 来有效地跟踪和管理＿＿＿＿＿＿＿、约会或＿＿＿＿＿＿。

二、判断题

1. 使用 Outlook 发送和接收电子邮件之前，首先需要向其中添加电子邮件账户，这里的账户就是指个人申请的电子邮箱，申请好电子邮箱后还需要在 Outlook 中进行配置，才能正常使用。（　　）

2. 除了手动输入联系人，当在 Outlook 中接收到新邮件时，还可以把发件人地址添加到联系人列表中，将邮件发件人添加为联系人。（　　）

3. Outlook 日历中的一个重要功能就是创建“会议要求”，用户不仅可以定义会议的时间和相关信息，还能邀请相关同事参加此会议。（　　）

三、思考题

1. 在 Outlook 2016 中如何创建约会?
2. 如何配置 Outlook 邮箱账户?

新起点 电脑教程

第16章

使用 OneNote 收集和处理工作信息

本章要点

- 创建笔记本
- 操作分区和页

本章主要内容

本章主要介绍了创建笔记本、操作分区和页方面的知识与技巧，在本章的最后还针对实际的工作需求，讲解了将 OneNote 分区导入 Word 文档、插入页面模板和折叠子页的方法。通过本章的学习，读者可以掌握 OneNote 2016 基础操作方面的知识，为深入学习 Office 2016 知识奠定基础。

16.1 创建笔记本

OneNote 笔记本是一种数字笔记本，它为用户提供了一个记录手机笔记和信息的位置，并提供了强大的搜索功能和易用的共享笔记本。OneNote 并不是一个文件，而是一个文件夹，类似于现实生活中的活页夹，用于记录和组织各类笔记。

↑ 扫码看视频

16.1.1 登录 Microsoft 账户

使用 OneNote 软件之前，需要登录 Microsoft 账户，下面详细介绍登录 Microsoft 账户的操作方法。

第 1 步 启动 OneNote 2016 程序，选择【文件】选项卡，进入 Backstage 视图，***1.*** 选择【账户】选项，***2.*** 单击【登录】按钮，如图 16-1 所示。

第 2 步 打开【Microsoft 登录】对话框，***1.*** 输入邮箱，***2.*** 单击【下一步】按钮，如图 16-2 所示。

图 16-1

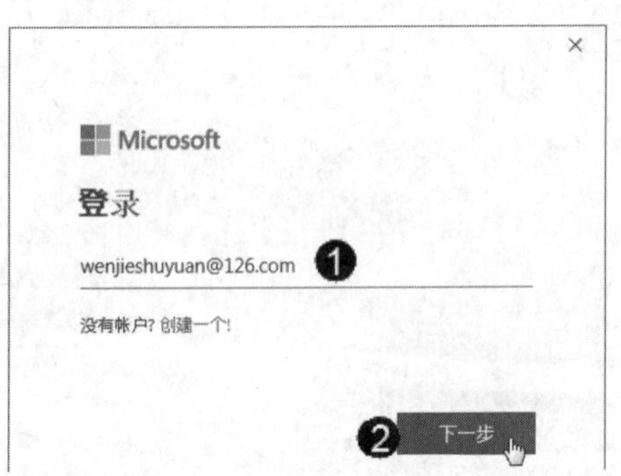

图 16-2

第 3 步 进入下一页面，***1.*** 输入密码，***2.*** 单击【登录】按钮，如图 16-3 所示。

图 16-3

第 4 步 返回 Backstage 视图，可以看到已经登录了 Microsoft 账户，单击【返回】按钮，如图 16-4 所示。

第 5 步 通过以上步骤即可完成登录 Microsoft 账户的操作，如图 16-5 所示。

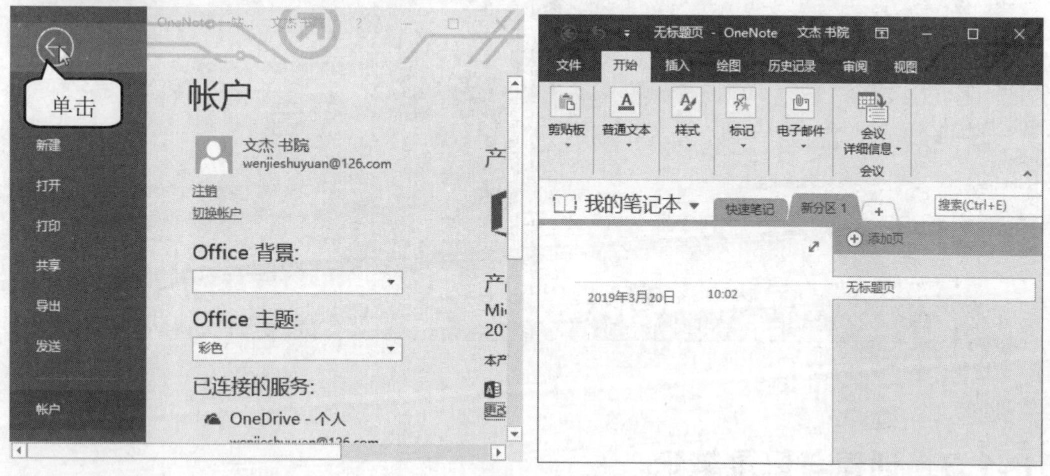

图 16-4　　图 16-5

16.1.2　设置笔记本的保存位置

OneNote 会将笔记本自动保存到默认的位置，用户也可以修改它的保存位置。

第 1 步 启动 OneNote 2016 程序，选择【文件】选项卡，进入 Backstage 视图，选择【选项】选项，如图 16-6 所示。

第 2 步 弹出【OncNote 选项】对话框，*1.* 选择【保存和备份】选项，*2.* 在【保存】列表框中选择【默认笔记本位置】选项，*3.* 单击【修改】按钮，如图 16-7 所示。

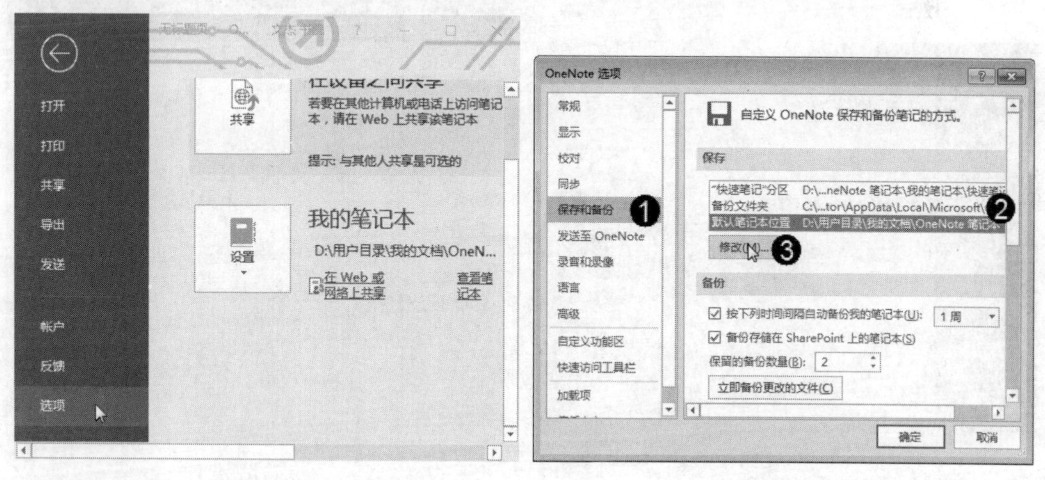

图 16-6　　图 16-7

第 3 步 弹出【选择文件夹】对话框，*1.* 根据需要修改笔记本的保存位置，*2.* 单击【选择】按钮，如图 16-8 所示。

第 4 步 返回【OneNote 选项】对话框，单击【确定】按钮即可完成设置笔记本保存位置的操作，如图 16-9 所示。

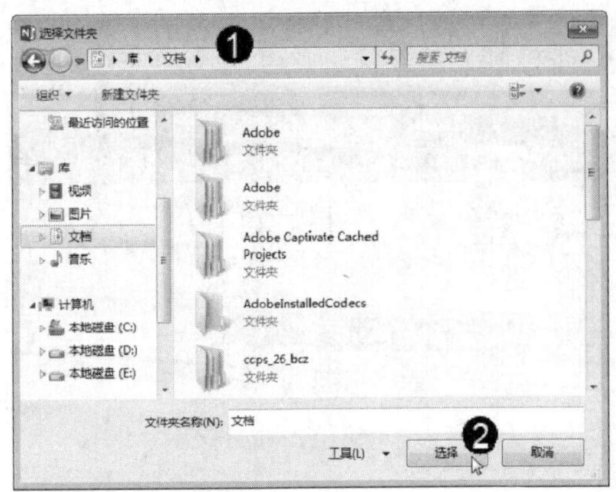

图 16-8

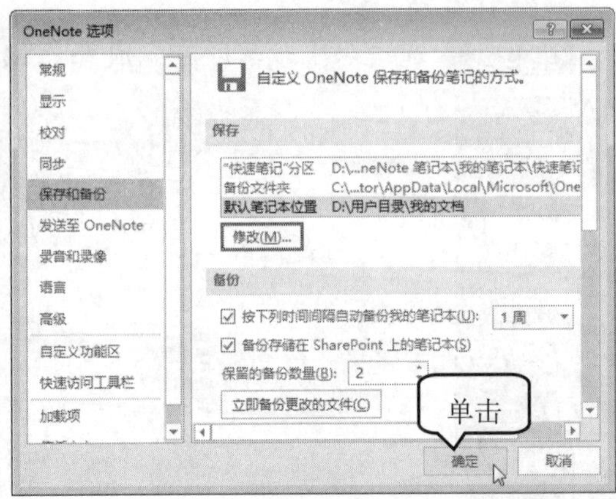

图 16-9

16.1.3 创建与记录笔记

打开 OneNote 程序，就可以新建自己的笔记本了。下面详细介绍创建与记录笔记的操作方法。

第 1 步 在 OneNote 2016 的 Backstage 视图中，*1.* 选择【新建】选项，*2.* 选择【这台电脑】选项，*3.* 在【笔记本名称】文本框中输入名称，*4.* 单击【创建笔记本】按钮，如图 16-10 所示。

第 2 步 OneNote 创建一个名为【工作笔记本】的文件，并自动创建一个名为【新分区 1】的分区，在【标题页】文本框输入标题“工作日志”，如图 16-11 所示。

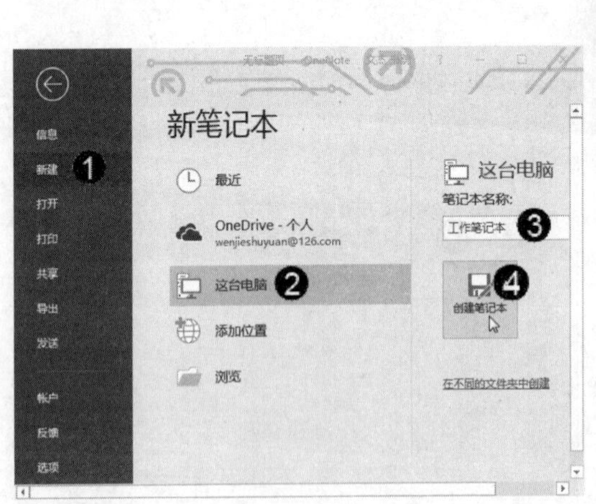

图 16-10

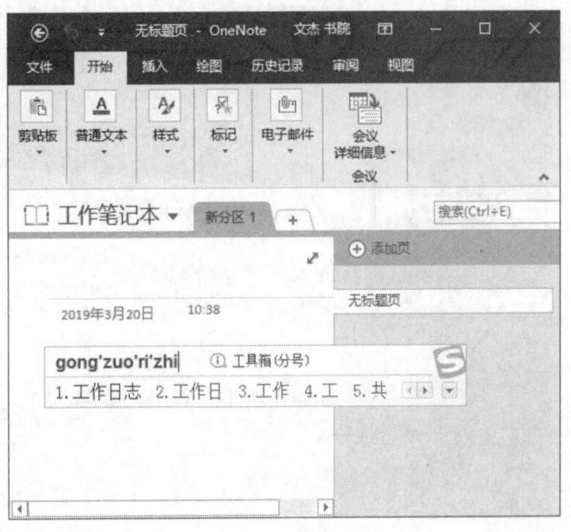

图 16-11

第 3 步 在笔记本正文区域输入笔记内容，如图 16-12 所示。

第 4 步 另起一行定位光标，*1.* 在【插入】选项卡中单击【图像】下拉按钮，*2.* 在弹出的菜单中单击【图片】按钮，如图 16-13 所示。

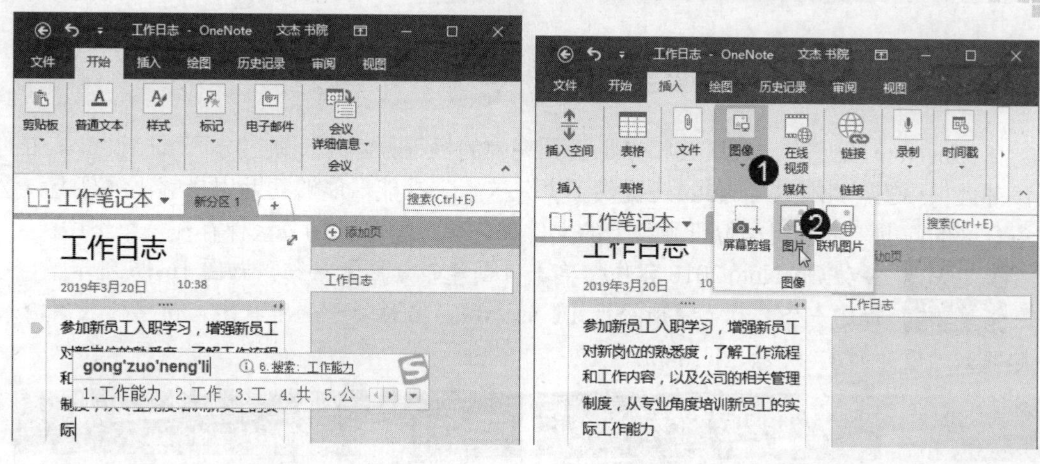

图 16-12　　　　图 16-13

第 5 步　弹出【插入图片】对话框，*1.* 选择图片所在位置，*2.* 选中图片，*3.* 单击【插入】按钮，如图 16-14 所示。

第 6 步　笔记本中已经插入了刚刚选中的图片，通过以上步骤即可完成创建与记录笔记的操作，如图 16-15 所示。

图 16-14　　　　图 16-15

16.2　操作分区和页

在 OneNote 程序中，文档窗口顶部选项卡表示当前打开的笔记本中的分区，单击这个标签能够打开分区。笔记本的每一分区实际上就是一个“*.one”文件，它被保存在以当前笔记本命名的磁盘文件夹中。

↑扫码看视频

16.2.1 创建分区和分区组

在 OneNote 程序中，分区就相当于活页夹中的标签分割片，通过分区可以设置其中的页，并提供标签。此外 OneNote 还提供了“分区组”功能，能够帮助用户解决屏幕上包含过多分区的问题。分区组类似于硬盘上的文件夹，可以将相关的分区保存在一个组中。

第 1 步 启动 OneNote 2016 程序，单击【创建新分区】按钮，如图 16-16 所示。

第 2 步 新建一个名称为【新分区 1】的分区，名称处于选中状态，使用输入法输入新标题如“项目列表”，如图 16-17 所示。

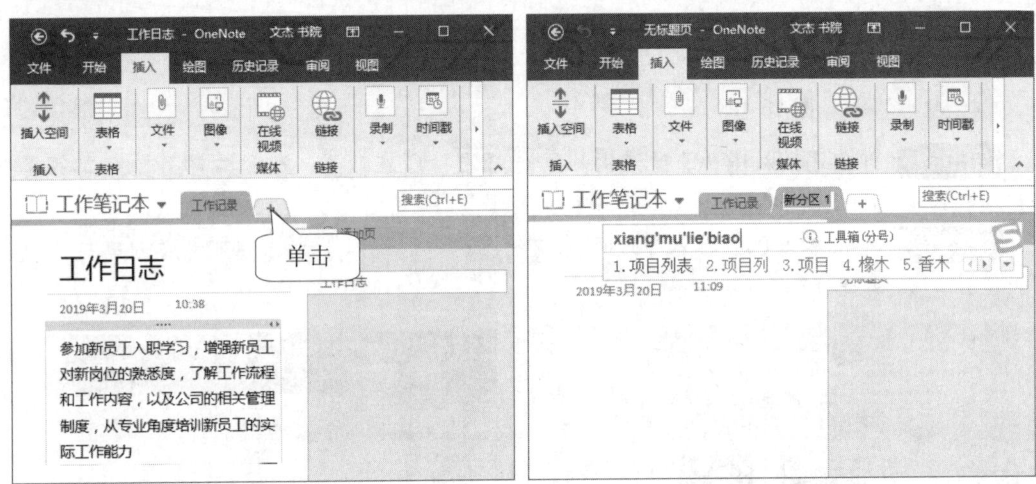

图 16-16　　图 16-17

第 3 步 通过以上步骤即可完成创建分区的操作，如图 16-18 所示。

第 4 步 用鼠标右键单击【工作记录】标签，在弹出的快捷菜单中选择【新建分区组】菜单项，如图 16-19 所示。

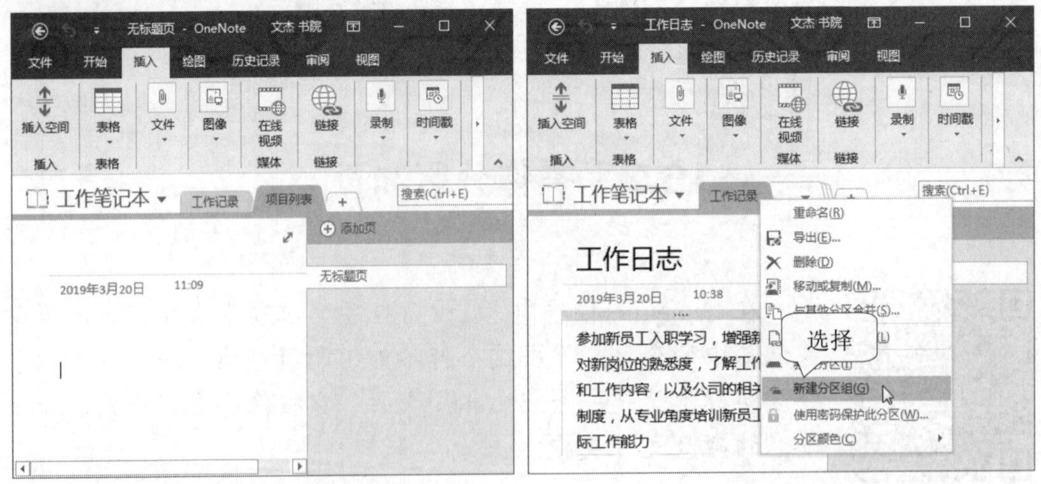

图 16-18　　图 16-19

第 5 步 即可创建一个名为【新分区组】的分区组，右击【新分区组】选项，在弹出的快捷菜单中选择【重命名】菜单项，如图 16-20 所示。

第 6 步 将新分区组命名为“娱乐项目”，单击【娱乐项目】标签，如图 16-21 所示。

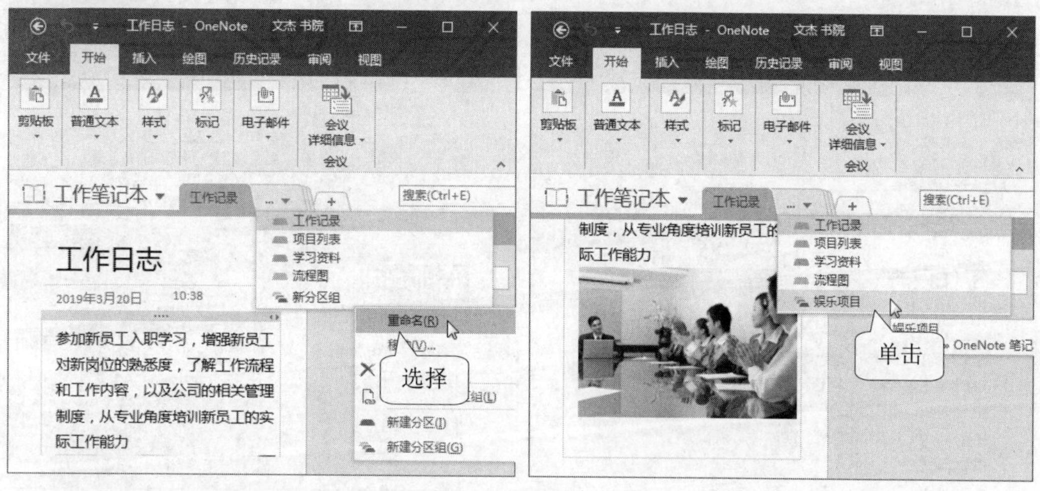

图 16-20　　　　图 16-21

第 7 步 进入【娱乐项目】分区组，单击【创建新分区】按钮，如图 16-22 所示。

第 8 步 为【娱乐项目】分区组中创建一个名为【新分区 1】的分区，如图 16-23 所示。

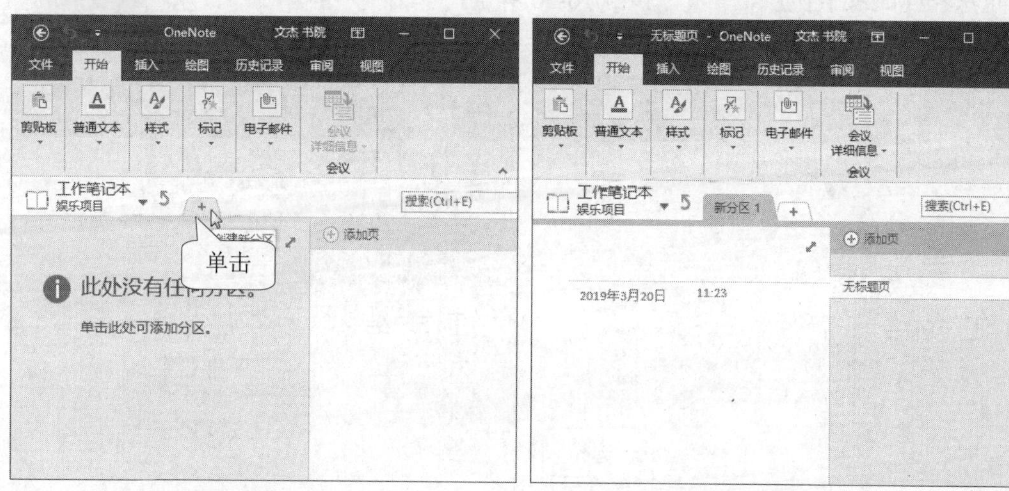

图 16-22　　　　图 16-23

16.2.2　添加和删除页

在 OneNote 程序中，一个分区包含多个页或子页，就像活页夹中的记录页面一样，记录着各种信息。本节详细介绍添加和删除页的操作。

第 1 步 在【工作笔记本】中选中【工作记录】分区，单击【添加页】按钮，如图 16-24 所示。

第 2 步 在【工作记录】分区中新建一个“无标题页”，命名为“工作心得”，如图 16-25 所示。

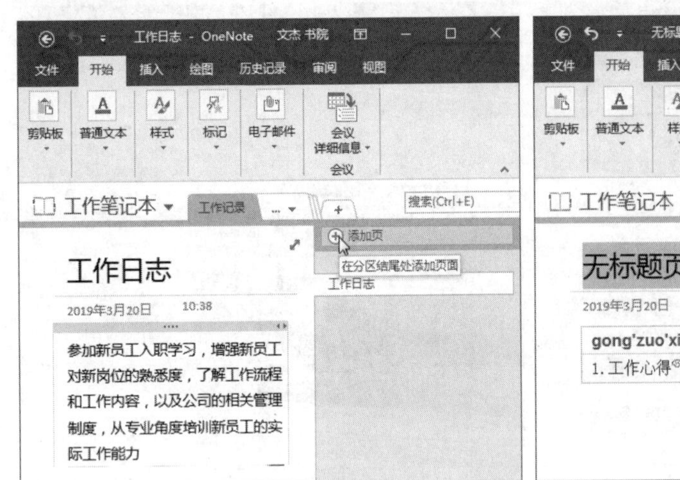

图 16-24

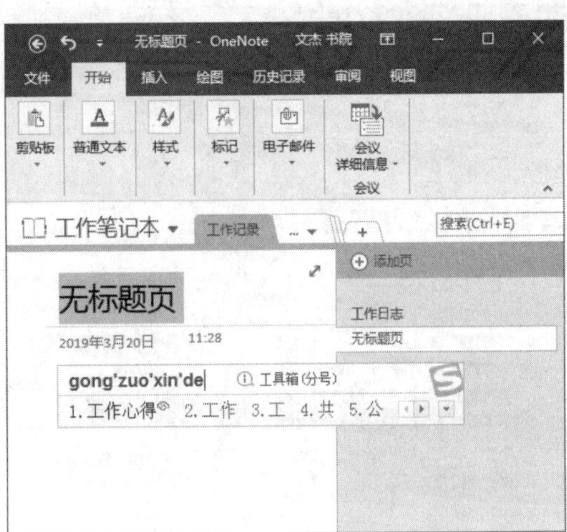

图 16-25

第 3 步 再添加一个页并命名为“工作总结”，右击【工作总结】页，在弹出的快捷菜单中选择【降级子页】菜单项，如图 16-26 所示。

第 4 步 将【工作总结】页设置为子页，如图 16-27 所示。

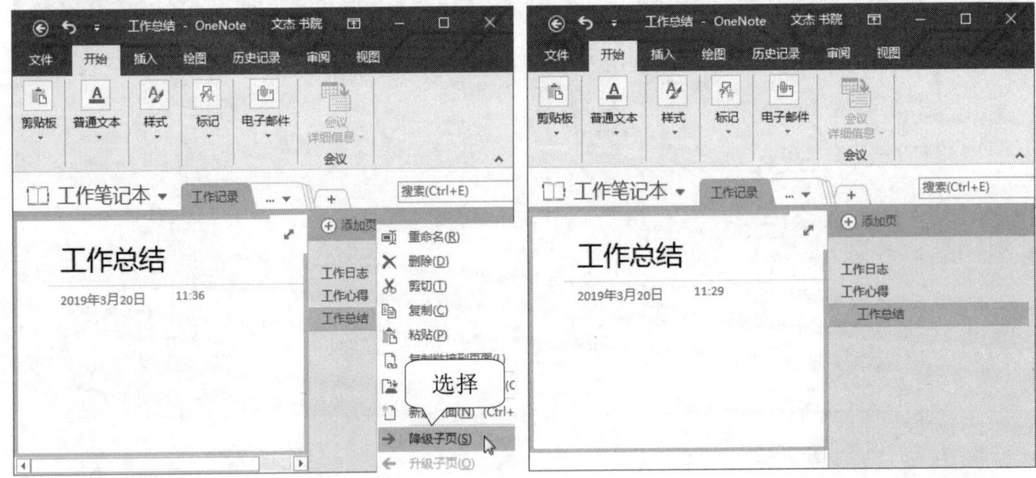

图 16-26　　　　图 16-27

第 5 步 按照上述方法再添加两个页，分别命名为【经验教训】和【每日小结】，用鼠标右键单击【工作总结】页，在弹出的快捷菜单中选择【删除】菜单项，如图 16-28 所示。

第 6 步 通过以上步骤即可将【工作总结】页删除，如图 16-29 所示。

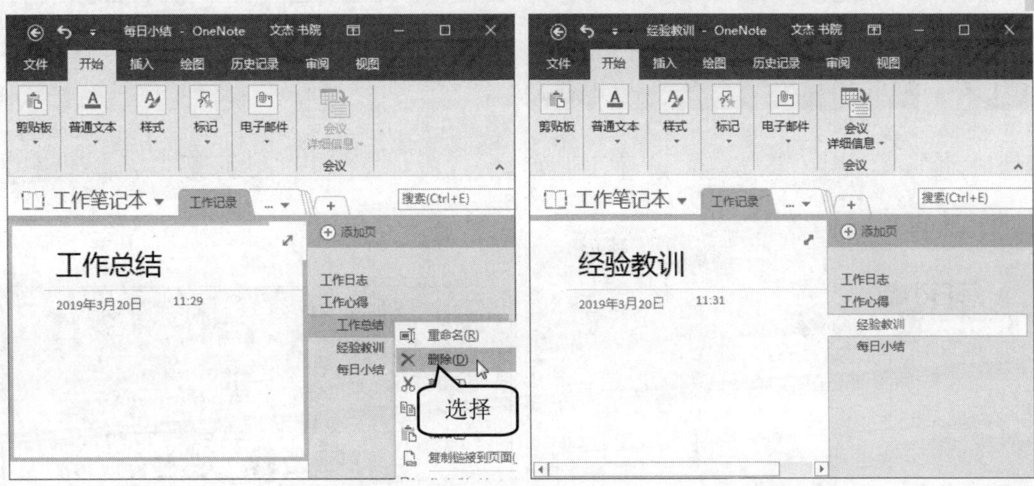

图 16-28　　　　图 16-29

16.2.3　更改页中的日期和时间

用户还可以对每页中的日期进行更改，下面详细介绍更改页中的日期和时间的方法。

第 1 步　***1.*** 在【每日小结】页中单击【日期】按钮，***2.*** 弹出【日期】图标，单击【日期】图标，***3.*** 弹出日历界面，单击要更改的日期，如图 16-30 所示。

第 2 步　此时日期变成 2019 年 3 月 23 日，如图 16-31 所示。

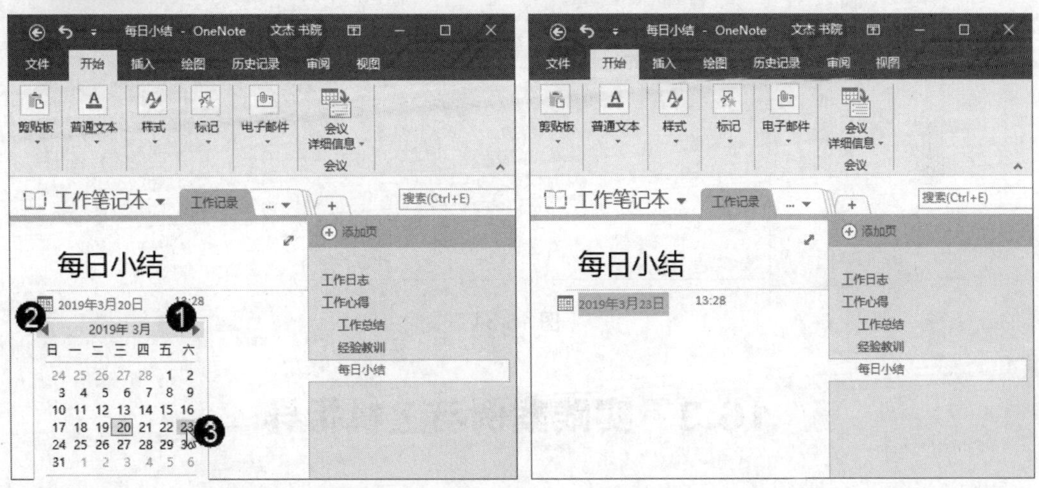

图 16-30　　　　图 16-31

第 3 步　***1.*** 在【每日小结】页中单击【时间】按钮，弹出【时间】图标，***2.*** 单击【更改页面时间】图标，如图 16-32 所示。

第 4 步　弹出【更改页面时间】对话框，***1.*** 在【页面时间】下拉列表框中选择时间，***2.*** 单击【确定】按钮，如图 16-33 所示。

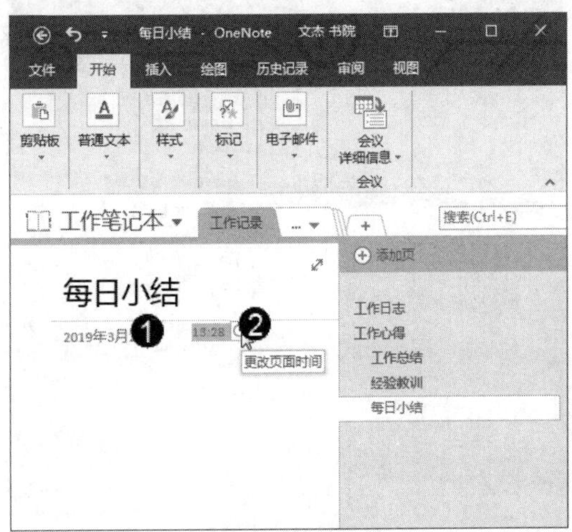

图 16-32

图 16-33

第 5 步 此时时间变成 16:30，如图 16-34 所示。

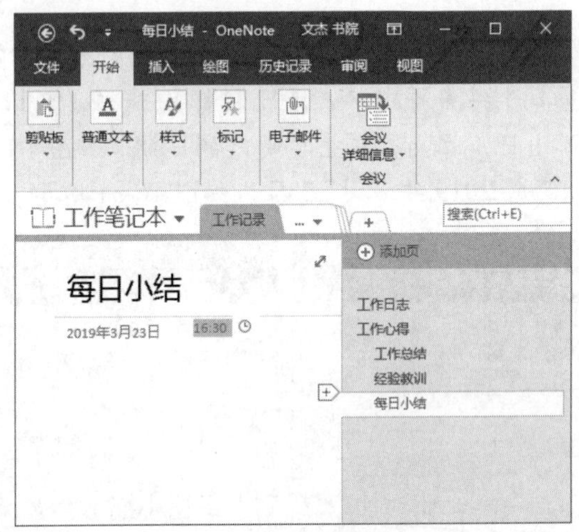

图 16-34

16.3 实践案例与上机指导

通过本章的学习，读者基本可以掌握使用 OneNote 收集和处理工作信息的基本知识以及一些常见的操作方法，下面通过练习操作，以达到巩固学习、拓展提高的目的。

↑扫码看视频

16.3.1　将 OneNote 分区导入 Word 文档

在日常工作中，如果想要与其他人共享 OneNote 笔记，可以将 OneNote 分区导入 Word 文档。

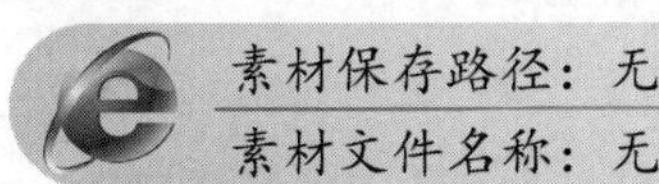

素材保存路径：无

素材文件名称：无

第 1 步 打开一个 OneNote 笔记，选择【文件】选项卡，进入 Backstage 视图中，***1.*** 选择【导出】选项，***2.*** 在中间窗格中选择【分区】选项，***3.*** 在【选择格式】列表框中选择【Word 文档(*.docx)】选项，***4.*** 单击【导出】按钮，如图 16-35 所示。

第 2 步 弹出【另存为】对话框，***1.*** 选择文档保存位置，***2.*** 单击【保存】按钮，如图 16-36 所示。

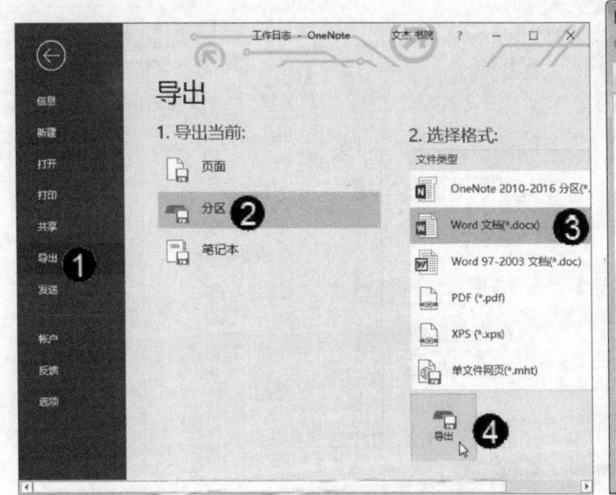

图 16-35

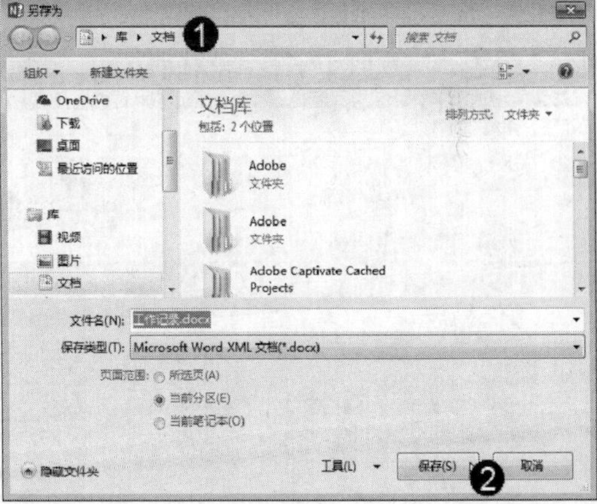

图 16-36

第 3 步 打开文档保存的文件夹，打开文档，通过以上步骤即可完成将 OneNote 分区导入 Word 文档的操作，如图 16-37 所示。

图 16-37

16.3.2 插入页面模板

OneNote 2016 模板是一种页面设计，可以将其应用到笔记本中的新页面，以使这些页面具有吸引人的背景、更统一的外观或一致的布局。

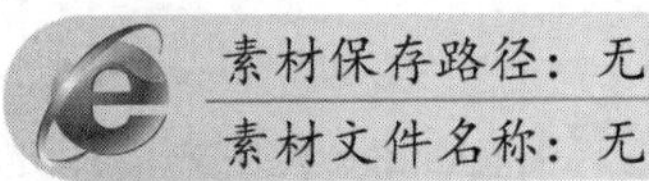
素材保存路径：无
素材文件名称：无

第 1 步 打开一个 OneNote 笔记，*1.* 在【插入】选项卡中单击【页面模板】下拉按钮，*2.* 在弹出的菜单中选择【页面模板】菜单项，如图 16-38 所示。

第 2 步 弹出【模板】窗格，在添加页列表中单击【学院】区域中的【详细讲座笔记】选项，如图 16-39 所示。

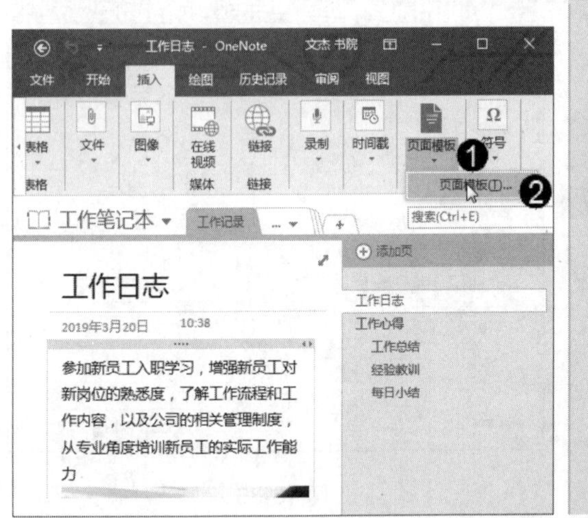

图 16-38

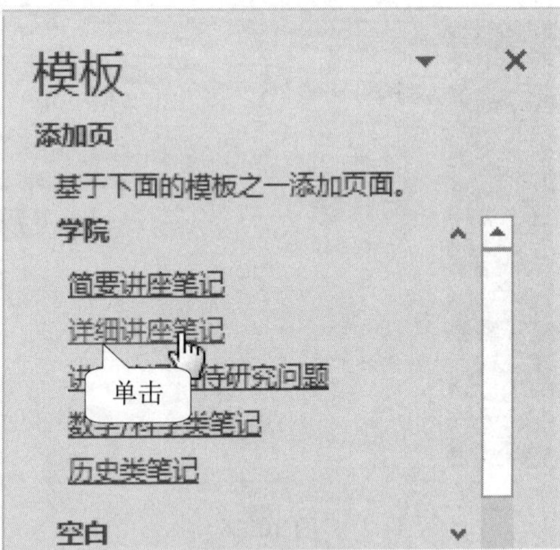

图 16-39

第 3 步 此时即可插入一个应用了模板的新页，如图 16-40 所示。

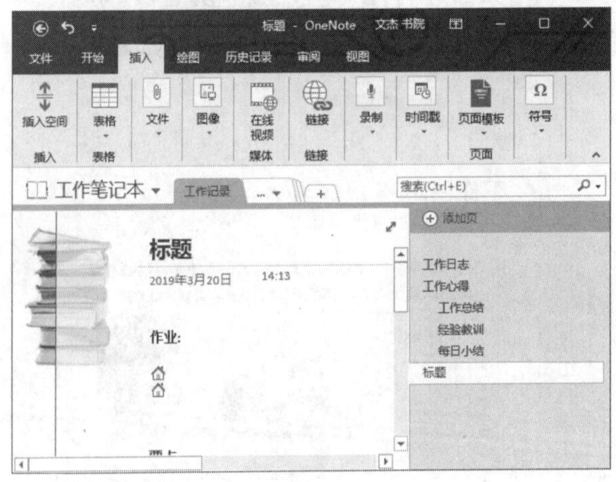

图 16-40

16.3.3　折叠子页

OneNote 2016 提供了“折叠和展开子页”功能，可以折叠子页来隐藏其下所有级别的子页。

素材保存路径：无

素材文件名称：无

第 1 步　在【工作记录】页中用鼠标右键单击【工作总结】子页，在弹出的快捷菜单中选择【折叠子页】菜单项，如图 16-41 所示。

第 2 步　此时【工作总结】子页就折叠起来了，并显示了一个【展开】按钮，如图 16-42 所示。

图 16-41　　　　图 16-42

16.4　思考与练习

一、填空题

1. OneNote 笔记本是一种数字笔记本，它为用户提供了一个收集笔记和信息的位置，并提供了强大的__________和易用的__________。

2. 在 OneNote 程序中，分区就相当于活页夹中的__________，分区可以设置其中的页，并提供标签。此外，OneNote 还提供了__________功能，能够帮助用户解决屏幕上包含过多分区的问题。分区组类似于硬盘上的文件夹，可以将相关的分区保存在一个组中。

二、判断题

1. 在 OneNote 程序中，文档窗口顶部选项卡表示当前打开的笔记本中的分区，单击这个标签能够打开分区。笔记本的每一分区实际上就是一个“*.one”文件，它被保存在以当前笔记本命名的磁盘文件夹中。　　（　　）

2. OneNote 是一个文件，而不是一个文件夹，类似于现实生活中的活页夹，用于记录和组织各类笔记。 ( )

三、思考题

1. 如何使用 OneNote 创建与记录笔记？
2. 如何更改页的日期与时间？

习 题 答 案

第1章

一、填空题

1. 功能区、标题栏、水平滚动条
2. 【页面视图】按钮

二、判断题

1. 对
2. 对

三、思考题

1. 在【开始】选项卡中，单击【编辑】下拉按钮，在弹出的菜单中选择【替换】选项，弹出【查找和替换】对话框，在【替换】选项卡的【查找内容】和【替换为】下拉列表框中输入内容，单击【全部替换】按钮即可完成替换文本的操作。

2. 新建文档，在【布局】选项卡中，单击【页面设置】下拉按钮，在弹出的选项中单击【纸张大小】下拉按钮，在弹出的下拉菜单中选择【信函】选项，可以看到纸张的大小已经改变，通过以上步骤即可完成设置纸张大小的操作。在【布局】选项卡中，单击【页面设置】下拉按钮，在弹出的菜单中单击【纸张方向】下拉按钮，在弹出的子菜单中选择【横向】选项，可以看到纸张的方向已经改变，通过以上步骤即可完成设置纸张方向的操作。

第2章

一、填空题

1. 单倍行距、2倍行距
2. 颜色、加粗

二、判断题

1. 对
2. 错

三、思考题

1. 选中要设置字形的文本，在【开始】选项卡中单击【字体】下拉按钮，在弹出的菜单中单击【加粗】和【倾斜】按钮，可以看到文本字形已经改变，通过以上步骤即可完成设置文本字形的操作。

2. 打开Word文档，选择【设计】选项卡，单击【页面背景】组中的【页面边框】按钮，弹出【边框和底纹】对话框，在【页面边框】选项卡的【设置】区域中选择【三维】选项，选择一种样式、宽度和颜色，单击【确定】按钮，通过以上步骤即可完成设置页面边框的操作。

第3章

一、填空题

1. 自定义设置、样式
2. 大小、效果

二、判断题

1. 错
2. 对

三、思考题

1. 选中图片，在【格式】选项卡中单击【大小】下拉按钮，在弹出菜单的【宽度】微调框中输入新的数值，用鼠标单击文档任意空白处，通过以上步骤即可完成改变图片大小的操作。选中图片，在【格式】选项卡中单击【排列】下拉按钮，在弹出的菜单中单击【位置】下拉按钮，在弹出的子菜单选择【其他布局选项】选项，弹出【布局】对话框，在【文字环绕】选项卡的【环绕方式】区域中选择【四周型】选项，在【环绕文字】区域中选中【两边】单选按钮，单击【确定】按钮。

2. 选中 SmartArt 图形，在【设计】选项卡中单击【SmartArt 样式】下拉按钮，在弹出的样式列表中选择一种样式，通过以上步骤即可完成更改 SmartArt 图形类型的操作。选中图形，在【设计】选项卡中单击【更改布局】下拉按钮，在弹出的菜单中选择一种布局，通过以上步骤即可完成更改 SmartArt 图形布局的操作。

第 4 章

一、填空题

1. 【虚拟表格】、【创建表格】
2. 选择一行单元格、选择多个单元格

二、判断题

1. 对
2. 错

三、思考题

1. 选中需要更改样式的表格，在【设计】选项卡中单击【表格样式】下拉按钮，在弹出的表格样式库中选择一种样式，通过以上步骤即可完成更改表格样式的操作。

2. 选中需要合并的连续单元格，在【布局】选项卡中单击【合并】下拉按钮，在弹出的菜单中单击【合并单元格】按钮，通过以上步骤即可完成合并选中单元格的操作。

第 5 章

一、填空题

1. 批注、修订
2. 页眉、页脚

二、判断题

1. 对
2. 对

三、思考题

1. 打开 Word 文档，在【插入】选项卡中单击【页眉和页脚】下拉按钮，在弹出的菜单中单击【页码】下拉按钮，在弹出的子菜单中选择【页面底端】菜单项，在弹出的库中选择【普通数字 1】选项，可以看到在页面底端插入了页码，单击【关闭页眉和页脚】按钮即可完成插入动态页码的操作。

2. 打开文档，在【视图】选项卡中单击【视图】下拉按钮，在弹出的菜单中单击【大纲】按钮。选中文本，单击【大纲工具】下拉按钮，在弹出的菜单中单击【大纲级别】下拉按钮，在弹出的下拉列表中选择【3 级】选项，更改完级别后，单击【关闭大纲视图】按钮，单击目录，目录周围出现边框，在边框上单击【更新目录】按钮，弹出【更新目录】对话框，选中【更新整个目录】单选按钮，单击【确定】按钮即可完成更新文档目录的操作。

第 6 章

一、填空题

1. 制作报表、对数据进行排序与分析
2. 标题栏、功能区、状态栏

二、判断题

1. 错
2. 对

三、思考题

1. 打开 Excel 2016 程序，选择【文件】选项卡，进入 Backstage 视图，选择【新建】选项，选择准备应用的表格模板，如【空白工作簿】，系统创建了一个名为“工作簿 2”的文档，通过以上步骤即可完成新建工作簿的操作。选择【文件】选项卡，进入 Backstage 视图，选择【另存为】选项，单击【浏览】选项，弹出【另存为】对话框，设置文档保存位置，在【文件名】下拉列表框中输入名称，单击【保存】按钮即可完成新建与保存工作簿的操作。

2. 右键单击要复制的工作表标签“销售数据”，在弹出的快捷菜单中选择【移动或复制】菜单项，弹出【移动或复制工作表】对话框，在【工作簿】下拉列表框中选择要复制到的目标工作簿，在【下列选定工作表之前】列表框中选择 Sheet1 选项，单击【确定】按钮，返回工作簿 1 中，可以看到已经添加了一个名为“销售数据”的工作表放置在 Sheet1 之前，通过以上步骤即可完成移动工作表的操作。

第 7 章

一、填空题

1. 文本、日期
2. 自动填充

二、判断题

1. 对
2. 对

三、思考题

1. 选中 D 列单元格，在【开始】选项卡中单击【数字】下拉按钮，在弹出的菜单中单击【常规】右侧的下拉按钮，在弹出的列表中选择【短日期】选项，设置完成后，选中一个单元格如 D3，输入日期。

2. 选中单元格，在【数据】选项卡中单击【数据工具】下拉按钮，在弹出的菜单中单击【数据验证】按钮，在弹出的子菜单中选择【数据验证】菜单项，弹出【数据验证】对话框，在【设置】选项卡的【允许】下拉列表框中选择【序列】选项，在【来源】文本框中输入序列，单击【确定】按钮，通过以上步骤即可完成设置数据有效性为序列的操作。

第 8 章

一、填空题

1. 选定单行或单列、选择不相邻的多行和多列
2. 艺术字、文本框

二、判断题

1. 错
2. 对

三、思考题

1. 选择要设置行高的单元格，在【开始】选项卡中单击【单元格】下拉按钮，在弹出的菜单中单击【格式】下拉按钮，在弹出的子菜单中选择【行高】菜单项，弹出【行高】对话框，在【行高】文本框中输入行高的值，如“25”，单击【确定】按钮，通过以上步骤即可完成设置单元格行高的操作。选择要设置列宽的单元格，在【开始】选项卡中单击【单元格】下拉按钮，在弹出的菜单中单击【格式】下拉按钮，在弹出的子菜单中选择【列宽】菜单项，弹出【列宽】对话框，在【列宽】文本框中输入列宽的值，如“10”，单击【确定】按钮，通过以上步骤即可完成设置单元格列宽的操作。

2. 打开工作表，在【插入】选项卡中单击【文本】下拉按钮，在弹出的菜单中单击【文本框】下拉按钮，在弹出的子菜单中选择【绘制横排文本框】菜单项，鼠标指针变成↓形状，单击并拖动鼠标指针至目标位置，释放鼠标，在文本框的光标处输入文字，按下空格键完成输入，通过以上步骤即可完成在 Excel 2016 中插入文本框的操作。

第 9 章

一、填空题

1. 相对引用、混合引用
2. 函数、常量

二、判断题

1. 错
2. 对

三、思考题

1. 打开表格，选中公式所在单元格C9，在【公式】选项卡中单击【定义的名称】下拉按钮，在弹出的菜单中单击【定义名称】按钮，弹出【新建名称】对话框，在【名称】文本框中输入名称，单击【确定】按钮，返回到表格中，可以看到在名称框中显示刚刚设置的C9单元格的公式名称。

2. 打开表格，选中含有公式的单元格B3，在【公式】选项卡中单击【公式审核】下拉按钮，在弹出的菜单中单击【公式求值】按钮，弹出【公式求值】对话框，在【求值】文本框中显示当前单元格中的公式，公式中的下画线表示出当前的引用，单击【求值】按钮，此时即可验证当前引用的值，此值将以斜体字显示，同时下画线移动至整个公式底部，查看完毕单击【关闭】按钮即可。

第10章

一、填空题

1. 单条件排序、多条件复杂排序
2. 数据透视图、值字段、项

二、判断题

1. 对
2. 错

三、思考题

1. 打开表格，单击“行标签”右侧的下拉按钮，在弹出的菜单中选择【降序】选项，此时即可看到以降序顺序显示的数据。

2. 打开工作簿，将光标定位到“时间”列中，在【数据】选项卡中单击【排序和筛选】下拉按钮，在弹出的菜单中单击【升序】按钮。单击【分级显示】下拉按钮，在弹出的菜单中单击【分类汇总】按钮，弹出【分类汇总】对话框，在【分类字段】下拉列表框中选择【时间】选项，在【汇总方式】下拉列表框中选择【求和】选项，勾选【销售额】复选框，单击【确定】按钮，返回到工作表，将光标定位在数据区域中，再次单击【分类汇总】按钮，弹出【分类汇总】对话框，在【分类字段】下拉列表框中选择【时间】选项， 在【汇总方式】下拉列表框中选择【最大值】选项，勾选【数量】复选框，取消勾选【替换当前分类汇总】复选框，单击【确定】按钮，返回到工作表，即可看到表中数据按照前面的设置进行了分类汇总，并分组显示出分类汇总的数据信息。

第11章

一、填空题

1. 标题栏、工作区、状态栏
2. 【开始】、【设计】、【动画】

二、判断题

1. 对
2. 错

三、思考题

1. 进入PowerPoint 2016的选择模板界面，单击要应用的模板类型如“肥皂”，弹出“肥皂”模板创建窗口，单击【创建】按钮，可以看到已经创建了一个“肥皂”版式的演示文稿，通过以上步骤即可完成通过模板创建演示文稿的操作。

2. 选中要设置段落格式的文本内容，在【开始】选项卡中单击【段落】下拉按钮，在弹出的菜单中单击【启动器】按钮，弹出【段落】对话框，在【缩进和间距】选项卡的【缩进】区域中设置【特殊】和【度量值】选项，在【间距】区域中设置【行距】和【设置值】，单击【确定】按钮，通过上述步骤即可完成设置段落格式的操作。

第12章

一、填空题

1. 线条、箭头、旗帜

2. 营销、教育

二、判断题

1. 对

2. 错

三、思考题

1. 启动 PowerPoint 2016 程序，在【插入】选项卡中单击【图像】下拉按钮，在弹出的菜单中单击【图片】按钮，弹出【插入图片】对话框，选择要插入图片的所在位置，选中要插入的图片，单击【插入】按钮，通过上述步骤即可完成插入图片的操作。

2. 启动 PowerPoint 2016 程序，在【插入】选项卡中单击【文本】下拉按钮，在弹出的菜单中单击【文本框】下拉按钮，在弹出的子菜单中选择【绘制横排文本框】菜单项，鼠标指针变为十字形状，在要绘制文本框的区域拖动鼠标，确认无误后释放鼠标左键，幻灯片中已经插入了一个空白文本框，使用输入法输入内容，通过以上步骤即可完成插入文本框的操作。

第 13 章

一、填空题

1. 华丽型、推进

2. 其他幻灯片、直接退出演示文稿播放状态

二、判断题

1. 对

2. 对

三、思考题

1. 打开演示文稿，在【切换】选项卡的【切换到此幻灯片】组中单击【切换效果】下拉按钮，在弹出的切换效果库中选择【无】选项，单击【计时】下拉按钮，在弹出的菜单中单击【声音】下拉按钮，在弹出的声音效果列表中选择【无】选项即可完成删除幻灯片切换效果的操作。

2. 选中幻灯片，在【插入】选项卡中单击【插图】下拉按钮，在弹出的菜单中单击【形状】下拉按钮，在弹出的形状库中选择动作，当鼠标指针变为十字形状，单击并拖动鼠标左键在页面中绘制按钮，至合适位置释放鼠标左键，弹出【操作设置】对话框，单击【确定】按钮，幻灯片中已经插入了一个动作按钮，单击该按钮即可切换到下一张幻灯片。

第 14 章

一、填空题

1. 演讲者放映、展台浏览

2. “.ppsx” “.ppsx”

二、判断题

1. 错

2. 对

三、思考题

1. 打开演示文稿，在【幻灯片放映】选项卡的【设置】组中单击【录制幻灯片演示】下拉按钮，在弹出的菜单中选择【从当前幻灯片开始录制】菜单项，弹出【录制幻灯片演示】对话框，勾选【旁白、墨迹和激光笔】复选框，单击【开始录制】按钮，此时进入幻灯片放映模式，在窗口左上角弹出【录制】对话框来记录旁白的时间，通过单击鼠标切换到下一张幻灯片或退出录制，录制好旁白后，不会弹出提示对话框，询问用户是否保存，返回普通视图状态后，录制了旁白的幻灯片中将会出现声音文件图标，选中该图标，将显示【播放】工具条，在其中单击【播放】按钮即可收听录制的旁白。

2. 全屏放映演示文稿，在幻灯片放映页面左下角单击【指针工具】图标，在弹出的菜单中选择【荧光笔】菜单项，在幻灯片页面使用荧光笔涂抹文本内容，可以看到幻灯片页面上已经被添加了墨迹注释，添加完墨迹注释后，按 Esc 键退出放映模式，弹出

Microsoft PowerPoint 对话框，询问用户“是否保留墨迹注释？”，如果要保留墨迹注释可以单击【保留】按钮，返回到普通视图中，可以看到添加墨迹注释后的标记效果。

第 15 章

一、填空题

1. 记日记、分配任务
2. 会议、协调时间

二、判断题

1. 对
2. 对
3. 对

三、思考题

1. 在 Outlook 窗口左侧的【收藏夹】窗格中单击【日历】按钮，进入日历界面，在【开始】选项卡的【新建】组中单击【新建约会】按钮，弹出一个名为【未命名-约会】窗口，在【主题】和【地点】文本框中输入内容，设置【开始时间】和【结束时间】，在【约会】选项卡中单击【选项】下拉按钮，在弹出的列表框设置【提醒】选项，在【选项】组的【提醒】下拉列表中选择【声音】选项，弹出【提醒声音】对话框，在计算机中选择音频作为提醒声音，单击【确定】按钮，约会编辑完毕，单击【动作】下拉按钮，在弹出的菜单中单击【保存并关闭】按钮，返回日历界面，在该日期中会显示约会链接，双击约会链接即可打开约会进行查看，根据设定的提醒时间，系统会提前 10 分钟发出提醒。

2. 在 Windows 7 系统中，单击【开始】按钮，在【开始】菜单中单击 Outlook 程序，打开 Outlook 程序，选择【文件】选项卡，进入 Backstage 视图，在【信息】选项卡中单击【添加账户】按钮，弹出注册窗口，输入新的邮箱，单击【连接】按钮，进入 IMAP 账户设置界面，在【密码】文本框中输入新邮箱的登录密码，单击【连接】按钮，进入【已成功添加账户】界面，单击【已完成】按钮，此时即可在 Outlook 界面的标题栏中显示邮箱账户。

第 16 章

一、填空题

1. 搜索功能、共享笔记本
2. 标签分割片、“分区组”

二、判断题

1. 对
2. 错

三、思考题

1. 在 OneNote 2016 的 Backstage 视图中，选择【新建】选项，选择【这台电脑】选项，在【笔记本名称】文本框中输入名称，单击【创建笔记本】按钮，OneNote 创建一个名为【工作笔记本】的文件，并自动创建一个名为【新分区 1】的分区，在【标题页】文本框输入标题“工作日志”，在笔记本正文区域输入笔记内容，另起一行定位光标，在【插入】选项卡中单击【图像】下拉按钮，在弹出的菜单中单击【图片】按钮，弹出【插入图片】对话框，选择图片所在位置，选中图片，单击【插入】按钮，笔记本中已经插入了刚刚选中的图片，通过以上步骤即可完成创建与记录笔记的操作。

2. 在【每日小结】页中单击【日期】按钮，弹出【日期】图标，单击【日期】图标，弹出日历界面，单击要更改的日期，此时日期变成 2019 年 3 月 23 日，在【每日小结】页中单击【时间】按钮，弹出【时间】图标，单击【时间】图标，弹出【更改页面时间】对话框，在【页面时间】列表框中选择时间，单击【确定】按钮，此时时间变成 16:30。